化工技术与企业安全管理研究

宋　婷　王缠和　安少康　主编

文化发展出版社
Cultural Development Press

图书在版编目（CIP）数据

化工技术与企业安全管理研究 / 宋婷，王缠和，安少康主编 .—北京：文化发展出版社有限公司，2019. 6

ISBN 978-7-5142-2605-8

Ⅰ. ①化… Ⅱ. ①宋… ②王… ③安… Ⅲ. ①化学工业－工业技术－研究②化工企业－安全管理－研究 Ⅳ. ① TQ ② F407. 7

中国版本图书馆 CIP 数据核字（2019）第 053509 号

化工技术与企业安全管理研究

主　　编：宋　婷　王缠和　安少康

责任编辑：张　琪　　　　责任校对：岳智勇
责任印制：邓辉明　　　　责任设计：侯　铮
出版发行：文化发展出版社有限公司（北京市翠微路 2 号 邮编：100036）
网　　址：www. wenhuafazhan. com　www. printhome. com　www. keyin. cn
经　　销：各地新华书店
印　　刷：阳谷毕升印务有限公司

开　　本：787mm×1092mm　1/16
字　　数：474 千字
印　　张：25.375
印　　次：2019 年 9 月第 1 版　2021 年 2 月第 2 次印刷
定　　价：60. 00 元
I S B N：978-7-5142-2605-8

◆ 如发现任何质量问题请与我社发行部联系。发行部电话：010-88275710

编委会

作　者	署名位置	工作单位
宋　婷	第一主编	中国石化集团胜利石油管理局有限公司高级人才培训中心
王缠和	第二主编	中科合成油内蒙古有限公司
安少康	第三主编	核工业二〇三研究所
滕　婷	副 主 编	天津渤化永利化工股份有限公司
吴　鹏	副 主 编	湖南省安全技术中心
马月宏	副 主 编	福建永荣科技有限公司
周　渝	副 主 编	云南省安全生产评价检测中心
张淑华	副 主 编	凯赛（金乡）生物材料有限公司
王艳彬	编　　委	山东滨农科技有限公司
陈学峰	编　　委	翱华工程技术股份有限公司
陈伟滨	编　　委	广东诺瓦安评检测有限公司

前言

PREFACE

随着世界各国工业的发展，我国工业所存在的问题越来越突出，因为普遍来说，我国化工行业的产率与发达国家相比差了太多。化工生产的过程对温度、压力等要求很高，这也间接要求化工生产中的生产设备必须达到非常高的标准才会有较高的产率。举个简单的例子，我们在进行肥料的生产时，器皿的温度是一个极为关键的因素。但我国的反应器皿一般达不到理想的状态，使化肥生产过程的反应不能够充分进行，从而产生许多废料，既造成了原料的浪费又降低了化肥的产率还对环境有污染。更为糟糕的是，生产过程中反应不充分，极易造成产品的合格率低，不能满足生产要求，极大地浪费了资源和能源，造成了我国化工生产的产率较低的现状。

化学工程是化学的一系列生产活动的组成，在化工生产中，为了能够满足当前节能环保以及节能减排的主流理念。化工生产中，开发了许多最新的化学工艺以及化学加工技术。从生产效率以及生产效益的基础分析，化学生产的工艺应该更加趋于环境化以及高效化，并且，两者应该能够实现统一。随着发展，后来又发展出一些新的分支，化学工程领域的分支庞大，可应用在各类化学相关领域的研究及实务上的操作，因应现代工业发展的需要，以化工的知识背景为基础，例如半导体工业。

对于我国的国民经济来讲，化工在其中占据了非常重要的地位，是整个国民经济的支柱产业，但是在进行化工产品的生产过程中，往往会具有以下几个特点：易燃易爆、有毒有害，所以在生产过程中，不管是设备上的隐患，制度上的缺陷还是工作人员在工作过程中的疏忽，都有可能会造成生产过程中安全事故的发生。我们知道，从一个化工工厂的建立以及产品的生产都需要经历很多的流程，在整个生产过程中，需要经历环境评价，产品以及生产装置的安全性评价等的环节，这样可以提高整个生产过程的安全性，降低发生安全事故的概率。为了能够更好地对整个生产过程进行监管，需要制定相关的制度并且引进相关的监督协会。

在进行化工生产过程中，安全生产是保证整个生产过程安全的前提。由于生产的物质本身就具有毒性、腐蚀性、易燃易爆等性质，所以在生产过程中需要更加严格的生产流程，更加完善的规章制度，更加严谨的管理，如果不能够很好的做到这些，就会造成安全事故的发生，比如说火灾、中毒、爆炸等，轻则严重影响企业的正常运行以及企业的经济效益，重则会造成人员的伤亡等。所以为了保证工厂的安全，正常的运行，健康的发展，需要有一个安全的生产基础。

安全生产在化工生产过程中具有战略性的意义，是化工生产的保障。为了能够更好地实现化工的安全生产，需要充分发挥现代化工生产的优势，保障整个生产过程的长期性，安全性以及连续性。如果在生产过程中发生安全事故，造成的直接影响就是生产不能顺利进行，降低生产效率，给企业的经济效益带来一定的损失。安全生产是整个化工生产的关键，是保证化工产品的开发，生产的必要因素。

为了满足广大化工技术从事人员和化工企业安全管理研究及工作人员的实际要求，作者翻阅大量化工技术、化工企业安全管理的相关文献，并结合自己多年的实践经验编写了此书。

由于编写时间和水平有限，尽管编者尽心尽力，反复推敲核实，但难免有疏漏及不妥之处，恳请广大读者批评指正，以便做进一步的修改和完善。

《化工技术与企业安全管理研究》编委会

目录

CONTENT

第一章　流体流动过程

第一节　流体流动过程基础

化学工业中，大部分化学工艺流程都是伴随化学反应、热量、质量传递的流动过程。化工厂内各种设备间纵横交叉连接的许多管道，其目的就是完成流体输送任务。这种输送一般借助流体输送机械、位差或压力差的作用，从而构成流体流动过程。石油工业也是这样，如油、水、气的抽吸和运输，以及石油中多种产品的提炼和分离等，也均在流体流动情况下进行，因此，研究流体流动的基本规律，研究流体流过某管道或设备时的速度分布、压力分布、能量损耗及其同固体壁之间的相互作用等，就是本章需要讨论的内容。学习和掌握这些内容就可以进行管路设计、流体输送机械所需功率的计算和选择；同时，今后对热量传递和质量传递过程的研究亦离不开流体流动基本原理。

液体和气体统称流体。从力学特征来讲，流体是一种受到任何微小剪切力都能连续变形（流动）的物质，只要这种力作用，流体就会流动。研究流体流动时，通常将流体视为无数流体微团组成的连续介质。这些流体微团包含有足够的分子，能够用统计平均法求其宏观属性（如温度、密度、黏度、速度、压力、剪应力等），从而可以使人们通过观察这些参数的变化情况，即从宏观的角度去研究流体的流动规律，而摆脱对单个分子做随机的、混乱的复杂运动的考察。

流体的压缩性是流体的基本属性，任何流体都是可以压缩的，只是可压缩的程度不同而已。通常，为简化工程计算，把液体视为不可压缩流体，即忽略在一般工程中没有多大影响的微小体积变化，而把它的密度视为常数。气体比液体有较大的压缩性，故称为可压缩流体。特别是在流速较高，压力变化较大的场合，其体积的变化较大，必须视其密度为变数，但一般在常温常压条件下，气体通常也可以当作不可压缩流体处理。

第二节　流体流动的基本方程式

流体静力学研究流体的平衡规律及其在工程实际中的应用。

一、流体的热力学属性

流体的密度ρ、质量体积（比体积）v、压力p、温度T、热力学能U、焓H、熵S、比定压热容c_p、黏度μ、热导率λ等均属热力学属性。而T、U、H、S和c_p等热力学属性，已经在物理化学课程中讨论功、热及能量平衡的问题时介绍过了，故此处不再赘述。控制流体摩擦效应和热传导效应的两个传输属性μ和λ，则将分别在管内流体流动和传热过程中叙述。

1. 密度

单位体积内流体所具有的质量，称为流体的密度。以符号ρ表示密度，m表示质量，V表示体积，则其表达式为：

$$\rho=m/V$$

密度的单位是$kg \cdot m^{-3}$。

不同的流体密度是不同的，对一定的流体，密度是压力和温度的函数，即$\rho=f(p, T)$。除极高压力情况外，液体的密度随压力变化甚小，但其随温度稍有改变，故从手册或本书附录中查阅液体的密度数据时，要注意其所对应的温度。

化工生产中，所处理的物料多是含若干组分的混合物。对液体混合物而言，若混合前后体积不变，则可由下式求混合液的平均密度。

$$\frac{1}{\rho}=\frac{w_1}{\rho_1}+\frac{w_2}{\rho_2}+\cdots+\frac{w_n}{\rho_n}$$

式中：w_1，w_2，…，w_n——液体混合物中各组分的质量分数；

p_1，p_2，p_3，…ρ_n——液体混合物中各组分的密度（$kg \cdot m^{-3}$）。

2. 比体积

单位质量流体的体积，称为流体的比体积。用符号v表示，单位是$m^3 \cdot kg^{-1}$，则

$$v=V/m=1/\rho$$

亦即流体的比体积为其密度的倒数。

3．压力

单位面积上所受的流体垂直作用力，称为流体的压强，简称压强。工程技术上习惯称为压力。设 ΔA 为流体中任意小的面积，为与 ΔA 相邻的流体微团作用在该微元面积上的力，当 ΔA 无限缩小并趋近于一点时，其上的压力为：

$$p=\Delta F/\Delta A$$

在静止流体中，从各个方向作用于某一点的压力大小均相等，而作用于整个面积上的力称为总压力。

压力的单位为帕斯卡（Pascal），即 $N \cdot m^{-2}$，以 Pa 表其 10^5 倍为巴（bar），即 $1bar=10^5Pa$[以前，工程上多采用大气压(atm)作为计量单位，$1atm=1.013\times10^5(Pa)$]。

压力值的表达方式可以有不同的计量基准，如以零压力（绝对真空）为基准的绝对压力，还有相对于当地大气压力的相对值。若压力比大气力高，则其差称为表压，可以下式表示：

$$表压=绝对压力-大气压力$$

若比大气压低，其差值则称为真节度，即

$$真空度=大气压力-绝对压力$$

$$真空度=-表压$$

注意，此时绝对压力是指在负压操作情况下设备内剩余的压力，亦称余压。

二、流体静力学基本方程式

流体静力学基本方程式是用于描述静止流体内部的压力随位置高低而变化的数学表达式。

如图 1–1 所示，容器中盛有密度为 ρ 的静止液体。现以刚化法从液体内部任意划出一底面积为 A 的垂直液柱。若以容器底部为基准水平面，液柱的上、下底面与基准水平面垂直距离分别 z_1 和 z_2，以 p_1 和 p_2 分别表示高度为 z_1 和 z_2 处的压力，液面上方的压力为加。则在垂直方向上作用于此液柱的力有：

（1）向上作用于液柱下底的总压力 p_2A；

（2）向下作用于液柱上底的总压力 p_1A；

（3）向下作用的液柱之重力 $G=\rho gA(z_1-z_2)$。

以向上作用的力为正，向下作用的力为负。静止液体中的三力之合力应为零，故

$$p_2A-p_1A-\rho gA(z_1-z_2)=0$$

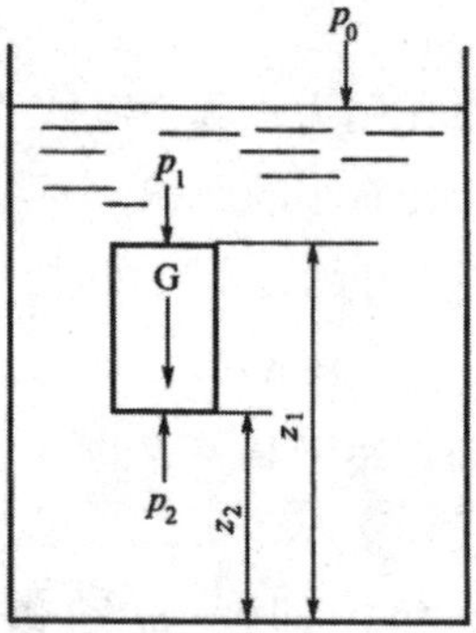

图 1–1　静力学基本方程的推导

以上诸式，均称为流体静力学基本方程式。它说明了在重力作用下，静止液体内部压力的变化规律。

三、流体静力学基本方程式的讨论

由上式可得出如下结论。

（1）当容器液面上方的压力 p_0 一定时，静止液体内任一点压力的大小，与液体本身的密度 ρ 和该点距液面的深度 h 有关，因此，在静止的、连通的同一种液体内，处于同一水平面上的各点的压力都相等。此压力相等的水平面，称为等压面。

（2）当 p_0 改变时，液体内部各点的压力也将发生同样大小的改变。

（3）由上式可知，压力或压力差的大小可用液柱高度来表示。由此引伸出压力的大小也可以用一定高度的液柱来表示，这就是压力可以用 mmHg，mH_2O 等单位计量的依据。

（4）为说明静力学基本方程式中各项意义，将上式两边同除以%并加以整理可得

$$Z+（\rho/\rho g）= 常数$$

四、流体静力学基本方程式的应用

1．压力测量

（1）U 形管压差计。U 形管压差计（亦称压力计、压强计等）的结构如图 1–2 所示。它是在一根 U 形玻璃管中放入某种液体作指示液。指示液必须与被测流体不互溶，不起化学反应，视所测系统压力的大小和分辨率的要求，指示液可选择水、酒精、四氯化碳或水银等。测量时，将 U 形管的两端与管道中的两截面相接，若作用于压差计两端的压力 $p_1 > p_2$（图 1–2），则指示液就会出现高度差。利用此压差计的读

数 R 的值，再根据流体静力学基本方程式，就可以算出两截面的压力差（p_1-p_2）的大小。

在图 1–2 中，U 形管内盛有密度为 ρ_0 的指示液，被测流体密度为 ρ，$\rho_0 > \rho$。图中 a、b 两点处在连通的同一种静止流体内，并且在同一水平面上，所以这两点的静压力相等，即 $p_a=p_b$。

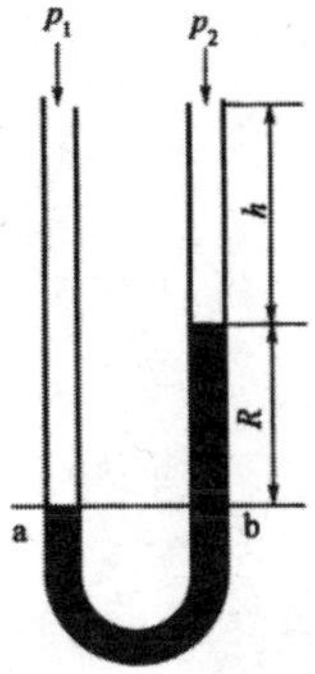

图 1–2　U 形管压差计

U 形管压差计不仅可以用上述连接方式测量两截面之间的压差，而且还可以一侧通待测压力，另一侧通大气，这样就可以测得该点与大气压之差，即该点的表压或真空度。

使用 U 形管压差计时，读数必须同时读管两侧的液面高度。

（2）“Ⅱ”式压差计。这是一种用于测量液体压差的压差计，它是一个倒置的 U 形管压差计，其顶部装有充气阀，如图 1–3 所示。测量时，将所测液体作为指示液，在压差计的液面上方还可以加一定大小压力的空气，使两测压管的液面都位于压差计的刻度范围内。由于两测压管受到的初始压力相同，且空气密度比被测液体密度小很多，故压力差 p_1-p_2 可根据液柱高度差 R 进行计算，即

$$p_1-p_2=\rho gR$$

测量压力时，应特别注意将传压管和压差计玻璃管中液柱内的气泡排除干净，以免影响测量精度。

（3）单管压差计。为了克服 U 形管压差计在测量时需要同时读取玻璃管两侧读数的麻烦，以及由此而带来较大的读数误差，在 U 形管原理的基础上又发展了一种单管式压差计，即把 U 形管的另一侧用一只储液杯来代替，而储液杯的截面积 A 要比玻璃管的截面积 a 大得多（见图 1–4）。

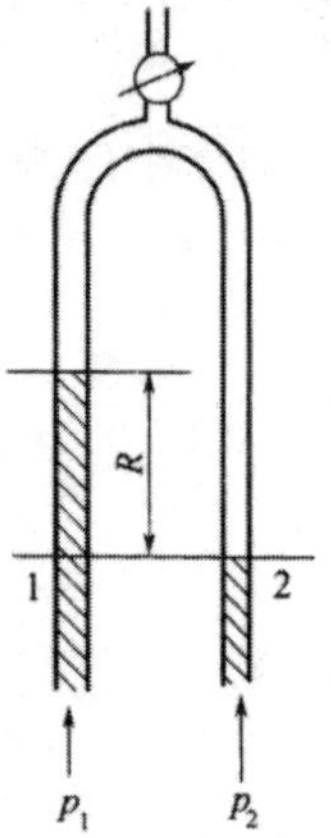

图 1–3　“Ⅱ”式压差计

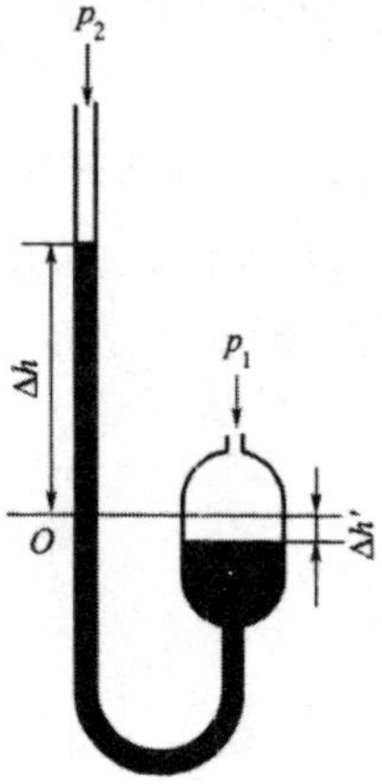

图 1–4　单管压差计

在测量压差时，将储液杯接通较大的压力，由于在压差的作用下，储液杯内的液体下降了 $\Delta h'$，测压管内液面上升了 Δh，因此，实际的液面高度差为 $\Delta h+\Delta h'$。又因为液体是不可压缩的，因此，$\Delta h'\cdot A=\Delta h\cdot a$，于是

$$p_1-p_2=\rho g(\Delta h'+\Delta h)=\rho g\Delta h(\Delta h'/\Delta h+1)=\rho g\Delta h(a/A+1)$$

如果压差计的几何参数已定，则 $1+a/A$ 是一个常数，此常数称为压差计校正常数。在一般情况下 $a/A\leqslant 1$，故 $1+a/A$ 是一个稍大于 1 的常数。

2．液位的测量

化工生产过程中，需要经常了解容器内液体的贮量或控制设备内液体的液面，因此要进行液位的测量。而大多数液位计的作用原理是遵循静止液体内压力变化规律的。

最原始的液位计是在容器底及液面上方器壁处各开一个小孔，用一根玻璃管将两孔连通，根据流体静力学基本方程式，玻璃管内所示的液面高度即为容器内的液位高度。

3．确定液封高度

化工厂中各种气液分离器后面，气体洗涤塔的下边以及气柜等处，为控制设备内气体压力不超过规定值，以防气体泄漏，都要用到液封装置。如图 1–5 所示的安全液封装置，其作用是当设备内压力超过规定值时，气体就从液封管中排出，以确保设备安全。

若工艺要求设备内压力不超过 p（表压），根据静力学基本原理，液封高度 h 应符合如下条件：

$$p=\rho_{H_2O}gh;\ h=p/\rho_{H_2O}g$$

通常，液封中溢出的水中溶有部分气体，或气体为水所夹带，而使 $\rho_{H_2O}g$ 降低，故实际安装时，为安全起见，管子插入液体的深度 h 应略大于由上式得到的计算值。

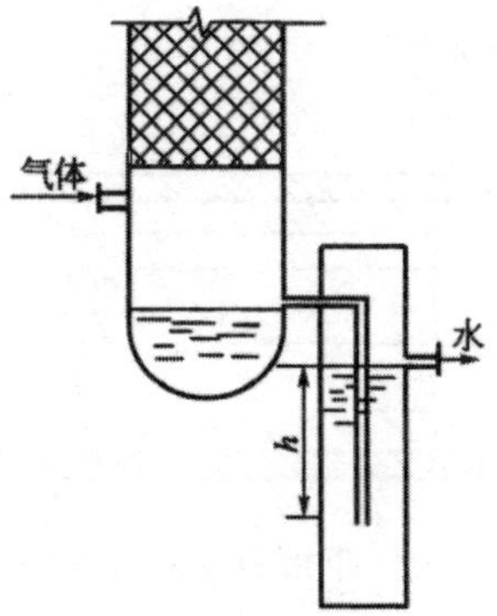

图 1–5　安全液封

第三节　管内流体流动现象与流动的阻力

一、管内流体流动现象

1．牛顿黏性定律与流体的黏度

（1）流体的黏性

在圆形管道内流动的流体，实际上可以将之视为被分割为无数极薄的、一层套着一层、各层以不同速度向前运动的圆筒层——流体层。贴近管壁一层的流速为零，而沿半径方向向中心逐渐增加、管中心速度最大。由于各层流速不同，层与层之间发生了相对运动，中心速度大的流体对靠外层的流体起推动作用；反之，外层流体对中心层流体起拖曳作用。流体内部相邻两流体层之间的相互作用力，称为流体的内摩擦力。流体在运动时呈现内摩擦力的特性，称为流体的黏性。

流体在运动时，需克服内摩擦力做功，消耗的机械能转化为热能在运动过程中散失。这种散失的热能，不能用来做其他功，称为压头损失，故黏性是流体运动时产生压头损失的根源。

（2）牛顿黏性定律

黏度是用以衡量流体黏性大小的物理量。为了对黏度建立一个定量的概念，假设有两块面积很大、相距很近、其间充满着静止黏稠液体的木板，如图 1–6 所示。若令一板固定不动，而以一个恒定的外力 F 推动上板，此力即通过平板而成为在界面处作用于液体上的剪应力。紧贴上板的液体，因其附着在板面上，因而具有与平板相同的速度 u；而紧贴下板的液体，也因下板静止不动而速度为零；于是，两板间的液体就分成了无数薄层而运动。

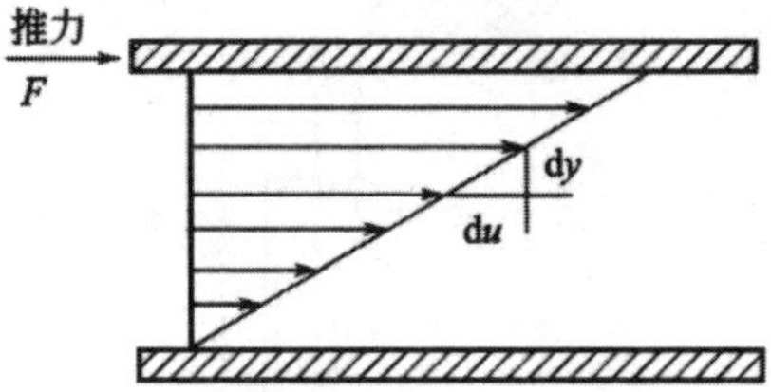

图 1–6　平板间流体速度变化

实验证明，对于一定的液体，内摩擦力 F' 与两流体层间的速度差 du 及两层之间的接触面积成正比，与两层之间的垂直距离 dy 成反比，即

$$F' = \propto A' \ (du/dy)$$

若引入比例系数 η，则

$$F' = \eta A' \ (du/dy)$$

若定义单位面积上的内摩擦力为剪应力 τ，则有

$$\tau = F' / A' = \eta \ (du/dy)$$

式中：(du/dy)——速度梯度，即在与流动方向相垂直的 y 方向上流体速度的变化率；

η——比例系数，又称黏性系数，简称黏度。

上式称为牛顿黏性定律。所有气体和大部分液体在运动时均服从此定律，故称为牛顿型流体。稠厚液体和悬浮液在运动过程中不符合牛顿黏性定律，则称其为非牛顿型流体。

（3）流体的黏度

由上式，得

$$\eta = \tau / (du/dy)$$

由此可见，若 $(du/dy)=1$，则 $\eta = \tau$，所以，黏度的物理意义是：促使流体流动产生单位速度梯度的剪应力。

黏度是流体的物理性质之一，其值由实验测定。黏度与压强关系不大，但受温度变化的影响较大，液体的黏度随温度升高而减小；气体的黏度随温度升高而增大。

常用流体的黏度可以从有关手册中查到。

应当注意，混合物的黏度数据不能按其组分叠加计算，而应当从化学工程手册中选用适当的经验公式进行估算。

2．流体流动的内部结构

流体流动的内部结构是流体流动规律的重要内容之一，许多化工过程与之密切相关。例如，实际流体流动的阻力就与流动结构有关。此外，流体的传热和传质过程也都涉及流动状况和条件。流体的内部结构是十分复杂的问题，且涉及面广，这里仅对之做定性描述。

（1）流动的型态

流体流动的型态，首先由雷诺（Reynolds）于1883年用实验进行了观察，并揭示出流体流动的两种截然不同的型态——层流和湍流。

图1–7即雷诺实验装置的示意图。如图1–7所示的定态流动装置下部为一入口呈喇叭状的水平玻璃管，出口有一调节水流量的阀门，容器（Mariotte Vessel）上方置一盛有与水的密度相近的着色液体的分液漏斗。实验时，着色液从漏斗中流出，经喇叭口中心处的针状细管流入玻璃管内，从着色液的流动情况可以观察到管内水流中质点运动情况。

当水流量较小时，玻璃管中出现一条沿轴线方向轮廓分明的着色细直线，平稳地流过玻璃管；随着阀门的开启，水流速度逐渐增大，当达到一定数值时，着色细线开始抖动，形成波浪细线，且不规则地波动；继续开大出水阀门，细线波动加剧，继而断裂，四周散开，最后完全与水流主体混为一体，玻璃管中水流呈现均匀的颜色，显然，此时流体的流动状况已经发生了显著变化。

实验表明：流体在管道中的流动状态可分为两种类型。

当管中流动的流体质点始终沿管轴平行方向做直线运动，质点之间互不混合。故充满整管的流体如一层一层的同心圆筒在平行地流动，层次分明，这种流动状态称为层流或滞流。

若着色液与水在管中流动时迅速混合，流体各质点不再按流体主流流动方向平行流动，而是在各个方向上做随机脉动，故质点间彼此碰撞并互相混合，这种流动状态称为湍流或紊流。

经大量实验研究发现，对管流而言，除了流体的流速 η 以外，流动的几何尺寸（管径 d）、流体的性质（密度 ρ 和黏度 η）对流型的转变均有影响。雷诺将这些影响因素归纳成一个量纲为1的数群作为流型的判据，此数被称为雷诺数，以 Re 表示。

$$Re=d\rho u/\eta$$

雷诺指出：$Re < 2000$，为层流区；$Re > 4000$，为湍流区；$2000 < Re < 4000$ 为过渡区。

应当注意，上述以 Re 为判据将流体的流动划分为三个区域，但是，流体的流动型态仍然只有两种。过渡区并非表示一种过渡的流型，而只是表示此区内可能出现层流也可能出现湍流，究竟会出现哪种流型，则取决于环境对系统扰动的影响。

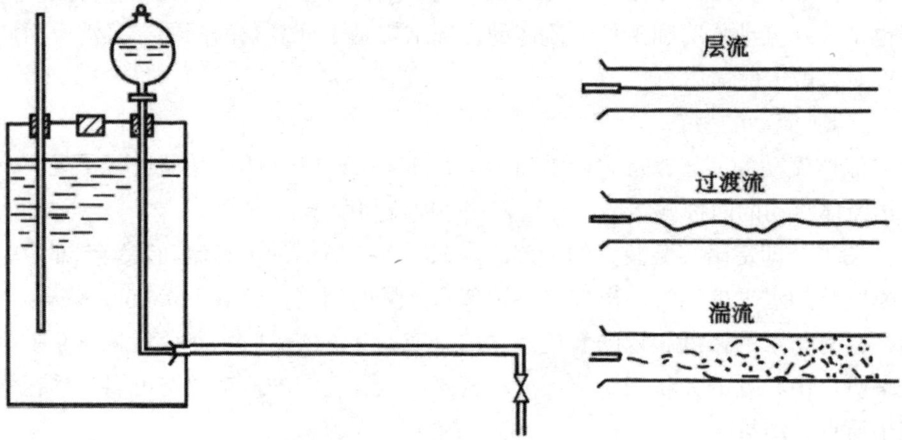

图 1–7　雷诺试验装置

（2）管内层流与湍流的比较

流体在圆管内流动时，管截面上的轴向速度沿半径而变。由于层流与湍流是本质完全不同的两种流动类型，故两者的速度分布规律不同。

当管内流体做层流流动时，由实验测得的速度分布如图 1–8 上的曲线所示。曲线呈抛物线形，管中心处速度最大 μ_{max}，平均速度 u 是最大速度的 0.5 倍。

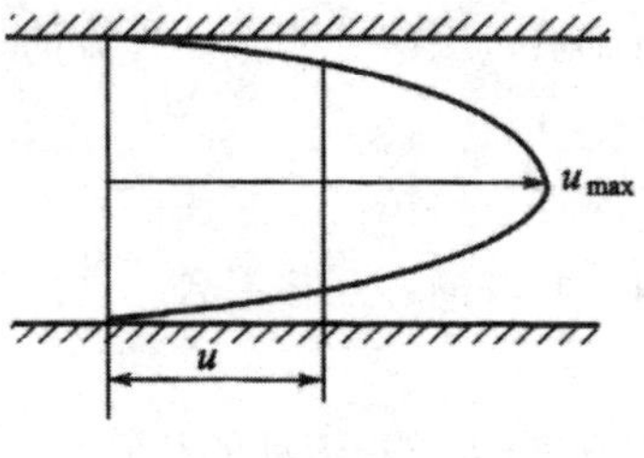

图 1–8　层流的速度分布

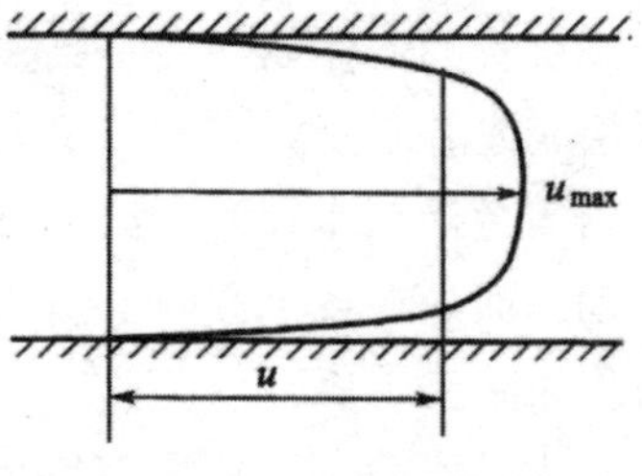

图 1–9　湍流的速度分布

湍流时，流体质点的运动虽不规则，但从整体上看，流体在整个管截面上的平均速度仍然是固定的，某一截面上各点的速度按一定的规律分布。通过实验测得的速度分布曲线如图 1–9 所示。从图上可以看出，此曲线前缘比较平坦，靠近管壁处比较陡峭，并不是一条严格的抛物线，$u=0.8\mu_{max}$。

必须指出，即使管内流动的流体是湍流，且无论湍动程度如何剧烈，但在靠近管壁处总是有一层做层流流动的流体薄层，称为层流底层（或滞流底层）。其厚度 δ_b 随 Re 增大而减小。例如，流体在 d=100mm 内径的光滑导管中流动，当 $Re=1\times10^4$ 时，δ_b=1.96mm；当 $Re=1\times10^5$ 时，δ_b=0.261mm；当 $Re=1\times10^6$ 时，δ_b=0.035mm。故 Re 越大，层流底层厚度就越薄。由于层流底层的存在，动量传递只能依赖于分子运动，因此，对传热和传质过程也将产生重大影响。

（3）边界层的概念

实际流体在流过固体壁面时，由于壁面的阻滞作用而使流体与壁面接触部分的速度为零，而黏性的存在，又使临近壁面的流体也将相继受阻而降速。随着流体沿壁面向前流动，从壁面到流体主体流速从零开始逐渐增加，流速受影响的区域也逐渐扩大。通常定义，速度从零到速度等于主体流速 u_0 的 99% 的区域为边界层。如图 1–10 所示，将流体流过平板分成三个区域：①流体以均匀一致的速度流近平板，一接触平板即受其影响；②流体流近平板后，由于受到平板的拖曳作用，贴近平板的流速下降，在垂直于流动方向上产生了速度梯度；③靠近平板的速度分布，随着距离流体前沿的远近而不同。边界层的厚度也随距流体前沿的距离的增加而增加（如图中虚线所示）。流体速度 $u=0.99u_0$，虚线与平板之间的区域即为边界层。在边界层以内，存在显著的速度梯度 du/dy，黏性处于主导地位，因此，必须考虑黏度的影响；而在边界层以外，du/dy ≈ 0，则无须考虑黏性的影响，此处的流体可视为理想流体。这样，当研究实际流体沿固体壁面流动的问题时，只要注意边界层内的流动即可。

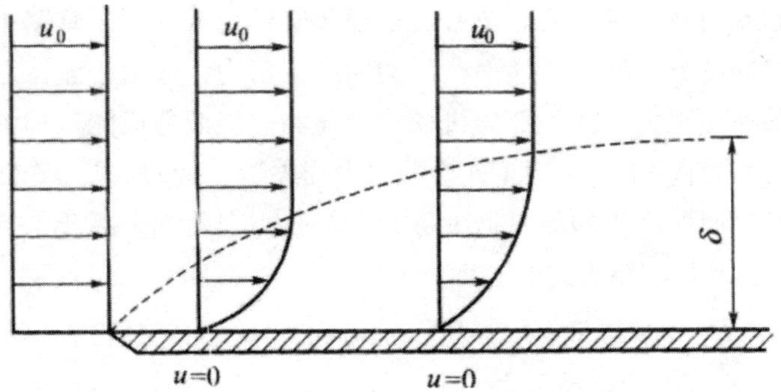

图 1–10　流体流过平板的边界层

按流体的流型考虑，边界层中仍有层流边界层和湍流边界层之分。值得注意的是，在湍流边界层内，靠近固体壁面处仍有一薄层流体呈层流流动，即层流底层。

对于流体在圆形管道内流动而言，则在入口处开始形成边界层，随流经距离的增加而变厚，如图 1–11 所示。开始阶段边界层只占据管道截面外周的环形区域，当边界层的厚度等于管道半径时，边界层扩大到管中心。在汇合时，若边界层内呈层流状态，则以后的管内流动为层流。若在汇合点之前边界层内的流动已发展成为湍流，则以后管流变为湍流。然而，不管是层流还是湍流，其层流边界层总是存在的。当圆管直径为 d 时，层流底层厚度 δ_b 可由下式求得

$$\delta_b=64d/Re^{7/8}$$

流体在顺直的导管中流动时，整个管截面都属于边界层，显然没有划分边界层的必要，但是，当流体流过曲面（球体或圆柱体表面等）时，流体边界层将会与固体壁面脱离，形成旋涡，加剧流体质点间的相互碰撞、损耗流体的能量。这种边界层与壁面脱离的现象，称为边界层分离。

边界层分离现象还常发生在流体所经过的流道有突然扩大或缩小，流动方向突然改变或绕过物体流动。这时，因为会造成大量的能量损耗，故在流体输送过程中应当设法避免或减轻之。

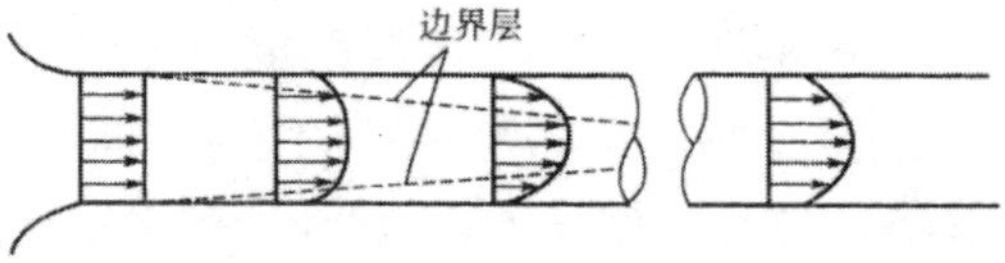

图 1–11　圆管内边界层的形成

二、管内流体流动的阻力

流体在包括有直管和阀门、弯头、三通等管件组成的化工管路中流动时，由于流体层分子之间的分子动量传递而产生的内摩擦阻力，或由于流体之间的湍流动量传递而引起的摩擦阻力，使一部分机械能转化为热能而造成能量损失。流体通过直管时能量损失称为直管阻力损失（或沿程阻力损失）h_f；通过阀门、管件及进、出口时，由于受到局部障碍所产生的能量损失称为局部阻力损失 h_1。故化工管路中流体流动阻力为直管阻力和局部阻力之和，即

$$\sum h_f=h_f+h_1$$

1．流体在直管中的流动阻力

当流体流经水平、等直径的圆管时，若控制体积内无外界能量加入，则流体的能量损失为：

$$h_f=z_1-z_2+[(p_1-p_2)/\rho g]+[(u^2_1-u^2_2)/2g]$$

因　　　　　　　　　　$z_1=z_2$，$u_1=u_2$

故　　　　　　　　　　$h_f=(p_1-p_2)/\rho g$

引起压力降的因素，实际上是管壁对流体流动的阻力 F' 。若要导出压力降的表达式，则应当确定它与管道壁面处剪应力 τ 的关系。

图 1-12 表示一直径为 d，长度为 l 的水平直管，流体以速度 u 流过此管。其上、下游截面压力分别为 p_1 和 p_2，F' 作用于流体柱周围的壁面。在定态流动情况下，三力达到平衡，故

$$p_1A-p_2A-F'=0$$

因为　　　　　　　　　$\tau=F'/A'$

所以　　　　　　　　　$F'=A'\tau$

对于流体柱　　　　　　$A'=\pi dl$，$F'=\pi dl\tau$

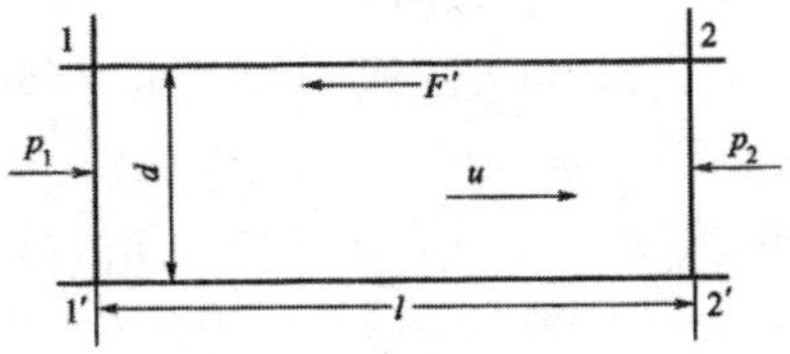

图 1-12　管内流体流动时压力与阻力的平衡

通常，化工生产过程中把使用到的玻璃管、塑料管、铜管以及铅管称为光滑管；把钢管和铸铁管称为粗糙管。

根据实验测定，λ 与 Re 及 ε/d 的关系如图 1-13 所示。对光滑管及无严重腐蚀的工业管道，该图误差范围约为 ±10%。摩擦系数 λ 的计算可以分层流和湍流两种情况加以讨论。

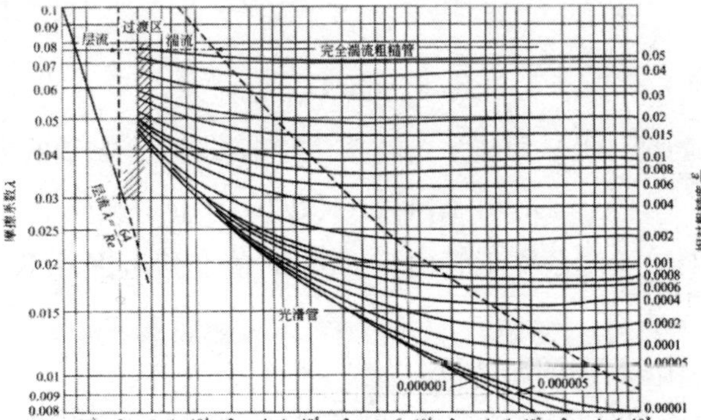

图 1-13　摩擦系数 λ 与雷诺数及相对粗糙度的关系

（1）层流时的摩擦系数

流体在管内流动，当 $Re < 2000$ 时，流体质点运动非常平稳，层流边界层很厚，粗糙的管壁浸没在边界层中，因而使摩擦系数 λ 与管壁粗糙度无关，仅为 Re 的函数，即

$$\lambda = 64/Re$$

图 1–13 中左上角的直线即代表层流。图中，A 随直线下降并不意味着阻力损失随流速的增大而减小，而是表明层流时阻力损失 h_f 与速度 u 的一次方成正比。

（2）湍流时的摩擦系数

当流动进入湍流区，$Re > 4000$ 时，一方面，流体质点间的相互碰撞；另一方面，湍动引起的层流底层减薄，使粗糙管壁的凸出部分暴露于湍流主体中，使流体质点受阻而损失能量。故摩擦系数 λ 既与 Re 有关，又与管壁相对粗糙度 ε/d 有关。从图 1–13 可以看出，λ 随 Re 的增大而减小，至足够大的 Re 后（图中虚线以上的区域），λ 值与 Re 无关，λ —Re 曲线趋近于水平线。此时，阻力损失按上式与速度的平方成正比。

对于光滑管道，当 $Re=3\times10^3 \sim 1\times10^5$ 时，A 值可根据柏拉修斯（H.Blasius）归纳的公式计算

$$\lambda = 0.3164/Re^{0.25}$$

当流体进入过渡区时，管内流型因环境而异，此时湍流流动可按考莱布鲁克（C.F.Colebrook）公式计算

$$\frac{1}{\sqrt{\lambda}} = 1.74 - 21g\left(2\frac{\varepsilon}{d} + \frac{18.7}{Re\sqrt{\lambda}}\right)$$

皮勾（R.J.S.Pigott）推荐过渡区和完全湍流粗糙管区之间的分界线（虚线）的雷诺数为

$$Re_b = 3500/(\varepsilon/d)$$

完全湍流粗糙管区的 λ 可按尼古拉兹（J.Nikuradse）归纳的公式计算

$$\lambda = [1.74 + 21g(d/2\varepsilon)]^{-2}$$

实践经验表明，生产条件下管内流动的 λ 值变化范围并不太大，通常在 0.02 左右。

2. 流体在非圆形管内的流动阻力

化工生产过程中不可避免地会遇到非圆形管道，对于其中的湍流流动，可以采用如下定义的当量直径 d_e，以表示非圆形管相当于直径为多少米的圆管。

d_e=4× 水力半径 =4（流通截面积 A/ 湿润周边长度 π）

水力半径（以 R_h 表示）和一般圆截面半径是完全不同的概念，不能混淆。如半径为 r 的圆管内充满流体，其水力半径

$$R_h=(\pi r^2/2\pi r)=r/2$$

若外管内径为 D，内管外径为 d 的环形通道，其当量直径为

$$d_e=D-d$$

对于边长分别为 a 和 b 的矩形通道，则

$$d_e=[2ab/(a+b)]$$

有些研究结果表明，当量直径适用于湍流，且矩形通道截面长：宽＜3 ：1 才比较可靠。管截面为环形时可靠性较差。对层流的阻力计算中用当量直径计算是不可靠的，因此，必要时，应将求层流 λ 值的式进行修正，即 $\lambda=C/Re$。表 1–1 列出某些非圆形管道的常数 C 值。

表 1–1　某些非圆形管道的常数 C 值

非圆形管道截面形状	正方形	等边三角形	环形	矩形	
				长：宽 =2 ：1	长：宽 =4 ：1
常数 C	57	53	96	62	73

3．局部阻力

当流体通过输送管路上的阀门、三通、弯头等管件时，由于流体速度的大小与方向突然发生变化，因而使流体质点产生扰动或涡流，使内摩擦力增加，形成局部阻力。

局部阻力的计算通常有两种方法，即阻力系数法和当量长度法。

（1）阻力系数法

此法近似地认为克服局部阻力所引起的能量损失可以表示成速度头的倍数，即

$$h_1=\zeta\frac{u^2}{2g}$$

式中：ζ——局部阻力系数。

局部阻力系数 ζ 值由实验测定。

（2）当量长度法

此法是将流体流过阀门、管件所产生的局部阻力，近似地折算成流体流过相当于长度为 l_e 的同一直管时所产生的阻力损失。这个直管长度，称为当量长度 l_e。

$$h_1 = \lambda \frac{l_e}{d} \frac{u^2}{2g}$$

在管路系统设计计算中，常按损失能量相等的观点把管件和局部阻力损失换算成等值长度的沿程损失，以表示等值长度。令上两式相等，即可得到

$$l_e = \frac{\zeta}{\lambda} d$$

表 1–2 列出了常见阀门和管件的局部阻力和当量长度数据。

表 1–2　阀门和管件的局部阻力和当量长度数据

名称	阻力系数 ζ	当量长度与管径之比 l_e/d	名称	阻力系数 ζ	当量长度与管径之比 l_e/d
弯头，45°	0.35	17	闸阀	—	—
弯头，90°	0.75	35	全开	0.17	9
三通	1	50	半开	4.5	225
回弯头	1.5	75	截止阀	—	—
管接头	0.04	2	全开	6.0	300
活接头	0.04	2	半开	9.5	475

由于阀门和管件的构造细节和加工程度差别较大，故 ζ 和 l_e 会有很大变动。表中所列数据只是粗略值，局部阻力计算也只是粗略估计。

第四节　流量的测量与流体输送机械

一、流量的测量

在化工生产过程中，为了满足生产工艺的要求，确保制得合格产品，必须要对操作条件加以调节和控制。化工设备操作所需的重要操作参数之一，就是流体流量的测量。

在测量流量过程中，流体的温度、压力常常会发生变化，因而影响到流体的密度 ρ 和黏度 η 也做相应的变化。如果被测的流体是液体，由于常压下液体具有不可压缩性，故压力变化引起密度变化很小。若是气体，由于其具有可压缩性，则 ρ，η

均会受压力及温度的影响，故必须对此影响加以考虑并修正。

测量流量的仪器通称为流量计。不同类型的流量计是根据不同的计量原理工作的，通常可分为容积式或推理式两种。

容积式流量计是以单位时间内自测量腔室内所排出流体的固定容积数量作为测量依据的。例如，湿式流量计、盘式流量计及椭圆齿轮流量计等。推理式流量计是利用流体流动过程中的物理现象或物理特性与流速、流量间的关系而工作的。例如，节流式或差压式流量计、面积式流量计等。其中，节流式流量计构造简单、安装方便，根据节流元件的几何尺寸可直接求得流量，所以，广泛用于各种液体和气体的测量，属于这种流量计的有孔板和文丘里流量计等。属于面积式流量计的有转子流量计。

以下仅限于以流体力学原理而操作的孔板流量计、文丘里管、测速管和转子流量计为例加以介绍。

1．孔板流量计

孔板流量计示意图见图 1–14。它是由一安置于管道中的中央开有圆孔的金属薄板和安装在孔板前后的 U 形管压差计构成。

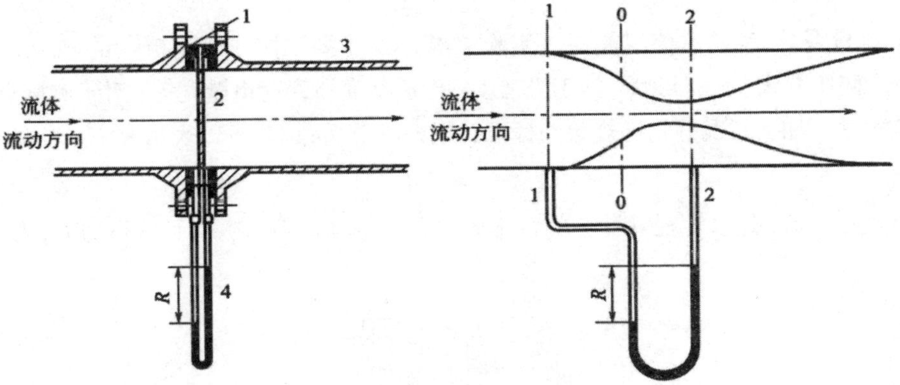

图 1–14　标准孔板流量计

1– 测压孔；2– 孔板；3– 导管；4– 压差计

当流体通过孔板时，由于流道截面积突然缩小，因而流速增大，使流体动能增加，静压能相应减小。流体流过孔板后，由于惯性，实际流道将继续缩小至截面 2–2（缩脉）为止。缩脉离孔口的距离与流体流动的有关，还和孔口与管道截面的比值有关。

设不可压缩流体在水平管内流动，取孔板上游流动截面尚未收缩处为截面 1–1，下游截面取在缩脉处 2–2，以便测得最大压差读数。暂时不计阻力损失，在两截面间利用伯努利方程式和连续性方程式推导流量计算式，得

$$\frac{u_2^2-u_1^2}{2}=\frac{p_1-p_2}{\rho}$$

根据连续性方程式有

$$u_1=u_2\frac{A_2}{A_1}$$

式中，缩脉处的流体截面积 A_2 是难以确定的，为便于使用，可用孔口截面积 A_0 代替 A_2。同时，实际流体通过孔口时有阻力损失，且实际所测的势能差不会刚好是（p_1-p_2）/ρ 加之缩脉位置将随流动状况而改变。由于这些原因，故引入校正系数 C，于是

$$A_2=CA_0$$

连续性方程

$$u_2A_2=u_0A_0$$

故

$$u_0=\frac{C}{\sqrt{1-(\frac{CA_0}{A_1})^2}}\sqrt{\frac{2(p1-p2)}{\rho}}$$

流量系数 C_0 的数值只能通过实验求得。C_0 主要取决于管道流动的 Re_d 和面积 A_0/A_1、测压方式、孔口形状、加工光洁度、孔板厚度和管壁粗糙度等。对于测压方式、结构尺寸、加工状况等均已规定的标准孔板，流量系数 C_0 可以表示成

$$C_0=f(Re_d,\ A_0/A_1)$$

式中，Re_d 是以管径 d 计算的雷诺数，即 $Re_d=(d_1u_1\rho/\eta)$ 实验所得的 C_0 列于图 1–15。

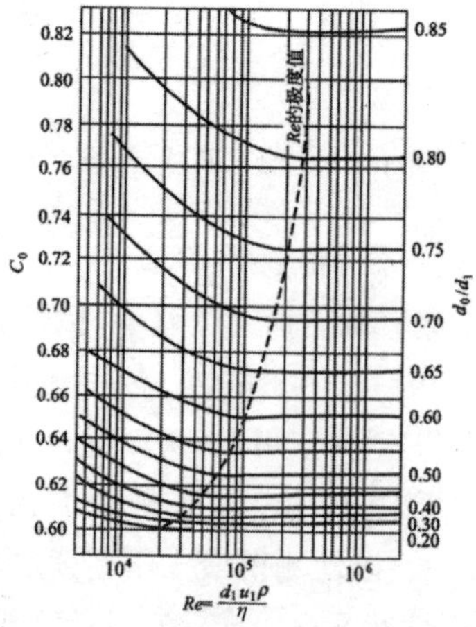

图 1–15　标准孔板流量系数

由图中可见，当 Re 增大到一定值后，C_0 不再随 Re 而变，成为一个仅取决于 A_0/A_1 的常数。孔板流量计的设计和使用最好在 C_0 为定值的范围之内。通常 C_0 取 0.6 ~ 0.7 的范围。

孔板流量计结构简单，制造方便，易于安装。当流量有较大变化时，为了调整测量条件，更换孔板也很方便。其主要缺点是流体流过孔板后能量损失较大，并随 A_0/A_1 的减小而加大。

2. 文丘里流量计

为了降低孔板流量计测量流量过程中因突然缩小和突然扩大而造成的能量损失，因此设法将测量管段加工制成如图 1–16 所示的结构。

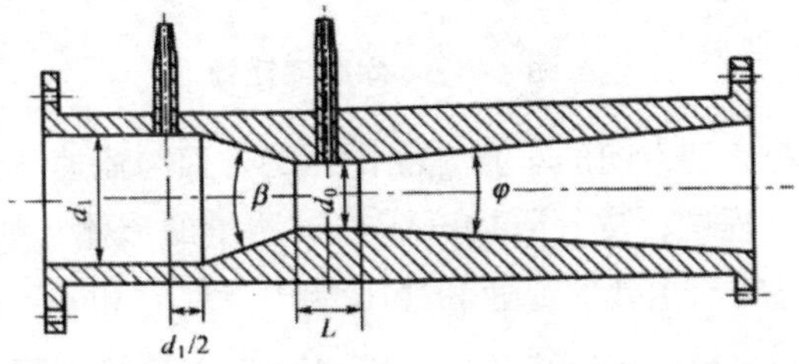

图 1–16 文丘里流量计结构

它是一个先收缩后扩张的管道，称为文丘里管，用于测量流量时，称为文丘里流量计。其上游进口截面的直径为 d_1，截面积为 A_1，接着是一个收缩段，收缩角 β 一般为 15° ~ 25° 。中间有一段平直的喉道，直径为 d_0，截面积为 A_0，喉道平直段长度 L 等于 d_0。最后一段为扩张管，扩张角 φ 为 5° ~ 7° ，使流量计的管道逐渐过渡到与原来管道截面一样大小。

流体流经收缩段时被加速，使喉道处的静压强小于上游进口截面处的，流速越大，则该两处间的压差越大。压差反映了管道内流量的大小。在进口段规定位置取静压强为 p_1，在喉道中间取静压强为 p_2，为了取得管道截面上的平均压力，应沿测试截面的圆周方向均匀地开若干个小孔，把这几点的压力并联在一起接到压差计上。此时流量也用上式计算，但以 C_V 代替 C_0，以 A_v 代替 A_0。文丘里管的流量系数 C_V 约为 0.98 ~ 0.99。

3. 测速管

测速管又称皮托（Pitot）管，作为一种测速元件，它是基于流体伯努利方程所表明的能 M 守恒原理而工作的。它不仅可以测量流体的流速，而且可测量流体的流量。由于其结构简单、成本低廉、压头损失小、安装和维修方便等一系列优点，特别适用于大直径（> 1m）管道流量和要求压头损失小的流量测量场合，近年来在国内外得到很大发展。

最常见的皮托管是带半球形头部和带圆锥形头部的，如图 1–17 所示。

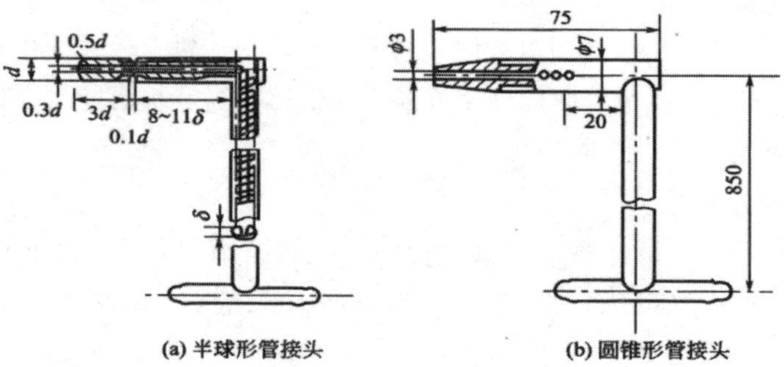

图 1–17　标准皮托管

在管端正面迎着流动方向的小孔是测冲压的，而与流速方向垂直的侧壁小孔是测量静压的。测量过程中，皮托管内充满着被测量的流体，如图 1–17 所示。设在测速管前一小段距离的点 1 处的流速和静压力分别为 u_1 和 p_1，当流体流至测速管口点 2 处，因管内充满了被测量的流体，故 $u_2=0$，动能转化为静压能，使静压力增至 p_2，因此，在点 2 内管所测得的为管口所在位置的静压头与速度头之和，合称冲压头，即

$$\frac{p_2}{\rho g}=\frac{p_1}{\rho g}+\frac{u_1^2}{2g}$$

而动压头为冲压头与静压头之差，它是流速的函数，结合上式，得

$$u_1=\sqrt{\frac{2gR(\rho_0-\rho)}{\rho}}$$

必须注意上式求得的 u_1 只是点速度，而不是平均速度，欲得到管内的平均流速，可将皮托管置于管道中心处测得最大流速 u_{max}，然后通过公式或曲线求出该截面上流体的平均流速，进而可以算出流量。

皮托管在安装使用时，应严格与管轴平行，其端孔应迎着流体流动方向，这点可通过正反方向扭转皮托管测量杆和前后摆动测量头来检验，当达到输出压差最大的位置即为正确的安装位置。此外，皮托管的前后应有足够长度的直管段，以使前后管道中流体形成一个均匀的流速，一般其前后管长分别为管道直径的 8 ~ 10 倍和 4 ~ 5 倍。

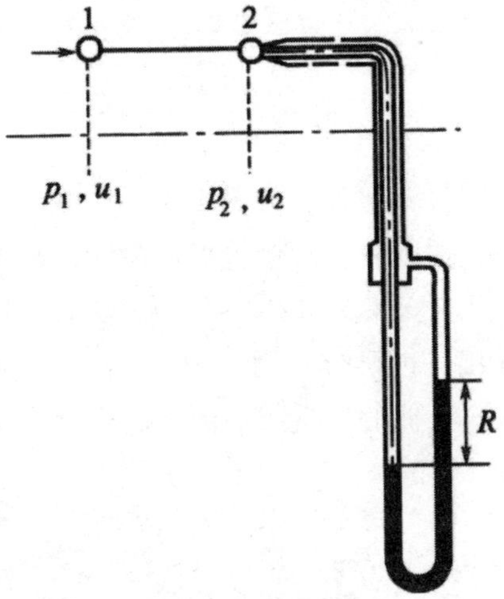

图 1–18　测速管

4．转子流量计

转子流量计结构如图 1–19 所示。它是一种常用的流量计量器具，其外壳系一锥角为 4° 左右的带有刻度的玻璃管，内装一转子（或称浮子），可视流量大小用不同材料制成不同形状，但其密度须大于被测流体的密度。管中无流体通过时，转子将沉于管底部。当被测流体以一定流量通过转子流量计时，在转子的上、下端面形成一个压差，该压差造成升力。当升力足够大时，能使转子向上浮起，随着转子的上浮，玻璃管内壁与转子上端外缘形成的环隙面积增大，环隙中流速减小，转子两端面的压差也随之减小，因此，当转子上升到某一高度，转子所受的升力正好等于其净重力时，转子便悬浮在此高度上，转子的这一平衡悬浮高度随转子两端面的压差，亦即流量的大小而变化。

设 V_f 为转子体积，A_f 为转子最大部分的截面积，ρ_f 为转子材料的密度，ρ 为被测流体的密度。若转子上、下方静压强分别为 p_2 和 p_1，则流体流经环隙截面所产生的压力差为（p_2-p_1）。当转子在流体中处于平衡状态时，即

转子承受的静压力 = 转子所受的重力 – 流体对转子的浮力

于是 （p_1-p_2）$A_f=V_f\rho_{fg}-V_f\rho g$

所以 $p_1-p_2=[V_{fg}(p_2-p_1)]/A_f$

从上式可以看出，当用固定的转子流量计测量某流体流量时，式中的 V_f、A_f、ρ_f、ρ 均为定值，故（p_1-p_2）亦恒定，与流量无关。

当转子停留在某固定位置时，转子与玻璃管之间的环隙面积就是某固定值。此时流体流经该环隙截面的流量和压差的关系与流体通过孔板流量计的情况类似，因

此，可以仿照孔板流量计的流量公式直接表示为

$$q_v = C_R A_R \sqrt{\frac{2(p_1 - p_2)}{\rho}}$$

转子流量计结构简单，读数方便，能量损失小，测量范围宽，能用于对腐蚀性流体的测量，应用很普遍。但因测量管多为玻璃材质，故不能经受高温、高压。转子流量计必须垂直安装，且应安装支路以便于检修。

通常，转子流量计在出厂前已分别用 293K 的水和 293K、101.3kPa 的空气标定过刻度。由上式可知，被测流体的流量与该流体的密度有关，故当用它测量其他流体时，需要对原有刻度加以校正。

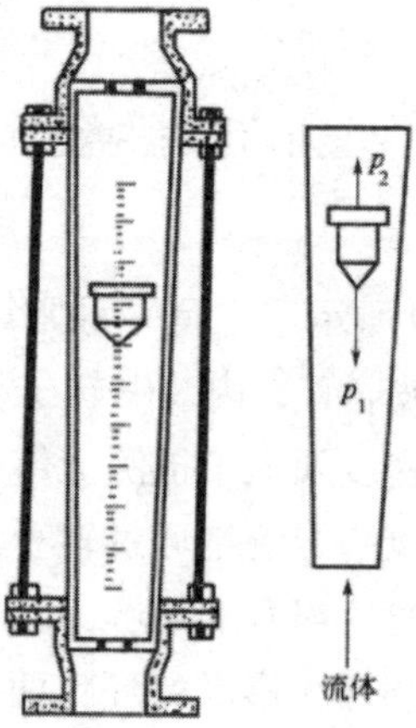

图 1–19　转子流量计

二、流体输送机械

化工管道内的流体在输送过程中，从低处升至高处，或者经过各种设备或反应装置，其间需要能量。为了达到生产预期目标，必须对流体提供机械能，以克服流体阻力并补充输送所不足的能量。可以向流体做功并提高其机械能的装置称为流体输送机械。用于输送液体的机械称为泵，通常，用于输送气体的机械称为风机和压缩机。

为了能达到正确选择和使用流体输送机械的目的，本节拟就离心泵和压缩机为代表，分别讨论其操作原理、基本结构和性能，并计算其功率消耗。

1．离心泵

（1）离心泵的构造及工作原理

离心泵的构造如图 1–20 所示。它有一蜗形外壳——泵壳，有一安装在旋转泵

轴上的工作叶轮。叶轮上有 4 ~ 12 片稍微向后弯曲的叶片（叶轮分为敞式、蔽式和半蔽式），叶片间形成使液体流过的通道。泵壳中央的轴心处有一液体吸入口与吸入管连接，压出口从泵壳侧旁按切线方向与泵壳相接。

泵壳与泵轴之间有密封装置——轴封，以防止泵轴旋转时产生泄漏现象。IS 型单级单吸离心泵的泵轴与电动机通过弹性联轴器相接。

离心泵在启动之前，应在泵壳内充满待输送的液体。启动时，电动机的转动，使泵轴带动叶轮旋转，充满叶轮间的液体在离心力的作用下，沿着叶片间的通道从叶轮中心进口处被甩到叶轮外围，以很高的速度流入泵壳，获得了较大的动能。液体流进蜗形通道后，由于截面积逐渐扩大，大部分动能转变为静压能。于是液体以较高的压力从出口进入压出管路。与此同时，随着叶轮中心液体被甩出以后，吸入口处就形成负压区，外界大气压力便迫使液体经底阀、吸入管进入泵内，充填了液体排出后的空间。因此，只要叶轮正常旋转不停，液体就会源源不断地吸入、排出，以满足液体输送的需要。

离心泵借助离心力的作用输送液体。离心力的大小除了与叶轮的转速、叶轮尺寸有关外，还与流体密度有关。流体密度越大，产生的离心力就越大。故当离心泵启动前，泵壳内未充满液体，即存在有空气时，由于空气密度很小，所产生的离心力亦很小，此时，叶轮中心难以形成足够的负压。虽然被启动的离心泵叶轮在高速旋转，但不能输送液体，这种现象称为“气缚”。为防止这种现象发生，启动泵前须向泵壳内注满被输送的液体。通常，为避免泵体内的液体漏失，常在吸入管底部安装带吸滤网的底阀（止逆阀），滤网是防止固体杂质进入泵内，损坏叶片或妨碍泵的正常操作。

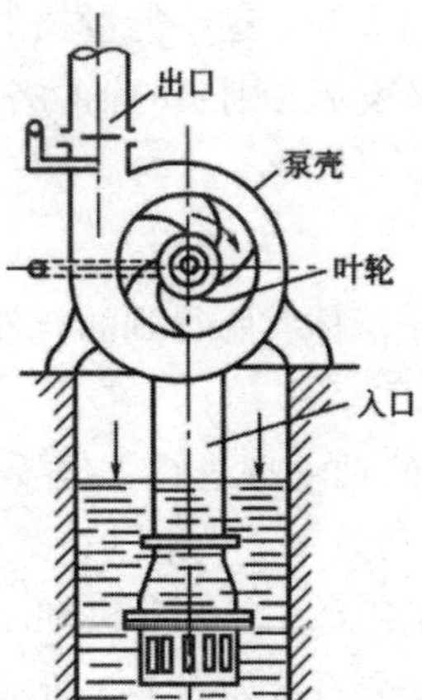

图 1–20　离心泵结构

（2）离心泵的主要性能参数

为了正确选择和使用离心泵，需要了解离心泵的性能。离心泵的主要性能参数为流量、扬程、功率和效率。

1）流量。泵的流量是指单位时间内泵所输送液体的体积，亦称送液能力。用符号 M 表示，其常用单位为 $m^3 \cdot s^{-1}$ 或 $m^3 \cdot h^{-1}$。

2）扬程。泵的扬程是指单位重量（1N）的流体经泵后所获得的能量，又称泵的压头，用符号 H_e 表示，单位为 m 液柱。

测量泵的扬程时，通常在泵的进出口处分别安装真空表和压力表。

在工程上，液体被视为不可压缩的流体，泵的进出口管径相差不大时，则 $u_1 \approx u_2$。此外，两表位置相距很近，尤其对高压水泵，可以近似地用下式表示泵的扬程，即

$$H_e=H_1+H_2$$

因此，只要在泵的进出口安装有真空表和压力表，就可以直接测得泵的扬程。

3）功率与效率。单位时间内，液体流经泵后实际得到的功为泵的有效功率 P_e。

已知泵的扬程 H_e，当水的流量为 q_v（$m^3 \cdot h^{-1}$），被输送液的密度为 ρ（$km \cdot m^{-3}$）时，泵的有效功率 P_e（kW）为

$$P_e=H_e q_v \rho g/1000$$

由于泵轴所做的实际功不可能全部转变为液体的机械能，其中一部分还要消耗于泵内各种能量损失，如泵内液体泄漏而造成的容积损失；液体流经叶轮、泵壳时，因流速大小和方向的改变，且发生冲击而产生的水力损失，以及泵轴与轴承和轴封之间的机械摩擦而引起的机械损失等。这些能量损失所反映出的泵的轴功率与有效功率的差别，以泵的总效率 η 来表示。则泵的轴功率 P、有效功率 P_e 和泵的总效率 η 之间的关系为

$$P=P_e/\eta$$

亦即，泵的轴功率 P 要大于液体实际得到的有效功率 P_e。对离心泵来说，其总效率 η 一般为 0.6 ~ 0.85。

选配电动机时，要根据泵的轴功率进行，但要考虑机械的联接方式和泵可能发生超负荷运转，即要考虑传动效率 η_t、电动机效率 η_m 和安全系数 β，因此，泵所配电动机的功率要比其轴功率大。当电动机和泵采用联轴器相联时（$\eta_t \approx 1$，$\eta_m \approx 0.95$），则电动机的容量安全系数如表 1-3 所示。

表 1–3　电动机的安全系数

P/kW	1.5 ~ 3.75	3.75 ~ 37.5	> 37.5
β	1.2	1.15	1.1

（3）离心泵的特性曲线

离心泵的特点是构造简单，可以用各种材料制造。它具有很大的操作机动性，能在相当广泛的流量范围内操作，其流量可用排出管路上的阀门控制。由前述离心泵的主要性能参数可知，它们之间是相互联系相互制约的。当流量变化时，扬程和功率也相应地随之变化。其间的关系，可以通过实验测定。测定是在固定转速下，将离心泵的基本性能参数用曲线表示出来，称为离心泵的特性曲线。它是分析和选用泵的重要依据。

图 1–21 所示为离心泵特性曲线，此曲线由泵的制造厂家提供，附在泵样本或说明书中，供使用者选泵和操作时参考。

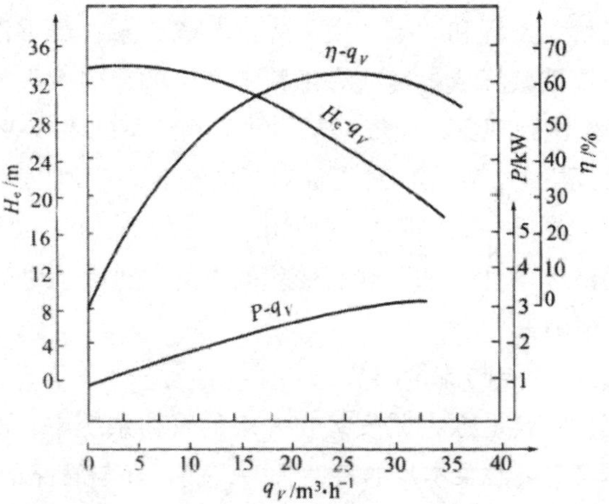

图 1–21　离心泵特性曲线

通常，离心泵特性曲线在转速为 n=2900r/min 时测得。它由以下三条曲线组成。

① H_e–q_v 曲线。表示泵的扬程与流量的关系。离心泵的扬程随流量的增大而下降。这是离心泵的一个重要特性。

② P–q_v 曲线。表示泵的轴功率与流量的关系。P 随 q_v 的增大而上升，流量为零时，轴功率最小。故在启动离心泵时须将出口阀门关闭。以降低启动功率，保护电机。

③ η–q_v 曲线。表示泵的效率与流量的关系。从图 1–21 上可看出，当 q_v=0 时，η=0；随着流量的增大，泵的效率随之上升并达到一个最大值；过峰值后，流量增大

泵的效率反而下降，此峰值即为泵在该转速下的最高效率点。泵在与最高效率点相对应的流量及扬程下工作最为经济，所以，与最高效率点对应的 q_v、H_e 和 P 值称为最佳工况参数。离心泵铭牌上标注的数值即指该泵在最高效率点上的性能。因此，根据生产任务选用离心泵时，应使所选用的泵能在此点附近操作。通常将最高效率的 92% 左右的这段范围称为最高效率区。

各种型号的泵均有各自的特性曲线，形状基本相同。

（4）离心泵的汽蚀现象和安装高度

离心泵叶轮的进口附近通常都出现最低压强，一旦此压强低到小于被输送液体在操作温度下的饱和蒸汽压，就会引起液体的部分汽化，形成许多小气泡，体积突然膨胀。当含有大量气泡的液体由泵中心的低压区流进叶轮的高压区时，气泡受压而重新凝结，形成局部真空，周围液体以极大速度冲向原气泡所占据的空间。此时，质点互相撞击，产生很高的局部压力。如果这些气泡在叶轮表面附近破裂而凝结，则液体质点就像无数小弹头一样，连续冲击在叶轮表面上。在压力很大频率很高的质点连续冲击下，叶轮表面逐渐因疲劳而损坏，这种现象叫作汽蚀现象。汽蚀会降低泵的性能，使流量、扬程和效率大大下降。若离心泵在严重汽蚀状态下运转，则发生汽蚀的部位很快被破坏成蜂窝或海绵状，使泵的寿命大大缩短，以至于不能正常工作。为避免发生汽蚀现象，应根据泵的性能确定泵的吸入极限，即安装高度。

在我国离心泵规格中，采用两种指标对泵的安装高度加以限制，以免发生汽蚀。一种是允许吸上真空高度，它是随泵的使用地点的大气压强、吸入管路的流量和流动阻力以及被输送液体的性质和温度而变化的。另一种是汽蚀余量，以之作为抗汽蚀参数较为方便和精确。

（5）离心泵的工作点与流量调节

化工生产过程中，离心泵总是安装在一定的管路系统中，所以，泵实际操作时的扬程与流量，不仅与离心泵本身的特性有关，而且还与管路的工作特性有关。

当装有离心泵管路系统在输送液体时，要求泵提供的压头可以通过伯努利方程求得，即

$$H_e=\Delta z+(\Delta p/\rho g)+(\Delta u^2/2g)+\sum hf$$

式中 $\Delta z+(\Delta p/\rho g)$ 与管路中液体流量无关，在输液高度和压力不变时为一常数，故令 $\Delta z+(\Delta p/\rho g)=A$。若两计算截面积都很大，其流速与管路相比可以忽略，$(\Delta u^2/2g)\approx 0$，此时，$H_e=A+\sum hf$。其中

$$\sum hf=\lambda\frac{8}{\pi^2 g}\frac{l+\sum l_e}{d^5}q_v{}^2$$

将上式标绘在 $H_e \sim q_v$ 坐标图上，即得管路特性曲线，如图 1–22（a）所示。此线的形状与管路布置及操作条件有关，而与泵的性能无关。

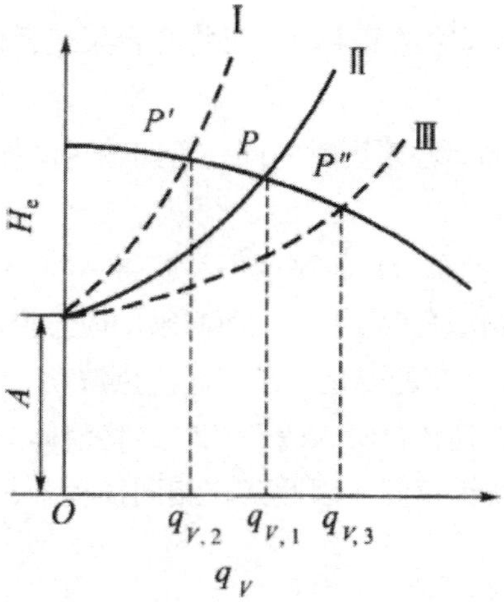

（a）改变管路特性曲线

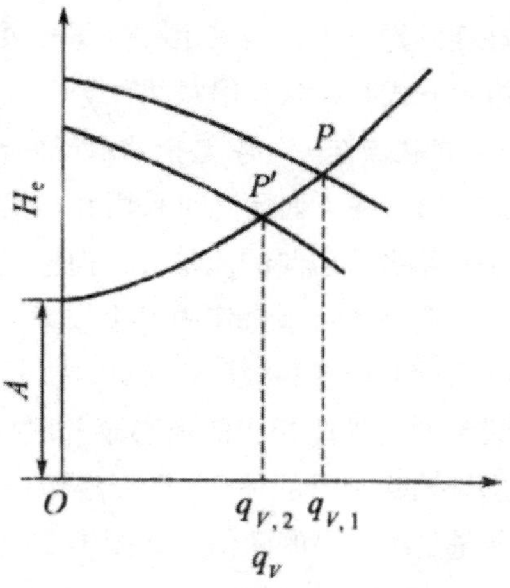

（b）改变泵特性曲线

图 1–22　$H_e \sim q_v$ 特性曲线

管路特性曲线与泵的特性曲线的交点 P，即为泵的工作点。对应此点的流量、扬程、轴功率和效率就是泵在此管路系统的实际流量、扬程、轴功率和效率。离心泵在该点工作，管路中的流量才能稳定。

生产操作过程中，需要经常调节液体流量。从泵的工作点可知，调节流量实质上就是改变离心泵的特性曲线和管路特性曲线，从而改变离心泵的工作点，而调节流量最方便的方法是调节管路中离心泵出口阀门的开度，调节阀门的开度即改变管路阻力系数，使管路特性曲线与工作点发生改变，以达到调节流量的目的。如图 1–22（a）所示的关小阀门，阻力增大，管路特性曲线变陡，流量由 q_v，1 降为 q_v，2，管路特性曲线为Ⅰ，工作点由 P 移至 P' 。反之，则为曲线Ⅲ，流量为 q_v，2 工作点为 P'' 。此外，若调节幅度较大，时间又长时，若能改变泵的叶轮直径或转速，即改变泵的特性曲线，也可以使工作点变动，以调节流量，如图 1–22（b）所示，离心泵原来的转速为 n 时，工作点为 P。当将泵的转速降为 n′ 时，流量由 q_v，1 降为 q_v，2，泵的特性曲线下移，工作点由 P 点变为 P' 点。

采用调节离心泵出口阀门开度大小改变流量固然简便、灵活，但是，关小阀门时容易增大管路阻力，经济上不合理；采用切削叶轮直径为一次性调节，适应性较差；而改变离心泵叶轮转速的方法，虽不会额外增加阻力，能量利用率高，但却需要增加调速器或选用可调速的原动机等，应用起来各有利弊。然而，随着电子与变频技术的发展和广泛使用，目前，化工用泵的变频调速已经摒弃上述弊端，成为了一种调节方便、节能适用的流量调节方式。

（6）离心泵的组合操作

在实际操作中，当采用一台离心泵不能达到输送要求时，可将几台泵组合使用。通常组合方式有并联和串联两种。

1）并联操作。并联是指两台或两台以上的离心泵同时向同一管路输送液体的工作方式。通常在下列情况时采用并联操作：

①管路系统需要的流量大，但输送大流量的泵价格较高或不易获得；

②为避免单台泵操作中发生故障，但又要保证正常生产，而必须的应急措施；

③为使泵能在高效区内工作，并适应外界负荷的变化，而引起流量波动。

设有两台性能相同的离心泵并联操作，而且各自吸入管路相同，将液体通过同一排出管输送到目的地，则两台泵的流量和扬程相同，因此，在相同扬程下，并联泵的流量是单台泵的两倍，如图 1–23 所示。

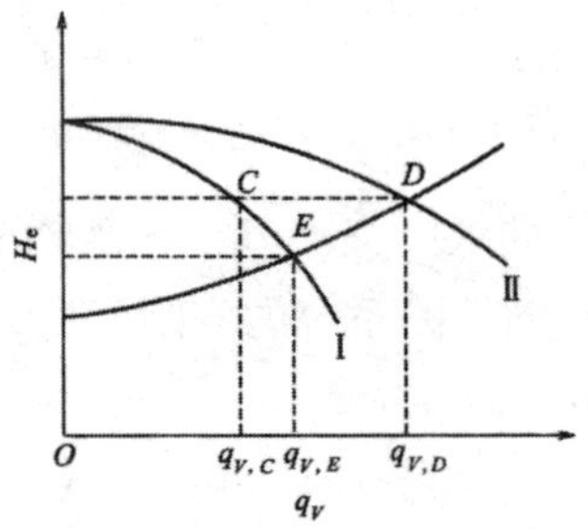

图 1–23　泵的并联操作

曲线Ⅰ为单泵的特性曲线，曲线Ⅱ是在同样扬程下，将曲线Ⅰ的流量坐标加倍，而得到的两泵合成特性曲线。图中，单泵工作点为 E，扬程为 H_e，E，流量为 q_v，E；两台泵并联时工作点为 D，扬程为 H_e，D，相应的流量为 q_v，D，而此时每台单泵的流量为 q_v，C。

$$q_v，C < q_v，E < q_v，D$$

由此可知，两台同性能泵并联工作时的流量并不是每台泵在同一管路中单独使用时的两倍，并联泵的台数越多，流量增加率越小，故并联泵的台数一般少于三台。

2）串联操作。串联操作是指一台泵向另一台与之性能相同泵的吸入口输入液体的工作方式。通常在如下情况时宜用：

①高压泵不易制造或得到；

②由于输送系统改变，管路阻力增大，因而需要提高扬程和流量。

两台性能相同的泵串联操作时，每台泵的流量和扬程也是相同的，因此，在相同流量下，串联泵的扬程是单台泵的两倍，将单台泵的特性曲线Ⅰ的扬程坐标加倍，可得串联泵的合成特性曲线Ⅱ，如图 1–24 所示。

由图中可知，单泵工作点为 E，相应的扬程为 H_e，E 流量为 q_v，E；串联泵的工作点移至 D，相应的扬程为 H_e，D，流量为 q_v，D；串联时每台泵的扬程为 H_e，C，流量为 q_v，C（$=q_v$，D），故

$$H_{e,}\ C < H_{e,}\ E < H_{e,}\ E$$

即，性能相同的两台泵在串联操作时的扬程并不等于单泵在同一管路中单独使用时的两倍，串联的台数越多，扬程增加率越小。此外，串联后的流量比单泵操作时要大。

3）组合方式的选择。若管路两端的势能差［ $\Delta z+$（ $\Delta p/\rho g$）］大于单台泵的最大扬程，则只能采用串联操作。但是，在多数情况下，单泵可用以输液，只是流量达不到指定的要求，因此，可以针对管路的特性选择适当的组合方式，以增大流量。

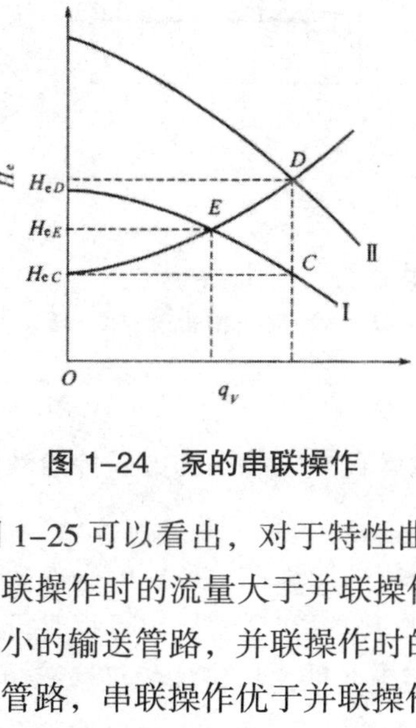

图 1–24　泵的串联操作

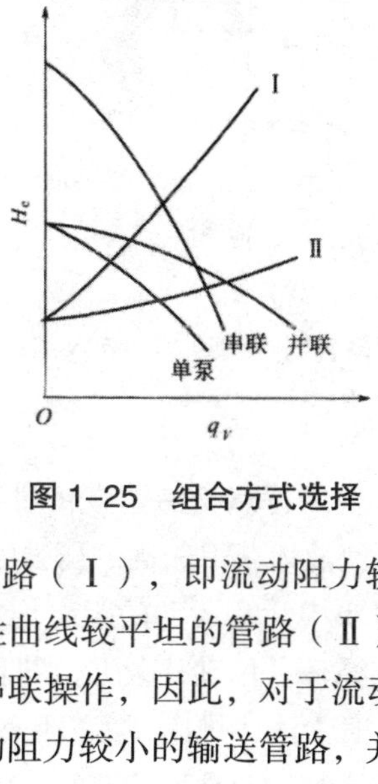

图 1–25　组合方式选择

由图 1–25 可以看出，对于特性曲线较陡的管路（Ⅰ），即流动阻力较大的输送管路串联操作时的流量大于并联操作；对于特性曲线较平坦的管路（Ⅱ），即流动阻力较小的输送管路，并联操作时的流量大于串联操作，因此，对于流动阻力较大的输送管路，串联操作优于并联操作，而在流动阻力较小的输送管路，并联操作优于串联操作。

对于扬程，也有上述两种类似情况。

2. 其他类型的化工用泵

（1）往复泵

往复泵是利用活塞的往复运动将能量传递给液体，以完成对液体的输送。这种

泵在输送流体时，其流量只与活塞的位移有关，而与管路的情况无关，但其压头只与管路情况有关。这种特性称作正位移特性，具有这种特性的泵称为正位移泵。

按照往复泵的动力来源可将它分为电动往复泵和汽动往复泵。前者是由电动机驱动，电动机通过减速箱和曲柄连杆机构与泵相连，将旋转运动变为往复运动。而后者直接由蒸汽机驱动。泵的活塞和蒸汽机的活塞共同连在一根活塞杆上，构成一个总的机组。

按照作用方式可将往复泵分为：

单动往复泵［图 1–26（a）］，活塞往复一次，则吸、排液各一次；

双动往复泵［图 1–26（b）］，活塞两边都在工作，每个往复既吸液，又排液。

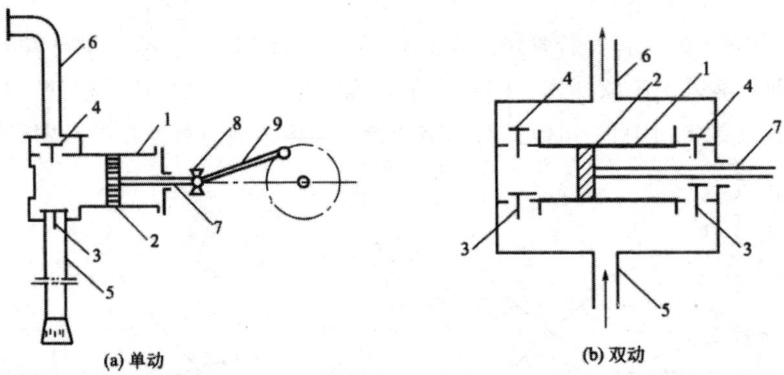

图 1–26　往复泵

1– 泵缸；2– 活塞；3– 吸入阀；4– 排出阀；5– 吸入管；6– 排出管；7– 活塞杆；8– 十字头滑块；9– 连杆

往复泵的特点是活塞直接对液体做功，能量直接以静压的方式传给液体。采用往复泵可使液体获得较高的压强。

往复泵中活塞运动的距离称为冲程。活塞运动使被输送液体的吸入和排出组成一个工作循环。单动往复泵的排液量是不均匀的，仅在活塞压出行程时排出液体，而在吸入时无液体排出。加之活塞的往复运动系由曲柄连杆机构的机械运动所造成，故活塞的往复运动是不等速的，相应地其排液量就有波动，其流量曲线如图 1–27（a）所示。为消除排液的不均匀性，可以用多个泵缸联动，各泵缸的工作循环各相差一定时间或各泵缸的运动周期各差一定角度而使排液均匀。图 1–27（b）和图 1–27（c）分别表示单缸双动和三缸联动往复泵的流量曲线。

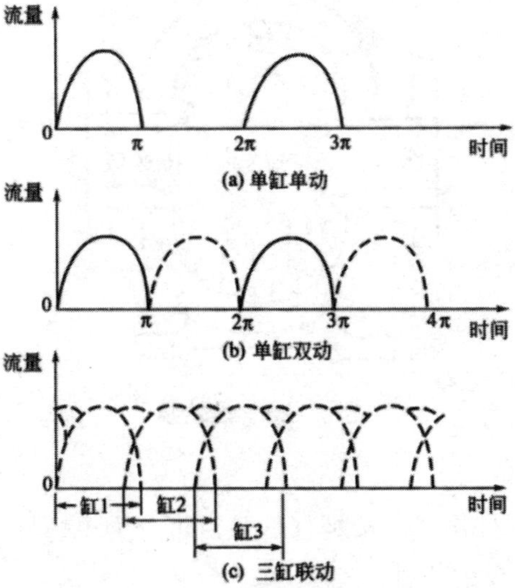

图 1-27 往复泵的排液量与时间的关系

往复泵在化工生产中用于压头大而排液量较小的场合。由于它为正位移泵，送液量的调节需要将排出液用旁路部分循环返回泵入口的方法。

往复泵的效率虽可达到 70% ~ 90%，但设备笨重，部件要求精度高，在不少场合已逐步为其他形式的泵所取代。

（2）计量泵

在化工生产中，有时要求精确、定量地输送液体，或将几种不同的液体按比例输送。为了完成这类液体的输送任务，常采用计量泵或比例泵。计量泵的基本构造和往复泵相同，但设有一套可以准确而方便地调节活塞行程的机构，即通过调节偏心轮的偏心距离，改变活塞的冲程从而改变流量。常见的有柱塞式计量泵和隔膜式计量泵。

（3）齿轮泵

齿轮泵的基本构造如图 1-28 所示。根据其结构特点划分，它属于旋转泵。

泵壳呈椭圆形，内有两个齿轮。一个为主动轮，由电动机联轴转动，另一个被啮合而作为从动轮朝相反方向旋转。当齿轮转动时，因两齿轮的齿相互分开，使吸入腔内形成低压而吸进液体。被吸入的液体被齿嵌住，沿壳壁随齿轮转动而进入排出腔，而被排出腔内两齿轮的齿相互合拢形成的高压将其排出。通常，出口压力在几个到十几个大气压。齿轮泵压头高、流量小，适于输送黏度大的液体乃至膏状物料。

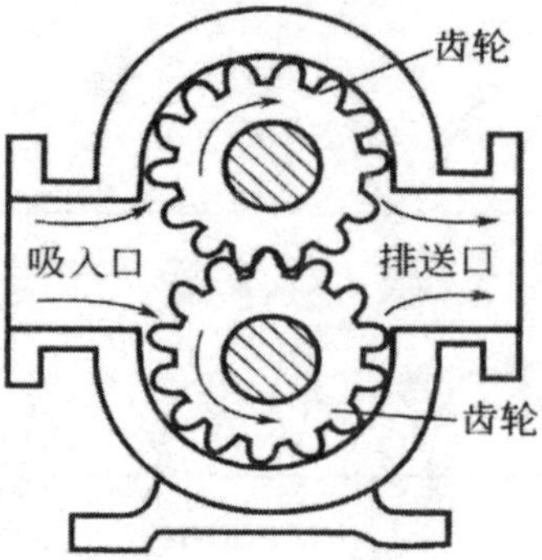

图 1–28　齿轮泵

（4）螺杆泵

螺杆泵由泵壳与螺杆构成。按螺杆的数目可分为单螺杆泵、双螺杆泵、三螺杆泵等。螺杆泵也是旋转泵的一种。

单螺杆泵的工作原理是靠螺杆在具有内螺纹的泵壳中偏心转动，把液体沿轴向推进，挤压到排出口［见图 1–29（a）］。

图 1–29（b）为双螺杆泵，它与齿轮泵相像，一个螺杆转动时，带动另一根螺杆，螺纹互相啮合，液体被拦截在啮合室内沿螺杆轴前进，从螺杆两端被挤向中央排出。多螺杆泵则依靠螺杆间相互啮合的容积变化来输送液体。

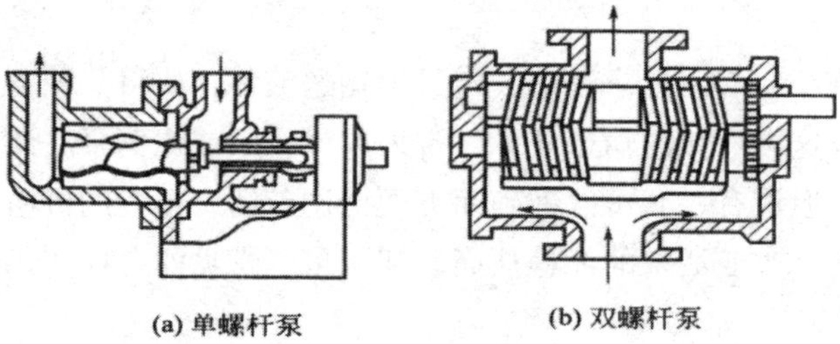

图 1–29　螺杆泵

螺杆泵效率较齿轮泵高，运转时无噪声、无振动、流量均匀，适用于在高压下输送高黏度液体（如橡胶液，化学纤维的粘胶液等），壳室内衬有硬橡胶的单螺杆泵，可以用来输送带颗粒的悬浮液。

（5）旋涡泵

旋涡泵的构造如图 1–30 所示。圆形泵壳内有一个四周铣出辐射状凹槽的圆盘形叶轮，如图 1–30（a）所示。泵内部情况如图 1–30（b）所示，叶轮 1 上有叶片 2，叶轮在泵壳 3 内转动，其间有环形通道 4，位于泵顶的吸入口和排出口之间有隔板 5

隔开。

泵体内充满液体后，当叶轮高速旋转时，产生离心力，将叶片凹槽内的液体甩向流道，在截面积较宽的流道内，引起一部分动能转变为静压能。与此同时，在凹槽近轴的一方形成低压，使流道内的高压液体又一次进入凹槽，再度受离心力作用继续增大压力，这样，液体由吸入口吸入，多次通过叶片凹槽和流道间的反复旋涡状运动。因为多次进行动能和静压能的转换，所以获得了较高的压头。

旋涡泵流量小、压头高、体积小、结构简单。在相同的叶轮直径和转速条件下，其压头比离心泵要高 2 ~ 4 倍。旋涡泵适于输送黏度不高，且不含固体颗粒的液体。

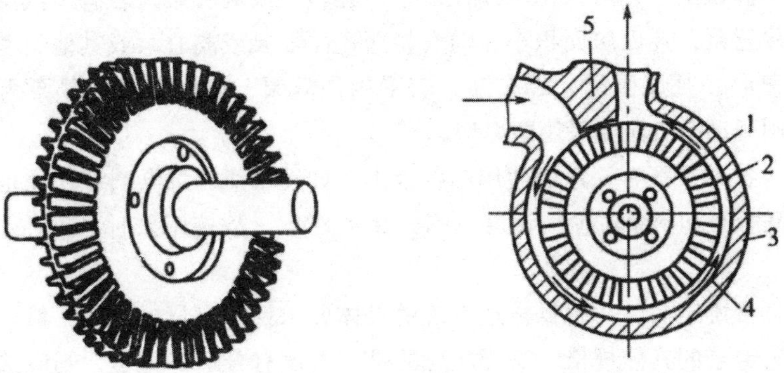

图 1-30　旋涡泵

1- 叶轮；2- 叶片；3- 泵壳；4- 流体通道；5- 吸入口和排出口的间壁

3．泵的选择

泵有多种类型和规格，并作为一种定型设备，供人们从有关设备的样本和产品目录中选择。一般在选择时，应先确定泵的类型，然后再确定其规格。确定泵的类型，需要考虑以下三方面的问题。

（1）被输送物料的性质。包括：属于液相均一系还是非均一系，温度，密度，黏度，毒性，相溶性，化学腐蚀性，挥发性与易燃、易爆性等。

（2）生产过程要求。包括：扬程，流量，吸入高度，流量和压头的均匀性，间歇或连续操作，操作时间长短等。

（3）安置泵的客观条件。包括：动力种类与来源（包括水、电、汽、压缩空气等），厂房空间大小及其防火防爆等级等。

实际工作中在选择泵的类型时，可从上述三方面入手做一简单分析。例如，凡输送均一液相，任何泵都可以；悬浮液只能用隔膜式往复泵或离心泵输送；输送高黏度的液体（如合成橡胶、树脂、纤维的聚合液）以及胶体溶液、膏状物或糊状物时可用齿轮泵或螺杆泵；输送化学腐蚀性物质可用耐腐蚀离心泵、塑料离心泵、隔膜式往复泵；输送易燃易爆液体时，可采用蒸汽往复泵、用防爆型电动机驱动的离心泵。

凡属间歇操作，对流量均匀与否不做要求，则采用任何泵都可以；若连续操作，流量均匀，则最好采用离心泵或旋转泵；离心泵适于流量大、扬程小的场合，而往复泵正相反；若流量很小（$0.56L \cdot S^{-1}$ 以下）时，虽液体黏度不大，但要求连续均匀，则可选用齿轮泵。

若有电源供给，则可采用电动往复泵、旋转泵或离心泵；若有蒸汽供应，则可采用蒸汽往复泵；凡厂房面积小，则安装立式往复泵或离心泵或其他类型泵，而不选卧式往复泵；凡属甲级防爆车间，若采用往复泵，则以蒸汽往复泵为宜。如用离心泵，则驱动电机需要采用防爆型。

此外，各种泵都有一定的使用温度范围，如硬聚氯乙烯塑料泵使用范围为 0 ~ 35℃，酚醛胶布塑料泵的使用温度范围为 0 ~ 80℃，故选用泵时，还必须注意物料温度。

泵的类型确定后，再根据输送系统的具体要求计算流量、扬程，然后从泵类产品样本中选定泵的具体规格。需要注意的是，若没有合适的型号，则应选定泵的扬程和流量都稍大的型号；若同时有几个型号适合，则应列表比较选定。然后按所选定型号，进一步查其详细性能数据。当泵的规格、型号选定后，应按工作液体与水的密度之比核算泵的轴功率，并根据操作条件的变化范围及必备的生产潜力考虑合适安全系数，最后再选配合适的电机。

4. 气体输送机械

化工生产中的气体输送机械的结构和原理与液体输送机械大致相同，但是，由于气体本身的可压缩性，故当输送过程中压力的变化，必将导致其体积和温度随之变化。这些变化又将影响到气体输送机械的结构和形状，因此，气体输送机械的分类，除了根据其结构和作用原理外，还可按终压（出口压力）或压缩比（气体排出与吸入压力的比值）的大小划分，以利于选择。若按终压和压缩比大小可将之分为四类：

①通风机终压不大于 15kPa（表压），压缩比为 1 ~ 1.15；

②鼓风机终压为 14.7 ~ 294.3kPa（表压），压缩比小于 4；

③压缩机终压大于 294kPa（表压），压缩比大于 4；

④真空泵用于减压，终压为 101.3kPa（表压），其压缩比由真空度决定。

（1）通风机

化工生产中用的通风机有两种类型，即离心式和轴流式。由于轴流式通风机风压小，一般只作为冷却水塔和空冷器的通风换气之用，而离心式通风机则使用广泛。

离心式通风机结构简图如图 1–31 所示。和离心泵一样，在蜗形壳内装一高速旋转的叶轮，借叶轮旋转所生产的离心力，使气体的压头增大而排出。

按通风机产生的风压不同分为以下几种。

①低压通风机：风压≤ 1kPa（表压）。

②中压通风机：风压为 1k ~ 3kPa（表压）。

③高压通风机：风压为 3k ~ 15kPa（表压）。

使用离心式通风机时，若压力要求不高，多采用中低压离心式通风机。此类风机叶片形状为前弯，以使结构紧凑，利于提高风速，但效率低，能量损失大，且易造成原动机过载，因此，所有高效风机都采用后弯叶片。

与离心泵类似，离心式通风机的主要性能参数也包括流量（风量——单位时间内从风机出口排出气体的体积，$m^3 \cdot h^{-1}$）、压头（风压——单位体积气体流过风机时所获得的量，$J \cdot m^{-3}=N \cdot m^{-2}$）、功率和效率。

和离心泵一样，离心式通风机的操作性能亦可用特性曲线表示。需要说明的是，该曲线是在 20℃和 101.3kPa 条件下用空气（ρ=1.2kg · m^{-3}）测定的。

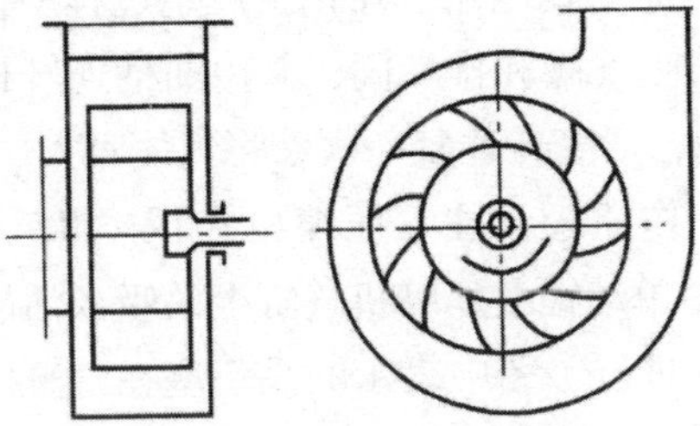

图 1–31　离心式通风机

（2）鼓风机

化工生产中常用的鼓风机有旋转式和离心式两种类型。

1）罗茨鼓风机。罗茨鼓风机属旋转式风机，其结构如图 1–32 所示。在一个长圆形机壳内装有两个铸铁或铸钢的腰子形转子，转子端部与机壳、转子与转子间隙很小。当转子反向旋转时，气体从一侧吸入而从另一侧排出。若改变转子旋转方向，可使吸入口与排出口互换。其排风量与转子转速成正比，可在 120 ~ 30000$m^3 \cdot h^{-1}$ 之间变动。出口风压在 80kPa（表压）以内。若出口风压过高，会造成泄漏增加，效率降低。

罗茨鼓风机的出口应安装稳压罐与安全阀，流量用旁路调节。其操作温度应低于 85℃，否则转子受热膨胀，造成转子碰撞和卡住现象。

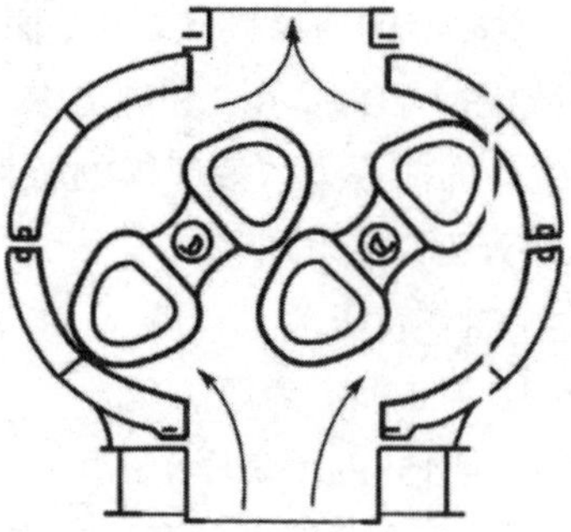

图 1-32　罗茨鼓风机

2）离心鼓风机。离心鼓风机又称透平鼓风机或涡轮鼓风机，其基本结构、工作原理和离心通风机相仿。所不同的是，离心通风机内只有一个叶轮，仅产生低于15kPa（表压）的风压，而离心鼓风机常用多级结构，与多级离心泵类似。

离心鼓风机出口压力在300kPa（表压）以内，因压缩比不大，故压缩过程中，气体不必经过中间冷却装置冷却，各级叶轮的尺寸也基本上相等。

（3）往复式压缩机

作为气体输送机械，往复式压缩机在化工产生过程中使用得较为广泛。其主要部件有气缸、活塞、单向吸气阀和排气阀，并由曲柄连轩机构带动活塞在气缸中往复运动。曲柄每转动一周，活塞就往复一次，将气体吸入、压缩和排出。

1）往复压缩机的工作原理。往复压缩机在理想状态下的压缩过程可以用图1-33来说明。该图示意的单动往复压缩机气缸上的吸入活门S和排出活门D都在活塞一侧，吸气与排气分开进行。图中表示的是活塞在气缸的最右端，此时，气缸内气体的体积为 V_1，压力为 p_1，对应于，p—V 图（压缩机的理论示功图）上的 a 点。

当活塞开始向左推进时，位于气缸左端的两个活门都是关闭的，故气体的体积缩小而压力上升，直至压力升高到 p_2，活门D才被顶开。在此之前，气体处于压缩阶段，其变化状况在 p-V 图上以曲线ab表示。压缩阶段之末，气体状况为 b 点。

在气体压力为 p_2 时继续将活塞向左推进，缸内气体便经D压出。缸内压力维持在 p_2，气体体积逐渐减小，这一阶段称为排出阶段。气体变化状况以水平线 bc 表示。及至排出阶段之末，气体全部排出，其体积降至零，气体状况如图中 c 点所示。活塞再转而向右移动，缸内压力下降，在 p-V 图上以 cd 表示，压力降至 p_1，气体状况为 d 点所示。此时，活门D关闭，S打开，气体被吸入。气缸内压力维持在 p_1，而缸内气体体积逐渐增大，这个阶段为气体的吸入阶段，缸内气体状况沿水平线 da 而变，直至恢复到 a 点，于是，完成一个操作循环。

在图1-33的理论示功图中，四边形所围的面积，表示压缩气体时所消耗的功，亦即推动压缩机所必需的理论功，故图中面积越小，则将气体压缩到所需压力时消耗的理论功就越少。

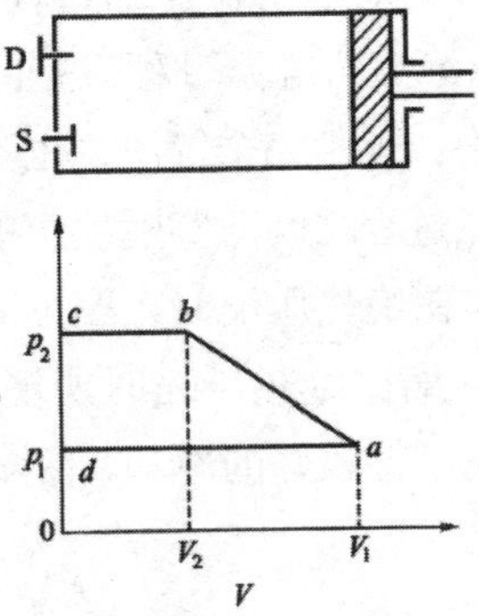

图 1–33　压缩机理论

实际上，为使压缩机的安装、操作、使用安全，避免活塞与气缸盖直接相撞，在二者之间必须留出少许空隙。排出阶段终了，活塞端面与气缸盖之间的空隙，即为余隙，其中的气体仍处于终压外之下。有余隙的压缩循环和理想压缩循环的区别，在于排气终了残留在余隙体积中的高压气体在活塞自左向右移动时，将再次膨胀。而吸入活门 S 的开启和吸气，则要待膨胀后的压力为初压 p_1 时方可。故实际循环中的排出与吸入阶段之间多了一个余隙气体膨胀阶段，并且每一循环中所吸入的气体量比理想循环要少。

由此可见，压缩机的一个工作循环是由膨胀、吸入、压缩、排出四个阶段组成的。

图 1–34 是压缩机气缸的实际示功图。从图中可以看出，由于气缸内有等于 V_0 的余隙体积存在，则吸入过程并不是从 d 点开始进行，而是在活塞反向走了一段距离，余隙气体膨胀到图中的 d' 点时，气缸中的压力才降至进气压力 p_1，吸气活门方打开吸气，因此，实际吸入气体体积 V_2，小于活塞行程所扫过的体积 V_3（理论吸气体积），二者之比称为容积系数 λ，即

$$\lambda=V_2/V_3$$

余隙体积 V。与理论吸气体积 V_3 之比称为余隙系数，以符号 ε 表示，即

$$\varepsilon=V_0/V_3$$

每次循环中活塞在气缸内扫过的体积为 V_3+V_0，它所能吸入气体的体积为

$$V_2=V_3+V_0-V_1$$

式中，V_1 为余隙所占的体积，它可以用比较固定的体积 V_0 表示，对于绝热系统而言，$V_1=V_0（p_2/p_1）^{1/m}$。

实际操作过程，气体被压缩时会产生大量的热，其原因是由于外力对气体做了功。压缩气体时，压缩机功耗的大小，与被压缩气体的温度变化有直接关系。一般说来，压缩气体的过程可分为绝热压缩过程、等温压缩过程和多变压缩过程。在图 1–34 中分别以 *ab′* 、*ab″* 和 *ab* 表示。绝热与等温过程只是两种极端情况，故在实际生产中很难办到。在压缩气体的过程中，既不完全等温，也不完全绝热的过程，称为多变过程，这种过程，介于等温与绝热过程之间。实际生产中的压缩气体，均属此种过程。

从图 1–34 可以看出，气体在绝热压缩时，图形 *ab′ cd* 的面积比在等温压缩时的面积 *ab″ cd* 要大，故等温压缩比绝热压缩时所消耗的功要小得多。为了节省压缩功，在实际工作中，总希望能进行较好的冷却，使多变过程尽量接近于等温过程。

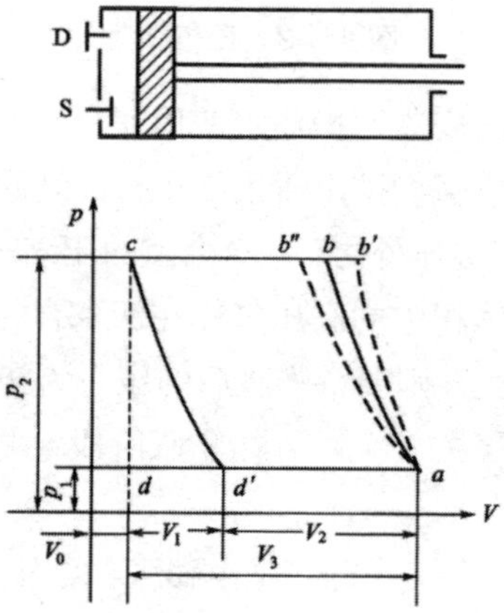

图 1–34　压缩机的实际示功图

2）多段（级）压缩。对于高压缩比（p_2/p_1 > 5 ~ 7）的压缩过程，考虑到减少功耗、提高压缩机的经济性；机件的承受能力、气缸容积的利用率及气体经压缩后温升过高，致使润滑油黏度降低、烧焦而失去润滑性，加快零件磨损，降低压缩机寿命等问题，一般将其设计成多段压缩。

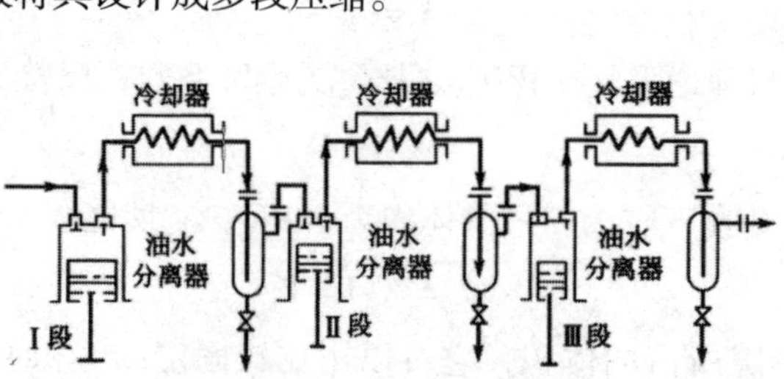

图 1–35　多段压缩机

所谓多段压缩，即根据所需压力，将压缩机的气缸分成若干压力等级（如低压段、中压段和高压段），如图 1–35 所示，在每段压缩后，设置中间冷却器和油水分离器，以冷却每段压缩后的高温气体并分离掉夹带的润滑油。这样使整个压缩过程接近于等温压缩过程，而气体的压力则分步提高到所需的指标。如六段往复式压缩机，可将气体由 0.1MPa 加压至 32MPa。

采用多段压缩可以降低压缩气体所消耗的功，现以三段压缩（见图 1–36）进行分析。

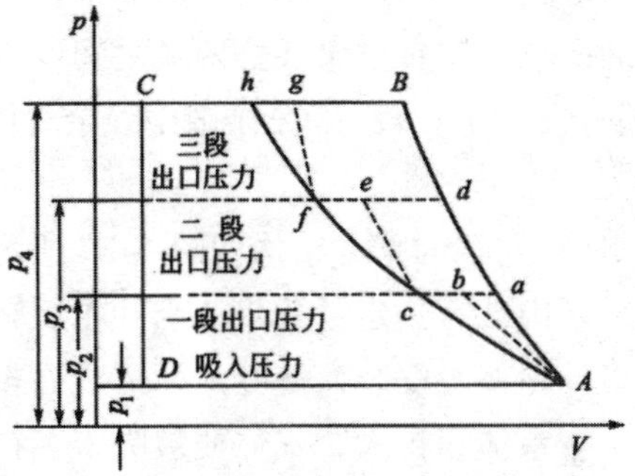

图 1–36　三段压缩机的示功图

从图中可以看出，当气体在 p_1 压力下进入一段气缸（低压气缸），并在缸中压缩到 p_2 时，由于气缸水夹套的冷却作用，便节省了面积 *Aab* 的功；当气体自一段排出，经过中间冷却器时，气体温度降低，体积由 *b* 点降至 *c* 点，但其压力仍保持为 p_2。这样，又使第二段压缩时，节省了面积为 *adec* 的功。同样道理，由第二段到第三段所节省的功，可用面积 *dBgf* 表示。如果分段越多，则 *A*、*b*、*c*、*e*、*f*、*g* 各点的连线，就会越靠近等温曲线 *Ah*，节省的功也就越多。

综上所述，欲将气体压缩到高压，采用多段更为有利，且段数越多，越能使压缩过程趋近于等温过程，所消耗的功越小，但是，气体经过的段数太多，则进、出活门和中间冷却器及油水分离器的次数也随之增多，阻力损失将随之增大，设备构造复杂，造价也更贵。若超过一定段数后，其所省的功还不能补偿制造费用的增加，因此，常用的多段压缩以不超过七段为限。每段的压缩比以不低于 4 为宜，且各段压缩比以平均分配为优。

往复压缩机的产品有多种，除空气压缩机外，还有氢气、氨气和石油气压缩机等，以适应各种特殊需要。其选用主要依据生产能力（以吸入常压空气，$m^3 \cdot min^{-1}$ 来测定）和排出压强（或压缩比）两个指标。在实际选用时，首选根据待输送气体的性质，决定压缩机的类型，然后再根据上述两个指标，从产品样本中选取合适的压缩机。

（4）真空泵

为使真空容器维持较高的真空度，从其中抽气（或蒸汽）并加压排向大气的压缩机称为真空泵。根据其结构来分，化工中常见的有往复式真空泵、水环式真空泵、旋转式真空泵和喷射泵等。用于真空蒸发、真空蒸馏、真空过滤等操作。

1）往复真空泵。往复真空泵的结构和操作原理与往复压缩机基本相同。所不同的是真空泵是在低压下操作，气缸内外压差很小，故排出和吸入活门必须更加轻巧灵活；在系统所需真空度较高时，压缩比很大（如 95% 的真空度，压缩比约为 20），余隙中残留的气体对真空泵的抽气速率便影响很大，故真空泵的余隙容积必须很小。为了减小余隙的影响，在真空泵气缸两端之间设有一条平衡气道，在活塞排气终了时，让平衡气道连通一个短暂时间，余隙中残余气体便从一侧流向另一侧，于是其压力降低。

2）水环真空泵。水环真空泵的基本结构如图 1–37 所示。其外壳为圆形，壳内有一个偏心安装的叶轮。泵内装有一定量的水，当叶轮旋转时，水被甩向外缘而形成水环起液封作用。由于叶轮偏心安装而使叶片间形成许多大小不等的空室，叶轮旋转至右半部进气口时，空室体积扩大，气体便被吸入，在继续旋转至左半部，空气体积逐渐缩小而将气体压缩，最后从出气口被压出。

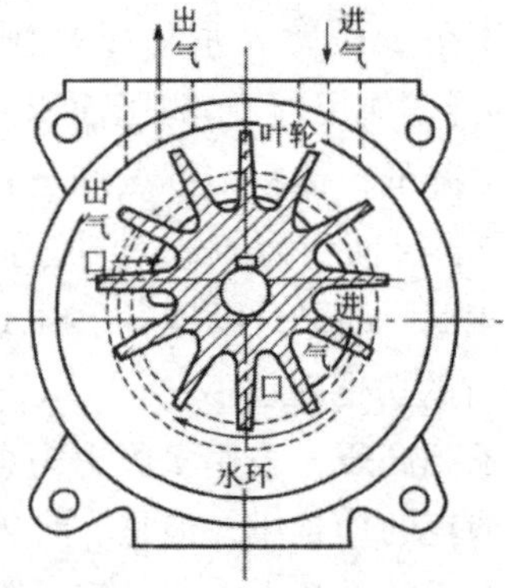

图 1–37　水环真空泵

水环真空泵结构简单、紧凑，无须活门，最高真空度可达 85%，即形成 15kPa 的绝对压强。但是，使用过程中需不断向泵内充水，以维持泵内液封，并起到冷却泵体的作用。

3）旋转真空泵。旋转真空泵为滑片真空泵，主要用于实验室中，如图 1–38 所示。其主要部件为泵壳内安装的一偏心轮（或称转子）和一个用弹簧压紧的可以滑动的滑片。滑片将泵壳与转子间空隙分成两个部分，随着转子转动，气体从滑片与泵壳所围的空隙扩大一侧吸入，于空隙逐渐减小的一侧排出。转子旋转一周，产生两次吸气、排气过程。

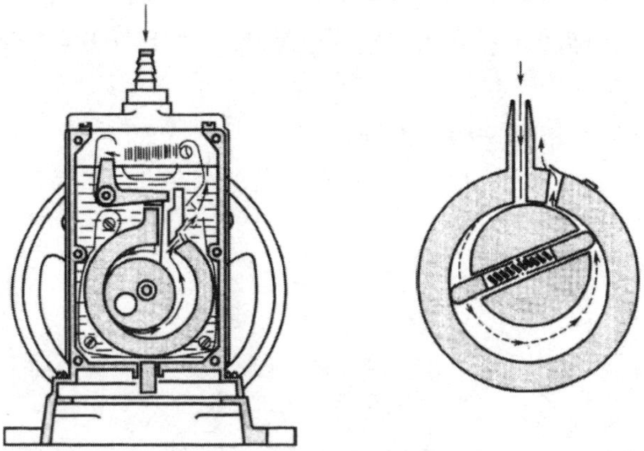

图 1–38　滑片真空泵

该泵的主要部件浸在真空泵油中，以密封各部件间隙，并对部件起到润滑和冷却作用。它适用于抽取干燥或含有少量可凝性蒸汽的气体，产生的真空度取决于系统中的物料或真空泵油的蒸汽压及部件的精密度。使用中应避免含尘和对润滑油起化学作用的气体进入泵内。

4）喷射真空泵。喷射泵是利用流体（如高压蒸汽、高压水等）通过直径很小的喷嘴高速射流时，动能和静压能的相互转换所造成的真空，将流体吸入泵内，在混合室内经过碰撞、混合并被工作流体夹带一起排出泵外。化工生产中，喷射泵用于抽真空时，称为喷射真空泵。

图 1–39 所示是一单级喷射泵。其特点是构造简单、无活动部分、制造方便，可用各种耐腐蚀材料制造。其缺点是效率仅为 10% ~ 25%，故喷射泵多用于抽真空，而很少用于输送目的。

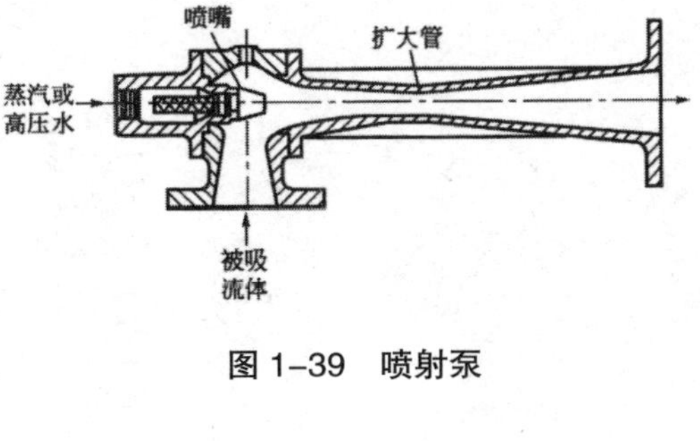

图 1–39　喷射泵

单级蒸汽喷射泵仅能达到 90% 的真空，若要获得更高的真空度，则需要采用多级蒸汽喷射泵。真空泵的主要性能参数有二：

①剩余压力或极限真空度，即真空泵所能达到的最低压力；

②抽气速率，即单位时间内真空泵在剩余压力下所吸入气体的体积，也称为真空泵的生产能力，以 $m^3 \cdot h^{-1}$ 表示。

真空泵的选用即根据这两个指标。

第二章　蒸发与吸收

第一节　蒸发的基础内容

一、蒸发操作及特点

在化学、医药及食品等工业中，经常需要利用加热的方法使含有不挥发性溶质（如盐类）的溶液（多为水溶液）沸腾，部分溶剂受热发生汽化，从而使稀溶液得以浓缩的过程，称为蒸发。简言之，蒸发就是使此类溶液溶质与溶剂分离的一种单元操作。

化工生产中蒸发操作的目的主要有以下三个方面：

①通过蒸发操作获得浓溶液；

②通过蒸发操作将溶液制成过饱和状态，再经冷却，析出固体产物，即借蒸发—结晶联合操作获得固体产品；

③将溶液蒸发，并将蒸汽冷凝、冷却，以达到除去杂质、纯化溶剂的目的。

蒸发过程的实质是热量传递而不是物质传递，因此该过程中溶剂的汽化速率取决于传热速率的大小。然而，蒸发操作是含有不挥发性溶质溶液的沸腾传热，故它又具有与一般换热过程不同的特点：

①浓溶液在沸腾汽化过程中常在加热表面析出溶质而形成垢层，影响传热效果；

②溶液的性质（如热敏性、高黏度等）不同，对作为换热装置的蒸发器的设计应有特殊要求，即其结构特征主要是考虑如何有利于沸腾传热，如何有利于气液分离；

③热能消耗是蒸发操作中经常性的主要消耗，必须考虑如何有效地利用热能。

蒸发操作中的溶液大多为水溶液，其加热介质为水蒸气，而汽化产生的也主要是水蒸气。为了便于区别，通常把作为热源的水蒸气称为加热蒸汽（也称一次蒸汽或生蒸汽），而把从溶液中汽化出来的水蒸气称为二次蒸汽。

图 2-1 所示为单效减压蒸发流程。

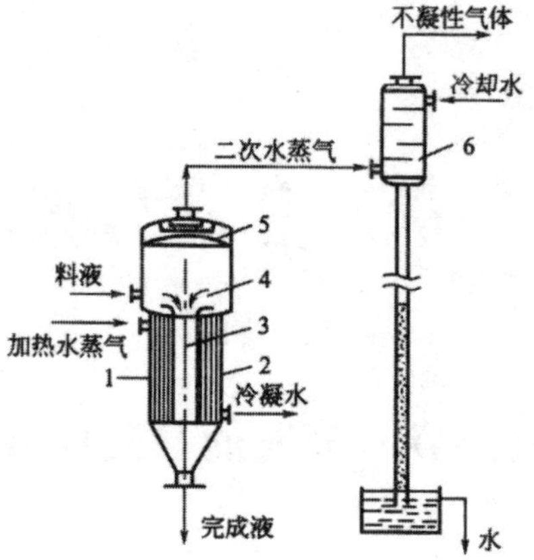

图 2-1 单效减压蒸发流速

1- 加热室；2- 加热管；3- 中央循环管；4- 蒸发室；5- 除沫器；6- 冷凝器

稀溶液经预热后加入蒸发器。该蒸发器的下部是由许多加热管组成的加热室，管外用加热蒸汽作为加热介质加热管内溶液，并使之沸腾汽化。随着水分的不断蒸发，被浓缩到规定浓度的溶液（完成液）从蒸发器底部排出。加热蒸汽的冷凝水由疏水器排出。在蒸发器上部蒸发室内汽化产生的二次蒸汽经除沫器除去所夹带的雾沫和液滴后，再经冷凝器与冷却水混合而被冷凝，并从冷凝器底部排出。不凝性气体由冷凝器顶部排入大气。

蒸发操作既可以连续亦可以间歇进行，但在大多数情况下，工业生产中大量物料的蒸发都是连续的定态过程。

根据蒸发操作所产生的二次蒸汽的利用情况，可将蒸发分为单效蒸发和多效蒸发。如果蒸发中产生的二次蒸汽不再利用，而经冷凝后排出，称为单效蒸发。如果将二次蒸汽引到另一压力较低的蒸发器作为加热蒸汽使用，以减少生蒸汽的消耗量，但与此同时所需蒸发设备的台数增加。这种将多个蒸发器串联，使加热蒸汽在蒸发过程中多次利用的蒸发过程称为多效蒸发，每个蒸发器称为一效。通入加热蒸汽的蒸发器为第一效；用第一效产生的二次蒸汽作为加热蒸汽的为第二效，余者依此类推。多效蒸发可以提高加热蒸汽的利用率。

蒸发操作可在常压、加压和减压下进行。常压蒸发操作可采用敞口设备，二次蒸汽直接排入大气。加压情况下可得到较高温度的二次蒸汽，以提高热能利用率。同时，可以提高溶液的沸点而增加其流动性，改善传热效果。减压蒸发可降低被蒸发溶液的沸点，加大传热温差以减小蒸发器传热面积，并可用来蒸发热敏性物料。减压蒸发具有操作温度低，热损失小等优点，故工业生产中大部分蒸发操作都采用减压或真空蒸发。实际上，多效蒸发中的末效常为真空操作。

二、蒸发操作的经济性及多效蒸发流程

1. 蒸发操作的经济性

衡量蒸发操作是否经济的重要标志是用1kg加热蒸汽所能蒸发水量的多少来决定的。通常以 $E=W/D$ 表示，称为加热蒸汽的经济性或经济程度。

在图2-1所示的单效蒸发中，假设欲蒸发的水溶液被预热到沸点，且忽略加热蒸汽与二次蒸汽的汽化潜热及热损失，则即1kg加热蒸汽可以汽化1kg水。然而，实际上由于蒸发器的热损失和温度差损失等影响的存在，E 值约为0.9左右。多效蒸发时，除末效外，各效的二次蒸汽都作为下一效蒸发器的加热蒸汽加以利用，因此和单效相比，相同的加热蒸汽量 D 可以蒸发出更多的水量 W，亦即提高了生蒸汽的经济性。

表2-1列出一效至五效蒸发器加热蒸汽经济性的经验值。

表2-1 加热蒸汽经济性（$E=W/D$）的经济值

效数	单效	二效	三效	四效	五效
$E=W/D$	0.91	1.75	2.5	3.33	3.70

从表中数据据可以看出，多效蒸发时加热蒸汽的经济性较高，所以，在蒸发大量水分时广泛采用多效蒸发，但是，应当注意到生蒸汽的经济性并非和效数呈正比关系，而设备的投资费用却是随着效数的增多成比例增加。可见，即使在相同生产能力的条件下，也不可无限制制地增加效数，适宜的效数选择需要通过全面经济核算来确定。通常，对于电解质溶液，如NaOH、NH_4NO_3 等水溶液的蒸发，由于其沸点升高较大，故常用2～3效；对于非电解质溶液，如有机溶液等，其沸点升高较小，可采用4～6效；糖液的蒸发则多用4～5效。

2. 多效蒸发的流程

根据加料方法的不同，多效蒸发操作流程可以分为并流、逆流和平流三种。以下以三效为例进行说明。

（1）并流加料流程。图2-2是三效并流加料蒸发流程。料液和蒸汽的流向相同，均由第一效顺序流到末效。加热蒸汽首先通入第一效加热室，蒸发所得二次蒸汽进入第二效加热室作为加热蒸汽，第二效的二次蒸汽进入第三效的加热室作为加热蒸汽，第三效（末效）的二次蒸汽则引入冷凝器全部冷凝。原料液进入第一效蒸浓后由底部排出，再次流入第二和第三效继续蒸浓，完成液由末效底部排出。

采用并流加料有如下优点：因各效间压力依次降低，料液能自动地从前效进入后效，可省去输液泵；因各效溶液沸点依次降低，料液从前效进入后效时呈过热状态而产生自蒸发（闪蒸），以得到更多的二次蒸汽；该流程结构紧凑，操作简便，应用广泛。但其存在的缺点是：由于后效较前效的温度低、浓度大，因此料液黏度逐效增大，致使传热系数逐效减小，传热效果差。黏度较大的原料液不宜采用此法。

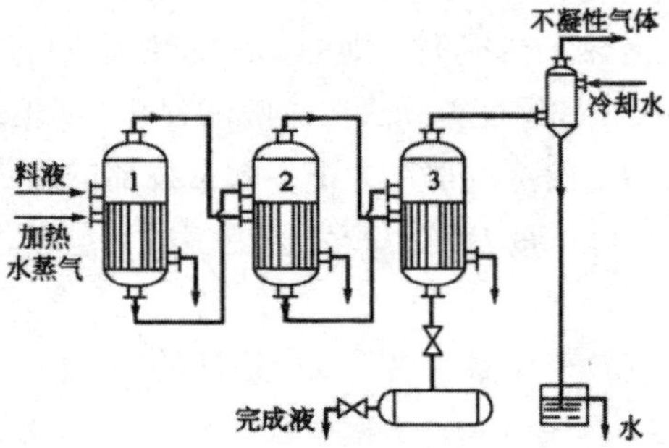

图 2-2　并流加料蒸发操作流程

（2）逆流加料流程。与并流操作相反，逆流加料即料液与蒸汽流向相反，如图 2-3 所示。加热蒸汽流向仍由第一效顺序流至末效，而原料液由末效进入，依次用泵送入前一效，完成液则由第一效底部排出。此种流程的优点在于：随料液浓度的增加，其温度也相应提高。因此各效黏度相差不大，各效的传热系数也大致相同，有利于生产较高浓度的完成液。该法适于黏度较大的料液蒸发。但是，由于逆流操作需要设置效间料液输送泵，增加了设备和能量消耗。并且除末效外，各效进料温度均低于沸点，无自蒸发现象，与并流加料相比，产生的二次蒸汽量也较少。此外，对于热敏性物料，不宜采用此流程蒸发。

（3）平流加料流程。图 2-4 是三效平流蒸发流程。加热蒸汽流向仍是由第一效流至末效，多次利用。原料液则分别加入每一效，完成液也分别从各效底部排出。此法除用于有结晶析出的料液外，还可用于同时浓缩两种以上的不同的水溶液。

以上介绍的是几种基本的加料方法及其相应的流程。在实际生产中，根据具体情况，常将它们做适当的变形。例如，有些水溶液的蒸发过程采用并流、逆流加料相结合，或交替操作的方法；有些采用三效四体两段并流流程，以克服单纯并流流程的缺点。此流程的特点是将第一效的二次蒸汽引一部分于末效作为加热蒸汽，以提高其有效温度差，减少传热面积；也有蒸发操作采用三效逆流闪蒸流程等。

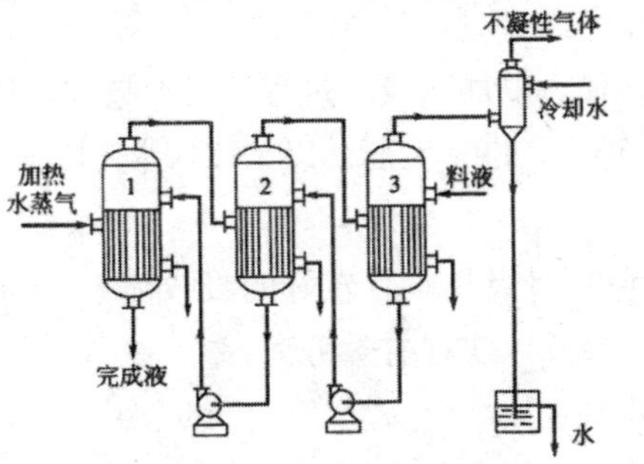

图 2–3　逆流加料蒸发操作流程

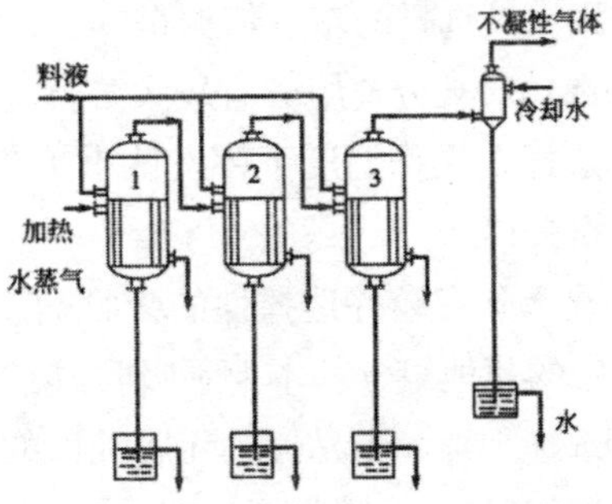

图 2–4　平流加料蒸发操作流程

第二节　吸收的基础内容

吸收是化工生产过程中分离气体混合物的重要方法之一，是化工单元操作中的一种典型扩散传质过程。它是根据气体混合物各组分在所选择的液体中溶解度的不同而达到分离目的的。在吸收操作中，所用的液体称为吸收剂（溶剂），能溶于吸收剂的气体组分称为吸收质（溶质），不能溶解的气体组分称为惰性气体；吸收后得到的溶液称为吸收液，经吸收后的气体称为吸收尾气或净化气。

一、吸收在化工生产中的应用

在化工生产中，无论是原料气的净制或气相产品的分离，或者是对生产过程有害气体的去除以及工业放空尾气的净化，防止大气污染等，都广泛地应用吸收操作。工业生产部门应用吸收的目的主要有三个方面：

①回收或捕获气体混合物中的有用成分，以制得液相成品或中间产品；

②分离气体混合物，以分得一种或几种有用组分；

③除去有害杂质，以达到气体净化或获得精制气体。

应当指出，对于气体混合物的分离，气体的净化和有价值组分的回收，除了使用吸收方法外，还可以采用吸附、深度冷冻、膜分离等方法，但从经济技术观点权衡可知，当气体处理量较大、提取的组分不要求很完全时，吸收是最好的方法。

二、吸收剂的选择

吸收操作的成功与否，很大程度上取决于吸收剂的性能，因此，需要根据具体情况选用，其选择的基本依据是：

①选择对被分离组分有较大溶解度的液体，以加速吸收过程、减少吸收剂用量；

②选择在操作温度下挥发性小（蒸汽压低）的吸收剂，以减少吸收剂在操作中的挥发损失；

③选择具有较好选择性的吸收剂，即它只对吸收质有较好的吸收能力，而对混合气体中的其他组分基本上不吸收或甚少吸收，以实现有效分离；

④选择无毒、不易燃、无腐蚀性的吸收剂；

⑤选择黏度低、具有良好气液接触性能及气液分离能力的吸收剂；

⑥选择价格低廉、来源充足、易再生回收利用且不污染环境的吸收剂。

当然，要满足以上所有条件的吸收剂是很难找到的，因此，在选择的过程中应做全面评价，然后再进行经济合理的选择。

三、吸收设备与吸收操作

实现气液接触传质的设备最常用的是塔。按气、液两相接触方式的不同，塔可分为逐级接触式和连续微分接触式两大类。

填料塔广泛应用于气体吸收。它是直立的，通常呈圆筒形，塔中填充着填料。新鲜的或再生的液体吸收剂由塔顶喷洒而下，由于重力作用穿过填料，并将其表面润湿。固体填料被制成能使液体分散，以便提供巨大的气液接触面积的形式。被处理的气体通常由塔底输入，以形成两个逆流的流股，在塔内完成吸收操作。气体通过填料缝隙，被吸收剂吸收大部分吸收质后，从塔顶排出；吸收了吸收质的吸收剂由塔底排出。塔内没有运动部件，只有风机和把吸收剂提升至塔顶的泵需要动力。

在吸收操作中，如果不发生显著化学反应，则可认为是单纯的物理过程，称为物理吸收，如用水吸收 CO_2 或氨的过程。若在吸收操作中，吸收质不仅溶解于吸收剂，同时还伴随有显著的化学反应时，则称为化学吸收，如用硫酸吸收氨；用苛性钠溶液脱除气体中的 H_2S 等。

第三节　蒸发器的类型与选择

以获得浓缩液或纯净溶剂为目的的蒸发操作，其设备和一般传热设备并无本质区别。然而蒸发需要不断排除二次蒸汽，因此，它除了需要进行传热的加热室外，还要有一个进行汽液分离的蒸发室。这两个部分组成蒸发设备的主体——蒸发器。此外，蒸发设备还包括一些使泡沫进一步分离的除沫器、排除二次蒸汽的冷凝器等辅助设备。

一、蒸发器的类型

化学工业中常用的间接加热蒸发器，按溶液在器内的运动情况可分类，如表2–2所示。

表2–2　蒸发器的类型

蒸发器的分类	蒸发器的型式
循环型	中央循环管式，悬框式，外加热式，列文式，强制循环式
单程型	升膜式，降膜式，升－降膜式，刮板式薄膜蒸发器，离心式薄膜蒸发器等

1．自然循环蒸发器

在这类蒸发器内，溶液因受热程度不同而导致密度差，从而形成自然循环。

（1）中央循环管式蒸发器。中央循环管式蒸发器又称为标准式蒸发器，其结构如图2–5所示。加热室由直立管束组成，与列管换热器相似，管束中央有一根直径较大的管子，称为中央循环管。因其截面积较大，单位体积占有的传热面积相对于加热而言就小，因此，溶液受热形成气液混合物的密度相对较大，加之加热管内溶液受热产生蒸汽自管内上升时的抽吸作用，就造成蒸发器中溶液由中央循环管下降而从加热管中不断上升的循环运动。这种自然循环流动有利于传热速率的提高。

中央循环管式蒸发器结构紧凑、制造方便、操作可靠。其缺点是：检修清洗不便、溶液循环速度较低，一般在0.5m以下，且因溶液的循环使蒸发器中的浓度接近于完成液的浓度，溶液沸点高，传热温差小，影响传热。

（2）悬筐式蒸发器。这种蒸发器因其加热室像只筐子悬挂在蒸发器壳体下部，故称悬筐式，其结构如图2–6所示。

悬筐式蒸发器中溶液的循环机理与中央循环管式相同。加热蒸汽由蒸发器顶部通入，在加热室管间加热管内溶液并使之沸腾上升。密度稍大的溶液沿悬筐外壁和外壳体内壁所形成的环隙向下做循环流动。因此，溶液循环速度较中央循环管式为大，可达$1.5m\cdot s^{-1}$。此种蒸发器的加热室可由蒸发器顶部取出，故便于检修和更换。适用于易结晶、易生垢溶液的蒸发，热损失较小。但该蒸发器结构复杂、单位面积的金属耗量较多。

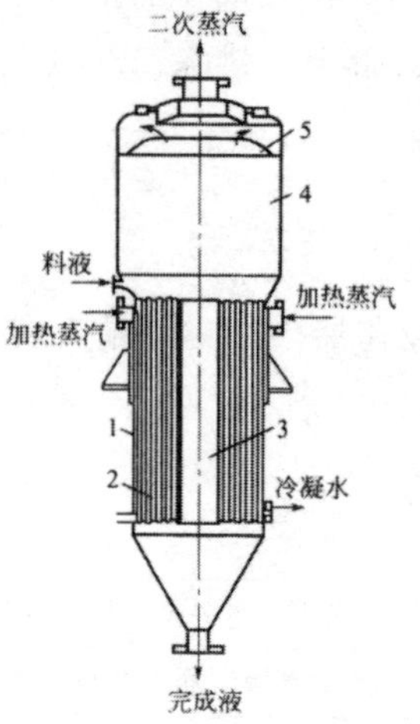

图 2-5 中央循环管式蒸发器

1- 外壳；2- 加热室；3- 中央循环管；4- 蒸发式；5- 除沫器

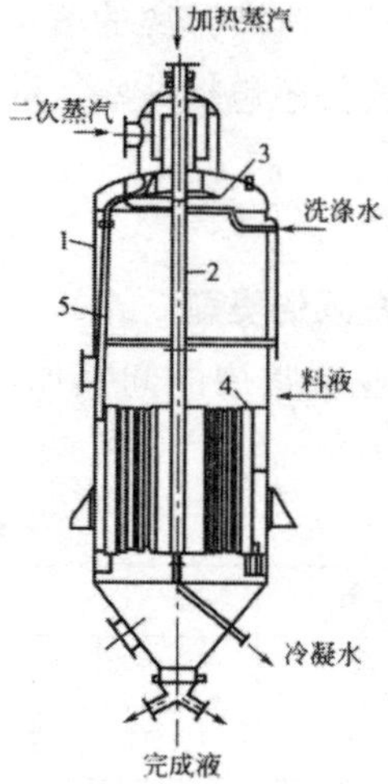

图 2-6 悬筐式蒸发器

1- 外壳；2- 加热蒸汽管；3- 除沫器；4- 加热室；5- 液沫回流管

（3）外加热式蒸发器。这种蒸发器是将管束较长的加热室与蒸发室分开，并安装在蒸发器的外边，如图 2-7 所示。这样既可降低整个蒸发装置的高度，又便于检修或更换，必要时还可设两个加热室轮换使用。

蒸发操作时，加热至沸腾的液体连同汽化的蒸汽从加热室上部以切线方向高速通入蒸发室内，液体受离心力作用旋转至底部，经循环管再进入加热室。蒸发室上部的二次蒸汽经除沫器至冷凝器，由于循环管单设而不受蒸汽加热，因此，与加热管中的溶液密度相差甚大，从而增大了溶液自然循环的速度。

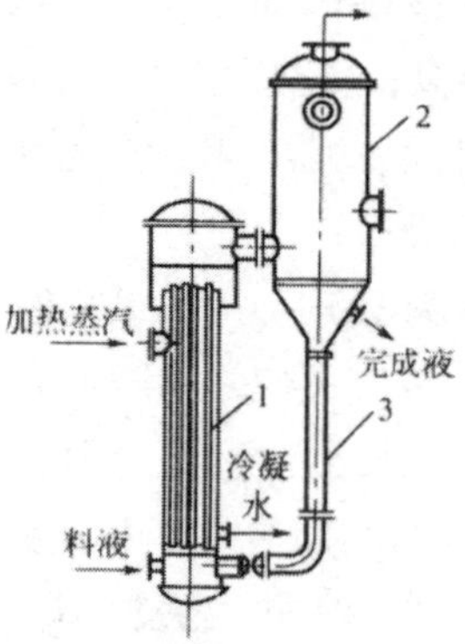

图 2-7 外加热式蒸发器

1- 加热室；2- 蒸发室；3- 循环管

（4）列文式蒸发器。列文式蒸发器如图 2–8 所示。其结构特点是为避免溶液在加热管内沸腾而将加热室上方增加一段沸腾室。加热室中的溶液因受此段液柱静压力的作用，必须上升到沸腾室使所受的压力降低后才开始沸腾。这样，将溶液的沸腾汽化由加热室移到了没有传热面的沸腾室，从而避免了结晶在加热管内析出，污垢也不易生成。此外，循环管也单设，且截面积为加热管总截面积的 2 ~ 3 倍，溶液流动阻力小，故循环速度可达 2 ~ 3m · s^{-1}。列文式蒸发器的缺点是设备庞大，金属耗量多，要求加热蒸汽压力高，厂房高大。

（5）强制循环蒸发器。为提高溶液循环速度，可以采用如图 2–9 所示的强制循环蒸发器。用泵迫使蒸发器内的溶液沿一定方向循环，其速度一般为 2.0 ~ 3.5m · s^{-1}、这种蒸发器的传热系数比一般自然循环蒸发器的要大得多。缺点是动力消耗大。

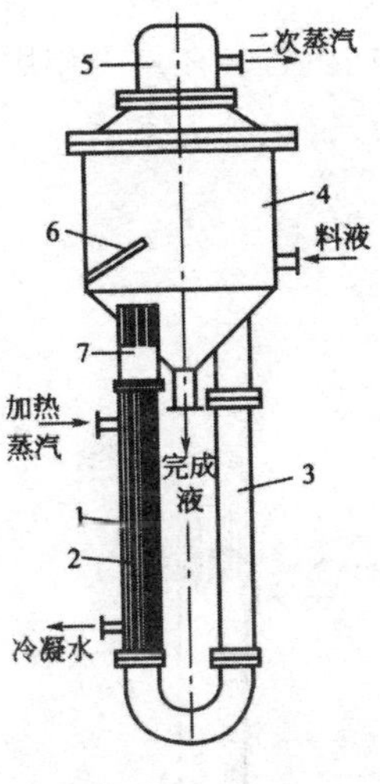

图 2–8　列文式蒸发器

1– 加热室；2– 加热管；3– 循环管；
4– 蒸发室；5– 除沫器；6– 挡板；
7– 沸腾室

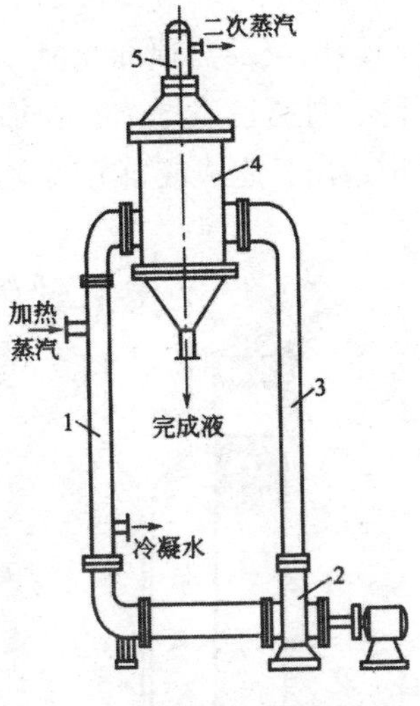

图 2–9　强制循环蒸发器

1– 加热室；2– 循环泵；3– 循环管；
4– 蒸发室；5– 除沫器

2. 单程型蒸发器

单程型蒸发器又称为液膜式蒸发器。其特点是：溶液通过加热室，不经循环，一次即达所需的浓度，且溶液沿加热管壁呈膜状流动而进行传热和蒸发，因此，单程型蒸发器传热效率高，蒸发速度快，溶液在蒸发器内停留时间短（数秒至数十秒），特别适用于热敏性物料的蒸发。根据待蒸发物料的性质及其在蒸发器中流向的不同，工业上常用的单程蒸发器可有以下几种。

（1）升膜式蒸发器。该蒸发器由很长的加热管来组成加热室，如图 2–10 所示。加热蒸汽从管外供热。经预热后的料液自加热室底部进入加热管后迅速沸腾汽化，产生高速上升的二次蒸汽，溶液也为之所带动，从而沿管内壁成膜状迅速上升，并在此过程中继续蒸发。经浓缩后的完成液和二次蒸汽一起进入分离室后旋即分开，完成液由分离室底部排出，而二次蒸汽由分离室顶部逸出。

在这种蒸发器中，为了能有效地成膜，应控制一定的汽速。常压下，较适宜的二次蒸汽出蒸发器的速度为 8 ~ 50m · s^{-1}；减压下在 100 ~ 160m · s^{-1}，甚至更高。

升膜式蒸发器适用于稀溶液、热敏性及易起泡、且溶剂量不大溶液的蒸发。对难以达到要求的二次蒸汽速度的蒸发不适用，同时，也不适用于高黏度、易结晶、易结垢溶液的蒸发。

（2）降膜式蒸发器。降膜式蒸发器构造与升膜式相似，如图 2–11 所示。其主要区别是料液由蒸发器顶部经液体分布器均匀地进入加热管，在重力作用下沿管内壁成膜下降，进行蒸发增浓，在加热室底部得到浓缩液，经分离室后，二次蒸汽从分离室顶部逸出，完成液自分离室底部排出。

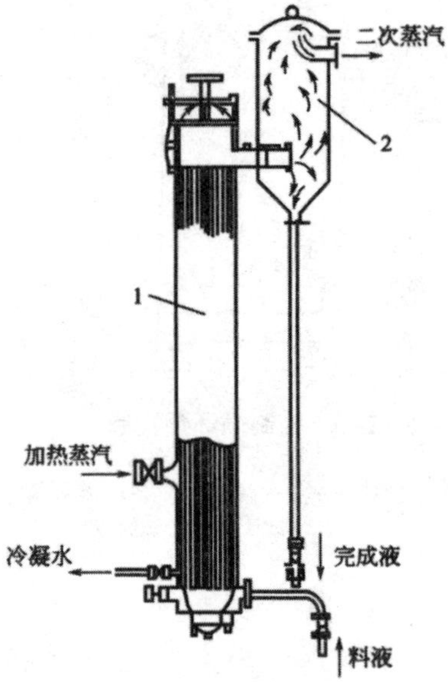

图 2–10　升膜式蒸发器

1– 蒸发器；2– 分离室

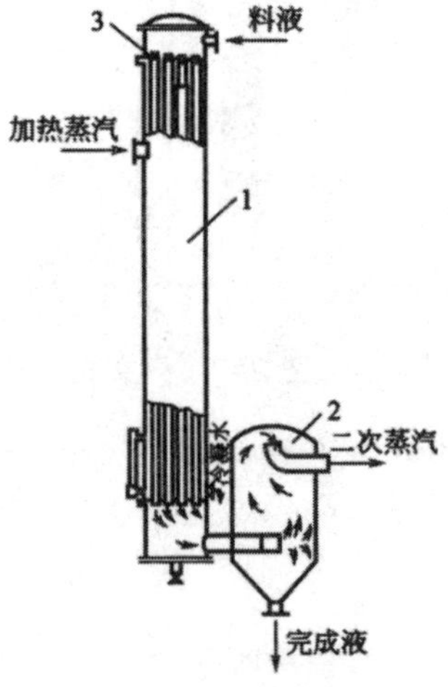

图 2–11　降膜式蒸发器

1– 蒸发器；2– 分离器；3– 液体分布器

为使料液进入加热室后在管内均匀成膜，为防止二次蒸汽从管子上端逸出，必须在每根加热管顶部装有液体分布器，其常见的型式如图 2–12 所示。

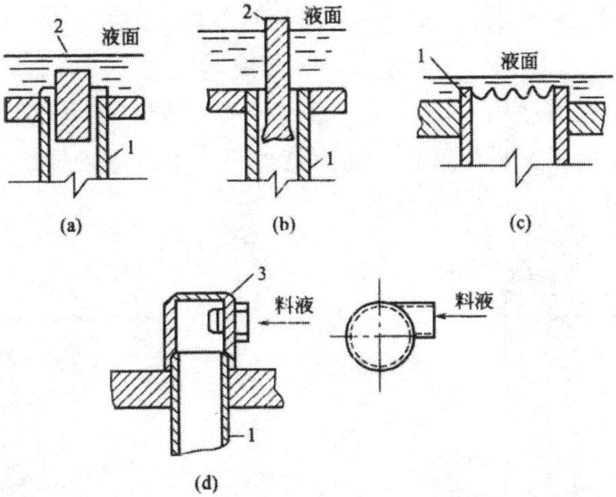

图 2–12 降膜蒸发器的液体分布器

1– 加热管；2– 导流管；3– 旋液分配头

图 2–12（a）所示的分布装置为一管端上部带有螺旋型沟槽的导流柱。料液下降时经此柱便可均匀地分布在加热管内壁四周；（b）是一下部为圆锥形的导流杆，其底部微微上凹，以使料液下降时沿锥面均匀地分布于加热管内壁而不至向中心集聚；（c）是一齿形分布器，料液可沿齿缝分布到加热管内壁；（d）为旋流分配头，其作用是使料液在下降时以旋流方式均匀分布于加热管内壁。

降膜式蒸发器的传热系数很高，和升膜式相比，蒸发器中的料液停留时间较升膜式的更短，故更适于热敏性物料的蒸发，对黏度较大（0.05 ~ 0.45Pa · s）的物料也能使用，但结构比较复杂。

（3）升 – 降膜式蒸发器。将升膜式和降膜式蒸发器组装在一个外壳中，即构成如图 2–13 所示的升 – 降膜式蒸发器。料液经预热后由蒸发器底部进入，先经升膜式加热室上升，再折转入降膜式加热室下降，气液混合物经分离器分离后，即在分离器底部得到完成液。这种蒸发器适用于溶液在蒸发过程中黏度变化较大，或者厂房高度有一定限制的场合。

（4）刮板式薄膜蒸发器。这是一种借外力强制溶液呈膜状流动的单程型蒸发器。通常，在竖式外壳下部装有加热蒸汽夹套，壳体中心转动轴上装有搅拌装置，如图 2–14 所示。其上面的叶片即刮板可分为固定式刮板和滑片式刮板两种，利用刮板使料液在刮片外缘与壳体内壁传热面上形成薄膜。前者约有 1mm 左右的间隙；后者的间隙随滑片旋转所产生的离心力及料液的黏度有关，液膜厚度可达 0.03mm 左右。

操作时，料液由蒸发器上部沿切线方向加入（或加至与刮板同轴的甩料盘上），在离心力、重力和刮板的刮带作用下，形成旋转下降的薄膜，并不断地被蒸发浓缩。完成液由器底排出，二次蒸汽上升至器顶经分离器后进入冷凝器。

刮板式薄膜蒸发器适用于热敏性、黏稠性及易结晶、易结垢物料的蒸发浓缩。其缺点是：结构复杂、安装要求高、动力消耗大，单位体积传热面积小，故处理量也不大。

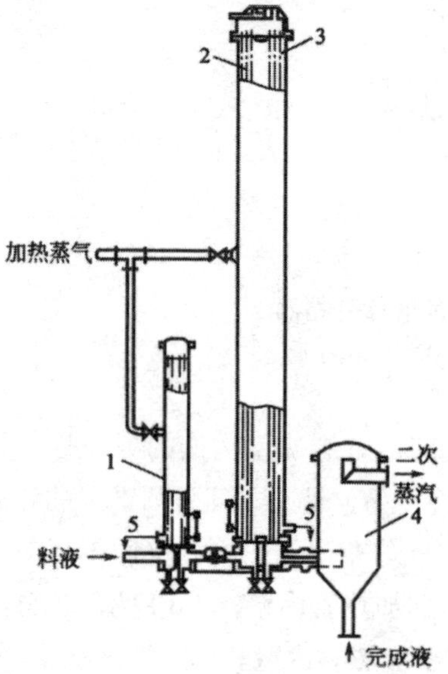

图 2-13　升—降膜式蒸发器

1- 预热器；2- 升膜加热室；3- 降膜加热室

4- 离心分离器；5- 凝液排出口

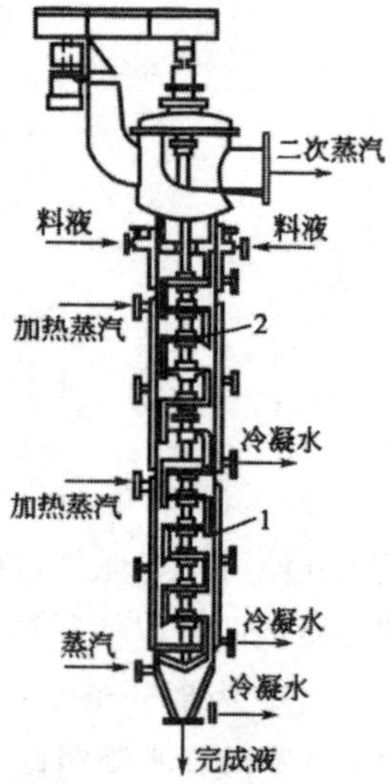

图 2-14　刮板式蒸发器

1- 加热夹套；2- 刮板

（5）离心式薄膜蒸发器。作为一种新型高效蒸发设备，离心式薄膜蒸发器综合了薄膜蒸发和离心分离两种工作原理。如图 2-15 所示，其加热面为中空的锥形盘，内走加热蒸汽和冷凝水，外壁走料液。蒸发操作时，经过滤后的料液泵入进料管进到锥形盘内侧高速旋转的传热面中央，由于离心力作用，料液沿传热面由锥形盘中央流向外缘，形成约 0.1mm 厚的薄膜被间壁加热而蒸发浓缩，完成液汇集于蒸发器外侧，靠离心力作用由出料管排出。加热蒸汽由底部进入蒸发器，从边缘小孔进入锥形盘空间，冷凝水亦借离心力作用，从边缘小孔甩出。二次蒸汽在真空状态下被引出。该蒸发器传热效果好，液体停留时间短，浓缩比大，适合于热敏性及发泡性强的物料的蒸发。但它构造复杂，价格较高。

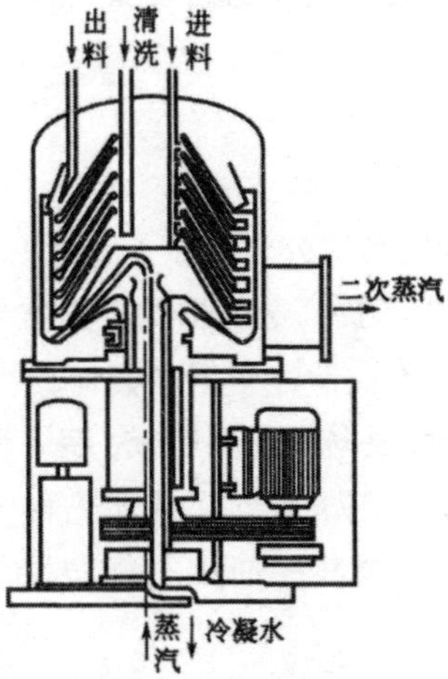

图 2-15　离心式薄膜蒸发器

二、蒸发器的性能比较与选型

生产过程中，蒸发器的型式很多。面对种类繁多的蒸发器，选用时除了要求结构简单、操作维修方便、传热效果好、金属材料消耗少外，更重要的是从以下几个方面考虑。

（1）设备的经济程度：蒸发单位质量溶剂所需加热蒸汽量和动力消耗越小越好。

（2）设备的生产强度：单位时间由单位传热面积所能蒸发的溶剂量越大越好。

（3）设备能适应被蒸发物料的工艺特性：这些特性包括：被蒸发溶液的热敏性、发泡性、黏度、腐蚀性、有无结晶析出或结垢等。

对热敏性物料，应选用停留时间短的单程型蒸发器，且常采用真空操作以降低料液的沸点和受热程度。

对发泡性物料，为防止二次蒸汽夹带大量液沫而导致产品损失，可采用升膜式蒸发器，此时，高速的二次蒸汽具有破泡作用；也可采用强制循环式和外加热式蒸发器，因其具有较大的料液速度，故能抑制汽泡生长。此外，还可以选用具有较大汽液分离空间的中央循环管式或悬筐式蒸发器。

对高黏度物料，可选用强制循环式或降膜式、刮板式和离心式薄膜蒸发器，以提高溶液的流速和使液膜不停地被搅动或被离心力带走。

对腐蚀性物料，蒸发器尤其是加热管应采取适当的防腐措施或选用耐腐蚀材料，如不透性石墨及合金材料等。

对易结晶的物料，为避免结晶的析出堵塞加热管道，一般可选用强制循环式、外加热式等。此外，也可选用悬筐式和刮板式蒸发器。对易结垢的物料，宜选用管内流速大的强制循环蒸发器。

三、蒸发器的改进与研究

近几年人们在蒸发器的开发与研究方面做了大量工作，归纳起来主要有以下几点。

（1）开发新型蒸发器。为了提高蒸发器的传热效果，人们设法改进其传热面的结构。例如，最近出现的板式蒸发器，不但具有体积小、传热效率高、溶液停留时间短等优点，而且其加热面积可根据需要而增减，装卸清洗方便、传热效果好。又如，在石油化学工业中，蒸发器中采用了表面多孔加热管，因此，可以使溶剂一侧的传热系数提高 10 ~ 20 倍。在海水淡化中使用的蒸发器应用了双面纵槽加热管，也可以显著提高传热效果。

（2）改善溶液流动状况。为提高蒸发器内溶液的湍动程度，可将各种型式的湍流构件装入蒸发器内，以提高溶液一侧的对流传热系数。例如，在自然循环型蒸发器的加热管内装入铜质填料后，溶液一侧的对流传热系数可提高 50% 左右。其原因是，一方面由于填料的存在加剧了流体的湍动，另一方面，填料本身的导热性能好，可将热量直接传递到溶液内部。

（3）改进溶液的工艺特性。通过改进溶液的工艺特性，可以提高传热效果。研究表明，加入适当的表面活性剂，可以使总传热系数提高一倍以上；加入适当的阻垢剂，减少污垢的形成，从而可以大大降低过程的热阻。

第四节　吸收过程的相平衡关系与吸收过程机理

一、吸收过程的相平衡关系

1. 气体在液体中的溶解度

在一定的温度和压力下，气体混合物与一定量的吸收剂（S）接触时，气相中的吸收质（A）会溶解于吸收剂中，液相浓度逐渐增加，直至气液两相达到平衡。平衡时，吸收质在气相中的分压称饱和分压或平衡分压（以 p^* 表示），吸收质在液相中的浓度称为饱和浓度或平衡浓度。所谓气体在液体中的溶解度，就是气体在液相中的饱和浓度，亦称平衡溶解度。它表示在一定的温度和压力下，气液相达平衡时，一定量吸收剂所能溶解的吸收质的最大数量。实际上，对于多数体系，当系统的总压不是很高时（$< 5.07 \times 10^5$Pa），总压的变化并不影响吸收质平衡分压与溶解度之间的对应关系，而温度对溶解度的影响很大。

气液相平衡数据一般可通过实验测出或从有关专业手册或书籍中查出，并可用列表、图线或关系式表示气液相平衡关系。用二维坐标绘成气、液相平衡关系曲线，又称溶解度曲线。

如图 2–16、图 2–17、图 2–18 所示。它们分别代表二氧化硫、氨，以及氧在气压不太高、不相同温度时在水中的溶解度。可以看出，不同的气体在相同的吸收剂中的溶解度有较大的差异。

相同温度下的溶解度 $NH_3 > SO_2 > O_2$，因此，用水作吸收剂时，称 NH_3 为易溶气体，SO_2 为中等溶解气体，而 O_2 则是难溶气体。吸收正是利用了在同一种吸收剂中不同吸收质溶解度的差异而将气体混合物加以分离的。

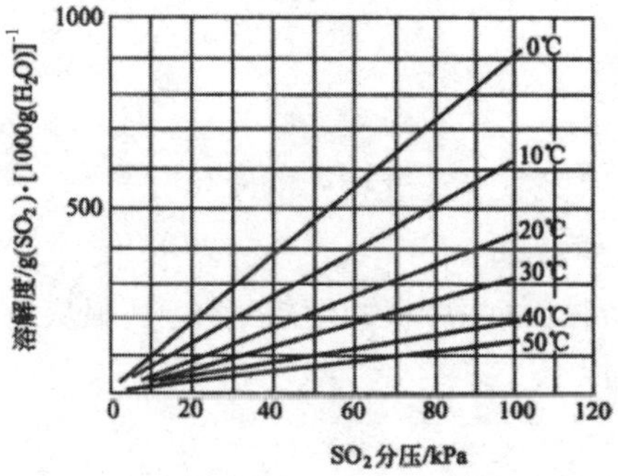

图 2–16　SO_2 在水中的溶解度

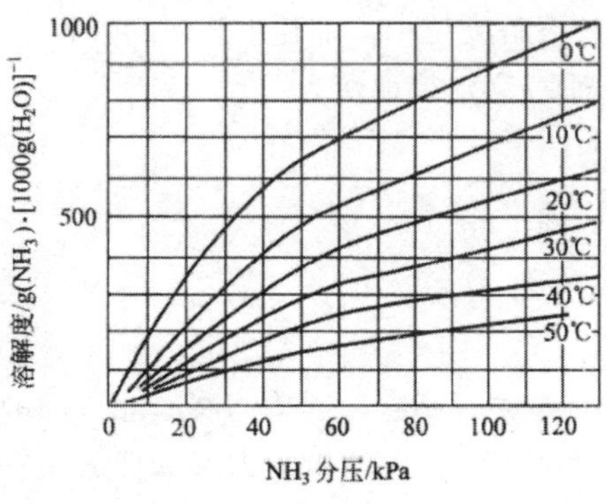

图 2–17　NH_3 在水中的溶解度

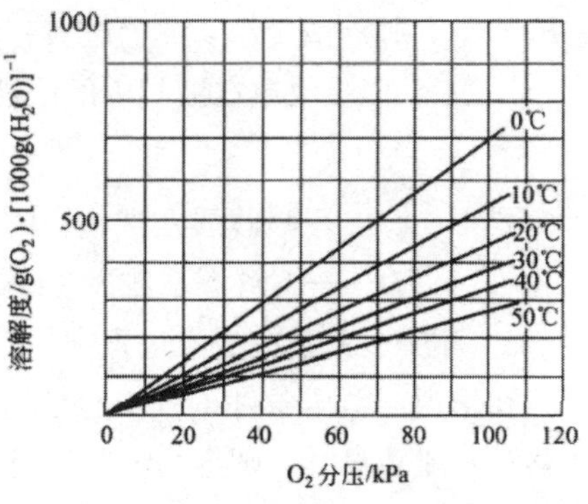

图 2–18　O_2 在水中的溶解度

2. 亨利定律

在一定的温度下，当总压不大的情况时，吸收质在稀溶液中的溶解度与它在气相中的平衡分压成正比。这一关系称为亨利（Henry）定律，其数学表达式如下：

$$p^*A=Ex_A$$

式中：p^*A——吸收质在气相中的平衡分压（kPa）；

x_A——吸收质在液相中的摩尔分数；

E——亨利系数（kPa）。

亨利系数的单位与压强单位一致，其值取决于物系的特性及体系的温度。吸收质或吸收剂的不同、体系不同，则 E 值就不相同。E 值越大，表示该气体的溶解度越小，即越难溶。因为气体在液体中的溶解度随温度的升高而下降，故一般 E 值随温度的升高而增大。

实际应用中，亨利定律还有其他表达形式。

（1）若吸收质在气、液两相中的浓度分别用摩分数 yA 和 xA 表示，则亨利定律可写为：

$$y^*A=mxA$$

式中：y^*A——平衡时吸收质在气相中的摩尔分数；

m——相平衡常数。

若系统总压 P 不太高时，气相可视为理想气体，其服从道尔顿（Dalton）分压定律，吸收质在气相中的分压为：

$$pA=py$$

相平衡常数 m 是由实验结果计算出来的，与 E 相似，它可以用来判断气体溶解度的大小。对一定的物系，$m=f(T/p)$，温度升高、总压降低，则 m 值变大；温度降低、总压升高，则 m 值变小。m 值越大，则气体的溶解度越小，不利于气体的吸收。

（2）若以吸收质在液相中的浓度表示，则亨利定律可写为：

$$p^*A=(cA/H)$$

式中：cA——吸收质在液相中的浓度（$kmol \cdot m^{-3}$）；

H——溶解度系数，（$kmol \cdot m^{-3} \cdot kPa^{-1}$）。

3. 相平衡关系在吸收过程中的应用

在恒温、恒压条件下，未达平衡的气液两相接触之后，气相的溶质能否向液相转移？若能转移时，则会在液相中达到多大的浓度？传质的推动力又如何表示？这些均与相平衡有关。

（1）判断传质过程的方形及其推动力

在未达平衡的气液两相接触过程中，体系将会由不平衡状态趋于平衡。为判断溶质 A 是从气相朝液相转移，还是与之相反，只需用气相或液相的实际浓度（y 或 x）与其接触的另一相的平衡浓度（x^* 或 y^*）进行比较即可。

如图 2–19 所示，任意选定的三个状态点 P，Q，R，并分别处于三个不同位置。其各自对应的实际浓度和平衡浓度分别标注在图上。

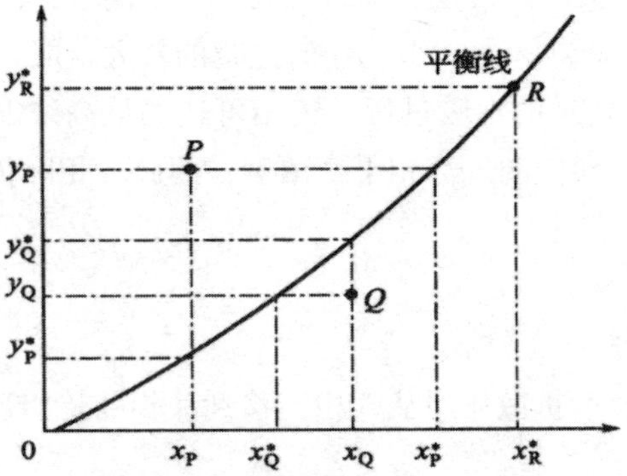

图 2–19　相平衡与传质过程的关系

对于处于平衡线上方的 P 点，因 $y_P > y_P^*$，溶质 A 将由气相朝液相转移，直至两相达到平衡; 若从液相的角度判断，则 $x_P < x_P^*$，即液相的实际浓度离平衡浓度尚远，液相仍有很强的溶解能力，故此时属于吸收过程。

吸收过程中，气液两相浓度离各自平衡浓度越远，传质过程进行的越快，即过程的传质推动力越大。故常用气相远离平衡浓度的程度，即以气相的摩尔分数差（y_P—y_P^*）或用液相远离平衡浓度的程度——液相的摩尔分数差（x_P^*–x_P）来表示气液相传质过程的推动力。

对于处于平衡线下方的 Q 点，因 $y_Q < y_Q^*$，溶质 A 将从液相逸出进入气相，直至平衡；若从液相的角度考虑，$x_Q > x_Q^*$，液相已处于饱和状态。溶质 A 的逸出在所难免，故该过程为解吸过程。

解吸过程的传质推动力，以气相的摩尔分数差表示为（y_Q–y_Q^*）；以液相的摩尔分数差表本为（x_Q–x_Q^*）。

处于平衡线上的 R 点，x_R=x_R^*，y_R=y_R^*，气液两相的实际浓度与其平衡浓度相等，体系处于平衡状态，故不发生宏观传质过程。

由上述分析可知，平衡线是一条非常重要的分界线。平衡线以上是吸收发生的区域；平衡线以下则为解吸发生的区域；处于平衡线上的气液两相互成平衡。

（2）指明过程进行的限度

平衡状态是传质过程的极限。气液相平衡关系限制了气体离开吸收塔的最低浓度和吸收液离塔时的最高浓度。

对于吸收过程而言，点 P（x_P，y_P）的气相浓度将随着吸收过程的进行，其浓度外随之下降，但最低只能降至与 x_P 成平衡的气相浓度 y_P^*，即 $y_{P,\ min}=y_P^*=mx_P$，此为吸收尾气的最小组成。只有当 $x_P=0$，$y_{P,\ min}=0$，气相溶质在理论上方可达到完全吸收。随着吸收过程的进行，液相浓度也会随着升高，但最高也只能升高到与 y_P 成平衡的液相浓度 x_P^*。即 $x_{P,\ max}=x_P^*=y_P/m$，此为小时过程的最大组成。

同理，对图 2–19 所示的解吸过程，气相可达的最高浓度或液相可达的最低浓度同样均受制于与其相对应的气液相平衡浓度，因此，相际传质过程的极限是两相互成平衡。

二、吸收过程机理

吸收过程是吸收质借扩散作用从气相转移到液相的传质过程。该过程的进行包括如下三个阶段：

①吸收质由气相主体扩散到气、液两相界面的气相一侧；

②吸收质在界面上溶解，并由气相转移到液相；

③吸收质由相界面的液相一侧扩散到液相主体。

从传质角度考虑，上述三个阶段可以概括为吸收质在单相中扩散和在相际间扩散。

1．物质在单相中的扩散

物质在流体相中的扩散可以借助分子扩散和涡流扩散来实现，它们分别与传热学中的热传导和对流传热类似。

（1）分子扩散

在单相物系内有浓度差异存在的条件下，由于分子的无规则热运动而引起组分从浓度较高处传递至浓度较低处，直至各处的浓度相同为止，这一过程称为分子扩散。静止的流体内部，以及在层流流动流体经过的垂直方向上存在浓度差时，则均可发生分子扩散。

分子扩散的速率与物质的性质、浓度差以及扩散的距离有关。在定态条件下，其数学表达式为：

$$J_A=-D_{AB}\frac{dc_A}{dz}$$

式中：J_A——单位时间内组分 A 扩散通过单位面积的物质量，称扩散速率，

kmol · m^{-2} · s^{-1}；

$\frac{dc_A}{dz}$——组分 A 的浓度梯度，即组分 A 的浓度 CA 在扩散方向；r 上的变化率，kmol*m^4：

D_{AB}——组分 A 在组分 B 中的扩散系数，m^2 · s^{-1}。

式中负号表示扩散是沿着组分 A 的浓度降低的方向进行的。

同理，在双组分混合物中，对于组分 B 也有与上式类似的结论。在系统不同位置，A，B 两组分各自不同，但混合物总浓度在各处应当相等，故组分 A 沿 z 方向在单位时间单位面积扩散的物质的量，必等于组分 B 沿 z 方向在单位时间单位面积反向扩散的物质的量，即 $J_A=-J_B$。当进行等摩尔逆向扩散时，组分 A 与组分 B 的扩散系数相等，即 $D_{AB}=D_{BA}=D$。

上式称为菲克（A.Fick）定律，其形式与牛顿黏性定律式和傅里叶定律式有明显的类似性。扩散系数是物质的物性常数之一，它表明物质在均匀介质中的扩散能力，并且随介质的种类、温度、压力和浓度的不同而异。通常，扩散系数值由实验测定，也可以利用有关书籍上介绍的经验公式求算。一般常见物质的扩散系数可从有关手册中查取。

（2）涡流扩散

在湍流流动的流体中，依靠流体的湍动产生质点位移，使高浓度处的物质向低浓度处转移的过程，称为涡流扩散。实际上，在涡流扩散中仍包含有分子扩散，只是程度较弱而已。涡流扩散的速率也与浓度梯度成正比，其速率方程与上式类似：

$$J_A = -D_e \frac{dc_A}{dz}$$

若考虑分子扩散，则总扩散速率为：

$$J_A = -(D + D_e \quad \frac{dc_A}{dz})$$

D_e 被称为涡流扩散系数，表示涡流扩散能力的大小，D_e 表示在浓度梯度方向上的质点脉动强烈，传质快。与 D 不同，D_e 是流动状态函数，即与流动系统几何形状、尺寸、扩散的部位、流速等复杂因素有关。由于目前对涡流扩散的规律研究还不够深刻，涡流扩散系数还难于从理论上计算得到，故仿照传热中处理对流传热膜系数的方法来处理涡流扩散问题。

2．双膜理论

前已叙及吸收是两相之间的传质过程，并已讨论了该过程进行所包含三个阶段中的①、③两个阶段，即物质在单相中的扩散过程。而对于第二阶段，即关于两相间传质的内在规律问题人们提出过多种理论，如能斯特（W.Nemst）1904 年提出膜理论，希格比（R.Higbie）1935 年提出溶质渗透理论，丹克沃茨（RV.Danckwerts）1951 年提出表面更新理论等，然而，比较盛行和应用最为广泛的还是刘易斯（W.K.Lewis）和惠特曼（W.G.Whitmen）于 1923 年提出的“双膜理论”。

（1）双膜理论

双膜理论是以吸收质在层流层中的分子扩散概念为基础而导得的，其要点如下。

1）相互接触的气、液两相间有一个固定的相界面，界面两侧各有一层呈层流流动的薄膜：气膜和液膜。吸收质以分子扩散方式通过这两层膜。膜层厚度和流体流动状况有关。

2）相界面上气、液两相互成平衡，即无传质阻力存在。

3）高度湍动的气、液两相主体内，浓度基本均匀一致，而不存在传质阻力，故传质阻力全部存在于相界面两侧的气膜和液膜之内。

根据双膜理论，吸收过程中气、液相界面附近的浓度分布如图 2-20 所示。

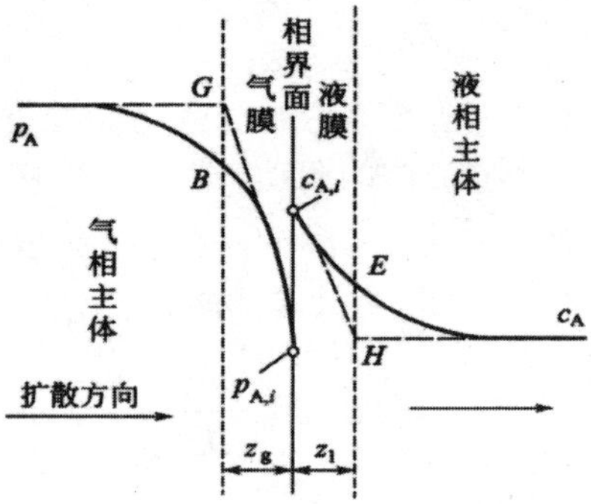

图 2-20　双膜理论

（2）气膜中的分子扩散速率

气相吸收是组分 A 在组分 B 中做单向的定态扩散时，其分子扩散速率 J_A 根据菲克定律为：

$$J_A=-\frac{dc_A}{dz}=-D\frac{d(\frac{p_A}{RT})}{dz}=-\frac{D}{RT}\frac{dp_A}{dz}$$

在定态扩散的条件下，J_A，$\frac{dp_A}{dz}$为定值，故压力分布为直线（图 2-20 中，p_AGp_A，i线），在气相主体（z=zg，p_A=p_A）与相界面（z=0，p_A=p_A，i）之间将上式积分，

得

$$N_A = J_A = \frac{D}{z_g RT}(p_A - p_{A,\mathrm{i}})$$

对于等摩尔扩散过程，分子扩散是组分实现转移的唯一途径，因此，在浓度梯度的任一法平面上的传质速率等于分子扩散速率。

在相界面处，气相中组分 A 溶解于液相中，A 的分子数减少，分压降低，使 $p_A > p_{A,\ i}$，而组分 B 由界面向主体的反向扩散，使 $p_{B,\ i} > p_B$。因过程为组分 A 的定态单向扩散，故界面上没有组分 B 的传入，组分 B 的扩散速率等于零。正是由于界面处 A 的分压降低和 B 由界面向主体扩散，则界面处总压降低，导致主体与界面间产生微小压差，这一压差促使气体朝相界面流动。对组分 A 来说，则相当于通过另一停滞组分 B 的扩散。在这种条件下，其传质速率方程式为

$$N_A = \frac{D}{z_g RT}\frac{p}{p_{B,m}}(p_A - p_{A,\mathrm{i}})$$

第三章　精馏与萃取

第一节　精馏的基础内容

蒸馏是分离均相液体混合物以达到提纯或回收有用组分目的的典型化工单元操作。其历史悠久，在化学工业中应用十分广泛。例如，一些无机物的提纯，像液态空气制氧、氮；单晶硅的制备等；在石油炼制中的原油精炼最初阶段，将混合物分为汽油、煤油、柴油和润滑油等；在合成材料工业中，从乙苯生产纯苯乙烯单体等，均需要使用蒸馏方法。

蒸馏的基本原理是借助液体具有挥发而成为蒸汽的能力，将液体混合物部分气化、部分冷凝，利用其中各组分挥发性的差异，即在同一温度下各组分的蒸汽压不同的性质，而将液体混合物分离开来。

蒸馏的实质是气、液相间的质量传递和热量传递。为使分离彻底，以获取纯度较高的产品，工业生产中常采用多次部分气化、多次部分冷凝的方法精馏。精馏与蒸馏的本质区别在“回流”，包括塔顶的液相回流和塔釜部分气化所造成的气相回流。回流是造成气液两相直接接触而实现热质传递的必要条件。

在实际生产中，从不同的角度考虑，蒸馏可有如表 3–1 所列几种形式。

表 3–1　蒸馏的几种方式

<table>
<tr><th>操作方式</th><th>操作压力</th><th>操作方法</th><th>原料组分数目</th></tr>
<tr><td>简单蒸馏</td><td>—</td><td>—</td><td>—</td></tr>
<tr><td>平衡蒸馏</td><td>常压</td><td>连续</td><td rowspan="3">双组分（二元）
多组分（多元）</td></tr>
<tr><td>精馏</td><td>加压</td><td>半连续</td></tr>
<tr><td>间歇蒸馏</td><td>减压</td><td>间歇</td></tr>
<tr><td>特殊蒸馏</td><td>—</td><td>—</td><td>—</td></tr>
</table>

工业中遇到的几乎都是多组分混合液，但双组分是多组分的基础，而且多组分与双组分精馏基本原理和计算方法并无本质区别，故本章内容着重讨论常压下双组分连续精馏。

第二节　萃取的基础内容

一、液－液萃取简介

液－液萃取，亦称溶剂萃取。它是分离均相液体混合物的一种单元操作。在萃取过程中，利用液体混合物各组分在某溶剂中溶解度的不同，以达到分离液体混合物的目的。实际上，萃取过程并未直接完成分离任务，而是将一种难以分离的液体混合物转变成两个容易分离的混合物。其简单流程如图 3–1 所示。

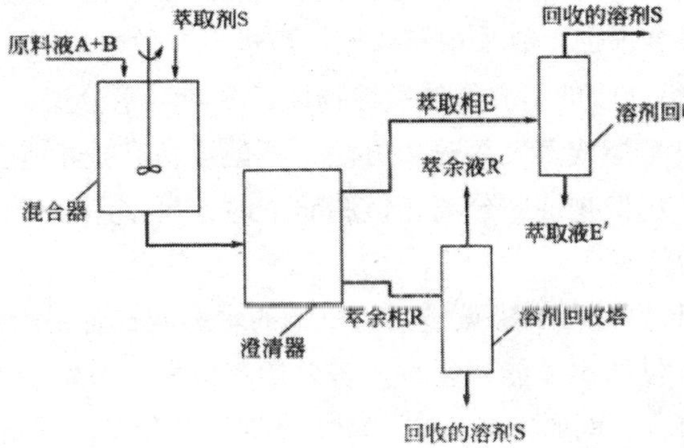

图 3–1　单级萃取流程

通常混合液中被萃取的物质称为溶质（组分 A），其余部分称为原溶剂（或称稀释剂，即组分 B），而加入的第三组分（S）称为溶剂或称萃取剂。将萃取剂加入混合液中，搅拌使其混合，因溶质在两相中不平衡，它在一相中的浓度高于其实际浓度，则溶质便从混合液向萃取剂中扩散，形成以萃取剂为主的萃取相（E）；另一相以原溶剂为主，含有少量萃取剂的称为萃余相（R）。萃取相是混合物，需要用精馏或反萃取等方法进行分离，得到含溶质的产品和萃取剂，萃取剂供循环使用。萃余相亦需用适当的方法分离回收少量萃取剂后排放。

从上述流程可知，萃取过程在经济上是否优越取决于后继两个分离过程是否较原混合液直接分离更容易实现。此外，萃取过程的经济性在很大程度上还取决于萃取剂的性质。萃取操作中选择适宜的萃取剂是一个关键问题。一般所选萃取剂应当具备以下条件：一是萃取剂与被分离混合液只能部分互溶，不能完全互溶，达到平衡时仍然保持两个不同的液相；二是各组分在萃取剂中具有不同的溶解度。

二、萃取过程的适用性与经济性

在分离液体混合物的操作中，当精馏和萃取方法均可应用时，选择的依据主要取决于成本核算。

通常遇到下述情况采用萃取分离操作能充分发挥其优越性，并能取得较好的经济效果。

（1）混合液中各组分的沸点非常接近，或各组分间的相对挥发度接近于1。此时若采用精馏方法，则所需理论塔板数很多，设备费用很高；或采用很高的回流比，则操作费用又必然增加，这时可采用萃取操作，例如常压下苯的沸点为353.25K，环己烷的沸点为354.15K，其蒸汽压几乎相同，沸点非常接近，则加入萃取剂糠醛，溶液的相对挥发度显著增加，故采用萃取操作可进行有效分离。

（2）混合液中欲回收的组分是热敏性物质，受热易于分解、聚合或发生其他变化。若采用一般真空精馏或蒸发等分离方法，不但设备和技术等方面要求较高，而且也不经济。例如，从植物油中分离长链脂肪酸时，可采用液体丙烷为萃取剂的萃取操作在经济上较为优越。

（3）稀溶液，特别是稀的沸点较高有机物的水溶液，若采用精馏方法回收其中的溶质，需要蒸发大量的水，能耗过大。若采用萃取方法，在后继过程中汽化有机溶剂的能耗远低于前者。例如，以乙酸乙酯为萃取剂从稀醋酸水溶液中回收醋酸。

（4）当混合液的组分形成恒沸物时，用一般精馏不能得到所需的纯度。采用萃取方法进行分离，在技术上和经济上将比恒沸精馏和萃取精馏更为合理可取。例如，分离丁酮 - 水形成的恒沸物，可选用三氯乙烷为萃取剂的萃取操作。

三、萃取技术在工业上的应用

（1）在无机化合物的制备与纯化中的应用。以磷矿石生产磷酸，用丁醇或戊醇为溶剂进行萃取，可制得95%的磷酸。以钾碱为原料生产KNO_3的工艺中，以异戊醇为溶剂进行萃取，分离盐酸与硝酸。在卤水氯化生产溴时，用四溴乙烷为溶剂从卤水中提取溴。

（2）在湿法冶金中的应用。近年来，由于资源和能源危机，加之有色金属的使用量剧增，而开采的矿石品位又逐年降低，促使萃取法在这一领域迅速发展起来，几乎完全替代了传统的化学沉淀法。例如，从铀矿石、铜矿石等浸出液中提取富集铀、铜等金属。目前一般认为分离化学性质相近的金属离子，如分离铌钽、分离锆铪、分离钴镍以及分离稀土金属等，都应该优先考虑用溶剂萃取法进行提取。

（3）在有机化合物分离中的应用。液－液萃取被广泛地用于有机物的分离，应用规模最大的领域当属石油化工中芳烃与非芳烃混合物的分离，所采用的溶剂主要有二乙二醇醚（二甘醇）、环丁砜、甲基吡咯烷酮、二甲基亚砜（DMSO）和糠醛等。此外，其他有机物的萃取过程包括以丙烷、二氯甲烷或二氯乙烷为溶剂从机器油中脱石蜡；以醋酸戊酯从发酵液中提取青霉素、四环素等；用乙酸乙酯、醇、醚、酮和胺类作萃取剂提取醋酸等。化工厂如炼油厂、染料厂、焦化厂等排出的含酚废水，通常用苯、二甲苯、醋酸丁酯、二烷基乙酰胺，以及绿色溶剂碳酸二甲酯（DMC）等为溶剂处理之。

（4）在生物和精细化工中的应用。由于生化药物制备过程中会生成大量的有机混合液，其成分复杂，且有许多为热敏性物质。为避免受热造成损失，可选用适当溶剂进行萃取，如从发酵液中用醋酸丁酯萃取青霉素；用磷酸三丁酯（TBP）从发酵液中萃取柠檬酸；用正丙醇从亚硫酸废水中萃取香兰素等。

随着原子能工业发展的需要，液－液萃取在核工业方面发挥了重要作用，在反应堆后处理工艺中占有特殊的地位。

以上工业应用表明，液－液萃取法与其他分离方法如沉淀法、离子交换法相比，具有提取与分离效率高、生产能力大、分离效果好、回收率高、溶剂消耗量少、设备简单且生产过程宜于实现连续化与自动化等优点。与精馏法及火法冶炼相比，由于萃取过程一般均在常温常压下进行，除设备简单外，能耗也低得多，因此，液－液萃取具有广阔的工业应用前景。

四、萃取剂的选择与发展

在萃取操作中，能否选择一种性能优良且价格低廉的萃取剂，对萃取的得率与经济效果均有很大的影响，故在选择萃取剂时，一般应考虑以下几个方面。

（1）萃取剂的选择性。选择与混合液中溶质（组分 A）有较大溶解能力的液体。

（2）萃取剂与原溶剂的互溶度。选择与原溶剂（组分 B）互溶度小的液体。

（3）选择的萃取剂应使萃取相与萃余相之间有一定的密度差，以利于两相在充分接触后即较快地分层。

（4）选择的萃取剂应当不易燃烧、无毒性，便于操作、输运及贮存，且黏度和凝固点低。

（5）萃取剂应具有化学稳定性、热稳定性、抗氧性能好，对设备的腐蚀性小。

（6）要求萃取剂易于回收，且回收操作费用低。

（7）所选用的萃取剂应当价格低廉、来源充分，否则尽管萃取剂具有上述种种优良性能也往往不能在工业生产中应用。

随着石油化工、化学工业、核工业及湿法冶金工业的发展，近年来又开发了一些新型特效萃取剂。

（1）冠醚萃取剂是一种环烷基或芳基大环聚醚新型萃取剂，具有较高的选择性。

（2）羧酸类萃取剂来源于石油化工副产品的环烷酸，价格低廉，得到广泛应用。此外还有石油亚砜和石油硫醚，可用于有色金属和贵金属的提取。

（3）螯合萃取剂作为湿法冶金工业的一大突破，是开发了羟肟类 LIX 系列萃取剂，从而更新了铜、钴、镍冶金工业面貌。此外还有 P5000 系列与 SME 系列以及羟基喹啉类的 Kelex 系列萃取剂，它们有的适合于低酸、低浓度的溶液，有的适合于高酸、高浓度溶液，还有的适宜于高温操作。这些都是有色冶金工业萃取剂开发的新成就。

五、萃取基本流程

萃取过程是将溶剂（S）加入到混合液（A+B）中，经充分混合接触传质，使被萃取组分在萃取相和萃余相之间达到萃取分配平衡，然后完全分层，最后使溶剂和溶质分离，溶剂再生循环使用三个部分，因此，萃取操作流程就应该包含有混合器、分离器和溶剂再生设备。根据混合液与溶剂的接触方式，一般可将萃取操作流程分为以下几种。

1．单级萃取

图 3–1 可视为单级萃取流程示意图。原料液 F 和溶剂 S 以一定速度加入混合器中，在搅拌器作用下使两相充分接触，当通过萃取所获得的萃取相和萃余相达到相平衡，即称这样一个平衡过程为一个平衡级或理论级。萃取相与萃余相以一定速率离开分离器，然后再分别引入溶剂回收设备。

2．多级错流萃取

单级萃取所得的萃余相中往往还含有较多的溶质，为了进一步萃取其中的溶质，可采用多级错流萃取流程。

图 3–2 所示为多级错流萃取流程，即将若干个单级接触萃取设备串联使用。原料液依次通过各级，并在每一级中加入新鲜萃取剂（对萃取剂而言是并联的）。萃取相和最后一级的萃余相分别进入溶剂回收设备。通常要求最后一级引出的萃余相

中所含溶质应降低到预定的生产要求。这种流程能获得较高的萃取率，但所需萃取剂用量较大，回收溶剂时能耗大。

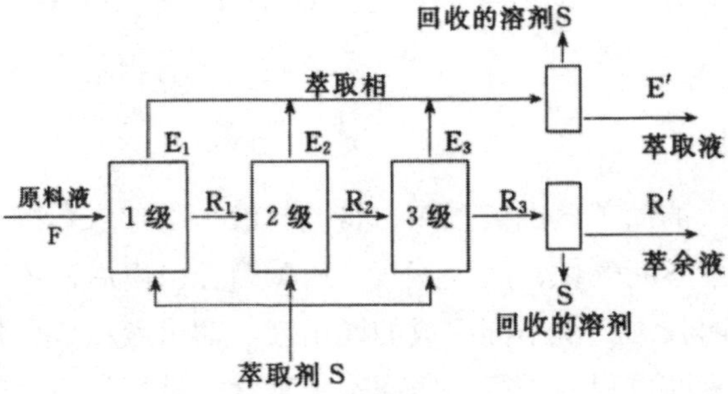

图 3-2　多级错流萃取流程

3．多级逆流萃取

为改进多级错流的缺点，可采用如图 3-3 所示的多级逆流萃取流程。其操作是将原料液和萃取剂分别从两端加入，萃取相与萃余相逆流流动进行接触传质，最终萃取相从加料端排出，最终的萃余相从加入萃取剂的一端排出，并分别引入溶剂回收设备中。在此流程中，进入末级的萃余相中的溶质（A）的浓度虽已很低，但由于与新鲜萃取剂接触，仍具有一定的推动力，故能使其中溶质浓度继续减少到最低程度；同时，进入第一级的萃取相 E_2，虽然其中所含溶质浓度已经较高，但在第一级中与平衡浓度更高的原料液 F 接触，故仍能发生传质过程，使其中的溶质 A 的浓度进一步提高。这种流程萃取效果好，消耗萃取剂较少，在工业上应用最为广泛。

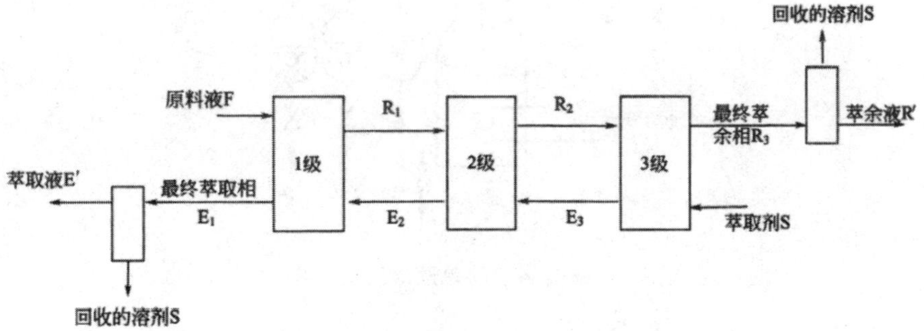

图 3-3　多级逆流萃取流程

第三节　简单蒸馏和平衡蒸馏

一、简单蒸馏

在如图 3–4 所示的简单蒸馏装置中，将原料液一次加入蒸馏釜内，恒压条件下加热至沸腾。溶液会不断气化，产生蒸汽。从蒸馏釜引出后进入冷凝器冷凝，从而可以按时间先后在回收罐获得不同组成的馏出液，馏出液组成含量随时间增加逐渐降低。同样，随着蒸馏过程的进行，蒸馏釜中富含的易挥发组分越来越少，釜内剩余物沸点则逐渐升高。当釜液组成降至规定值时，即停止蒸馏，并从蒸馏釜中排出，谓之残液。简单蒸馏所产生的蒸汽，基本上与当时的釜液达到相平衡状态，但全部馏出液的平均组成，并不与残液组成互相平衡。由上述可知，简单蒸馏是一种非定态过程，也称为微分蒸馏。由于受相平衡的限制，简单蒸馏的分离程度不高。通常用于混合液的初步分离，如小批量原油的大致分离；从含乙醇为 10%（体积分数）的发酵醪液中，经一次蒸馏可得到 50% ~ 60% 的烧酒等。简单蒸馏也用于除去混合液中的不挥发性杂质。

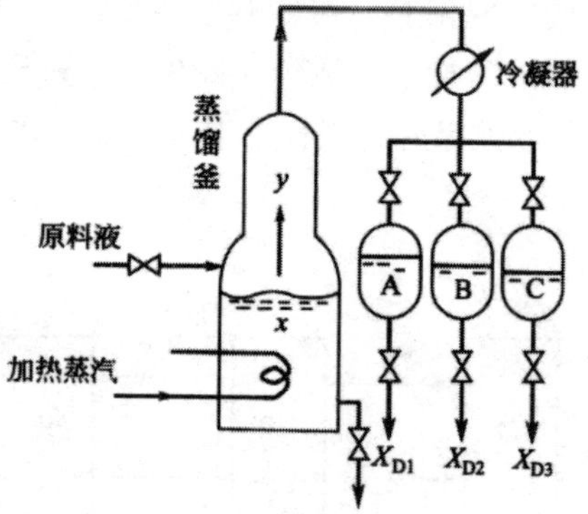

图 3–4　简单蒸馏装置

二、平衡蒸馏

图 3–5 为连续平衡蒸馏装置。将原料液用泵加压送入加热器，加热至高于分离器内压力下的沸点。原料液从加热器流至分离器的过程中，经过减压阀，瞬间减压后的混合液成为过热状态，其高于沸点的显热使部分液体发生气化，称为闪蒸，故

分离器也称为闪蒸器。平衡气液两相以切线方向进入闪蒸器，含易挥发组分较多的气相从器顶排出，冷凝后成为顶部产品；含易挥发组分较少的液相在离心力作用下，沿器壁流至器底，作为底部产品排出。平衡蒸馏是通过一次部分气化使原料液得到初步分离，因此，适用于大批量、粗分离的场合。

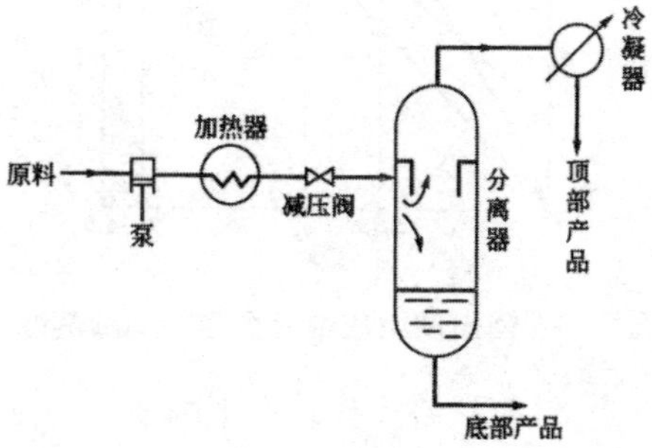

图 3–5　连续平衡蒸馏装置

第四节　间歇精馏与特殊精馏

一、间歇精馏

间歇精馏亦称为分批精馏。它是化工生产中处理小批量物料，或将多组分混合物初步分离成几个馏分，为方便操作和简化设备而进行的一种操作。它与连续精馏的不同点在于：①操作前，原料一次加入蒸馏釜中，其浓度随着操作的进行而不断降低，当釜液浓度达到规定值时，停止加热，排出残液，故间歇精馏实质上是一个非定态过程；②间歇精馏塔只有精馏段而无提馏段。

在间歇精馏过程中，若保持馏出液浓度恒定，则回流比将不断改变；若保持回流比恒定而馏出液浓度将逐渐降低，因此，间歇精馏可按下述两种方式进行。

1. 馏出液浓度维持恒定的操作

在塔板数一定的情况下，若维持塔顶馏出液的浓度不变，则如图 3–6 所示，操作线起点 a 的位置固定不变，其截距（x_D/R+1）将随操作的进行而逐渐减小，即回流比 R 相应增大。釜液浓度由 $x_{w,\ 1}$ 逐渐降至规定 $x_{w,\ e}$，即停止操作。

设原料液浓度，即釜液最初浓度为 x_F，要求经分离后釜液最终浓度为 $x_{w,\ e}$，馏出液浓度恒定为 x_D。显然分离最困难的是精馏最后阶段，故确定理论塔板数应以精馏最终阶段釜液浓度 $x_{w,\ e}$ 为基准计算。其计算步骤如下：

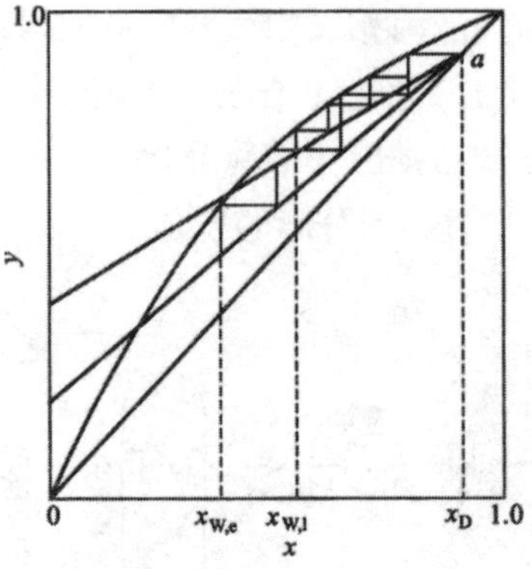

图 3-6 馏出液组成维持恒定的间歇蒸馏

（1）按规定的 x_D、$x_{w,e}$ 计算最终操作状态下的最小回流比，即

$$R_{min}=\frac{x_D-y_{w,e}^{*}}{y_{w^*,e}-x_{w,e}}$$

式中：$y_w{}^*{}_{,e}$——与釜液最终浓度 $x_{w,e}$ 成平衡的气相中易挥发组分的浓度。

（2）取适当的倍数以确定最终操作状态下的操作回流比 R。

（3）计算截距（x_D/R+1），即可按图解法求取理论塔板数 N_T。

2. 回流比维持恒定的操作

在塔板数一定的情况下，若回流比 R 保持不变，则如图 3-7 所示，操作线的斜率保持不变，各操作线彼此平行。随着操作的进行，釜中液体的浓度逐渐减小，当釜液浓度为 $x_{w,1}$，其相应的馏出液浓度为 $x_{D,1}$；为 $x_{w,2}$ 时，相应的馏出液浓度为 $x_{D,2}$……依此类推，直到达到规定的要求，停止操作。

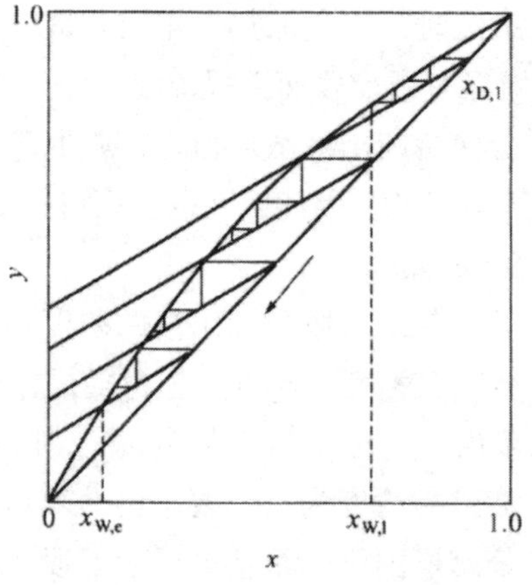

图 3-7 回流比维持恒定的间歇精馏

恒定回流比的操作，所得馏出液的浓度是各瞬间浓度的平均值$\overline{x_D}$，则此情况下精馏操作所需的理论塔板数可按如下步骤计算。

（1）按工艺要求馏出液平均浓度为$\overline{x_D}$，则设计时应使操作初期的馏出液浓度$x_{D,1}>\overline{x_D}$，以使平均浓度达到或略高于规定值，并设釜中液起始组成$x_{D,1}=x_F$。

（2）根据x_F和$x_{D,1}$计算最小回流比，即

$$R_{min}=\frac{x_{D,1}-y_F^*}{y_F^*-x_F}$$

（3）取适当的倍数，以确定实际操作回流比R。

（4）$x_{D,1}$、$x_{w,1}$和R，按一般图解法即可求得理论塔板数N_T。

对于实际操作而言，为使恒定馏出液浓度不变，就需要适当改变回流比，操作不便；而恒定回流比操作上方便，但蒸发的总蒸汽量大，能耗就大，且塔径也较大，故不经济，因此，工业生产实际中，常将两种方法结合使用，即采用分段保持恒定馏出液浓度，而使回流比逐渐跃升的办法来进行操作。

二、特殊精馏

通常当混合液的分离采用普通精馏操作不能达到较好的分离时，工业上就采用特殊精馏的方法进行分离。采用特殊精馏时，应当满足下列条件之一：

①欲分离的混合液各组分之间的沸点差相差很小，一般小于3℃；

②组分间的相对挥发度$a<1.05$；

③形成恒沸混合物；

④精馏操作中容易发生分解或聚合；

⑤精馏过程中同时伴有反应产物分离。

特殊精馏的基本原理是在二元混合液中加入第三组分，以改变原二元系的非理想性或提高其相对挥发度。根据第三组分所起作用的不同，又可分为恒沸精馏和萃取精馏。

1．恒沸精馏

在最低恒沸物、最高恒沸物或沸点相近的物系中加入第三组分后，若第三组分与二元混合液某一组分形成一组新的二元最低恒沸物，或与原来的两个组分形成三元最低恒沸物，新沸点比原二元恒沸物中任何一个组分的沸点都低，故精馏时可由塔顶排出，此时所加的第三组分称为夹带剂或分离剂。这种特殊精馏的方法就叫作恒沸精馏。

以乙醇－水二元恒沸液制取无水酒精为例，以苯作夹带剂。苯、乙醇和水形成

三元非均相恒沸物，常压下，沸点为64.6℃，且水对乙醇的摩尔比较原来的要大得多，故当苯足量，则精馏时水将全部集中于三元恒沸物中从塔顶馏出，而塔底产品为无水酒精，如图3–8所示。

操作时，将接近于乙醇–水恒沸组成的工业酒精加入恒沸精馏塔1，无水乙醇从1塔底排出。塔顶馏出的三元恒沸物蒸汽经冷凝器4冷凝后在分层器5中分层，上层富苯相作回流用，下层富水相（含有少量苯）进入苯回收塔2，在塔顶仍产生一个三元恒沸物，塔底是稀酒精，再进入普通的酒精回收塔3中精馏，塔顶是乙醇–水二元恒沸物，塔底是纯水。在精溜过程中，苯循环使用且有损失，故需及时补充。

恒沸精馏操作中，夹带剂的选择应该考虑如下几点：

①夹带剂与被分离的组分之一种或两种形成最低恒沸物，其沸点较纯组分沸点要低，一般要求不低于10℃；

②恒沸物中夹带剂的相对含量少，即每份夹带剂能带走较多的原组分，这样夹带剂用量少，热量消耗低，操作较为经济；

③应满足一般工业要求：热稳定性好、无毒、无腐蚀、不易燃、不易爆、来源充足、价格低廉。

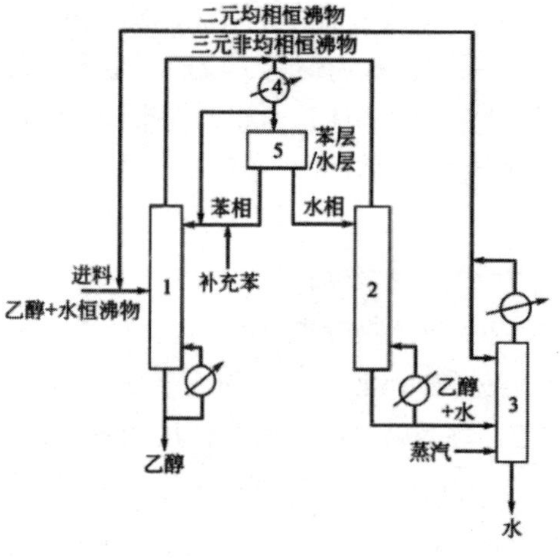

图3–8　乙醇–水恒沸蒸馏

1——恒沸蒸馏塔；2——苯回收塔；3——酒精回收塔；4——冷凝器；5——分层器

2．萃取精馏

萃取精馏与恒沸精馏类似，也是向被分离的混合物中加入第三组分。加入的第三组分与原二元混合液中A，B两组分的分子作用力不同，故能有选择地改变A，B

的蒸汽压，以增大原混合液中两组分的相对挥发度，从而使混合液的分离变得容易。所加入的第三组分称为萃取剂（或溶剂），其沸点较原两组分都高得多，且不形成恒沸物；精馏过程中从塔底排出而不消耗气化热，且易与 A，B 分离完全。

萃取精馏的流程如图 3–9 所示，原料 A+B（如苯–环己烷，其沸点分别为 80.1℃和 80.73℃）加入萃取精馏塔 1 的中部，萃取剂 S（糠醛，沸点为 161.7℃）在靠近塔顶处加入，使塔内各板的液相中均保持一定比例的 S。沸点最低的 A 由塔顶馏出，在萃取剂加入口以上设置一二块塔板（萃取剂回收段 2）以捕获少量被汽化的 S，以免从塔顶逸出。

萃取精馏塔 1 的釜液为 B+S 混合液，然后将其送入溶剂分离塔 3 中以回收萃取剂。因为 B 与 S 沸点差相差很大，故二者易于分离。塔 3 底部排出的 S，可循环进入塔 1 使用。

选择萃取剂的主要条件是：

①选择性强，即加入少量溶剂就可以使原混合液组分间的相对挥发度显著增大；

②溶解度大，能与任何浓度下的原混合液互溶，以充分发挥每块板上液相中 S 的作用；

③挥发性小，即具有比被分离组分高得多的沸点，且不与原混合液中各组分形成恒沸物，以便于分离回收；

④应满足一般工业要求（同夹带剂）。

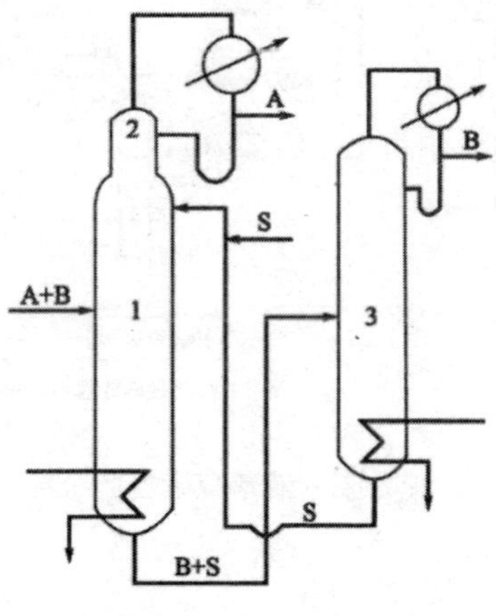

图 3–9　萃取精馏的过程

1——萃取精馏塔；2——萃取剂回收段；3——溶剂分离塔

第五节 液－液萃取设备及其选择

液－液萃取已成为现代化工生产中的一项重要的分离技术，因此，为适应工艺过程的要求已经开发了很多类型的萃取设备。根据操作方式可分为分级接触萃取设备和连续接触萃取设备。在分级接触萃取操作中，各相的组成是逐级变化的。其设备可用单级，也可由许多单级设备组合而成为多级接触萃取设备。在连续接触萃取操作中，相的组成沿着流动方向连续变化。其所用设备大多为塔式设备。任何一种具有良好性能的萃取设备，均应当能为两液相提供充分混合与完全分离的条件。

图 3-10 所示为工业生产中液－液萃取器的基本情况及其与不同萃取过程的关系。

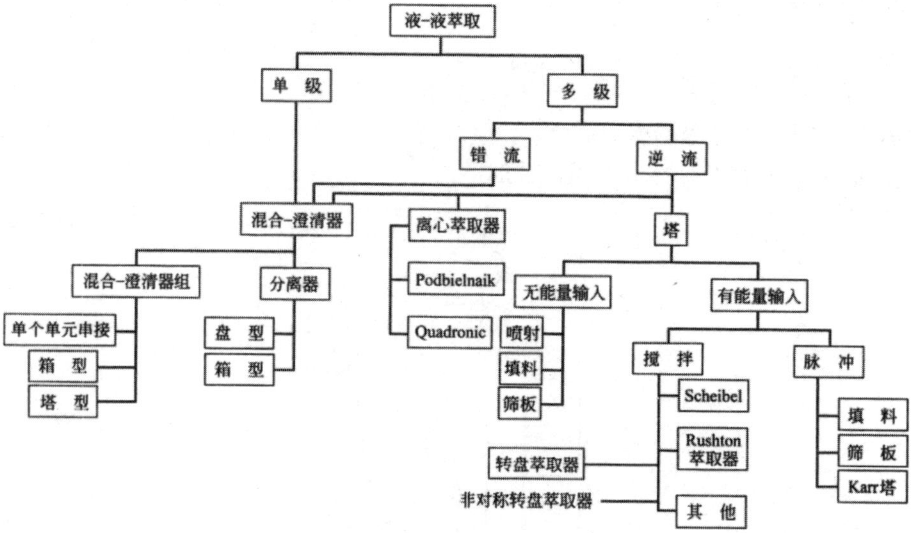

图 3-10 液－液萃取设备的分类

一、混合－澄清萃取器

混合－澄清萃取器是一种分级接触设备，图 3-11 所示为单级形式。它是由整体的或分开的混合室及下游的澄清室组成。在整个系统中，混合室与澄清室由开缝的挡板隔开。如有可能，则须在分离器的接触界面或其底部设置排污口。

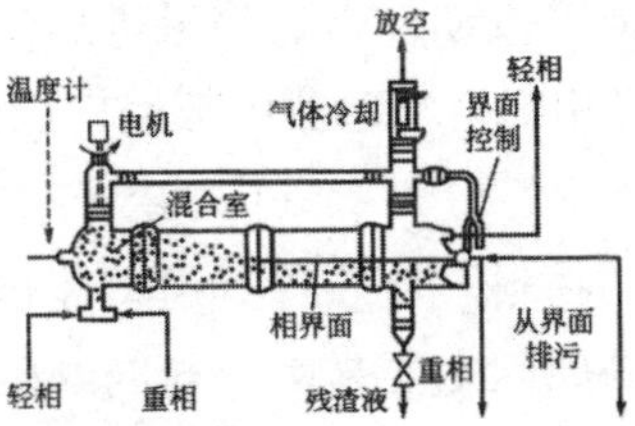

图 3–11　混合 – 澄清萃取器

在混合室中，必须对液滴大小做适当的调节，并妥善处理细液滴的高传质率与大液滴的短分离时间的关系，故搅拌速度应当适中。通常带搅拌的容器、泵、混合喷嘴及静态混合器都可以作为混合设备，但视具体情况而定。由于分离效率与相界面积成正比，所以大多数澄清器都由水平容器所组成。

根据生产需要可将多个混合 – 澄清器串联起来组成多级错流或多级逆流萃取流程。

混合 – 澄清器的优点：

①混合器可单独调节，有可能选择最佳分散度，传质效率高；

②适应于特别高或特别低的相比，流量变化时不会降低效率；

③适应性强，较其他类型萃取器易处理固体物料；

④结构简单，能较可靠地按实验设备的试验数据放大为生产装置。

混合 – 澄清器的缺点：

①由于安装在同一平面上，占地面积大；

②操作容积大，故溶剂费用高；

③所需搅拌功率大，故能量消耗大且控制费用高。

二、离心式萃取设备

如果进行萃取的两液体密度差很小，或界面张力很小且易乳化，或黏度很大时，两相的接触状况不会太好。特别是难以借助重力作用使萃取相 E 和萃余相 R 分离时，可以采用萃取离心机。

这种型式的设备界于按混合 – 澄清原理运转的分离器和塔式萃取器之间。它是利用离心力的作用使两相快速充分混合和快速分相的一种萃取装置。图 3–12 所示是一台波德（Pod–bielniak）式离心萃取机。它由一个高速旋转的圆形转鼓（固定在水平转轴上），以及固定的外壳所组成。转鼓内装有带筛孔的狭长金属带绕制而成的螺旋圆筒或多层同心圆管。操作时两液相以对流方式流经转轴，轻相被甩至螺旋的外圈，而重相则进入螺旋中心，在转速达 2000 ~ 5000r/min 的较强离心力场的作用下，重液从中心向外流动，而轻液则从外缘向中心流动，同时液体通过螺旋带上的筛孔被分散，两相在螺旋通道内逆流流动，密切接触进行传质。最后，重相从螺旋的最外层经出口道逆流到器外，轻相则由萃取器中部经出口流到器外。

这种型式的萃取器，每台设备为 3 ~ 5 个理论级时，其处理量可达 $130m^3 \cdot h^{-1}$，然而，它不适宜处理含固体的物料。该装置具运转体积小，因此，料液在机内停留时间很短。该机易产生故障的原因主要是由密封问题引起。此类型萃取器常用于制药工业，由于其生产能力大，也常用于大流量的过程，但结构复杂、能耗大、设备投资及维修费用较高，为此，使其推广应用受到一定限制。

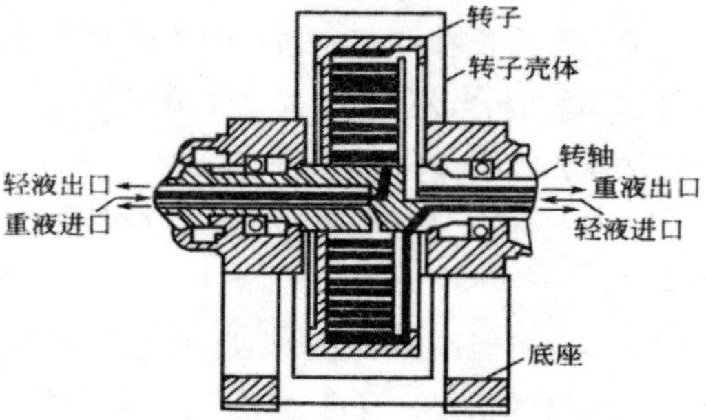

图 3-12　离心萃取机

三、塔式萃取设备

塔式萃取设备的显著特征是液 - 液两相借密度差和重力进行垂直逆向流动。因不断更新界面，一方面对传质起着很大的作用，进而也影响到所需的塔高。考虑到这一原因，在不同型式的塔中，需要输入各种能量，同时，也必须控制返混现象以提高塔效率。

1．无能量输入的塔

这种类型的设备包括那些液体流动及液滴分布不受外界影响的塔。

（1）填料萃取塔

填料萃取塔与用于精馏和吸收的填料塔基本相同，只是无精馏系统中所用的再分布器，如图 3-13 所示，填料充满塔体。作为连续相的重相由上部进入，下部排出；而轻相即分散相由下部进入，从顶部排出。连续相充满整个塔，分散相由分布器分散成液滴进入填料层，在与连续相逆流接触中进行萃取。

塔中填料的作用可以起到减少连续相的纵向返混，并有助于分散的液滴不断地破裂与再生，促使表面不断更新。填料的材质应有所选择，通常宜选择不易被分散相润湿的填料。一般来说，瓷质填料易被水溶液所润湿，炭质或塑料填料易被有机溶液所润湿，而金属填料对水溶液与有机溶液均可润湿，且润湿性能无显著差别。

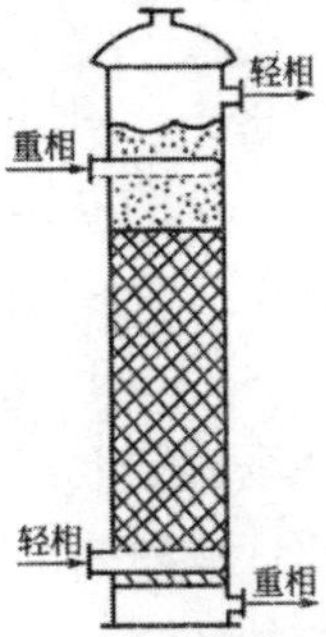

图 3-13　填料萃取塔

填料塔结构简单、造价低廉、操作方便，适于处理腐蚀性液体，故在工业上有一定的应用。其缺点是传质效率较低，一般在工艺要求的理论级数不多（＜3）、处理量较小的场合可考虑采用填料塔。

（2）筛板萃取塔

筛板萃取塔的结构如图 3-14 所示。在这种塔中，按与带液流堰和降液管的精馏系统同样的原理而设计。操作时，若以轻相为分散相，则它将通过板上筛孔分成细滴向上流，然后又凝聚于上一层筛板下面。而连续相由溢流管流至下层，横向流过筛板并与分散相接触。若以重相为分散相，则重相的液滴凝聚于筛板上面，然后穿过筛孔分散成液滴（这种情况下，则须将降液管改为升液管，溢流部分改为升液部分。）而落入连续的轻相中，轻相则连续地从升液管进入上一层塔板，直到塔顶。操作中应选择不易润湿塔板的一相为分散相。

筛板塔的处理量与两相间的密度差及塔板下方建立的液层高度有关。效率也受此液层高度和板间距的影响，负载范围较小。

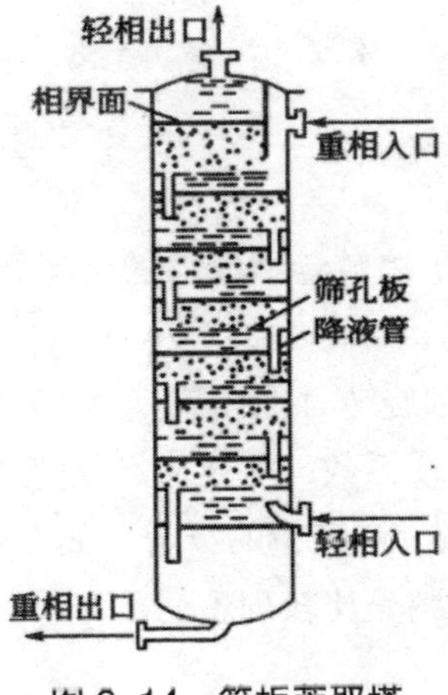

图 3-14　筛板萃取塔

2．有能量输入的塔

在有外界能量输入的塔式萃取设备中，用机械能来促进液滴更新和加剧界面流动，从而获得较高的效率。不论是何种性质的液体，用搅拌或脉冲方式输入所需能量，是使这种塔获得高传质效率的可靠办法。

（1）搅拌填料萃取塔。夏贝尔（Scheibel）塔开发应用较早，如图 3-15 所示。在这种塔中，为使两相充分混合，在垂直轴上安装有一定间隔的涡轮式搅拌器，为改善凝聚状况，在搅拌器之间的分离区域内装填粒状填料或金属丝网填料。塔的操作按混合 - 澄清原理进行：两相经搅拌区时充分混合，以改善接触和分散状况，促进传质；两相流经填料层时，则填料促使液滴合并，防止乳化，利于分相，且可抑制轴向返混，故搅拌区起到混合器的作用，而填料层则起到了澄清器的作用。此塔良好的分离作用及低返混使效率达到每米 3 ~ 5 个理论级，但由于其存在难以拆卸、分离区易结垢和需在轴上配置数个轴承，因而增加了腐蚀及磨损等缺点，因而目前工业上应用得较少。

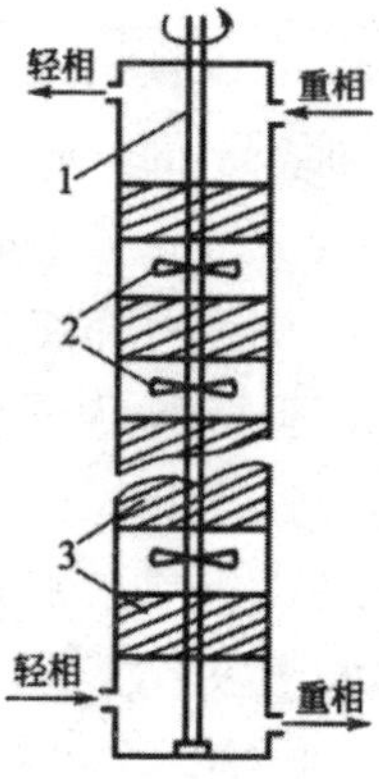

图 3-15　夏贝尔塔

1——转轴；2——搅拌器；3——丝网填料

（2）转盘萃取塔（RDC）。转盘萃取塔的结构如图 3-16 所示，塔体内壁安装了一系列平行的固定环，将塔内分隔成许多小室。中心轴上装有多层圆盘，且正好位于两个固定环中间。当中心轴旋转时，由于转盘对液体的搅拌作用和固定环的存在，从而增大了相际接触界面和传质系数，并在一定程度上抑制了轴向返混。

转盘萃取塔适用于低分散、高流量的场合，如在石油化工中从废水中萃取酚，或回收溶剂。该塔处理脏的物料是比较理想的。

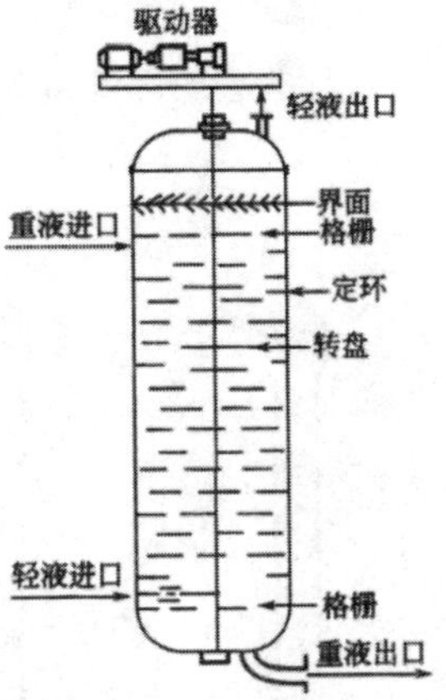

图 3–16 转盘萃取塔

近年来，为了进一步提高转盘塔的效率，开发了不对称转盘塔，其结构如图 3–17 所示。在此系统中，装有搅拌盘的轴非对称地安装在塔的一侧，各搅拌区由没有孔的挡板隔开成许多小室。

澄清区是由垂直挡板从萃取区中分隔开，又由环形水平挡板分割成许多小室，在该区域中进行相际交换与分离。此外，流量与分离效率在一定范围内受转速的影响。

不对称转盘塔的优点是由于偏心搅拌，使轴向混合效应大为减弱，从而提高了萃取效率。另外，该塔对物系的物性（密度差、黏度、界面张力等）有较宽的适应范围，并适用于易发生乳化或带有悬浮固体的物料。

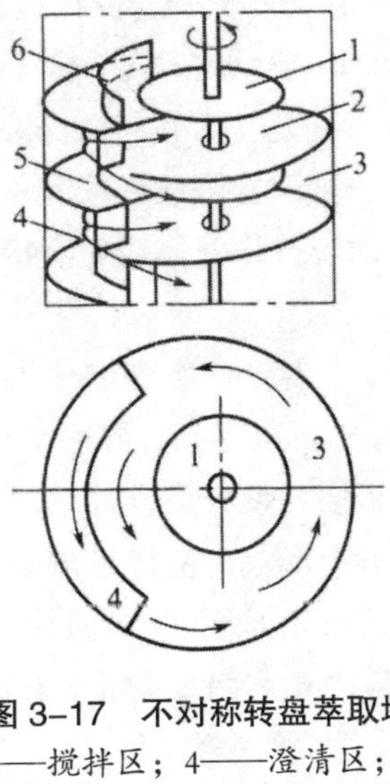

图 3–17 不对称转盘萃取塔

1——搅拌盘；2——挡板；3——搅拌区；4——澄清区；5——水平挡板；6——直挡板

（3）脉冲萃取塔。在脉冲萃取塔中，脉冲所需的能量可施加在整个液柱中或施加于内置的塔板上。脉冲液柱的优点是运动部件可装在塔体之外，如图 3-18 所示。

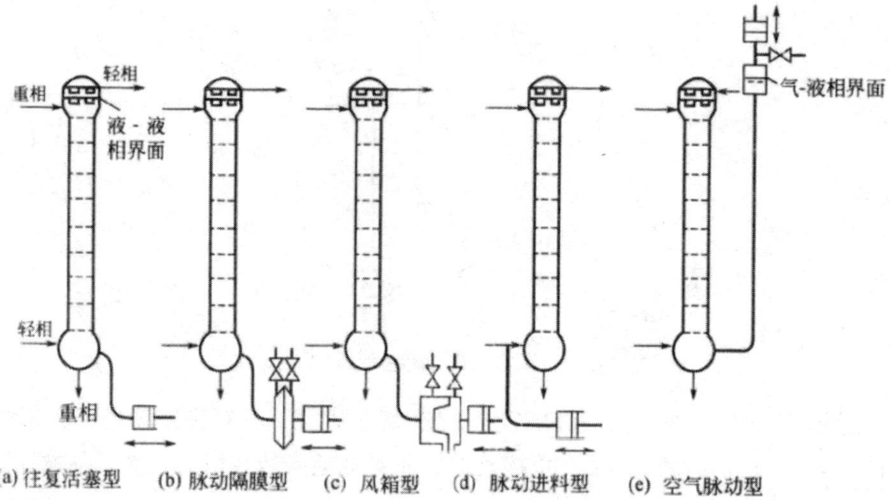

图 3-18　脉冲萃取塔

相澄清的扩大室可设置在塔顶或塔底，根据不同的操作类型，可在顶部或底部扩大室中形成相界面。利用特殊泵或压缩空气可在塔底部造成脉冲。

图 3-18 为脉冲萃取塔的几种类型。（a）往复活塞型。即将活塞的往复运动直接作用在液体上，使之在塔内产生脉冲运动。（b）脉动隔膜型。借活塞的往复运动使薄膜变型，从而驱动液体产生脉动。（c）风箱型。由于活塞的往复运动使风箱伸张和收缩，借风箱传递脉冲。（d）脉动进料型。是由往复泵向塔内送料，从而使塔内产生脉动。（e）空气脉动型。它是在活塞与操作液之间有一段空气作介质，空气一方面起到传递脉冲的作用，一方面又像隔膜一样起着隔离作用。在以上几种类型中，（b）、（c）和（e）均可使活塞与操作液体避免直接接触，故适宜处理有腐蚀性的物料。

上述液体脉动萃取塔的效率受脉动频率影响较大，受脉动振幅影响较小。通常用较高的频率、较小的脉动振幅，可以得到较好的萃取效果。

若将脉冲输入填料塔或筛板塔，便构成脉冲填料塔和脉冲筛板塔，在脉冲填料塔中，脉冲能防止在简单填料塔中形成的液体汇流现象。在脉冲筛板塔中，两相须通过筛孔，轻相向上脉冲流动，重相向下脉冲流动，这样不断产生新的界面，对传质有利。应当注意的是，对于散堆填料塔要防止长期脉冲作用引起填料的有序排列造成沟流；对于筛板塔则要防止溢流管引起短路。

脉冲萃取塔分离效果较好，但是，液体在有脉动下流动速度要比无脉动时低一些，故塔的生产能力一般有所降低，功耗有所增加，适用于小塔。由于该塔结构简单，防护屏蔽性能良好，无转动设备，便于实现远距离控制，为此在核工业中得到广泛应用。在石油化工、稀有金属及有色金属的湿法冶金中也受到了重视。

四、液－液萃取设备的选择

液－液萃取设备的型式很多，性能各异，在选择萃取设备时，应根据可资利用的实验数据及操作经验，从设备的性能特点、操作费用、设备投资及物系的性质等方面考虑。通常其选择原则如下：

（1）停留时间。对在萃取过程中易发生分解的物系，应考虑选择停留时间短的萃取设备——离心萃取机；对萃取过程中伴随有慢化学反应的物系，应选择使物系停留时间较长的混合－澄清设备。

（2）所需理论级数。对某些物系达到一定分离要求所需理论级数较低（<5）时，则各种萃取设备均可使用。所需理论级数在4 ~ 5级时，一般可用转盘塔和脉冲塔，若所需理论级数更多时，则选择离心萃取机或多级混合－澄清器较为适宜。

（3）物系的物理性质。黏度较大、界面张力大、密度差小的物系，需采用有外加能量输入的萃取设备。反之，界面张力小、密度差大，且易乳化的物系，则应选用无外加能量输入的萃取设备。对密度差非常小，而又易乳化不易分相的物系，则选择离心萃取机。

（4）防腐蚀及防污染要求。对于强腐蚀性物系，宜选择结构简单、易于采取防腐措施的填料塔或脉冲塔等。脉冲塔还特别适用于有放射性的物系，以防止其外泄而污染环境。

（5）生产能力。若生产处理量小时，可选用填料塔和脉冲塔。而离心萃取机、转盘塔、筛板塔及混合－澄清器则适于处理量大的场合。

第四章　新型分离技术

第一节　膜分离技术

一、膜分离技术的发展

膜分离是一项新兴的高效分离技术。它是基于物质透过固态膜或液态膜速率的不同，而将多组分混合物或溶液中各组分加以分离、分级、纯化或富集的过程。就膜分离的现象而言，它是广泛地存在于自然界中的，特别是在生物体内。生物体从外界摄取养料、排泄代谢物、交换信息等过程都是以生物膜作为中介来完成的。人们对于膜现象的研究，首先是 1748 年 Nollet 发现水会自发地扩散穿过猪膀胱而进入酒精中开始的，然而，直到百年之后的 1854 年 Graham 发现了渗析现象，1856 年 Matteucei 和 Cima 观察到天然膜是各向异性这一特征之后，才又唤起人们对膜的研究的重视。开始科学家们主要使用的是动物膜，但是这种天然膜在使用中存在许多问题，有着极大的局限性。1864 年 Traube 成功地制成历史上第一片人造膜——亚铁氰化铜膜，并由 Preffer 于 1877 年用这种人造膜顺利地进行了蔗糖和其他溶液的分离实验研究，从而为膜的研制及膜分离技术的发展和应用奠定了良好的基础。从此以后，特别是 20 世纪开始，研制了许多不同类型的膜，促使反渗透、超滤、微滤、渗析、电渗析、气体分离、膜蒸馏、渗透蒸发及液膜分离技术等的蓬勃发展。

如果将 20 世纪 50 年代初期作为现代高分子膜分离技术研究的起点，截至目前，其发展可以大致分为以下三个阶段。

（1）50 年代为奠定基础阶段。主要进行膜分离科学的基础理论研究和膜分离技术的初期工业开发。

（2）60 ~ 70 年代为发展阶段。由于电子显微镜等技术的进展，为膜的形态结构、分离性能、成膜条件之间的关系等方面的研究提供了有效工具，因此，许多膜分离技术实现了工业化生产，并得到广泛应用。

（3）80 ~ 90 年代为发展深化阶段。不断提高和完善已实施工业化的膜分离技术，并扩大其应用范围，攻克一些较难的膜分离技术，并开拓新的膜分离技术。

20世纪90年代以来，被称为膜接触器的膜吸收、膜蒸馏、膜萃取、膜汽提等，为膜分离技术全面渗入化工领域提供了可能。近年来，膜促进传递、膜反应器、膜传感器、控制释放等膜技术发展很快，膜式燃料电池则成为当今发达国家研究的热点。

膜分离技术，可在环境温度下操作使用，能耗低、分离效率高，一般过程中不伴随相变，无二次污染。适合于热敏性物质、稀溶液和难分离物的分离等特点，特别是易与催化反应和其他工程组合联用，发展十分迅猛，具有广阔的应用前景。此外，膜分离技术在净化、消毒、防污染等应用领域能很好地发挥作用。假若将膜分离技术与传统工艺结合，可以引起化学工程、冶金、生物技术、食品、医药、环境与石油工业重大技术革新与革命。

二、膜及膜分离技术的定义和分类

1. 膜的定义和分类

（1）膜的定义。在一种流体相（液态或气态）内或两种流体相之间，用一个较为致密的薄层（< 0.5mm）凝聚相物质把流体相分隔成为两部分，这一薄层物质就是膜。膜本身可以是均匀的一相，或是由两相以上的凝聚态物质所构成的复合体。显然，膜既可以是固态也可以是液态；既可以是完全透过性的，也可以是半透过性的。不论膜有多薄，它都必须要起到隔离作用，以阻止膜两侧的流体相直接接触。

（2）膜的分类。分离膜可以由高分子、金属、陶瓷等材料制造，以高分子材料居多，高分子膜可以制成致密的或多孔的、对称或不对称的。金属和陶瓷膜也可以是对称或不对称的，因此，可按以下几种方法对膜进行分类。

①按制造膜的材料分类，见表4–1。

表4–1　膜的制造材料

改性天然物	乙酸纤维素，丙酮–丁酸纤维素，再生纤维素，硝酸纤维素
合成产物	聚胺，聚苯并咪唑，聚砜，乙烯基聚合物，聚脲，聚呋喃，聚碳酸酯，聚乙烯，聚丙烯
特殊材料	聚电解络合物，多孔玻璃，氧化石墨，ZrO_2–聚丙烯酸，ZrO_2–碳，油类

②按膜的孔径大小分类，见表4–2。

表4–2　膜孔径分类

膜	微滤膜	超滤膜	反渗透膜	纳米过滤膜
孔径	0.025 ~ 14μm	0.001 ~ 0.02μm	0.0001 ~ 0.001μm	平均直径2nm

（3）按膜的结构和制造方法分类，见图 4–1。

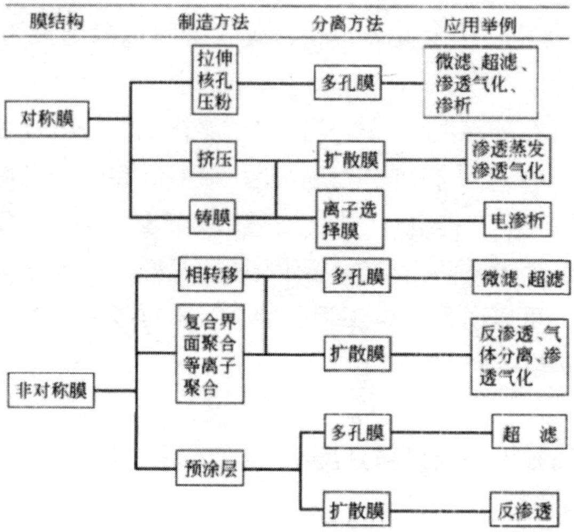

图 4–1　膜的分类

对称膜是一种结构的方向性并不重要的膜，一般用于渗析，并在一定条件下用于超滤。根据制造方法的不同，这些膜要么具有确定直径的孔，要么具有不规则的孔结构。

非对称膜是一种比较致密的薄膜，作为一分离层，它对物质传递和选择性起决定性作用，该分离层必须朝向待浓缩的原溶液。该层下边的高孔隙率支撑层使膜具有必要的机械强度，通常采用附加纤维网增大其强度。

2．膜分离技术的分类和定义

就膜分离过程的实质而言，它是物质透过或被截留于膜的过程，与筛分过程近似。根据膜孔径的大小而达到物质分离的目的，因此，可以按照被分离粒子或分子的大小予以分类，大致可有六种膜分离过程。除了依据表 4–2 所列的四种如微滤、超滤、反渗透和纳米过滤以外，还有与上述分离粒径交叉重叠的，如渗析和电渗析。这六种膜分离过程的定义如下。

（1）微滤（microfiltration，MF）。以多孔细小薄膜为过滤介质，压力差（约 200kPa）为推动力，使不溶物浓缩过滤的操作。其功能：分离粒子尺寸范围 10 ~ 0.02 μm。如从水、饮料和药液中除菌；从啤酒中除去浑浊物。在生物技术领域，微滤特别适用于细胞的捕获。

（2）超滤（ultmfiltration，UF）。以压力差为推动力，按粒径选择分离溶液中所含微粒和大分子的膜分离过程。用于纯水制造，食品、药品和生物制品的浓缩，从发酵池中回收葡萄糖以及精制纸浆废水处理等。

（3）反渗透（reverseosmosis，RO）。以压力差从溶液中分离出溶剂的膜分离操作。如海（盐）水脱盐，溶液、液体食品脱水，从水中除去离子或其他物质。

（4）渗析（dialysis，DL）。一种以浓度差为推动力，溶质沿浓度梯度的方向从浓溶液透过膜向稀溶液扩散的过程，又称透析。其中既有溶剂产生流动，又有溶质产生流动的过程。允许小分子通过，截留大分子；用于人工肾（血液透析），化工及食品中高聚物及低分子的分离。

（5）电渗析（electrodialysis，ED）。一种以电位差为推动力，利用离子交换膜的选择透过性，从溶液中脱除或富集电解质的膜分离操作。如氨基酸溶液脱盐；糖蜜除去矿物质；碱的制造；重金属离子回收；从海带中提取甘露醇、柠檬酸；牛奶脱盐制婴儿牛奶等。

（6）纳米过滤（nanofiltration，NF）。一种以压力差为推动力，介于超滤和反渗透之间，从溶液中分离出相对分子质量为 300 ~ 1000 的物质的膜分离过程。纳米过滤已在许多工业中得到有效应用，如制药、纯水制备、废水处理、化学工业、食品及染料工业，还可用于低聚糖的分离和精制，果汁的高度浓缩，以及农产品的综合利用等。

膜技术和其他一切高新技术一样，产品更新快，技术含量高，研制比重大，而且品种较多，生产规模又小。它的利用虽为各行各业带来巨大效益，然而，膜分离往往只是生产流程中的一个部分。如果技术不配套就不能发挥作用，因此，结合各行各业进行应用开发就显得十分重要。

三、膜过滤的基本概念

膜过滤是指微滤、超滤和反渗透三种过程，它们都属于压力驱动型膜分离过程。以下仅就超滤和反渗透过程进行介绍。

超滤（UF）和反渗透（RO）的目的都是将溶质通过一层具有选择性的薄膜，而从溶液中分离出来。从前述其定义可知，分离过程的推动力是压力差。由于被分离物质的相对分子质量和粒径大小的差别，以及膜孔结构的不同，因此，其采用的压力差前者在 100 ~ 1000kPa，而后者为 1 ~ 10MPa。

超滤和反渗透过程都是用半透膜将两种不同浓度的溶液隔开，如图 4-2（a）所示。半透膜一侧为淡水，另一侧为盐水，半透膜只能透过淡水，淡水穿过半透膜传递到盐水中，这种现象称为“渗透”，即稀溶液中的溶剂分子通过半透膜向浓溶液中移动的过程。

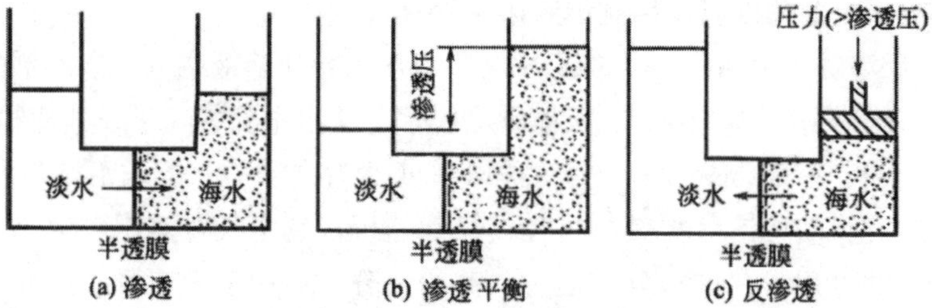

图 4–2　渗透、渗透平衡和反渗透

在渗透过程中，已穿过半透膜的溶剂若不被移走，则最终会呈现一种流体静压差，在此压差下物质静传递量为零，这种状态称为渗透平衡，如 4–2（b）所示。与此过程相应的压差即是渗透压。然而，要进行物质的分离和浓缩就必须在浓溶液一侧外加机械压力，或称操作压力，使溶剂做逆向流动，见图 4–2（c），但是，对于超滤和反渗透情况却是不一样的。

最简单的超滤的工作原理可以图 4–3 所示。在一定的外压 f 的作用下，当含有高、低分子化合物的溶质的溶液通过被支撑的膜表面时，溶剂和低分子溶质（如无机盐类）将透过薄膜，作为透过物被收集；而膜另一侧的高分子溶质（如有机胶体等）则被薄膜截留而作为浓溶液被收集。通常超滤可以截留相对分子质量在 500 以上的高分子溶质（一些有机物，高聚物如蛋白质、核酸及多糖等）。

一般而言，反渗透法主要用于截留无机盐类那样的小分子（小于 10 倍水的相对分子质量而超滤法则是从小分子溶质或溶剂分子中，将比较大的溶质分子筛分出来，从本质上讲二者并无多大差别。只不过前者的溶质是小分子，因而渗透压较高，所以，为使溶剂透过薄膜，则操作压力必须要大。与此相反，由于高分子溶质的存在，渗透压较低，有时甚至可以忽略，所以，超滤可以在较低的压力下进行过滤。

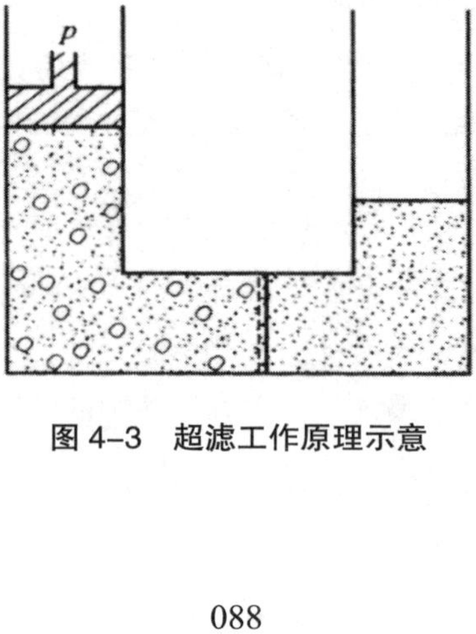

图 4–3　超滤工作原理示意

四、膜组件的结构及其特点

各种膜分离装置的核心部分就是膜组件。它是将膜以规则排列的形式组装在一个基本单元设备内，在外界压力作用下，能实现对溶质和溶剂的分离。

目前，工业上常用的超滤或反渗透膜组件型式主要有平板式、管式、螺旋卷式及中空纤维式四种型式。

1．平板式膜组件

图 4–4 是一平板式膜组件。它是由两片平行膜将其三边密封后，形成膜套，支撑在一纸板的多孔材料上。多个膜套平行地连接在同一个头上，形成一个组合单元。透过膜的超滤液可以从该单元头部的放大图上看出其流动路线，原料液与膜套平行，纵向流过组合单元。其优点是充填密度可以达到 100 ~ 400$m^2 \cdot m^{-3}$，能量消耗较少，整个元件均可更换。但缺点是体积较大。

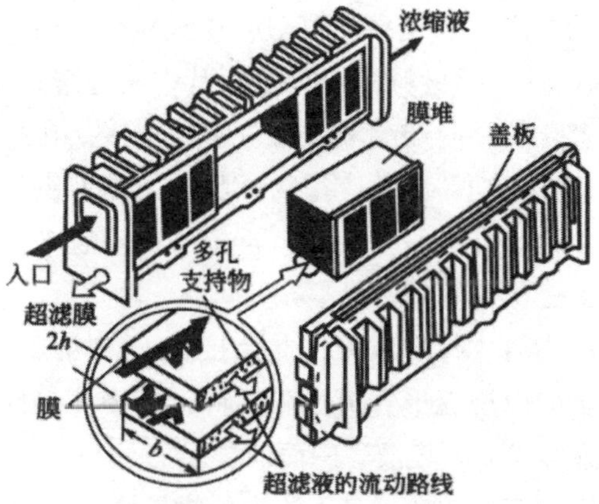

图 4–4　平板式膜组件

2．管式膜组件

在管式膜组件中，膜呈软管形式置于耐压管内侧，管的直径在 12 ~ 24mm，见图 4–5。

假若支撑管的材料不能让滤液通过，则在支撑管和膜之间安装一个薄的多孔聚乙烯管，而这层多孔膜不会阻碍滤液横向地流向附近支撑管上的孔道，同时也在穿孔区域给膜提供必要的支撑。这种膜组件的优点是流动状态好，流速易控制，易清洗，无死角，适宜处理含固体较多的原料液，机械除去杂质也较容易，而且合适的流动状态还可以防止浓差极化和污染。其缺点是与平板膜比较管膜的制备条件较难控制，单位体积中所含过滤面积较小，压降大。此外，管口的密封也较困难。

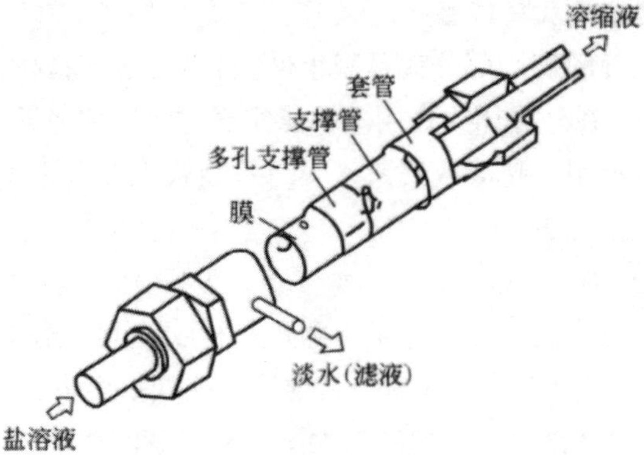

图 4–5　管式膜组件

3．螺旋卷式膜组件

螺旋卷式膜组件的突出优点是高充填密度（＞900m^2·m^{-3}），构造简单。这种膜为双层结构，中间为多孔支撑材料，两边是膜，其中三边密封而粘接成所谓“膜袋”。而另一开放边与一根多孔的中心产品液收集管密封连接。在膜袋外部的原料液侧再垫一种网形间隔材料，亦即把“多孔支撑物—膜—原料液侧间隔材料”依次叠合，绕中心产品液收集管紧密地卷成一个膜卷，再把这样卷起来的膜束置于圆柱形压力容器里，就形成一个螺旋卷组件，见图 4–6。

实际应用时，将压力管中许多膜束彼此衔接起来，构成一个组件。盐溶液从端面或侧面流入，并沿轴向以层流形式流过膜元件，而多孔支撑层内的透过液则形成螺旋形，并且也以层流形式流入集液管中而被导出。

高充填密度这一优点带来的缺点是无法进行机械清洗，因此，料液需要预处理。此外，压降也大。

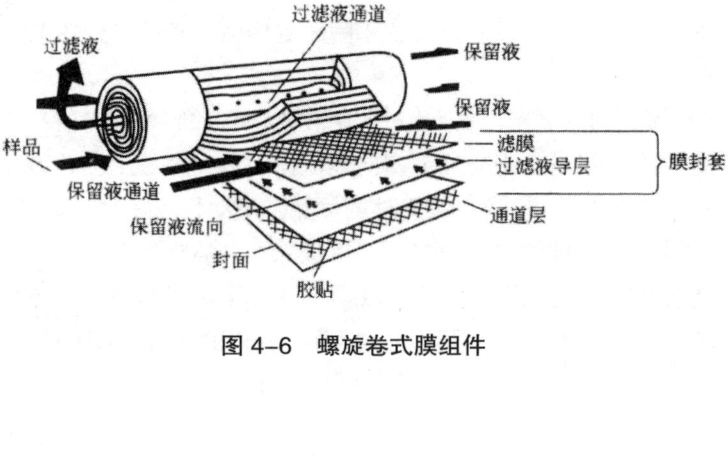

图 4–6　螺旋卷式膜组件

4. 中空纤维式膜组件

中空纤维是一种高强度，状如人发粗细的空心管，它是一种自身支撑膜，纤维外径为 50 ~ 200μm，内径 25 ~ 42μm。通常，把数十万根中空纤维捆扎成纤维束弯成U形，并装入圆柱形耐压容器内，见图4-7。纤维束的开口端密封在环氧树脂的管板中，而纤维束中心轴处安置一个原水分配管，使原水沿径向流过纤维束。纤维束外包裹网布，既可使其固定，又可使原水形成滞流状态。净化水透过纤维管壁后，沿纤维的中空内腔流经管板后引出，浓缩水在容器的另一端排出。

原水既可与中空纤维平行，也可以成径向流动，因为滤液只能从一端引出，因此，在平行流动情况下，根据纤维中滤液的流动与原水同向还是逆向可以分为并流或逆流操作。

这种装置的主要优点是，单位体积中所含过滤面积大，操作压力较低（< 0.25MPa），动力较低，该膜不需支撑材料，使用寿命较长。缺点是制造技术复杂。操作时原料液需要预处理，易堵塞，清洗不易。

上述几种膜组件各有所长，但从单位体积的产液量来看，螺旋卷式和中空纤维式膜组件产液量最高，然而，应当指出的是，从装置的膜面清洗角度来讲，管式装置有其独特的优点。

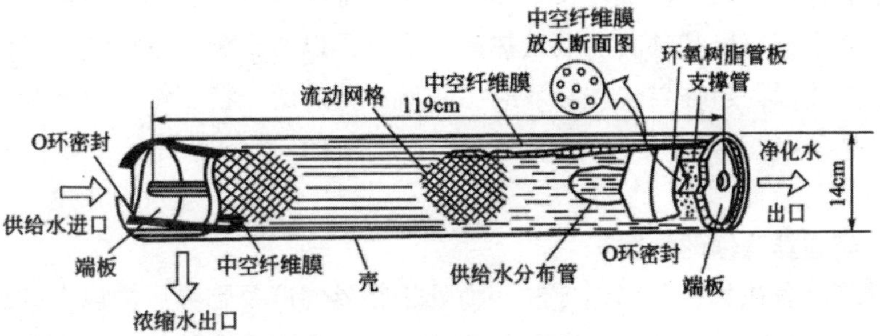

图4-7 中空纤维式膜组件

五、超滤和反渗透的应用

超滤和反渗透操作原理及设备简单，压力低、技术要求不高，因此从研究转向应用发展很快。

目前，超滤主要用于油/水乳液的分离、电泳漆的回收、废水处理、食品加工，以及在生物工程中，将之用于酶及蛋白质的分离、浓缩，纯化血浆的分离、脱盐等方面。

反渗透技术的飞速发展，使其在海水脱盐领域占有领先地位。据1994年统计，美国市政饮用水处理中，反渗透水处理量约为 $3 \times 10^6 m^3 \cdot d^{-1}$。自20世纪90年代以来，全世界的反渗透水处理量以每年百分之十几的速度递增，反渗透不仅用于海水、苦咸水的淡化，制造纯水、超纯水和医疗卫生用水，而且，在工业废水净化，食品加工及生物工程中的单价盐、非游离酸的浓缩等方面也有很多实际应用。

在实际使用过程中，根据不同进料及产品要求，超滤既可采用分批操作，也可采用连续操作。反渗透使用的基本流程有：一级一段连续式、一级一段循环式、一级多段连续式、二级和多级多段式。目前除海水淡化需要 5.6 ~ 6.8MPa 的压力外，一般反渗透分离压力已降至 1 ~ 2.8MPa。

近年来，我国开发膜分离技术的研究注重于微滤、超滤和反渗透等技术的开发，并取得重大进展，已有数十家生产部门初具规模，产品用于各种领域，有些已在引进生产线中替代进口产品使用；富氧膜的研究开发取得了一定成效，氢气分离系统开发取得了重大成绩，并已推向工业化。

第二节　超临界流体萃取

超临界流体萃取（supercritical fluid extraction）是利用超临界流体作萃取剂，从固体或液体中萃取出某种高沸点或热敏性成分，以达到分离或提纯的目的。作为一种新的分离技术，超临界流体萃取应用领域十分广泛，特别是对分离和生产高经济价值的产品，如食品、医药和精细化工产品等有着广阔的应用前景。

一、超临界流体的性质

所谓超临界流体，是指温度和压力处于临界温度及临界压力以上的流体。它兼有液体利气体的两重性特点，既有与液体相当的密度、溶解能力，又有与气体相近的扩散系数和渗透能力。在临界点附近流体的这种特性对压力和温度的变化非常敏感，可以在较宽的范围内方便地调节组分的溶解度和溶剂的选择性，从而把各种天然物料、人工混合物料或者有机污染物的某些组分萃取出来，形成超临界萃取相。然后，通过改变压力或温度，或者采用吸附剂、吸收剂来吸收萃取产物，使溶解的物质成分基本上完全析出，达到分离的目的，因此，超临界流体萃取实质上是由萃取与分离过程组合而成。

1. 超临界流体的 p–V–T 性质

二氧化碳具有无毒、无臭、不燃和价廉易得的优点，因此，在超临界流体萃取中是最常用的萃取剂。二氧化碳临界温度为 31.06℃，临界压力为 7.38MPa，故萃取可以在略高于室温条件下进行。

图 4-8 为二氧化碳的 p-T-ρ 线图，通过该图可以讨论超临界流体的性质。图中表示了与气体、液体、固体区相对应的超临界流体区，以及各种分离方法应用领域。图中的直线表示以二氧化碳密度为第三参数的 T-ρ 关系。CO_2 随 T 和 p 的增加而产生极大变化。如 T=37℃时，p 由 7.2MPa 上升到 10.3MPa 时，pco2 由 $0.21g\cdot cm^{-3}$ 增大到 $0.59g\cdot cm^{-3}$，即密度增加了 2.8 倍。当 p=10.3MPa，T 由 92℃下降到 37℃时，也可发生相应的密度变化。在临界区的附近，压力和温度的微小变化，将引起流体的密度大幅度的变化，而非挥发性溶质在超临界流体中的溶解度大致上与流体密度成正比。超临界流体正是利用了这个特性，形成了新的分离过程。

超临界二氧化碳（SC-CO_2）和一般液体溶剂相比，在传递性质方面具有很大优势。它具有与液体相近的密度，又有与气体相近的黏度，而且还具有比液体大近 100 倍的扩散系数。正因如此，SC-CO_2 具有这些优异特性，因此，其萃取效率要比液-液萃取为优。

SC-CO_2 流体的特征在于，由于 SC-CO_2 的密度 $\rho=f(T, p)$，因此，改变 T 或 p 均可使 SC-CO_2 的密度发生变化，而溶质的溶解度和所用超临界流体的密度密切相关，因此，增加了过程的控制变量，为 SC-CO_2 的萃取过程提供了方便。

通常，待分离物质的沸点比 SC-CO_2 高得多。萃取后形成的超临界液体相中既含有被分离的物质，也含有 CO_2，然而，只需降低压力，二者即可达到完全分离。亦即，分离物中残留溶剂量为零，故可避免采用高能耗的精馏操作。

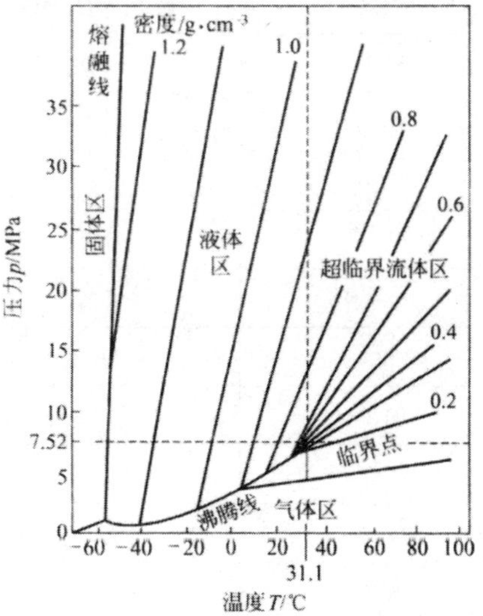

图 4-8　CO_2 的 p-T-ρ 线图

2．超临界流体的选择性

为使超临界流体萃取过程能够有效地分离或除去微量杂质，必须要求超临界流体萃取中溶剂要有良好的选择性。要提高溶剂的选择性，必须满足以下两点：①操作温度和超临界流体的临界温度接近；②超临界流体的化学性质和待分离溶质的化学性质相近，这是决定萃取效果好坏的基本原则。

3．超临界流体的选择

在超临界流体萃取过程中，通常需要根据分离对象与目的不同，选择合适的萃取剂。作为萃取剂的超临界流体必须具备以下条件：

①具有化学稳定性，对设备无腐蚀；

②临界温度既不能太低，也不太高，最好在室温附近或操作温度附近；

③操作温度应低于被萃取溶质的分解温度或变质温度；

④临界压力不可太高，以节省压缩动力费用；

⑤选择性要好，容易获得高纯度制品；

⑥溶解度要高，以减少溶剂循环量；

⑦来源方便，价格低廉；

⑧对一些特殊场合，如医药和食品工业中使用的萃取剂还应要求无毒、无臭。

表 4-3 列出了一些萃取剂的超临界物性。

表 4-3　一些萃取剂的超临界物性

萃取剂	临界温度 /℃	临界压力 /MPa	临界密度 /$g \cdot cm^{-3}$
乙烷	32.3	4.88	0.203
丙烷	96.9	4.26	0.220
丁烷	152.0	3.80	0.228
戊烷	296.7	3.38	0.232
乙烯	9.9	5.12	0.227
氨	132.4	11.28	0.236
二氧化碳	31.1	7.38	0.460
二氧化硫	157.6	7.88	0.525
水	347.3	22.11	0.326
一氧化二氮	36.5	7.17	0.451
氟利昂 -13	28.8	3.90	0.578

二、超临界流体萃取过程

超临界流体萃取过程基本上是由萃取阶段与分离阶段所组成，如图 4–9 所示，其典型流程见图 4–10。

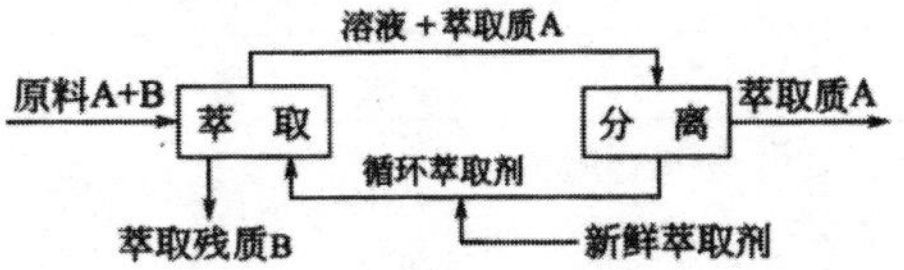

图 4–9　超临界流体萃取过程

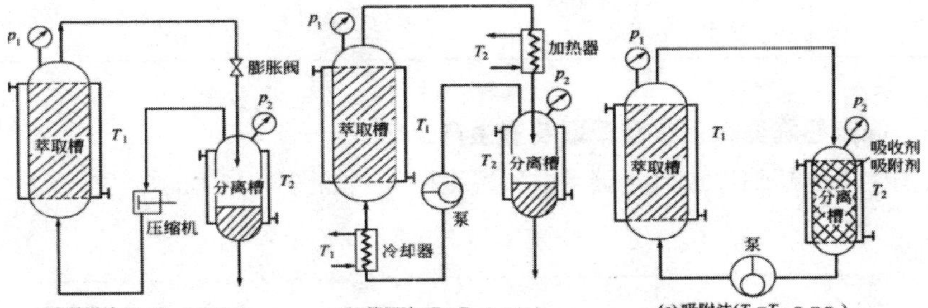

(a) 等温法 ($T_1=T_2$, $p_1>p_2$)　(b) 等压法 ($T_1<T_2$, $p_1=p_2$)　(c) 吸附法 ($T_1=T_2$, $p_1=p_2$)

图 4–10　超临界流体萃取典型流程

在萃取设备内，在特定的温度和压力下，使原料与超临界流体接触，达到气液间物料成分传递平衡，再调节温度和压力，使萃取物与超临界流体分离，完成超临界流体萃取过程。就分离方法而言，基本上为图 4–10 所示的三种。

（1）等温法或称绝热法。它是依靠压力变化而进行萃取分离的方法。如图 4–10（a）所示，在一定温度下，使超临界流体和溶质减压，经膨胀、分离，气体经压缩机加压后再返回萃取槽循环使用，而溶质从分离槽下部取出。

（2）等压法。依靠温度变化而进行萃取分离的方法。如图 4–10（b）所示，从萃取槽来的流体经加热、升温，使气体和溶质分离，气体经压缩、冷却后返回萃取槽循环使用，萃取物则从分离槽下部取出。

（3）吸附法。采用只吸附溶质，而不吸附萃取剂的吸附剂进行萃取分离的方法，如图 4–10（c）所示，在萃取器中经萃取出来的溶质，在分离槽中被吸附剂吸附，气体出分离槽经压缩再返回萃取槽继续使用。

实际使用过程中，当萃取相中的溶质为需要精制的产品时，往往采用图 4–10（a）、图 4–10（b）两种流程，如果萃取质为过程需要除去的有害成分，而在萃取槽中的萃余物为需要提纯的组分时，往往采用流程如图 4–10（c）所示。

目前，超临界流体萃取多用 CO_2 为萃取剂，在采用上述三种典型流程时，其各自的优缺点见表 4–4。

表 4–4　SC–CO_2 萃取工艺流程比较

工艺流程	优点	缺点	应用实例
等温法	因温度无变化，故操作简单。可实现对高沸点、热敏性、易氧化物质接近常温萃取	压力大能耗、设备投资大	SC–CO_2 萃取啤酒花
等压法	做功机械能耗相对较小	对热敏性物质有影响	丙烷脱除杂质沥青
吸附法	操作过程始终处于超临界状态，节能效果明显	需特殊吸附剂	SC–CO_2 萃取咖啡因

三、国产超临界二氧化碳萃取装置生产工艺

我国生产的超临界二氧化碳萃取装置生产工艺如图 4–11 所示。

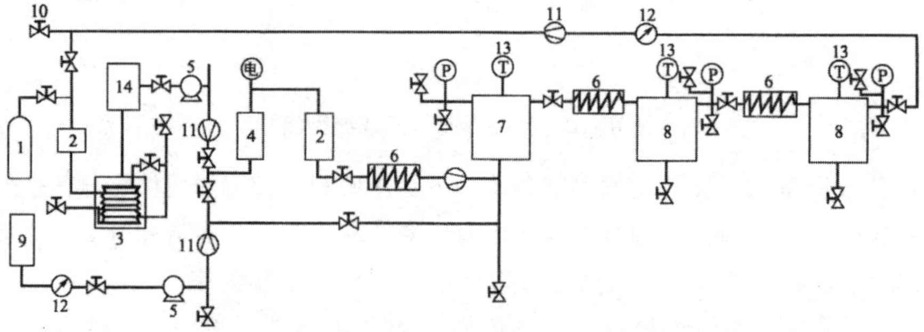

图 4–11　国产超临界 CO_2 萃取装置生产工艺

从 CO_2 钢瓶 1（或 CO_2 发生器）出来的 CO_2 气体，经过过滤器 2 净化后，由制冷机 3 冷凝为液体储存于贮罐 14 中。液体 CO_2 由加压泵 5 加压后送入混合器 4 中，经过第二级过滤器 2 过滤后被热交换器 6 加热到指定的温度成为超临界 CO_2（SC–CO_2）。SC–CO_2 进入萃取釜 7 内，并与事先装入的经过预处理的原料接触。溶入 SC–CO_2 的组分随超临界流体进入分离器 8，通过改变分离器中的温度和压力，使 CO_2 和待分离的物料分离。分离了物料的 CO_2 再经装有流量计 12 的管路返回过滤器 2，净化后通入制冷机 3 循环使用。

四、超临界流体萃取的应用

超临界流体萃取技术的发展，一开始就与工业应用紧密相联。在天然产物和食

品加工工业方面已有广泛的应用。以超临界 CO_2 从咖啡豆中萃取分离咖啡因的工业规模装置最早在德国建成。经萃取后的咖啡因含量可从初始的 0.7% ~ 3%，降到 0.02% 以下，而香味并无损失，还有用超临界 CO_2 提取啤酒花中的有效成分，从烟草中脱除尼古丁。使用超临界 CO_2 可以得到较高纯度的香精萃取物，其中香兰素含量可达 36%。该法先将香子兰豆在低温磨碎至 0.2mm（研磨过程中加入干冰，以防摩擦生热而造成香气或香味化合物的损失），然后，用水浸泡香子兰豆粉，再将其倒入萃取器中。超临界 CO_2（T=306K，p=11MPa，溶剂浓度为 15gCO_2/g 干香子兰豆）连续 9 小时从容器上部向下通入豆粉层，稠密的气相携带着萃取物从容器底部流出。该法得率约为每克干香子兰豆可获得 0.106 克萃取物，而用乙醇萃取的相应得率仅为 0.084 ~ 0.093g 萃取物。

此外，还可从木浆的氧化废液中萃取香兰素，还有对紫丁香、柠檬皮油、大豆油、黑胡椒等的超临界萃取，都已取得了成功。

在石油化工中，用超临界丙烷脱沥青得到的石油产品质量，比液 – 液萃取法得到的好得多，含钒和含碳量低。超临界条件下低挥发度物质分离，不仅可用于超临界色谱分析技术，而且还可用于分离操作。在煤的液化加工中，已开发了“临界溶剂脱灰过程”和“超临界气体萃取过程”。

超临界流体不仅是一种良好的分离介质，而且也是一种良好的反应介质。利用超临界流体的这些特性发展起来的超临界流体技术，不仅在化工领域而且在材料科学、环境科学、印染工业，以及生物技术领域中的应用研究日益增多，如超临界 CO_2 萃取氨基酸，从单细胞蛋白游离物中提取脂类，从微生物发酵的干物质中萃取 γ – 亚麻酸，用超临界 CO_2 萃取发酵法生产的乙醇，各种抗生素的超临界流体干燥等，同时，超临界流体技术还可用于金属有机反应，多相催化和多相反应，超临界水氧化技术，材料合成，纤维素水解，酶催化反应，细胞破碎和超细颗粒制备等方面。

超临界萃取是一门综合性学科，涉及化学、化学工程、机械工程、热力学等方面，因此，开拓新的应用领域，积累超临界条件下的平衡数据，完善其热力学理论和模型，改进高压设备或机械等将是今后发展的主要方向。

第五章 反应器基本原理

第一节 反应器基本原理的基础内容

一、化学反应工程学的基本任务和研究方法

化学反应工程作为化学工程学的一个重要学科分支，自20世纪50年代后期至今，经过了半个世纪的蓬勃发展，已经从理论上得到一定程度的完善，形成了一门系统的工程学科——化学反应工程学（chemical reaction engineering）。化学反应工程利用自然科学原理去考察、解释和处理工程实际问题，其目的是把化学实验室的研究成果可靠地移植到工业化生产，研究工业反应过程的宏观规律、建立数学模型，并就所确定的反应和预期的生产能力对反应器的型式、结构、尺寸及操作方式、操作条件进行选择或设计。化学反应工程的基本任务是：

①通过深入的研究，掌握传递过程动力学和化学动力学的共同作用（宏观动力学）的基本规律，从而改进和强化现有的反应技术和设备；

②指导和解决反应过程开发中的放大问题；

③开发新的技术和设备；

④综合考察技术和经济两个指标，实现化学反应器的最优设计和化学反应过程的最优化控制。

化学反应工程学的主要研究方法是：把所考察、分析、研究的问题，经过深入的实践和透彻的理论研究，在对化工过程本身的规律有深刻认识的基础上，用简单明确的数学语言（数学模型）加以描述，同时提出需要解决的问题，通过数学方法或采用电子计算机求解，以获取定量答案。这种方法发展到20世纪60年代即为广泛使用的数学模拟法。这种方法起源于反应工程领域，反过来它的研究和发展又推动了化学反应工程学科的发展，使之成为近代化学工程研究中的一种重要方法。通常在用数学模拟法解决复杂的化学反应工程问题时，都把这一复杂过程分解为化学过程与传递过程并分别加以研究。对于化学过程方面，则以化学反应为研究对象，提出化学反应过程的动力学模型；而在传递过程方面，则以不同的反应器为研究

对象，提出传递过程的模型，最后研究如何将两种模型结合起来，并应用于解决工程实际问题。

数学模拟方法为解决化学反应工程问题提供了一条途径，其关键在于模型本身的近似等效性，也就是在模型化的技巧方面，既应使复杂过程得以简化，能使用数学方法给予描述，又要使之与原型不过于失真。当然电子计算机的发展也是一个重要因素，它为模型化提供了有效的数值计算工具，因此，电子计算机的应用、数值计算方法和测试技术的迅速发展，使得化学反应工程学的研究如虎添翼；可持续发展、绿色化学、生态化等新概念的引入，进一步使得化学反应工程学的基础理论和实际应用出现巨大飞跃。

二、化学反应过程和化学反应器的分类

1．化学反应过程的分类

化学反应工程是研究工业规模的化学反应的规律，亦即伴有物理过程的化学反应。为了研究其共性规律，有必要将化学反应过程加以分类。通常可按化学反应的特性、反应物料的相态和反应过程进行的条件进行分类。化学反应的特性包括反应的机理、反应的可逆性、反应分子数、反应级数和反应的热效应等；反应物料的相态包括均相和非均相反应；而反应进行的条件则包括温度、压力、操作方式及换热方式等。

在化学反应工程领域内，一般多按反应物料的相态进行分类，但从工程角度出发，往往也非常注重操作方式，因为它与反应器的型式、操作条件以及设计方法的确定都密切相关。表 5–1 列出了化学反应过程的基本分类。

表 5–1　化学反应过程的基本分类

分类特征	反应过程
反应特征	简单的，复杂的（平行的、连串的等）
热力学特征	可逆的，不可逆的
相态	均相的，非均相的
时间特征	定态，非定态
控制步骤	化学反应控制，外部扩散控制，内部扩散控制，吸附或脱附控制

在研究工业生产的化学反应过程中，为了研究传递因素对化学反应的影响并确定其利弊，必须首先确定反应结果优劣的评价标准，其标准通常为以下两个主要因素，即反应速率和反应的选择性。然而，随着环境保护与可持续发展的要求越来越高，

诸如原子经济性等新的评价标准则相继出现在人们眼前。

（1）反应速率。通常反应速率是随具体情况而选用不同基准的。对于非均相反应，一般把两相间的相界面面积作为关联量，但也经常使用某一反应物的质量作为基准。在非均相催化反应中，则大多以催化剂的质量或体积为关联量。对于均相反应，一般以反应混合物的体积为基准。反应速率可定义为单位时间、单位反应体积中所生成（或消耗）的某组分的物质的量，即

$$r_i = \pm \frac{1}{V}\frac{dn_i}{dt}$$

同一反应按不同组分计算得到的反应速率在数值上可能并不相等，但是，根据反应分子数的计量关系，各组分反应速率之间存在如下关系

$$-\frac{r_A}{a} = -\frac{r_B}{a} = \frac{r_E}{\mathrm{e}} = \frac{r_F}{\mathrm{f}}$$

在化工生产中，反应的速率方程式，通常可用如下幂函数的形式表示，并以此作为经验公式用于化工设计中。

$$rA = kc^{a}A\,\mathrm{c}^{\beta}{}_{B}$$

式中：α，β 为反应的级数，反应的总级数为各浓度项的指数代数和，即 $\alpha+\beta$ 对于基元反应，α，β 正好和反应式中计量系数 a，b 一致。而对于非基元反应，反应的级数则应通过实验确定。一般情况下，在一定的温度范围内级数保持不变，其绝对值不超过 3，并且可以是分数或者为负数。化学反应过程中，级数的大小反映该物料浓度对反应速率影响的程度，级数高，则该物料浓度的变化对反应速率的影响显著，级数为零，由该物料浓度的变化对反应速率无影响；假若级数为负值，则说明随该物料浓度的增加反而还会抑制反应的进行，即反应速率下降。

上式中，k 为反应速率常数，其数值的大小直接决定了反应速率的高低和反应进行的难易程度。速率常数与反应温度、溶剂和催化剂等有关，甚至随反应器的形状和性质而异。

根据阿伦尼乌斯（Arrhenius）方程，反应速率常数 k 与热力学温度 T 有下列关系：

$$\mathrm{K} = \mathrm{Ae}^{-\mathrm{E/RT}}$$

式中：A——指前因子或频率因子；

E——活化能；

R——气体常数。

k 的单位随反应级数不同而异，若 r_A 的单位为 $\mathrm{kmol \cdot m^{-3} \cdot s^{-1}}$，$c_A$ 的单位为

$kmol\cdot m^{-3}$，则对一级反应 k 的单位为 s^{-1}，二级反应时为 $m^{-3}\cdot kmol^{-1}\cdot s^{-1}$。

（2）转化率。在化工生产过程中，反应速率直接影响到反应器的尺寸和催化剂的用量，从而关系到投资费用的多少。对于一个特定的反应器，速率往往体现为转化率，它表明反应的深度即反应物料转化的百分率。

$$转化率（x_A）=\frac{反应消耗的\ A\ 的物质的量}{反应物\ A\ 的起始物质的量}$$

一个化学反应，以不同的反应物为基准进行计算可以得到不同的转化率，因此，在计算时必须指明为某反应物的转化率。若未指明，则常为主要反应物或限量反应物（着眼反应物）的转化率。

（3）反应的选择性。该因素可用来表明反应的方向，亦即是说，反应过程中着眼反应物以多大的百分率转化为目的产物。

选择性的定义是生成的目的产物量与已转化的反应物量之比。假设反应物 A 经过化学反应生成目的产物 P，其化学计量系数分别为 a 和 p，则选择性为

$$s=\frac{a}{p}\frac{np}{n_{A,O}-n_A}$$

式中：*np* 生成的目的产物的物质的量，mol。

（4）收率。工业生产过程中，反应的转化率不一定能够达到百分之百，则会有部分未反应的物料将从反应器排出。对于这部分物料，可有如下处理方案：一种是经分离后返回系统的再循环流程；另一种方案则是不再利用。究竟采取哪一种方案则取决于分离回收费用、原料的价值以及对环境影响的程度。为了适应这两种不同的流程，另有一个用来说明反应原料利用率的综合指标，即所谓收率。

$$y=\frac{a}{p}\frac{np}{n_{A,O}}$$

在方案一中，收率等于选择性由于分离和再循环过程中难免有物料损失，造成实际收率略低于理论收率而方案二中，收率等于反应过程的单程收率。

由于转化率是表明反应物中着眼组分的转化程度，选择性表示主、副反应的相对强弱，而收率则表示着眼组分转化为目的产物的相对生成量，因此，三者之间存在如下关系

$$y=xAs$$

在化工生产中，为了计算反应物经过预处理、化学反应和后处理之后，所得目的产物的总收率，还常常采用质量收率表示，即

$$yw=所得目的产物的质量/输入某反应物的质量$$

例如，100kg 苯胺（纯度 99%，相对分子质量 93）经焙烘磺化和精制后得到 218kg 对氨基苯磺酸钠（纯度≥ 97%，相对分子质量 231），则按苯胺计

$$对氨基苯磺酸钠的理化收率y=\frac{218\times97\%/231}{100\times99\%/93}\times100\%$$

$$=86\%$$

此外，工业上还以质量收率的倒数，即单位质量产品的原料消耗定额单耗来表示原料的利用程度。在上例中，每生产一吨对氨基苯磺酸钠，则苯胺的单耗为 459kg（100/218=0.459t）。目前，工业生产中，产品的成本主要还是取决于这两个因素，因此，收率或单耗往往是评价反应结果优劣的最主要指标。

然而，按照收率定义式，反应过程中，1mol 原料 A 生成 1mol 产物 P，收率为 100%。但是，在转化过程中每生成 1mol 产物 P 的同时，也可能会生成 1mol 或更多的副产物 R（许多情况下，R 可能对环境有害），而每摩尔 R 的质量可能是产物 P 每摩尔的质量的数倍之多，可是产生的副产物（或废物）在收率这个评价指标中是体现不出来的。

（5）原子利用率。随着资源、能源的日渐枯竭和环境质量的进一步恶化，制约人类经济和社会发展的重大问题已经凸显，作为环境污染大户的化学工业有必要对化学反应的评价提出新的要求。原子经济性的概念因此应运而生，即所谓高效的有机合成反应，应当最大限度地利用原料分子中的每一个原子，使之完全结合到目的产物的分子之中。反应不仅要有高度的选择性，而且必须具备较好的原子经济性。

原子经济性可以用原子利用率（atomutilization，AU）来衡量。其定义式为

AU（%）=（目的产物的物质的量 / 化学计量方程式反应物的物质的量）× 100%

目前，可以借助原子利用率 AU 来衡量所有反应物转化为最终产品的程度，如果某反应 AU=100%，则该反应即是理想的原子经济反应。

（6）E- 因子。为衡量化工过程中废弃物的排放量，考虑其对环境所造成的影响，人们又提出了更加符合绿色化学化工要求的评价指标——E- 因子（环境因子）和环境商。

E- 因子定义为每生产出 1kg 产物所产生的废弃物的千克数，即

E- 因子 = 废弃物的质量 / 目的产物的质量

这种废弃物多是人们所不需要的，大多是在反应后处理工序（酸碱中和等）中产生的一种无机盐、重金属化合物及各种反应中间体。表 5-2 列出了不同化工行业生产过程中的因子。

表 5-2　不同化工行业生产过程中的 E- 因子

化工行业	年产量 /t	E- 因子	废物总量 /t
石油炼制	10^6 ~ 10^8	约 0.1	约 10^6
大宗化工产品	10^4 ~ 10^6	1 ~ 5（个别小于 1）	约 10^5
精细化学品	10^2 ~ 10^4	5 ~ 50（个别大于 50）	约 10^4
制药	10 ~ 10^3	25 ~ 100	约 10^3

从表中可以看出，精细化学品（如染料）和制药工业的 E- 因子较大，废物产生的机会和产生的量也就越大。说明产品越精细，工艺越复杂，使用的试剂和分离步骤越多越不利，因此，减少合成步骤，减少无机盐的形成，即可减少向环境排放废物。

（7）环境商。环境商（envirovment quotient，EQ）EQ 是化工产品生产过程中产生废弃物量的多少、物化性质及其在环境中的毒性行为等的综合评价指标，用以衡量合成反应对环境造成影响的程度。它是因子与 Q 的乘积，即

$$EQ=E\times Q$$

Q 为根据废弃物在环境中的行为给出的对环境的不友好度。环境商值越大，废弃物对环境的污染就越严重，因此，可以按照 EQ 的大小来衡量或选择合理的生产工艺路线，评价不同的生产方法。

2．化学反应器的分类

化学反应器是反应物料在其中进行化学反应，生成目的产物的设备，是化工生产装置的核心。研究反应器，只需从反应动力学特性和设备两方面入手，即可以抓住其本质。反应动力学特性依照反应物系的相态而异；设备特性是指传递过程的特性，它与设备的结构型式和尺寸大小有关。就工业反应器而言，其型式各种各样，故不可能对其加以系统的分类，然而，可以从种类繁多的反应器中找出它们所共有的特征，从不同的角度对反应器加以分类。

（1）按反应物料的相态分类。根据反应器内反应混合物的聚集状态，可以把反应器分为均相反应器和非均匀相反应器两大类，两类之中又可以分出若干种。可以看出，这种分类方法与化学反应特性是密切相关的，因此，对反应器的设计是有利的，因为同一相态的反应，其动力学规律相同，在分析和设计反应器时，可以采用同一类的反应动力学公式。

（2）按反应器的结构型式分类。依照这种分类方法，常见的工业反应器可以分为釜式、管式、塔式、固定床以及流化床反应器等。表 5-3 列出了几种主要反应器

的适用相态及工业生产中的应用实例。

表 5–3　按反应器的结构型式分类

结构型式	适用的相态	应用实例
反应釜	液相、气 – 液相、液 – 固相	苯的硝化、氯乙烯聚合、高压聚乙烯、顺丁橡胶聚合以及制药等
管式	气相、液相	轻油裂解、高压聚乙烯等
鼓泡塔	气 – 液相、气 – 液 – 固相	变换器的碳化、苯的烷基化等
固定床	气 – 固相	二氧化硫氧化、合成氨等
流化床	气 – 固相，特别是催化剂很快失活的反应	硫铁矿焙烧、石油催化裂化等
回转筒式	气 – 固相、固 – 固相	水泥制造等
喷嘴式	气 – 相、高速反应的液相	氯化氢合成、天然气裂解制乙炔

这种分类对于研究反应器来讲是合适的，因为，同类结构的反应器中的物料具有共同的传递过程特性，尤其是流体流动和传热过程的特性，所以，反应器设计的物理模型如果近似，就有可能采用同类数学模型加以描述。图 5–1 所示是一些常见反应器的结构型式。

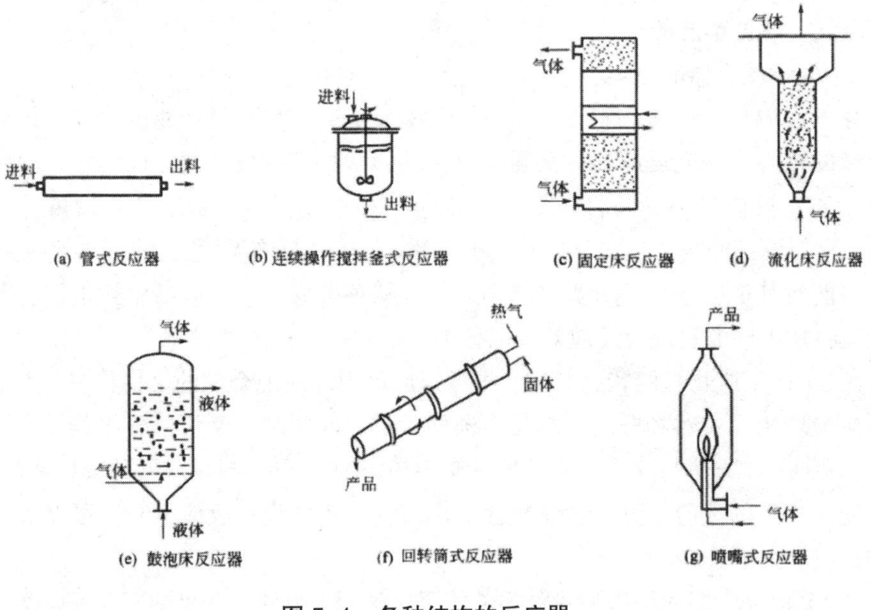

图 5–1　各种结构的反应器

（3）按操作方式分类。按照操作方式，可以将反应器概括为三种基本类型，即间歇操作反应器、连续操作反应器和半连续（半间歇）操作反应器。

在间歇操作的反应器里，物料一次加入其中，控制一定的反应温度和搅拌速度，待反应达到所需的转化率后，将产物一次卸出。在反应期间反应器内、外没有物料上的流动，故属于封闭反应系统。通常这种反应装置被用于化工开发的初始阶段或小批量生产过程之中，如制药、染料、油漆、精细有机合成等。

在连续操作的反应器里，其特点是在定态操作条件下，进料、反应、出料均连续不断地进行。反应器内同一部位的操作参数（T，p，c 等）均不随时间而发生变化，因此，有利于控制产品质量，也便于过程的自控；节省劳力，适于大规模生产。在反应期间反应器内、外有物料上的流动，故属于开放反应系统。

半连续（半间歇）操作则是上述两种操作方式的组合。例如，将一种物料分批加入反应器，而另一种物料连续进入或将某一产物连续引出反应器等多种形式。从反应器设计的观点来看，半连续（半间歇）操作是最难分析的一种过程，因为所处理的物料是一个处于非定态下的开放反应器系统，所以比其他各种反应器要复杂得多。表 5–4 列出了按操作方式分类的反应器种类。

表 5–4　按操作方式分类的反应器种类

间歇式反应器	间歇搅拌釜式反应器
连续流动反应器	连续搅拌釜式反应器 管式反应器
半连续（半间歇）反应器	连续加入反应物； 间歇加入一种反应物；连续加入另一种反应物； 连续引出产物

上述三种分类方法对于反应器的分析和设计而言，都是有意义的，然而，需要指出的是，同一种反应器根据不同的分类方法可能有不同的名称；就是不同种的反应器适当地改变操作也可以变为另一种类型的反应器。例如，将管式反应器出口的产物部分循环，它就可以起到混合反应器的作用等。

从化学反应工程学来说，比较合理的体系是以相态为第一级区分，而以反应器型式为第二级区分。因为，对于不同的相态的反应过程有着不同的动力学规律。例如，均相反应的共同规律和特性是无相界面，而反应速率只与温度和浓度有关；而非均相反应过程则存在相界面，反应速率不仅与温度和浓度有关，而且还与相界面的大小和相间扩散速率有关。对于气固相催化反应，不论在什么环境中进行，气相组分都必须扩散到固相表面上去，然后在固体催化剂表面进行反应。对于气液相反应，则同样存在气液相界面和气液相间传递的问题。故以相态为第一级区分可以阐明各种相态反应过程的动力学规律，体现了最根本的化学特性在工程上的区别。然后，以反应器型式为第二级区分，可以反映在不同的反应器中最基本的传递过程上的差异。例如，均相反应在釜式和管式反器中进行，其流动状态和传热特性都是不同的；气固相催化反应在固定床和流化床反应器中进行，其传递特性也是不相同的。化学反应工程就是着重于解决化学因素（反应动力学规律）与物理因素（传递过程规律）相结合时所出现的问题。

三、理想均相反应器

理想均相反应器，是指上述诸多反应器中的几种典型反应装置，如间歇搅拌釜式反应器、连续流动管式反应器、连续搅拌釜式反应器和多釜串联反应器，其结构如图 5-2 所示。

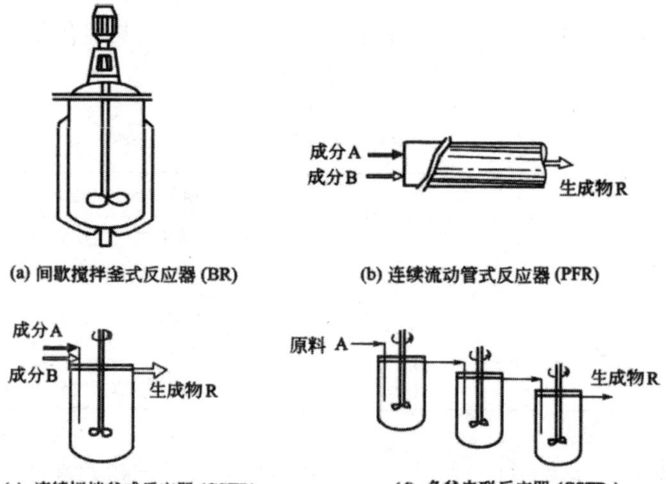

(a) 间歇搅拌釜式反应器 (BR)　(b) 连续流动管式反应器 (PFR)
(c) 连续搅拌釜式反应器 (CSTR)　(d) 多釜串联反应器 ($CSTR_S$)

图 5-2　理想均相反应器结构

这四种反应器之所以“典型”，主要是其形状“典型”——有釜式和管式；反应器中物料的流动状况“典型”——每一种反应器代表了一种流况；操作方法“典型”——有间歇操作、有连续操作，因此，深入了解其中物料的流动状况对化学反应的影响，将有助于对其他型式反应器性能的理解。由于实际反应器的流型通常较为复杂，所以，通过操作理想化将其简化而得到理想均相反应器，从而可以利用理想均相反应器的反应结果去预测实际反应器中反应结果的改善或者恶化的程度，以利于反应器的选型。此外，在某些情况下，实际反应器的操作状况可能十分接近某种理想反应器，这时可以利用理想反应器的结果，估算实际反应器的结果。

1. 理想间歇反应器

这种反应器理想化的条件是：假设反应器的搅拌良好，黏度较小的反应物料按一定配比一次加入反应器后，开动搅拌，以致瞬间反应器内各处物料的组成和温度均一，即任一处的组成和温度都可用以表征整个反应器的状态，故称为理想间歇反应器（ideal batch reactor，IBR）。通常，这种反应器配有夹套（或蛇管），可为反应系统提供或移出热量，控制反应温度，如图 5-3 所示。该反应器具有操作灵活，容易适应不同操作条件和产品品种的优点，但其缺点是装料、卸料等辅助操作要耗费一定时间，且产品质量不易稳定。

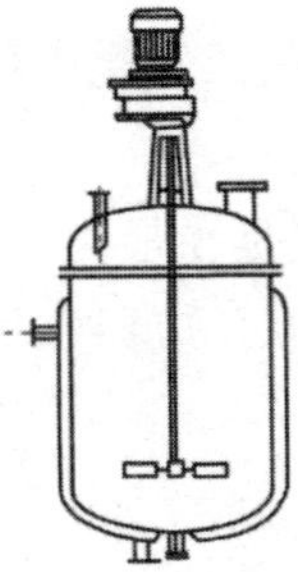

图 5-3　间歇反应器

2. 活塞流反应器

在等温操作的管式反应器中，反应物沿管长方向流动，其浓度随流动方向从一个截面到另一个截面而变化，反应时间是管长的函数。一般说来，理想管式反应器都在湍流区（$Re > 10^4$）操作，正因为物料高度湍动化地流动，可以想象，管勾流体似有无数个厚度极薄的活塞一个接一个地依次流过反应器，即不同时刻进入反应器的物料之间不发生逆向混合（返混），物料的这种流动情况称为理想置换。这种理想化的、返混量为零的管式反应器称为活塞流反应器（plug flow reactor，PFR）。通常长径比较大的管式反应器的流动情况十分接近活塞流反应器，如图 5-2（b）。

在活塞流反应器中，由于返混量为零，那么从进入到离开反应器的每个“活塞”内部相当于一个小型间歇搅拌釜式反应器一样，因此，活塞流反应器中反应物的化学动力学规律与间歇反应器（batch reactor，BR）是一样的，故适用于间歇反应器的动力学方程同样也适用于活塞流反应器。

3. 全混流反应器

这种反应器的特点是：由于强烈搅拌的作用，物料进入反应器的瞬间即与反应器内的原有物料充分混合，反应器内物料的组成和温度处处相等，且等于反应器出口处物料的组成和温度。工业上，搅拌良好且物料黏度不大的连续搅拌釜式反应器（continuous stiried tankreactor，CSTR）可以近似看作是一种返混量为无限大的理想化的流动反应器——全混流反应器，如图 5-2（c）所示。连续搅拌釜式反应器与全混流偏离的假定，通常比管式反应器与活塞流的偏离小得多。

4. 多级全混流反应器

由若干个全混流反应器串联操作即组成多级全混流反应器（continuous stirred tank reactor in series，CSTRs），如图 5-2（d）听示。这种类型的反应器有以下特点。

①反应不是在一个反应器内一次完成，而是在多个串联的全混流反应器内进行。由于串联反应釜中间无反应物加入也无产物引出，故各釜的入口浓度就是前一釜的出口浓度。

②串联的各反应器内，物料的组成和温度均匀一致，但“级”与“级”之间突然变化的。

③除最后一级反应器中的反应是在最终反应物浓度条件下进行外，其余各级反应物浓度均较之为高，且随着串联反应器数目的增多，其性能越接近于活塞流反应器。

第二节　反应器型式和操作方法的评比与选择

化工生产中，对于给定的化学反应，究竟选择哪一类型的反应器和操作方法为好，在工艺上主要从两个方面加以考虑：一是达到给定生产能力所需的反应器体积要小；二是用同量的原料，所得目的产物要多，即选择性要好、收率要大。一般而言，对于简单反应，由于没有副反应发生，故在选择反应器型式和操作方法时，主要考虑反应器的生产能力。对于复杂反应，因过程中有副反应产生，故在选择反应器型式和操作方法时，除了考虑反应器体积的大小外，选择性和收率则显得更为重要。

一、反应器生产能力的比较

如前所述，己二酸与己二醇反应生产醇酸树脂时，当采用不同的反应器进行反应，所需反应器的体积均不相同，见表 5-5。

表 5-5　不同型式反应器的体积比较（x_A=0.8）

反应器型式	反应器体积 V_R/m^3	反应器的相对体积
间歇反应器（BR）	2.16	1.49
活塞流反应器（PFR）	1.45	1.00
全混流反应器（CSTR）	9.64	6.65
二釜串联	4.23	2.92
四釜串联	3.12	2.15

从上表可以看出，在相同操作条件下，进行同一化学反应，以活塞流反应器所需体积最小，全混流反应器所需体积最大。随着全混流反应器串联个数的增多，所需反应体积越接近活塞流反应器的。

为定量说明一个化学反应在相同操作条件下，进行同一化学反应，采用 PFR 和 CSTR 所需反应器体积的差异，常采用 PFR 所需体积 $V_{R,\ P}$ 与 CSTR 所需体积 $V_{R,\ C}$ 之比，即容积效率（或有效利用系数）η 表示

$$\eta = \tau p / \tau c$$

图 5-4 显示了上述各式的 η：x_A 和反应级数的关系。

①对零级反应，η=1。$V_{R,\ p}=V_{R,\ c}$，反应器型式对反应速率没有影响。因零级反应的反应速率只是温度的函数，与浓度无关，即不取决于转化率。

②除零级反应外，其他正级数反应的容积效率都小于 1。x_A 越大，η 越小。亦即，转化率大时，$V_{R,\ c}$ 比 $V_{R,\ p}$ 要大得多。

③当转化率一定，反应级数越高，η 越小，即反应级数高的反应，如用 CSTR，则需要更大的体积。

④当转化率小时，反应级数越高的反应，η 值还是比较大的，因此，若转化率小时，用 CSTR 的体积仅比 PFR 稍大一些。

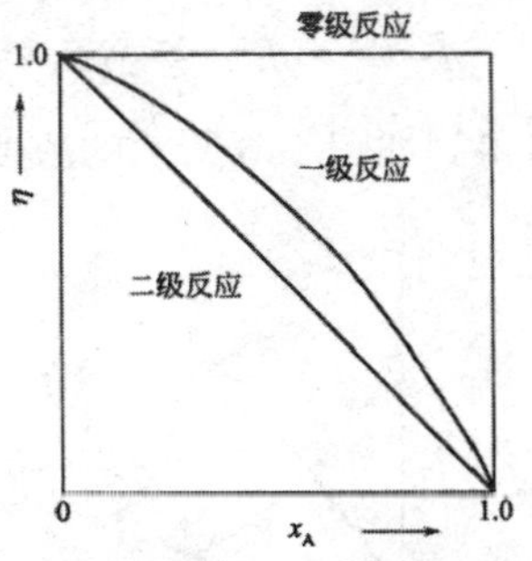

图 5-4　单釜容积效率

以上关系如图 5-5 所示。由图可知，单釜的容积效率最低，此时增加串联釜数

效果显著，但以后继续增加，则效果甚微，故除少数例外，串联釜个数一般不超过5个。

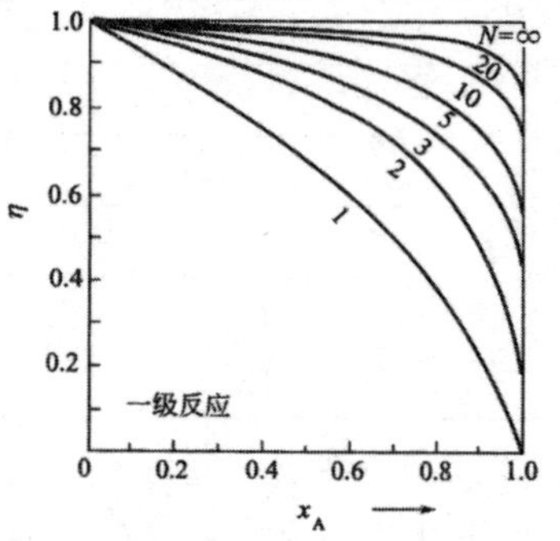

图 5-5　等容多釜串联反应器的容积效率

二、反应产物收率的比较

复杂反应的种类很多，平行反应和连串反应既是其代表，又是组成更复杂反应的基本反应。反应所得产物也有多种，其间存在一个分布问题。对目的产物而言，就是收率。化工生产中常用收率表示原料的有效利用程度，而在理论探讨时，往往用选择性来表示。以下仅就一定温度下反应物的浓度大小等因素，讨论如何提高上述两类反应产物的收率。

1．平行反应

在一个反应物有可能发生平行反应，生成各种不同产物的情况下，会使目的产物的收率有所下降。而当平行反应中主产物和副产物的反应级数不同时，往往可以适当地选择反应器的类型和反应条件来促使主反应占优势。

2．连串反应

连串反应是指某一反应物 A 生成目的产物 R 之后，又进一步反应生成副产物 S 的反应。假定在等温条件、PFR 中进行如下一级反应为例。

$$A \xrightarrow{K_1} R \xrightarrow{K_2} S$$

若以浓度对时间作图，可得到如图 5-6 所示的浓度分布曲线。

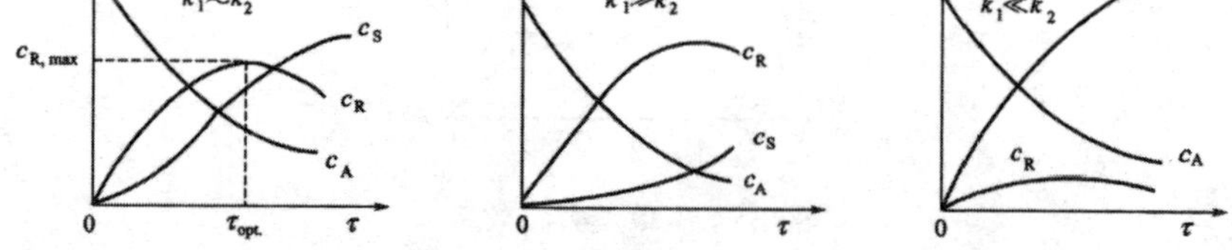

图 5-6　连串反应中各组分浓度随时间的变化关系

图中反应物 A 的浓度随反应时间的增加呈指数递减（$c_A=c_{A,0}e^{-k\tau}$）；S 的浓度随反应时间的延长而递增；R 的浓度有一个最大值，相应地有一个最适宜的反应时间。超过这个时间，由于 R 的浓度增大对副产物 S 生成有利，使得 R 的选择性减小，因此，为获得较多的目的产物 R，一方面需要控制反应时间，另一方面应从反应器的型式和操作方法上采取不利于 S 生成的措施，以提高 R 的选择性。

图 5–7 是目的产物 R 的选择性 s 与转化率 x_A 的变化曲线。从图上可以看出：

①在任意转化率时，SPFR > SCSTR，这是因为在 CSTR 中，反应开始时 R 的浓度要比 PFR 中的要高，对于 S 的生成有利；

②在（k_1/k_2）≥ 1 时，为避免产生过多的副产物 S，应设法降低反应器中反应物 A 的单程转化率，并从经济的角度加以权衡，将产品 R 中未反应的 A 经分离后再循环进入反应器；

③在（k_2/k_1）≤ 1 时，则可用较高的转化率，此时选择性降低不多，而分离任务不大，循环量可大大减少。

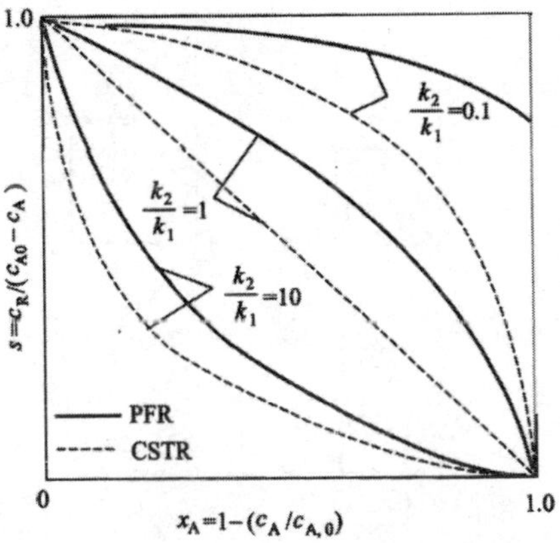

图 5–7　在 PFR 和 CSTR 中进行连串反应的选择性对比

第三节　非理想流动

上面内容介绍了两种理想流动反应器，即返混量为零的活塞流反应器和返混量为无穷大的全混流反应器，而连续生产的实际反应器的返混程度总是介于这两种极限情况之间，造成了实际反应器特性对理想类型的偏离。由于返混的存在，同一时刻进入反应器的物料粒子不能同时离开反应器，所以，出口物料各粒子的停留时间便各不相同，有长、有短，形成了停留时间分布问题。

一、实际反应器对理想类型的偏离

实际反应器特性对理想类型偏离的原因是多方面的。在管式反应器中可能存在流速分布和径向的浓度、温度差别，湍流时由于流速波动而会出现轴向扩散；在填充管中会出现不均匀流动，如沟流，而在反应器的其他部位流动则可能出现死区；在连续搅拌釜式反应器中也会出现不完全混合区，由此而产生非均相性，尤其是物料是高黏度介质时更是如此。不适当的进、出口流的设置还会导致一部分进料流在与反应器内物料混合之前就走了短路，离开了反应器，如图 5–8 所示。所有这些，即返混是导致物料粒子在反应器内停留时间不一的重要因素。返混不能用函数形式来表达，但是停留时间分布却可以定量地进行测定，所以可用停留时间分布来定量地描述同类反应器中的返混程度。目前，在反应器的设计和放大过程中必须要考虑物料粒子的停留时间分布问题。

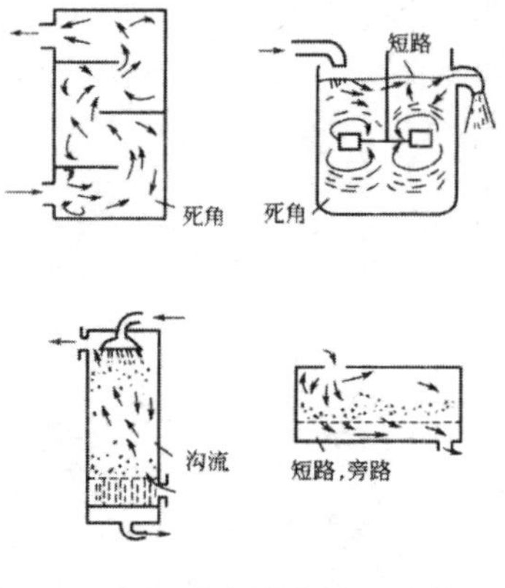

图 5–8　实际反应器中的流动情况

二、停留时间分布的表示方法

当反应器内存在返混时，所有物料粒子（或微元）在反应器内的停留时间不一，呈现一种概率分布。这种分布由上述现象造成并对反应器的生产能力和进行复杂反应过程时对能达到的选择性产生影响。为了简化停留时间分布的讨论，可做如下简化假定：

①反应器处于定态操作，即不存在长时间的流动状况变化；

②考察的是不可压缩性流体，系统内若进行化学反应则反应混合物体积不变。

根据概率理论，可以采用两种概率分布来定量地描述物料在流动系统中的停留时间分布，即停留时间分布密度函数 $E(t)$ 和停留时间分布函数 $F(t)$ 。

1．停留时间分布密度函数 $E(t)$

假若进入反应器的有 N 份物料粒子，停留时间介于 $t\rightarrow t+dt$ 间，出口流中只有 dN 份物料粒子，故在此时间间隔之内物料粒子所占的分数为

$$dN/N=E(t)\,dt$$

图 5–9（a）中的 $E(t)\sim t$ 图形标识停留时间分布密度函数 $E(t)$ 曲线，其中阴影部分的面积就是停留时间介于 $t\rightarrow t+dt$ 之间的物料粒子的分数。

$E(t)\sim t$ 图形中 $E(t)$ 曲线下所围的全部面积，系指在 t=0 时于瞬间 dt 进入设备的物料粒子最终全部从设备流出时的情况，即它必然具有归一化的性质。

$$\int_0^\infty \frac{dN}{N}\int_0^\infty E(t)dt=1$$

因为 $E(t)\,dt$ 表示分数，故 $E(t)$ 的量纲为“时间 $^{-1}$”。

2．停留时间分布函数 $F(t)$

假若在时间 $0\rightarrow t$ 之间进入反应器的物料粒子中，具有停留时间从 $0\rightarrow t$ 间的物料粒子的流出量占进料总量的分数，称为停留时间分布函数，以 $F(t)$ 表示。其数学表达式为

$$F(t)=\int_0^t E(t)dt$$

$F(\mathrm{t})$ 曲线形状如图 5–9（b）所示。

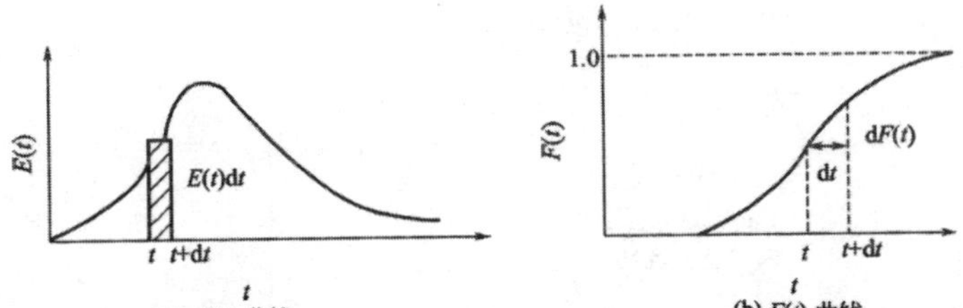

(a) $E(t)$ 曲线　　(b) $F(t)$ 曲线

图 5–9　常见的 $E(\mathrm{t})$ 和 $F(\mathrm{t})$ 曲线

$E(t)$ 与 $F(t)$ 这两个分布函数显然有下列关系

$$dF(t)/dt=E(t)$$

此式表明 $E(t)$ 函数在任何停留时间 t 的值也就是 $F(t)$ 曲线上对应点的斜率。

三、停留时间分布的实验测定

为了能够使用 $E(t)$ 和 $F(t)$ 函数对给定反应系统进行分析，需要根据实验来确定这些函数。实验时，必须在反应器入口处用一部分示踪物质作标记。对示踪物的要求是不能对反应器中的物料的物理、化学性质产生影响。为了不使系统的流体力学状况发生变化，注入示踪物的速度应与该处流体具有的速度一致。示踪物大多选那些在低浓度下仍能够简便而又精确分析出来的物质。通常使用有色物质、电导性物质、热导性物质以及放射性物质等，测定时可采用比色，测电导、热导以及 y 射线的发射和吸收方法等。

实验测定停留时间分布时需在反应器入口处用示踪物质强制加入一个信号（“刺激”），在其出口处测定由系统引起的入口信号的变化（“响应”），这样利用刺激－响应技术，系统的传递函数就被测定了。

停留时间分布的测定方法，通常采用脉冲示踪法和阶跃示踪法。

1．脉冲示踪法

在测试系统定态流动条件下，自系统入口处在一个尽可能短的时间内（$t \rightarrow t+dt$）把少量示踪物注入到进口流中，此时 $t=0$，随即检测它在出口物料中浓度随时间的变化情况。由于示踪物的量很少，其加入不会影响到原物料的流况，故它在反应器内的情况，可以代表器内物料的流况。换言之，示踪物的停留时间分布，也就是物料的停留时间分布。

若注入示踪物总量为 M_0（mol），进料的体积流量为 q_v（$L \cdot S^{-1}$），反应器出口物料中示踪物的浓度为 $c(t)$（$mol \cdot L^{-1}$），时间 $t(s)$ 是从示踪物注入的瞬间开始记时的。由于示踪物从反应器流出的量随时间而变化，因此，若要计算在某一段时间内示踪物的流出量，必须采用积分的方法。

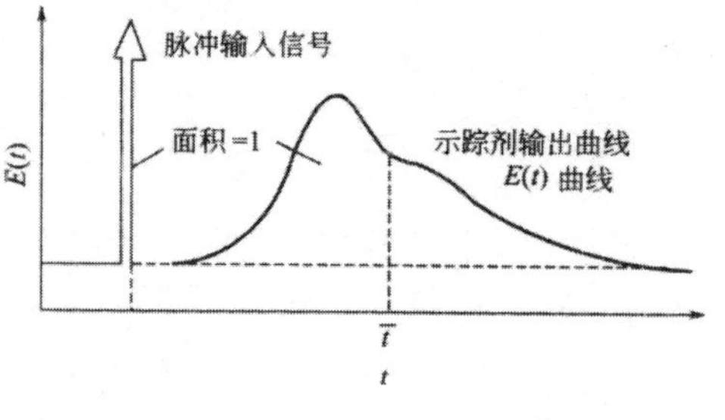

图 5-10　脉冲讯号响应曲线

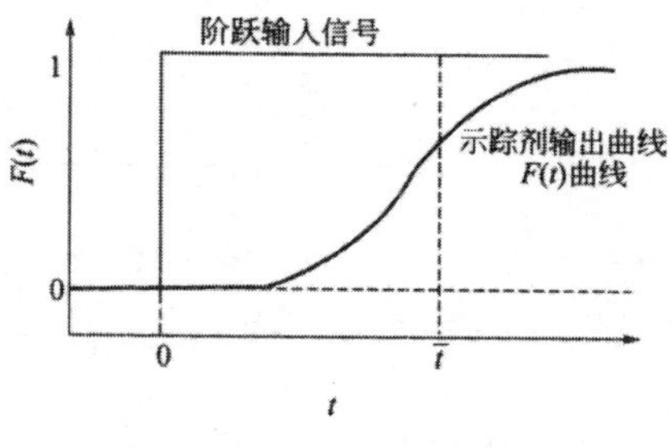

图 5-11　阶跃讯号响应曲线

2．阶跃示踪法

在测试系统定态流动条件下，将反应器中流动的物料从某一时刻起，切换为另一种某些性质上与原物料有所不同，而对流动无影响的另一种含示踪物浓度为 C_0 的物料，使进料中的示踪物浓度有一个阶梯式的突变。同上法一样，从切换的瞬时开始记时，并不断分析在出口流中示踪物在不同时刻 t 时所对应的浓度 $c(t)$，直到 $c(t)=c_0$ 为止。出口流中示踪物任意时刻的分数为 $c(t)/C_0$，故以 $c(t)/C_0$ 对 t 作用即可得到 $F(t)$ 曲线，如图 5-11 所示。

上述两种方法的检测点均在反应器的出口处，所测示踪物料恰好流经了整个反应器，所以 $E(t)$ 函数又称物料粒子出口年龄分布密度，或寿命分布密度；而 $F(t)$ 函数又称出口年龄分布函数或寿命分布函数。

四、停留时间分布的数字特征

在概率论与数理统计中，把描述随机变量某种特征的量称为随机变量的数字特征。

反应器中物料的非理想流动状况可以用物料粒子的停留时间分布来描述。为了表征实际流况与理想置换或理想混合偏离的程度，可以采用随机变量的数字特征予以表达。随机变量的数字特征最重要的有两个，即数学期望和方差。

第六章　合成氨原料气的净化

第一节　原料气的脱硫

原料气中硫化物的形态可分为无机硫（H_2S）和有机硫。有机硫包括二硫化碳（CS_2）、硫氧化碳（COS）、硫醇（R—SH，R 代表烃基）、硫醚（R—S—R′）和噻吩（C_4H_4S）等。在以煤为原料所制得的半水煤气中，每标准立方米气体中含有硫化氢一般仅有几克。而用高硫煤为原料时，硫化物含量可高达 20 ~ 30g/Nm^3。天然气、石脑油、重油中硫化物含量因地区不同差别很大。

硫化物对各种催化剂具有强烈的中毒作用，同时还会腐蚀设备和管道。在以烃类为原料的蒸汽转化法中，要求烃原料中总硫含量必须控制在 5×10^{-7}（质量分数）以下。

现今脱硫的方法很多。但可归纳为干法和湿法两大类，参见表 6–1。

表 6–1　脱硫方法的分类

种类	硫化物	
	无机硫	有机硫
干法	氧化铁、活性炭、氧化锌、氧化锰等	钴 – 钼加氢法、氧化锌法等
湿法	化学吸收法——氨水催化、ADA、乙醇胺法等	冷氢氧化钠吸收法（脱除硫醇）、热氢氧化钠吸收法
	物理吸收法——低温甲醇洗涤法等	
	物理化学综合吸收法——环丁砜法等	

一、干法脱硫

干法脱硫系指采用固体吸收剂或吸附剂以脱除硫化氢或有机硫。常见的干法脱硫有：氧化铁法、活性炭法、钴钼加氢和氧化锌法等。由于固体脱硫剂硫容量（单位质量脱硫剂所能脱除硫的最大数量）有限，一般适于脱低硫且反应器体积较庞大。如果原料气中硫含量较高，吸收剂使用周期短且因再生频繁、操作费用大而变得不利。

下面对钴－钼加氢转化和氧化锌脱硫作以介绍。

1．钴－钼加氢转化

钴－钼加氢转化是一种有效脱除含氢原料气中有机硫的预处理措施。有机硫化物脱除较难，但将其加氢转化成硫化氢后再加以脱除就容易得多了。采用钴－钼催化剂可使天然气、石脑油原料中的有机硫几乎全部转化成硫化氢，再以氧化锌便可将硫化氢脱除到 2×10^{-8}（体积分数）以下。

在钴－钼催化剂的作用下，有机硫加氢转化成硫化氢的反应如下：

$$CS_2+4H2=2H_2S+CH_4$$

当原料气中存在碳的氧化物和氧时，钴－钼催化剂上还会发生甲烷化反应和脱氧反应：

$$CO+3H_2=CH_4+H_2O$$

$$CO_2+4H_2=CH_4+2H_2O$$

$$O_2+2H_2=2H_2O$$

钴－钼催化剂还能使烯烃加氢，借以避免烯烃在管式炉镍催化剂上结碳，其反应为：

$$RCH=R' \quad CH+H_2=RCH_2-CH_2R'$$

钴－钼催化剂系以氧化铝为载体，由氧化钼和氧化钴组成。氧化态的钴和钼加氢活性不大，须经硫化后才具有相当的活性。硫化后活性组分主要是 MOS_2 和 CO_9S_8。通常认为 MOS_2 提供催化活性，而 CO_9S_8 的主要作用是保持 MOS_2 具有活性的微晶结构，以阻止发生 MOS_2 活性衰退时进行微晶集聚的过程。

工业上钴－钼催化剂的操作条件为：温度 350 ~ 430℃、压力 0.7 ~ 7.0MPa，气态烃空速 500 ~ $1500H^{-1}$。液态烃空速 0.5 ~ $6.0h^{-1}$。所需的加氢量是根据气体中含硫量多少来确定，一般相当于原料气中含氢量的 5% ~ 10%。

2．氧化锌法

氧化锌是一种内表面颇大，硫容较高的接触反应型脱硫剂，能直接吸收硫化氢和硫醇反应如下：

$$ZnO+H_2S=ZnS+H_2O$$

$$ZnO+C_2H_5SH—ZnS+C_2H_5OH$$

$$ZnO+C_2H_5SH—ZnS+C_2H_4+H_2O$$

而 COS 和 CS_2 的脱除是先被加氢转化成 H_2S，然后被 ZnO 所吸收。氧化锌对噻吩加氢转化的能力很低，单用氧化锌不能有效地将有机硫化物全部除尽。

除硫醇外，氧化锌脱硫是靠反应上式来完成的。这是一个放热反应，其平衡常数随温度升高而减小，参见表 6–2。

表 6–2　不同温度下氧化锌脱除硫化氢反应的平衡常数

温度 /℃	200	300	350	400
$K_p=\dfrac{p(H_2O)}{p(H_2S)}$	2×10^8	6.25×10^6	1.73×10^6	5.55×10^5

对于含有水蒸气的烃类气体，温度和水蒸气对出口气体中硫化氢平衡含量的影响可参见表 6–3。

表 6–3　出口气体中硫化氢平衡含量（体积分数）

入口气体中水蒸气含量 /%	200℃		300℃		350℃		400℃	
	干气	湿气	干气	湿气	干气	湿气	干气	湿气
0.5	0.000025	0.000025	0.0008	0.0008	0.0029	0.0029	0.009	0.009
5	0.00027	0.00025	0.008	0.008	0.030	0.029	0.095	0.09
10	0.00055	0.0005	0.018	0.016	0.065	0.058	0.20	0.180
20	0.00125	0.0010	0.0040	0.032	0.145	0.116	0.45	0.360
30	0.0021	0.0015	0.070	0.048	0.250	0.174	0.77	0.540
40	0.0033	0.0020	0.107	0.064	0.387	0.232	1.2	0.720
50	0.005	0.0025	0.160	0.080	0.580	0.290	1.80	0.900

从表 6–3 可以看出，在温度为 400℃，水蒸气高达 50% 时，出口气体中硫化氢平衡含量仍有 1.8×10^{-6}（体积分数）。实际上，含烃原料中水蒸气含量很低。如按 0.5% 计算，温度为 400℃时的硫化氢平衡含量仅 9×10^{-9}（体积分数）。在用作低变催化剂的保护剂时，气体中的水蒸气含量高，但其操作温度低，仍可满足要求。例如，以 200℃和 50% 水蒸气含量来计算，硫化氢的平衡含量为 5×10^{-9}（体积分数）。一般情况下，反应可视作不可逆反应，所以氧化锌法也是一种理想的脱硫方法。

氧化锌脱有机硫一般要求应有较高的温度，在室温下其脱硫效果较差。温度升高，反应速度显著增大，其反应速度也视有机硫的种类不同而异。

研究证明，氧化锌脱硫的反应速度受内扩散控制。所以氧化锌脱硫剂大都做成高孔隙率的球形小颗粒。脱硫反应几乎是瞬时的，反应器内氧化锌反应吸收区很窄。

靠近气体入口处的氧化锌先被硫饱和，随着使用时间的增长，沿着气流方向，饱和层逐渐扩大下移，直至反应区下移至近出口端。反应器中脱硫的床层分区情况如图6–1所示。

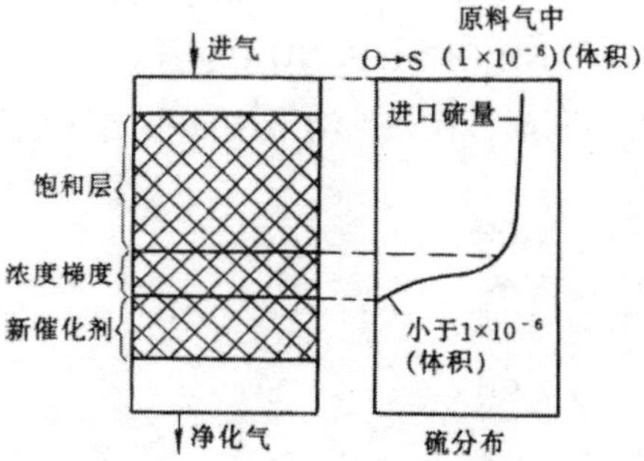

图 6–1 氧化锌脱硫床层分布

二、湿法脱硫

虽然干法脱硫净化度高，并能脱除各种有机硫化物，但脱硫剂难于或不能再生，且系间歇操作，设备庞大。因此不适于用作对大量硫化物的脱除。

采用溶液吸收硫化物的脱硫方法通称为湿法脱硫。适用于含大量硫化氢气体的脱除。其优点之一是脱硫液可以再生循环使用并回收富有价值的硫黄。

湿法脱硫方法众多，可分为化学吸收法、物理吸收法和物理–化学吸收法三类。常见的有碳酸钠、氨水和醇胺溶液等吸收硫化氢的方法属化学吸收法；用冷甲醇吸收硫化氢的方法属物理吸收法。依再生方式又可分为循环法和氧化法。循环法是将吸收硫化氢后的富液在加热降压或气提条件下解吸硫化氢。氧化法是将吸收硫化氢后的富液用空气进行氧化，同时将液相中的HS+氧化成单质硫。其过程示意如下：

$$载氧体（氧化态）+HS^{-}=载氧体（还原态）+S\downarrow$$

$$载氧体（还原态）+（1/2）O_2（空气）=载氧体（氧化态）+H_2O$$

上述过程是在催化剂的作用下进行的。工业上使用的催化剂有对苯二酚、蒽醌二磺酸钠（ADA）、萘醌、栲胶和螯合铁等。

氧化法的关键是选择适宜的氧化型催化剂。下面用电化学理论分析氧化型催化剂应具备的条件。

1. 氧化型催化剂的选择硫的氧化反应可用下式表示：

$$H_2S+（1/2）O_2=H_2O+S$$

2. 常用的湿法氧化法脱硫

（1）氨水催化法

此法已广泛用于合成氨厂脱硫。一般采用氨水浓度为 8 ~ 22 滴度[1 滴度为(1/20) M 氨浓度],并加有 0.2 ~ 0.3g/L 的对苯二酚作为催化剂。相应的脱硫和再生反应如下:

$$NH_4OH+H_2S=NH_4HS+H_2O$$

通常认为对苯二酚为还原剂，在碱性溶液中能被空气氧化为对苯醌：

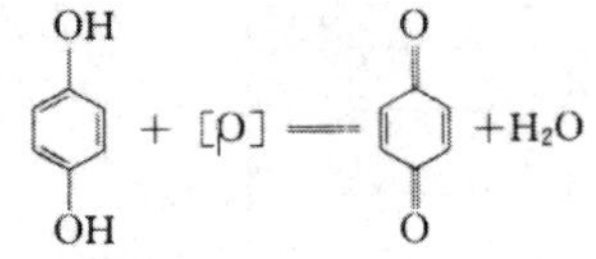

硫氢化铵在对苯醌的作用下氧化为单体硫：

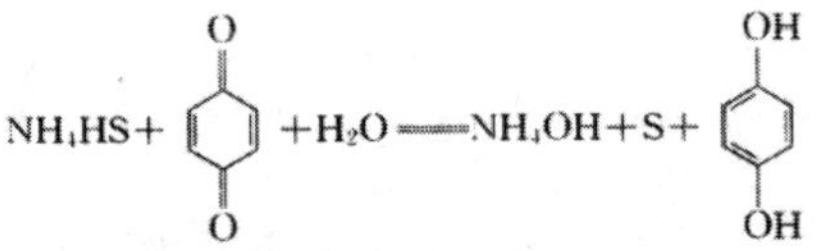

总的氧化反应系按下式进行：

$$H_2S+（1/2）O_2=H_2O+S$$

由于对苯醌的氧化电位较高（0.699V），故其浓度不能过高，否则易发生硫的过度氧化反应：

$$2NH_4HS+2O_2=（NH_4）_2S_2O_3+H_2O$$

氨水催化法有氨损失大、硫容量低（$0.15gH_2S/L$）的缺点，当煤气中硫含量高时，相应地应增加溶液循环量。

（2）改良 ADA 法

ADA 是蒽醌二磺酸（Anthraquinone Disulphonic Acid）的英文缩写。它是含有 2，6- 或 2，7- 蒽醌二磺酸钠的一种混合体。两者结构式如下：

2，6-蒽醌二磺酸钠　　2，7-蒽醌二磺酸钠

此法（ADA 法）脱硫由于析硫过程缓慢，生成硫代硫酸盐较多，在该溶液中加入偏钒酸钠后，可使析硫速度大为加快，称为改良 ADA 法脱硫。反应历程为：

在脱硫塔中，以 pH 为 8.5 ～ 9.2 的稀碱液吸收硫化氢：

$$Na_2CO_3+H_2S=NaHS+NaHCO_3$$

硫氢化物与偏钒酸钠反应生成元素硫：

$$2NaHS+4NaVO_3+H_2O=Na_2V_4O_9+4NaOH+2S\downarrow$$

氧化态 ADA 氧化焦钒酸钠为偏钒酸钠：

$$Na_2V_4O_9+2ADA（氧化态）+2NaOH+H_2O=4NaVO_3+2ADA（还原态）$$

在再生塔中，还原态 ADA 被空气中的氧氧化成氧化态：

$$2ADA（还原态）+O_2—2ADA（氧化态）+2H_2O$$

经再生后的溶液可送入吸收塔循环使用。

改良 ADA 法脱硫液中，还加有酒石酸钾钠，少量三氯化铁和乙二胺四乙酸（EDTA）。酒石酸钾钠的作用在于稳定溶液中的钒，防止生成“钒－氧－硫”复合物沉淀；加入三氯化铁，可加速还原态 ADA 的氧化速度［Fe^{3+} 浓度为（50 ～ 100）× 10^{-6}（质量分数）］；而螯合剂 EDTA 的加入，可防止 Fe^{3+} 生成 $Fe(OH)_3$ 沉淀，EDTA 的加入量至少应与 Fe^{3+} 等摩尔数。ADA 溶液的硫容可达 1000 × 10^{-6}（体积分数）以上。典型的 ADA 溶液组成见表 6–4。

表 6–4　典型 ADA 溶液组成

组成	Na_2CO_3，mol/L	ADA，g/L	$NaVO_3$，g/L	$KNaC_4H_4O_6$，g/L
加压、高硫化氢	0.5	10	5	2
常压、低硫化氢	0.2	5	2 ～ 3	1

改良 ADA 法脱硫范围较宽，精度较高［H_2S 含量可脱至小于 1 × 10^{-6}（体积分数）］，温度从常温到 60℃间变化。其成分复杂，溶液费用较高。目前国内中型合成氨厂大多采用此法脱硫。

除此之外，目前工业上应用的脱硫方法还有醇胺法、栲胶法、MSQ 法（硫酸锰－水杨酸－对苯二酚－偏钒酸钠为混合催化剂，简称 MSQ 催化剂）、螯合铁法等。

原料气的脱硫选择哪一种方法，是一个涉及面很广的问题。它与原料气的生产方法、净化过程的总体方案以及原料气中硫含量的高低和硫化物类型有关。应根据具体情况，因地制宜地进行选择。

3．湿法氧化法脱硫工艺流程

湿法氧化法脱硫再生可分喷射氧化再生和高塔鼓泡再生两大类，如图 6–2 和图 6–3 所示。

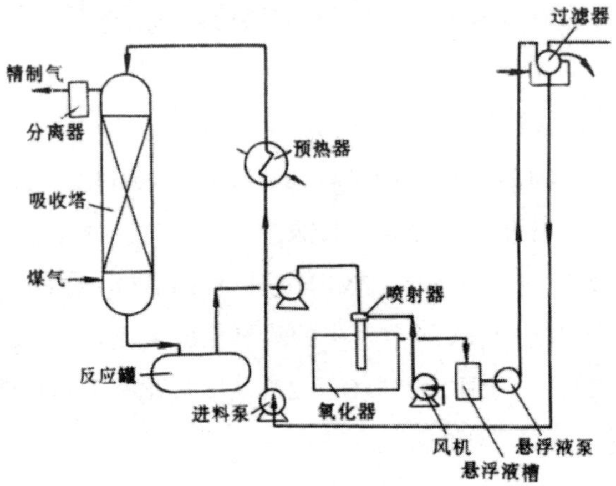

图 6–2　喷射再生法脱硫工艺流程

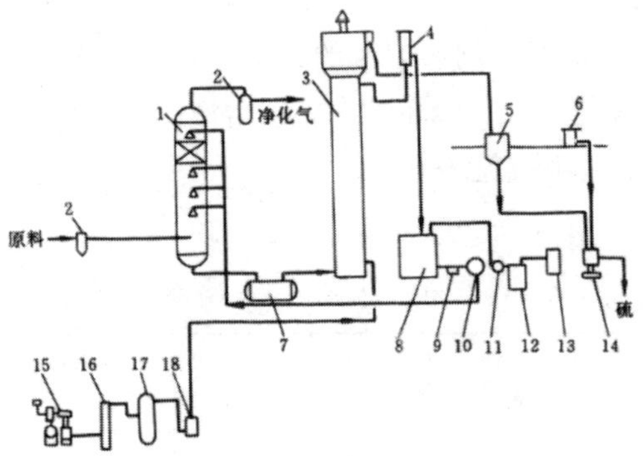

图 6–3　高塔再生法脱硫工艺流程

喷射氧化再生系利用溶液在喷射器内的高速流动形成的负压以自吸空气，这样可以省去空气鼓风机。但是，喷射器要消耗溶液的静压能；高塔再生设备投资较大，并需压缩机送入空气。再生塔上部出来的硫泡沫，过滤洗涤后经熔硫釜熔融即可得到熔硫。

第二节　一氧化碳变换与二氧化碳的脱除

一、一氧化碳变换

半水煤气或其他原料气中含有大量一氧化碳，一般须经变换反应，使其转化成易于清除的二氧化碳和氢气，反应如下：

$$CO+H_2O=CO_2+H_2，\ \Delta H^\circ_{298}=-41.19kJ/mol$$

反应过程中消耗的只是水蒸气。因此，一氧化碳变换既是原料气的净化过程，又是原料气制备的继续。而残余的少量一氧化碳再通过其他净化方法加以脱除。

1．变换催化剂

（1）铁－铬催化剂

铁－铬催化剂是化学工业中研究和应用最早的催化剂之一。研究表明，以 Fe_2O_3 为主体的中变催化剂，加入铬、铜、钾、锌、钴、镍等的氧化物可以改善催化剂的耐热和耐毒性能。目前广泛采用的中变催化剂，是以 Fe_2O_3 为主体，以 Cr_2O_3 为主要添加剂的多成分铁－铬系催化剂。

铁－铬系催化剂原前一般含 Fe_2O_3 80% ~ 90%、Cr_2O_3 7% ~ 11%，并含有 K_2O、MgO 及 Al_2O_3 等助剂组分。

由于 Cr_2O_3 和 Fe_2O_3 具有相同的晶系，制成固熔体后，可高度地分散于活性组分 Fe_3O_4 晶粒之间，使催化剂具有更细的微孔结构及更大的比表面。在高温下，Cr_2O_3 可防止还原后的 Fe_3O_4 的结晶长大，可使催化剂耐热性能提高，寿命增长。同时，Cr_2O_3 还具有提高催化剂的机械强度和防止析碳等副反应的作用。因此，各种添加物中以 Cr_2O_3 最为重要。添加 K_2O 也能提高催化剂的活性，添加 MgO 和 Al_2O_3 可提高催化剂的耐热性，MgO 还有明显的抗硫能力。

铁－铬催化剂能使有机硫转化为无机硫：

$$COS+H_2O=H_2S+CO_2$$

$$CS_2+H_2O=COS+H_2S$$

对 COS 而言，转化率可达 90% 以上。以煤为原料的小型合成氨厂，主要靠变换来完成有机硫转化为 H_2S 的过程。

铁－铬系催化剂中，Fe_2O_3 需经还原成 Fe_3O_4 后才具有活性。在生产中，通常用含 H_2 或 CO 的气体进行还原，反应如下：

$$3Fe_2O_3+CO=2Fe_3O_4+CO_2，\ \Delta H^\circ_{298}=-50.811kJ/mol$$

$$3Fe_2O_3+H_2—2Fe_3O_4+H_2O（g），\ \Delta H^\circ_{298}=-9.621kJ/mol$$

催化剂中的 Cr_2O_3 不能被还原。当用含 CO 或 H_2 的气体配入水蒸气（H_2O/ 干气 =1）对催化剂进行还原时，干气每消耗 1% 的 CO，约可造成 7℃的温升，而消耗 1% 的 H_2 温升约为 1.5℃。因此，在还原催化剂时，气体中的 CO 或 H_2 的含量提高不宜太快，避免催化剂因超温而降低活性。当系统停车时，必须对催化剂进行钝化处理。

铁-铬催化剂在还原过程中，Fe_2O_3 除可转化为 Fe_3O_4 外，在一定条件下还可以转化为 FeO 和 Fe 等物质。因此，在还原和生产操作时，务必严格控制工艺条件，以免发生过度还原反应。

（2）低变催化剂

目前工业上应用的低变催化剂均以 CuO 为主体。还原后具有活性的组分是细小的铜结晶——铜微晶。显然，较高的铜含量和较小尺寸的微晶，对提高反应活性是有利的。

单纯的铜微晶，在操作温度下极易烧结，导致微晶增大，比表面减小、活性降低和寿命缩短。因此，需要加入适宜的添加物。目前，常用的添加物有 ZnO、Cr_2O_3 及 Al_2O_3 等。作用是分散于铜微晶的周围，将微晶有效地分隔开，提高其稳定性。根据添加物的不同，低变催化剂可分为 CuO-ZnO 系、CuO-ZnO-Cr_2O_3 系、CuO-ZnO-Al_2O_3 系等。

低变催化剂的组成范围为：CuO 15.3% ~ 31.2%（高铜催化剂可达 42%）、ZnO 32% ~ 62.2%、Al_2O_3 0 ~ 40.5%。

低变催化剂用 H_2 或 CO 还原时，发生如下反应：

$$CuO+H_2=Cu+H_2O\,(g),\quad \Delta H^\circ_{298}=-86.7kJ/mol$$

$$CuO+CO=Cu+CO_2,\quad \Delta H^\circ_{298}=-127.7kJ/mol$$

催化剂还原时，可用氮气、天然气或过热蒸汽作载气，配入适量的还原性气体。生产中一般用纯 N_2（N_2 含量大于 99.95%）配氢还原，反应从 160 ~ 180℃开始，此时 H_2 含量为 0.1% ~ 0.5%。随着反应的进行，H_2 含量可逐步增至 3%，还原后期可增至 10% ~ 20%，以确保催化剂还原彻底。

与中变催化剂相比，低变催化剂对毒物十分敏感。能引起催化剂中毒或活性降低的主要物质有：硫化物、氯化物和冷凝水。

变换系统的气体中，含有大量的水蒸气，为避免冷凝水的出现，低变操作温度一定要高于该条件下气体的露点温度。

氯化物是对低变催化剂危害最大的毒物，其毒性较硫化物大 5 ~ 10 倍，系永久性中毒的毒物。氯化物的主要来源是工艺蒸汽或冷激用的冷凝水。为保护催化剂，蒸汽中氯含量越低越好，一般要求应小于 3×10^{-8}（质量分数），有的甚至要求低于 3×10^{-9}（质量分数）。

（3）钴-钼耐硫催化剂

铁-铬系催化剂虽然在工业上得到广泛应用，但一般仅适用于含硫很低的煤气中 CO 的变换。随着重油氧化法和煤气化法的发展，制得的原料气中含硫量过高，铁－铬系催化剂已不能适应耐大量硫的要求。70 年代初期，人们成功地研制出了钴－钼系耐硫变换催化剂。此种催化剂将 Co–Mo 载于氧化铝载体上，活性温度较 Fe–Cr 系催化剂低 60 ~ 80℃，变换率与 Fe–Cr 系催化剂相同。例如，某一中变耐硫催化剂，含有 $MOS_2$9.8%，$CO_9S_8$4.7%，其余为 Al_2O_3 载体。在加压下，反应温度 350 ~ 400 ℃、空速 $1000H^{-1}$，变换率与 Fe–Cr 催化剂相同。加入 H_2S 含量为 $18g/Nm^3$ 的原料气，对变换过程无影响。特别对于重油部分氧化法制取的原料气，可以在除去炭黑后直接送入变换，而无须将气体冷却至常温再经过脱硫后才送变换。这样不仅节省能量，而且可以在脱除原料气中 H_2S 的同时，与脱除变换气中 CO_2 的过程一并考虑，可以大大简化工艺过程。

钴－钼耐硫催化剂制成品中，钴和钼是以 CoO 和 MoO 状态存在，使用前必须进行硫化处理使其转化为活性态 MOS_2 和 CO_9S_8。为了硫化钴和硫化钼的稳定性，正常操作时，气体中总硫不应低于 $0.1g/Nm^3$。钴－钼催化剂的活性温度范围为 180 ~ 475℃。活性比较见表 6–5。

表 6–5　耐硫催化剂的活性比较

催化剂	压力 /MPa	温度 /C	假一级速率常数 min^{-1}
Fe–Cr	0.101	404	81.2
Cu–Zn–Cr	0.101	300	80.0
硫化的 Co–Mo–Cs	0.101	404	6481
硫化的 Co–Mo–Cs	0.101	300	418.9

可以看出，耐硫催化剂活性远高于铁－铬和铜－锌系催化剂的活性。

2．工艺条件的选择

本节将根据上述反应动力学、热力学及催化剂的讨论，结合变换系统的工艺特点，对变换过程的工艺条件：温度、压力、汽 / 气比等加以论述。

（1）压力

压力对变换反应的平衡几乎没有影响，而反应速率与总压约成 0.45 次方的比例关系。因此，变换反应过程的空速随总压的提高而增大。例如，以煤为原料的中、小型合成氨厂，常压下中变催化剂的干气空速为 300 ~ $500H^{-1}$，而压力为 1.0 ~ 2.0MPa 的加压变换，其空速可达 800 ~ $500H^{-1}$。以烃类为原料的大型合成氨厂，由于原料气中 CO 含量较低，当压力为 3.0MPa 时，空速可达到 2500 ~ $3000H^{-1}$。压力对低变催化剂的反应速度也有相似的影响。通常，低变的压力随中变而定。

从能量消耗上看，加压操作也是有利的。由于干原料气的摩尔数小于干变换气的摩尔数，所以，先将原料气压缩后再进行变换的能耗，要比常压变换后再压缩变换气的能耗低。一般可降低能耗 10% ~ 15%。同时，加压变换也提高了过量蒸汽的回收价值。但是加压变换需要较高的蒸汽压力，对设备材质的要求相对要高。具体压力应由压缩机各段压力分配而定。一般小型氨厂与碳化等压操作，压力为 0.7 ~ 1.2MPa；中型合成氨厂与脱碳等压操作，压力为 1.2 ~ 1.8MPa。

（2）温度

变换反应是一个可逆放热反应。从反应动力学可知，温度升高，反应速度常数增大，而平衡常数随温度的升高而减小。CO 平衡含量增大，反应推动力将变小。可见温度对两者的影响互为矛盾。因此，对于一定催化剂和气相组成以及对应每一个转化率时，必定对应有一个最大的反应速度值。与该值相对应的温度称为最适宜温度。可以根据动力学方程式推导出最适宜温度的计算式：

$$T_{\mathrm{m}}=\frac{T_{\mathrm{e}}}{1+\dfrac{RT_{\mathrm{e}}}{E_2-E_1}\ln\dfrac{E_2}{E_1}}$$

从式中可知，随着 CO 变换过程的进行，最适宜温度不断降低，这是和绝热催化反应的温度升高互为矛盾的。为了解决这一矛盾，工业生产中通常采用多段变换的办法，即用多段反应、多段冷却的方法进行变换反应。多段冷却的方式又可分为中间换热式、喷水冷激式和蒸汽过热式三种形式。

中间换热式是利用反应气预热入炉的半水煤气，从而降低自身温度。此法要求中间换热器和副线设计合理，以便于温度的调控。

喷水冷激式是采用在反应器中喷水冷凝水使其蒸发，从而既降低反应气体的温度，又增加水蒸气含量，以满足变换过程对水蒸气的要求。喷水后要使水蒸气和气体混合均匀，确保床层间同一平面温差较低和均匀。

蒸汽过热法是利用导入的饱和蒸汽来冷却反应气体，从而降低反应温度并使蒸汽过热。此法的最大优点在于避免热交换器冷端出现冷凝液、遭受严重腐蚀。

上述三种方式也可以混合使用。一般而言，在添加饱和蒸汽的场合，采用蒸汽过热法较为有利；在水质良好的条件下，采用喷水冷激有利于降低蒸汽的消耗。尽可能不用半水煤气冷激和蒸汽冷激。图 6–4 为带有中间换热和喷水冷激的三段变换过程的 T–x 图。段间为中间换热时，平衡曲线（T_e）和最适宜温度曲线（T_m）因水蒸气比例不变，未作移动。在绝热反应中操作线也称温升曲线，与变换率的关系几乎成一直线。段间换热，喷水（蒸汽）冷激时，气体变换率不变，反降低了气体温度；$\overline{BC}$ 、$\overline{DE}$ 呈水平方向的直线。但由于水蒸气的比例增大，平衡曲线和最适宜温度曲线均发生上移。AB、CD、EF 分别为一、二、三段绝热操作线，$\overline{BC}$ 和 $\overline{DE}$ 为段间降温线。

变换过程的温度应在催化剂活性温度范围内进行操作。反应开始温度一般应高于催化剂起活温度约20℃。不同型号的中变催化剂，一般反应开始温度为320 ~ 380℃，热点温度在450 ~ 550℃范围。

对于低变过程，由于温升很小，催化剂不必分段。但应特别注意根据气相中水蒸气含量，确定低变过程的温度下限。一般地讲，操作温度的下限应比该条件下气体的露点温度高20 ~ 30℃，以避免气体入低变系统后达到露点温度而出现液滴。在设计中，可根据总压和气体湿含量，计算出露点温度再加上20 ~ 30℃即为低变操作温度的下限。

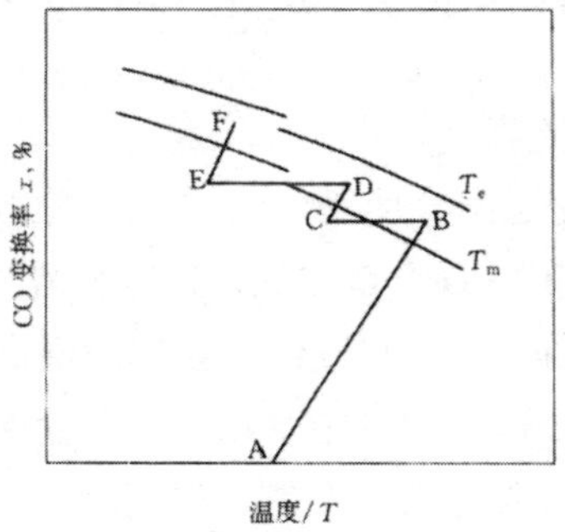

图6–4　CO变换过程的 T—x 图

（3）汽/气比（水蒸气比例）

汽/气比是指水蒸气/干半水煤气或 H_2O/CO（摩尔比）。改变水蒸气比例是工业变换反应中最重要的调节手段。反应初期远离平衡，正反应速率起主导作用，此时 H_2O/CO 的增加对反应速率并无明显影响，且对CO和 CO_2 含量的稀释起了重要作用。而CO含量的正影响大于 CO_2 含量的负影响。因此，反应速率是随水蒸气比例增大而减小的。

反应后期接近平衡时，提高水蒸气比例可使平衡反应向正反应方向移动，有利于提高最终转化率。

但是，水蒸气用量是变换过程中最主要的消耗指标。工业生产上应在满足生产要求的前提下尽可能降低水蒸气比例。以降低水蒸气的消耗。当然水蒸气的消耗还与合理地确定CO最终变换率或残余CO含量有关，同时注意余热回收和利用；另外，也应看到原料气中较高的氧含量会引起催化剂床层的温度剧升，从而也会导致蒸汽消耗的增大。因而以煤为原料的制气操作中应尽量降低半水煤气中的氧含量。另外，采用新型低温活性催化剂，段间水冷激，在不需导入外界能耗的条件下，增加了催化剂床层后段的蒸汽比例，这对降低蒸汽消耗也是十分有利的。冷激用水一定要用工艺系统的冷凝水或去离子水，否则会造成催化剂的表面结皮，急剧地降低催化剂的活性。

3. 变换的工艺流程

变换工艺流程的设计，首先应依据原料气中 CO 含量高低来加以确定。CO 含量高，应采用中温变换。这是由于中变催化剂操作温度范围较宽，而且价廉易得，使用寿命长。当 CO 含量高于 15% 时，应考虑将反应器分为二段或三段变换。其次是根据进入系统的原料气温度和湿含量，考虑气体预热和增湿，合理利用余热。最后应将 CO 变换和脱除残余 CO 的方法结合考虑，如果 CO 脱除方法允许 CO 残量较高，则仅用中变即可。否则，采用中变与低变串联，以降低变换气中 CO 含量。现对两种流程分述如下：

（1）中变 – 低变串联流程

此种流程一般与甲烷化法配合使用。例如，天然气蒸汽转化法制氨流程，由于天然气转化所得到的原料气中 CO 含量较低，这样只需配置一段变换即可。如图 6–5 所示，将含有 CO 13% ～ 15% 的原料气经废热锅炉降温，在压力 3.04MPa，温度为 370℃的工况下进入高变炉。因原料气中水蒸气的含量较高，一般无须另加蒸汽。经变换反应后的气体中，CO 可降至 3% 左右，温度相应为 425 ～ 440℃。此气体通过高压废热锅炉，冷却到 330℃，可使锅炉产生 10.13MPa 的饱和蒸汽。此变换气还可预热其他工艺气体（如加热甲烷化炉进气）而被冷却至 220℃，然后进入低变炉。低变炉绝热温升仅为 15 ～ 20℃，此时残余 CO 可降至 0.3% ～ 0.5%。该反应热还可以进一步回收。为提高其传热效果可喷入少量水于气体中，使其达到饱和状态。这样，当气体进入脱碳贫液再沸器时，水蒸气即行冷凝，使传热系数增大。气体离开变换系统后，送脱碳系统脱除 CO_2。目前，这种流程的主要差别在于中变废热锅炉的不同。大型合成氨厂可产生高压蒸汽，而中、小合成氨厂产生中压蒸汽或预热锅炉给水。

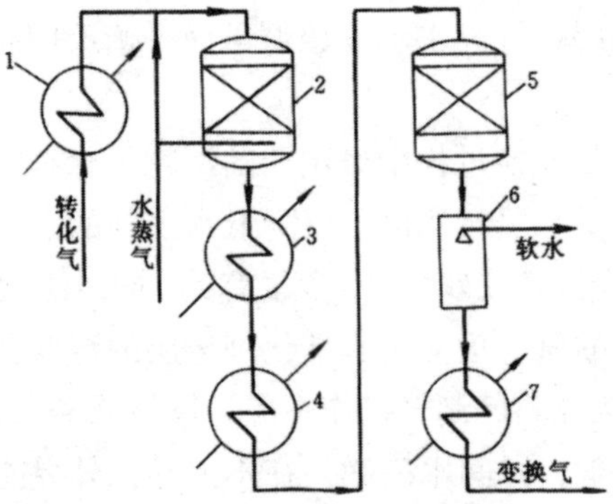

图 6–5 一氧化碳中变 – 低变串联流程

（2）多段中变流程

以煤为原料的中、小型氨厂制得的半水煤气中含有较高的CO，需采用多段中变流程。多段中变流程包括：1. 多段变换炉及段间冷却设备；2. 保证变换炉一段入口达到反应温度所需的热交换器；3. 回收过量反应蒸汽潜热的设备，如饱和塔、热水塔和水加热器；4. 冷却变换气的冷凝塔；5. 开车升温所用的电热炉或煤气升温炉。

小型氨厂三段加压中变流程如图 6-6 所示。

经压缩机加压的半水煤气入饱和塔，出口气与经变换炉二、三段间过热蒸汽相混合，然后进入热交换器管内预热，经开工升温用电热炉，进变换炉一段催化剂床层反应。一段出口气经喷水冷激后，入二段床层反应，二段出口气经蒸汽过热器降温后入三段床层反应。三段出口气入热交换器管间初步回收显热后，入第一水加热器，间壁加热由饱和塔来的循环热水，提高半水煤气的饱和温度。然后进入热水塔直接加热循环热水，回收过量蒸汽的冷凝潜热。再经第二水加热器进一步回收剩余蒸汽的冷凝潜热，用于加热循环水，供铜洗再生过程所需热量。变换气经冷却塔或冷却器降至常温送下一工序。

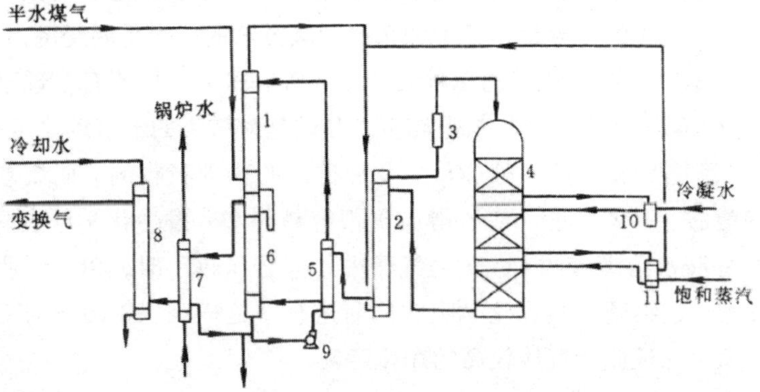

图 6-6　三段加压中变流程

二、二氧化碳的脱除

1. 概述

无论是以固体燃料还是烃类为原料制得的原料气中，经CO变换后都含有相当量（15% ~ 40%）的CO_2。在入合成系统前必须将CO_2气体清除干净。而CO_2又是制造尿素、碳酸氢铵和纯碱等的原料。因此，CO_2脱除和回收净化是脱碳过程的双重任务。

脱除气体中CO_2的过程称作“脱碳”。工业上常用的脱碳方法为溶液吸收法。该法可分为两大类：一类是循环吸收过程，即吸收 CO_2 后在再生塔解吸出纯态 CO_2，供尿素生产用；另一类是将吸收 CO_2 的过程与生产产品同时进行，如碳酸氢铵、联碱和联尿等产品的生产过程。

循环吸收法据所用吸收剂的性质不同，可分为物理、化学和物理化学吸收法三种。

物理吸收法是利用 CO_2 能溶解于水或有机溶剂的特性进行操作的。常用的方法有水洗法、低温甲醇法（Rectisol 法）、碳酸丙烯酯法（Fluor 法）、聚乙醇二甲醚法（Selexol 法）等。吸收能力的大小取决于 CO_2 在该溶液中的溶解度。溶液的再生采用减压闪蒸法。

化学吸收法是用碳酸钾、有机胺和氨水等碱性溶液作为吸收剂，实际上属于酸碱中和反应。此类方法名目繁多。例如，用碳酸钾吸收 CO_2 时，由于向溶液中添加活化剂不同，又可分为改良热钾碱法或称本菲尔（Benfield）法、催化热钾碱法或称卡特卡朋（Catacarb）法和氨基乙酸法等。新开发的低能耗脱碳方法称为甲基二乙醇胺（MDEA）法。

在化学吸收法中，溶剂的吸收能力由反应的化学平衡决定。溶液的再生通常都采用“热法”。再生的热耗量是评价和选择脱碳方法的一个重要经济指标。

环丁砜（Sulfinol）法和聚乙二醇二甲醚（Selexol）法是兼有物理吸收和化学吸收的方法。环丁砜法所用的吸收剂是环丁砜和烷基醇胺类的水溶液。其中环丁砜（学名为 1-1- 二氯化四氢噻吩）对 CO_2 是一种良好的物理吸收剂。而烷基醇胺（常用的有二异丙醇胺、一乙醇胺、二乙醇胺）很容易与 CO_2 发生化学反应。用一定比例的环丁砜和醇胺水溶液吸收 CO_2，当气相中 CO_2 分压较小时，以化学吸收为主；当 CO_2 分压较大时，物理吸收和化学吸收同时进行。这样既保持溶液对 CO_2 有较大的吸收能力，又可保证脱碳气体较高的净化度。

下面对物理吸收法和化学吸收法脱除 CO_2 的基本原理、工艺特征和节能方面等加以简介。

2．物理吸收法脱碳

（1）概述

物理吸收脱除 CO_2 的方法，由于选择性差，且仅以减压闪蒸的方法进行再生，一般 CO_2 回收率不高，此法仅适用于 CO_2 有富余的合成氨厂。例如，以煤为原料间歇制气生产合成氨，加工产品为尿素的流程或重油部分氧化生产合成氨原料气，而最终加工产品为尿素的流程中常采用此法脱碳。

物理吸收法脱碳，按操作温度可分为常温循环吸收法和低温甲醇洗涤法。前者所用的吸收剂通常有水、碳酸丙烯酯和聚乙二醇二甲醚。由此可知，碳酸丙烯酯对

CO_2 的溶解度比水大 4 倍，而聚乙二醇二甲醚对 CO_2 的溶解度比前两者更大。特别是它对 H_2S 的溶解度很大。因此，尤其适用于含 CO_2 的气流中选择性吸收 H_2S 的场合。甲醇是吸收 CO_2、H_2S、COS 等极性气体的良好溶剂，尤其是在低温下，上述气体在甲醇中的溶解度更大。

可以看出，CO_2 在甲醇中的溶解度随压力的增加而增大，温度对溶解度的影响更大，尤其是当温度低于 -30℃时，溶解度随温度的降低而剧增。与温度接近于 CO_2 的露点时，气体在该压力下的溶解度趋近于无穷大。

（2）碳酸丙烯酯法（简称碳丙法）

1）碳酸丙烯酯脱碳的基本原理

碳酸丙烯酯（分子式 $CH_3CHOCO_2CH_2$，结构式为：CH_3–CH–CH_2）是一种具有一定极性的有机溶剂。对 CO_2、H_2S 等酸性气体有较大的溶解能力，而 H_2、N_2、CO 等气体在其中的容解度甚微。各种气体在碳丙中的溶解度如表 6–6 所示。

表 6–6　不同气体在碳酸丙烯酯中的溶解度

气体	CO_2	H_2S	H_2	CO	CH_4	COS	C_2H_2
溶解度	3.47	12.0	0.03	0.5	0.3	5.0	8.6

不同温度和压力下 CO_2、H_2S 在碳酸丙烯酯中的溶解度示于图 6–7。

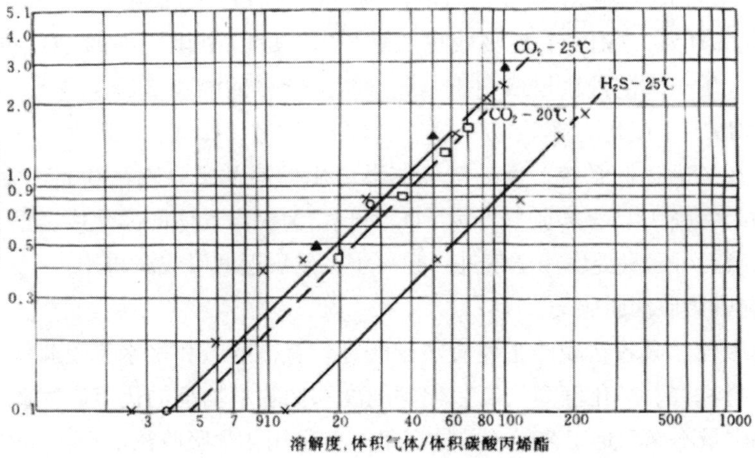

图 6–7　不同压力、温度下 CO_2、H_2S 在碳酸丙烯中的溶解度

由表 6–6 可知，在 25 ℃和 0.1MPa 下，CO_2 在碳酸丙烯酯中的溶解度为 3.47Nm^3/m^3，而在同样条件下，H_2S 的溶解度仅为 0.03Nm^3/m^3。因此，可以利用碳酸丙烯酯从气体混合物中选择性吸收 CO_2。

由碳酸丙烯酯吸收 CO_2 的动力学研究表明，在通常条件下，其吸收速率属液膜控制。

烃类在碳丙中的溶解度也很大。因此当原料气中含有较多的烃类时，工业上多采用多级膨胀再生的方法回收被吸收的烃类。

碳丙是吸收 CO_2 的一种理想溶剂，其吸收能力与压力成正比，特别适于高压下进行。溶剂的蒸汽压低，可以在常温下吸收。吸收 CO_2 以后的富液经减压解吸或鼓入空气，可使之得到再生，无须消耗热量。生产工艺简单，整个脱碳系统的设备都可用碳钢制造。本法的缺点是溶液价格较高，溶剂稍有漏损就会造成操作费用的增高。

2）生产流程

碳酸丙烯酯脱碳的典型流程见图 6–8。

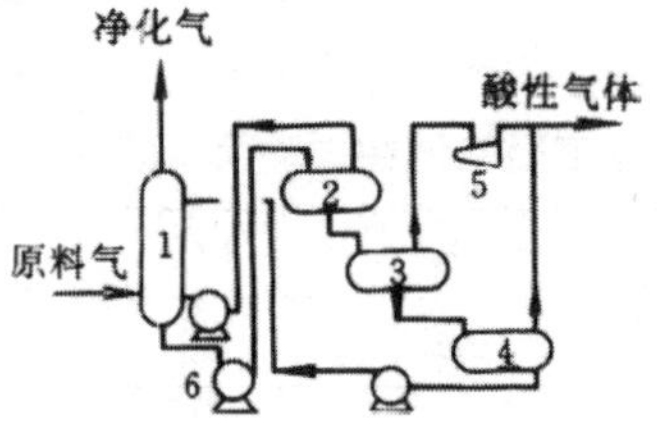

图 6–8　碳酸丙烯酯吸收二氧化碳流程

温度约 55℃、含 $CO_2$35% 左右的原料气由吸收塔下部导入。温度为 35℃的碳丙在操作压力为 2.7MPa 下在吸收塔吸收 CO_2。出塔净化气中的 CO_2 残量约 1%。吸收了 CO_2 的碳丙溶液由塔底引出，先经水力透平回收能量后再进入一级膨胀器 2（p=1.01MPa），在此溶解于溶剂中的高级烃类和氢、氮气首先闪蒸出来。这些气体经压缩机压缩后返回系统。由一级膨胀器流出的溶剂又分别在 0.05MPa 和 0.01MPa 下经过两级膨胀 3、5，膨胀气作为 CO_2 回收。为提高气体的净化度，溶剂由三级膨胀器 4 流出后可送汽提塔用空气进一步再生，然后返回吸收塔再用。

3. 化学吸收法脱碳

工业上化学吸收法脱碳主要有热碳酸钾、有机醇胺和氨水等吸收法。化学吸收法具有选择性好、净化度高、二氧化碳纯度和回收率均高的优点。因此，在原料气中二氧化碳量不能满足工艺需求的情况下，宜采用化学吸收法。

我国小化肥厂广泛采用浓氨水吸收变换气中 CO_2，同时生产碳酸氢铵化肥，从而降低了脱碳的成本，简化了生产流程。以有机胺为吸收剂脱除 CO_2 已显示出节能的特点。下面主要介绍应用较广的热碳酸钾水溶液吸收法和低能耗的 N– 甲基二乙醇胺（MDEA）吸收法。

（1）热碳酸钾法脱除 CO_2

1）概述

碳酸钾水溶液具有强碱性，它与 CO_2 的反应如下：

$$CO_2+K_2CO_3+H_2O=2KHCO_3$$

生成的 $KHCO_3$ 在减压和受热时，解吸出 CO_2，溶液重新再生 K_2CO_3 循环使用。

为了提高碳酸钾吸收二氧化碳的反应速度，吸收操作是在较高温度（105 ~ 130℃）下进行，因此该法又称作热碳酸钾法。热法有利于提高 $KHCO_3$ 的溶解度，并应用浓度较高的 K_2CO_3 溶液以提高吸收 CO_2 的能力。在操作中，吸收和再生的温度基本相同，可以节省溶液再生的热耗，有效地简化了生产流程。但在此温度下，以单纯的 K_2CO_3 水溶液吸收 CO_2，其吸收速率仍很慢，而且对设备腐蚀严重。在溶液中加入某些活化剂则可大大加快对 CO_2 的吸收速度。可作为活化剂的有：三氧化二砷、硼酸或磷酸的无机盐以及氨基乙酸、二乙撑三胺、一乙醇胺、二乙醇胺、二甲胺基乙醇等有机胺类。为了减轻强碱液对设备的腐蚀，在溶液中还加有缓蚀剂。这样，吸收和再生的主要设备可用碳钢制造。

目前，脱碳应用最多的方法有：以氨基酸为活化剂、五氧化二钒为缓蚀剂的氨基乙酸法；以二乙醇胺为活化剂、五氧化二钒为缓蚀剂的改良热钾碱法；以二乙醇胺和硼酸的无机盐为活化剂、五氧化二钒为缓蚀剂的催化热钾碱法。

2）流程和工艺条件

流程的选择：热碳酸钾法脱除 CO_2 的流程很多。其中最简单的是一段吸收一段再生流程，见图 6–9（a）。工业生产中应用较多的是两段吸收两段再生流程，见图 6–9（b）。在吸收塔的中、下部，由于气相 CO_2 分压较大，在此用由再生塔中部取出的具有中等转化度的溶液（称为半贫液）在较高的温度下（相当于再生塔中部的沸腾温度）吸收气体，就可以保证有足够的吸收推动力。同时，由于吸收温度高，加快了 CO_2 和 K_2CO_3 的反应速度，有利于吸收过程的进行，可将大部分的 CO_2 吸收。为了提高气体的净化度，在吸收塔上部继续用在再生塔内经过进一步再生的，并在进入吸收塔以前经过冷却的贫液进行吸收。由于贫液的转化度低且在较低温度下吸收，溶液的 CO_2 平衡分压很小，出塔气体中 CO_2 浓度可达到 0.1%（摩尔）以下。

通常贫液量仅为溶液总量的 20% ~ 25%。因此该流程基本保持了吸收和再牛等温操作的优点，节省了热量，简化了流程，达到了较高的气体净化度。

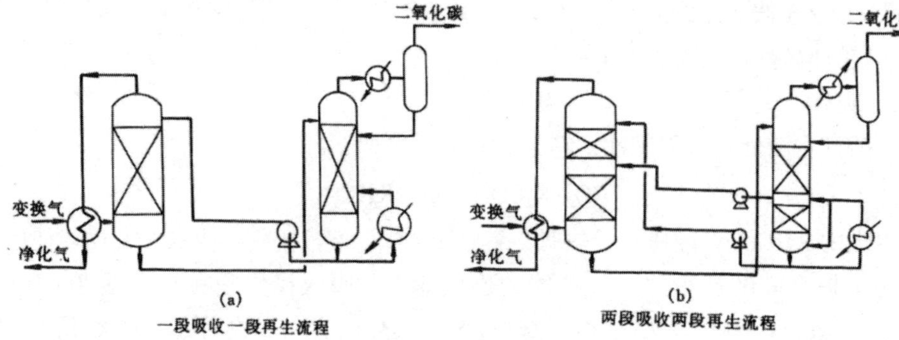

图 6-9　脱碳的原则流程

在工业生产中，流程的设计和选择除应满足上述要求外，还应考虑到系统热和能的综合利用、物料的损失和回收、操作的稳定和可靠性以及开停车操作的方便。以天然气为原料生产合成氨的凯洛格（Kellogg）脱碳工艺流程如图 6-10 所示。

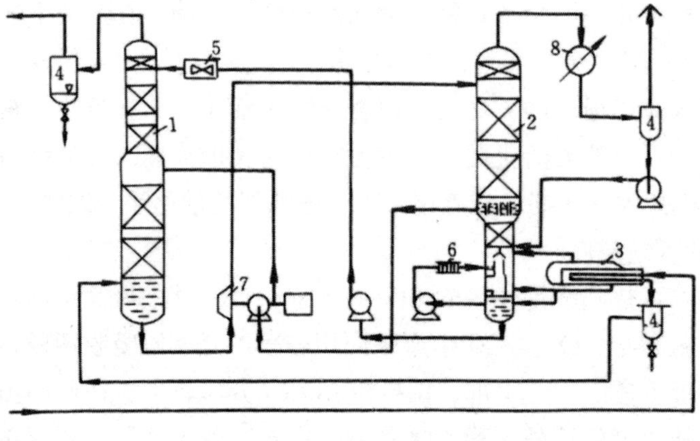

图 6-10　脱碳工艺流程

含 $CO_2$18% 左右的变换气于 2.74MPa、127℃下经吸收塔底部的气体分布器进入吸收塔，在塔内分别用 110℃的半贫液和 70℃左右的贫液进行吸收。出塔气体的温度约 70℃，CO_2 浓度低于 0.1%，经分离器分离去除夹带的液滴后，送至甲烷化系统。

富液由吸收塔底部引出，在进再生塔前先经水力透平减压膨胀以回收能量后，借减压后的余压被压至再生塔顶部。溶液在再生塔顶部闪蒸出部分水蒸气和 CO_2，然后在塔内与由再沸器加热产生的蒸汽逆流接触，以逐步放出残余 CO_2。由塔中部引出的半贫液，温度约为 112℃，经半贫液泵加压后送入吸收塔中部。再生塔底部的贫液约为 120℃，经换热器冷却到 70℃左右，经贫液泵加压后送至吸收塔的顶部。

再沸器所需的热量主要来自低变气。由低变气回收的热量基本可满足再生所需的热量。再生塔顶排出的温度为 100 ~ 125℃、蒸汽 / 二氧化碳（摩尔分数）比为 1.8 ~ 2.0 的再生气经冷凝器冷却至 40 ~ 70℃，并在分离冷凝水后，几乎纯净的 CO_2 被送往尿素工序。

图 6-11 示出了两段吸收和具有蒸汽喷射泵压缩机的一段再生的 Uhde-AMV 脱碳工艺流程。

Uhde-AMA 流程的突出特点是：

①再生能耗低。自再生塔底流出的溶液入闪蒸槽 6，采用四级蒸汽喷射泵 4 和蒸汽压缩机 5，使闪蒸槽形成减压闪蒸，闪蒸出来的水蒸气和 CO_2，由喷射泵和压缩机抽出，经压缩送回再生塔下部。即从低温热源（闪蒸槽）吸取热量，送往高温热源（再生塔下部）。送回再生塔的水蒸气，一部分起冷凝传递热量的作用，还有一部分起到气提介质的作用，有利于降低溶液转化度。同时，蒸汽喷射泵所用的水蒸气是由气体冷却器 1 提供的饱和蒸汽，而该热源来自低变气，是低变气提供的热量在气体冷却器 1 中产生的蒸汽。这些蒸汽先用来作功而后作为供热。此流程的再生能耗为 763kW/Nm^3CO_2，仅为 Kellogg 流程能耗的一半。

②热能回收量大。经再沸器 2 换热后的低变气温度为 132℃，本流程又设置脱盐水换热器以回收热量，使入吸收塔的低变气温度降至 95℃，大大减少了带入吸收塔的水蒸气量，有利于循环系统的水平衡和吸收塔底温度的操作控制。同时配置热水加热器 18、CO_2 脱盐水预热器 12 等，有效地回收了系统的大量余热。而散热损失仅为原有类型的 20%。

③系统水平衡好。低变气 95℃进入吸收塔，在该温度下所带入溶液系统的水量基本上与脱除 CO_2 后的净化气在 70℃下带出水蒸气加上再生 CO_2 气在 40℃下带出水蒸气量之和相当。同时，再生 CO_2 气中所带出水蒸气的冷凝液几乎用于脱碳系统，排放量甚少（1.5t/h）。

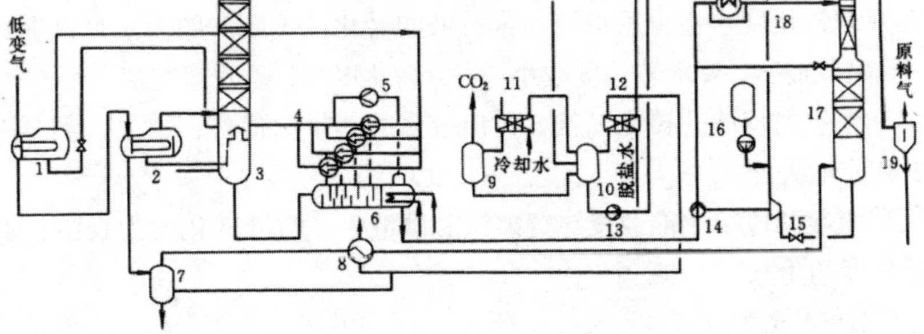

图 6-11　*Uhde-AMV* 脱碳工艺流程

工艺条件：

①溶液的组成。脱碳溶液中，吸收组分为碳酸钾。提高碳酸钾的含量可增加溶液对 CO_2 的吸收能力，加快吸收 CO_2 的反应速度。但其浓度越高，对设备的腐蚀越严重。溶液浓度还受到结晶溶解度的限制。若碳酸钾浓度过高，一旦操作不慎，特别是开停车时，容易生成结晶堵塔，造成操作事故。因此通常碳酸钾浓度维持在 27% ~ 30%（质量）为宜。也有厂采用 40% 浓度的。溶液中除了碳酸钾之外，还有一定量的活化剂 DEA 以提高反应速度。一般含量为 2.5% ~ 5%，用量过高对吸收速率增加并不明显。

为了减轻碳酸钾溶液对设备的腐蚀，大多是以偏钒酸盐作为缓蚀剂。在系统开车时，为了使设备表面生成牢固的钝化膜，溶液中总钒浓度应控制在 0.7% ~ 0.8% 以上（以 KVO_3 计，质量）；而在正常操作中，溶液中的钒主要用于维持和“修补”已生成的钝化膜，溶液中总钒含量保持在 0.5% 左右即可。其中五价钒的含量为总钒含量的 10% 以上。

②吸收压力。提高吸收压力，可以增加吸收推动力，减小吸收设备体积，提高气体净化度。但对化学吸收而言，溶液的最大吸收能力是受到吸收剂化学计量的限制。压力提高到一定程度，对吸收的影响将不明显。工业上究竟要采用多大压力，要视原料组成、气体净化度的工艺要求以及合成氨厂的总体设计来决定。以天然气为原料的合成氨厂中，吸收压力一般为 2.74 ~ 2.84MPa。而以煤焦为原料的合成氨厂，吸收压力大多为 1.8 ~ 2.0MPa。

③吸收温度。毫无疑问，提高吸收温度可使吸收系数加大，但是往往会使吸收推动丈降低。通常在保持足够大的推动力前提下，应尽量将吸收温度提高到与再生温度相同或接近的程度。在两段吸收两段再生的流程中，半贫液温度与再生塔中部温度几乎相同。这主要决定于再生操作压力和溶液组成，一般温度为 110 ~ 115℃。而贫液温度则应根据吸收压力和工艺中要求的净化气中 CO_2 含量来确定，通常为 70 ~ 80℃。

④溶液的转化度。再生后贫液、半贫液的转化度（Fc）的大小是再生好坏的一个标志。对吸收而言，要求转化度越小越好。转化度小，吸收速度快，气体净化度高。但对再生，为达到较低的转化度就要付出较多的热量为代价，再生塔和再沸器的尺寸也需要相应增大。

在两段吸收两段再生的改良热钾碱法脱碳液中，贫液转化度为 0.15 ~ 0.25，半贫液的转化度约为 0.35 ~ 0.45。

（2）MDEA 法脱碳

MDEA 为叔胺，在溶液中会与 H^+ 结合生成 R_2NH^+，呈现弱碱性。因此被吸收的二氧化碳易于再生。特别是它可以采用与物理吸收法相同的闪蒸再生方法，从而节省大量的热量。MDEA 很稳定，对碳钢不腐蚀。其氮原子是三耦合的，二氧化碳仅形成亚稳态的碳酸氢盐，即

$$CO_2+H_2O+R_3N \rightarrow HCO_3^-$$

其实质系 MDEA 对二氧化碳水解反应的催化作用所致，即胺和水的键合增加了水对二氧化碳的活性。

MDEA 溶液吸收二氧化碳的反应由二氧化碳与 OH^- 以及上式反应所构成。由于对二氧化碳的吸收速率较小，为加速反应的进行，在 MDEA 溶液中还要添加活化剂，以加快吸收和再生速率。

粗原料气在 2.8MPa 下进入吸收塔，塔的下段用降压闪蒸脱吸的溶液进行吸收，上塔用经过蒸汽加热再生的溶液洗涤。从吸收塔出来的富液相继通过两个闪蒸槽而降压。溶液第一次降压的能量由透平回收，用于驱动半贫液循环泵。富液在高压闪蒸槽释放出的闪蒸汽含有较多的氢和氨，可以压缩送回脱碳塔。出高压闪蒸槽的溶液继续降压后，在低压闪蒸槽中释放绝大部分二氧化碳。大部分半贫液用半贫液泵送入吸收塔下段。另一小部分送入蒸汽加热的再生塔再生，所得贫液送吸收塔上段使用。再生塔顶所得含水蒸气的二氧化碳气体，送入低压闪蒸槽作为脱气介质使用。

本法所获得的净化气可使二氧化碳降至 100×10^{-6}，所耗热量在 4.31×10^4kJ/kmol 二氧化碳，较蒸汽喷射低能耗的 Benfield（本菲尔）法降低 42% 左右，被人们称为现代低能耗脱碳工艺。

第三节　原料气的最终净化

经一氧化碳变换和二氧化碳脱除后的原料气中尚含有少量残余的 CO、CO_2、O_2 和硫化物等。为防止它们对氨合成催化剂的毒害作用，原料气在送往合成之前，还必须经过最后的严格净化处理，此净化处理工序称为原料气的最终净化（简称精炼）。通常规定最终净化后的原料气中 CO 和 CO_2 总含量不得超过 10×10^{-6}（体积分数）。

最终净化的方法一般有三种，即铜氨液吸收法、甲烷化法和深冷液氮洗涤法。近年又出现变压吸附法。

一、铜氨液吸收法

此法于1913年已经工业化。在高压和低温下采用铜盐的氨溶液吸收CO、CO_2、H_2S和O_2，然后吸收液在减压和加热条件下进行再生。此法简称为“铜洗”，铜盐氨溶液简称“铜液”。对净化后的气体又称为“铜洗气”或“精炼气”。本法常用于以煤为原料间歇制气的中、小型氨厂。“铜液”是一种由铜离子、酸根及氨组成的水溶液。其中分为氯化铜氨液、蚁酸铜氨液、碳酸铜氨液和醋酸铜氨液数种。国内一般采用“醋酸铜氨液”吸收法，这里将此法加以介绍。

1. 铜液的组成

铜液的组成比较复杂。醋酸铜氨液由金属铜溶于醋酸、氨和水而制成。所用的水中不含有氯化物和硫酸盐，以避免对设备腐蚀。由于金属铜不能直接溶于醋酸和氨中，在制备新鲜铜液时必须加入空气，这样金属铜就容易被氧化为高价铜，而形成络合物，其反应如下：

$$2Cu+4HAC+8NH_3+O_2=2Cu(NH_3)_4AC_2+2H_2O$$

生成的高价铜再把金属铜氧化成低价铜，从而使铜逐渐溶解：

$$Cu(NH_3)_4AC_2+Cu=2Cu(NH_3)_2AC$$

（1）铜离子

铜液中的铜离子分别以低价和高价两种形式存在。前者以$[Cu(NH_3)_2]^+$形态存在，是吸收CO的主要活性组分；后者以络合态$[Cu(NH_3)_4]^{2+}$形态存在，它无吸收CO的能力，但溶液中又必须有它存在，防止溶液中析出金属铜：

$$2Cu(NH_3)_2AC=Cu(NH_3)_4AC_2+Cu\downarrow$$

低价铜离子和高价铜离子浓度之和称为“总铜”，用$T(Cu)$表示。而低价铜与高价铜之比称为“铜比”，以尺(Cu)表示。若以$A(Cu)$表示低价铜的浓度，则

$$\frac{A(Cu)}{T(Cu)}=\frac{R(Cu)}{1+R(Cu)}$$

由此可见，低价铜离子浓度与总铜$T(Cu)$成正比，并随铜比$R(Cu)$的增大而增大。但是，铜液中的总铜量有一极限值，这个极限值由铜在铜液中的溶解度决定。在相同的温度下，铜在铜液中的溶解度随铜液中酸根浓度的增大而增大。一般，总铜应维持在2.2～2.5mol/L。

总铜一定时，若提高铜比，亦可提高低价铜的浓度。但由于呈$R(Cu)/1+R(Cu)$关系，当$R(Cu)$很低时，低价铜浓度与$R(Cu)$成正比；当$R(Cu)$很高时，低价铜趋近于总铜浓度，而几乎与$R(Cu)$无关。因此，当$R(Cu)>8$时，提高铜

比对增加低价铜浓度已无意义。同时，为了避免按上式反应形成金属铜的沉淀，按平衡常数为 5.7×10^{-2}L/mol 计，便可得出极限铜比（R_M）与总铜的关系，其结果可参见表 6–7。

表 6–7　极限铜比与总铜的关系

T（Cu）/（mol/L）	0.5	1.0	1.5	2.0	2.5	3.0	3.5
R_M	37.4	18.5	12.6	9.67	8.06	6.17	5.88

由表 6–7 可看出，总铜为 2.2 ~ 2.5mol/L 时，R_M 在 8 ~ 10。实际生产中，为安全起见，铜比一般控制在 5 ~ 8 范围。

低价铜离子无色，高价铜离子呈蓝色，高价铜离子浓度越高，铜液的颜色越深。

（2）氨

氨也是铜液的主要组分，它是以络合氨、固定氨和游离氨三种形式存在的。

“络合氨”是指与高价铜、低价铜络合在一起的氨。“固定氨”是以铵离子状态存在的氨。而“游离氨”是物理溶解状态的氨。三种氨浓度之和称为“总氨”。

铜液中氨含量对稳定铜液组成和增加铜的溶解度是有利的。同时也有利于对 CO 和 CO_2 的吸收。但过高时易导致氨耗增大，一般应控制在 9 ~ 11mol/L 为宜。

（3）醋酸

不论何种铜氨液，溶液中的高价铜和低价铜均以阳离子状态存在，都需要酸根与之结合。为确保总铜含量，醋酸铜氨溶液中需有足够的醋酸。生产中，醋酸含量以超过总铜含量的 10% ~ 15% 为宜，一般为 2.2 ~ 3.0mol/L。

（4）残余的 CO 和 CO_2

铜液再生后，总还有残余的 CO、CO_2 存在。为了保证铜液吸收效果，要求再生后铜液中的 CO 小于 $0.05Nm^3/m^3$ 铜液，CO_2 小于 1.5mol/L。

2. 工艺条件

（1）压力

铜洗的压力是根据铜洗液的吸收能力，精炼工艺对净化度的要求和技术经济方面的比较确定的。如前所述，铜液吸收能力与 CO 分压有关，在 CO 含量一定时，提高系统压力，CO 分压也随之增大。在一定温度下吸收能力随 CO 分压的增大而增大。但当超过 0.5MPa 后，分压的升高对增大吸收能力的作用已不再明显。在 CO 含量为 3.5% ~ 4.5% 时，相应于操作总压为 10.0 ~ 14.0MPa。

从经济角度考虑，过高压力将引起 CO 压缩功和铜液输送功增大。因此不可随意提高操作压力，一般铜洗的操作压力在 12MPa 上下。

（2）温度

随吸收温度的降低，铜液吸收能力提高（a 增大），精炼气中 CO 含量降低。但过低会导致铜液黏度变大，系统阻力提高，一般铜液温度以 8 ~ 12℃为宜。

3．铜液的再生

为了循环使用铜液，必须考虑铜液的再生。铜液的再生包括两方面内容：一是把吸收的 CO、CO_2 完全解吸出来；二是将被氧化的高价铜进行还原以恢复铜比，同时调整总铜为适宜值，并将氨的损失控制到最低限度。

（1）再生的化学反应

铜液从铜洗塔出来后，经减压并加热至沸腾，使被吸收的 CO、CO_2 解吸出来。此外，进行高价铜还原为低价铜的反应，即高价铜被溶解态的 CO 还原为低价铜过程。溶解态的 CO 易被高价铜氧化成 CO_2，称为"湿法燃烧反应"。

（2）再生操作条件

铜液中 CO 残余含量是再生操作的主要指标之一，含量的高低与压力、温度和铜液在再生器中的停留时间等因素有关。

降低再生的压力有利于 CO、CO_2 的解吸。通常只保持再生器出口略有压力，以使再生气能克服管路和设备阻力到达回收系统。

提高再生温度具有两方面的影响：一方面可增大还原反应速率，另一方面加快了 CO、CO_2 解吸。但回收氨的能力会下降。综合再生和氨回收的要求，常压再生温度为 76 ~ 80℃，离开回流塔的温度不宜超过 60℃，而还原过程的温度以 6℃左右为宜。

铜液在再生器内的停留时间称为再生时间。在实际生产中，该时间不要低于 20min。

4．铜洗的工艺流程

铜洗的流程由吸收和再生两部分组成，典型工艺流程如图 6-12 所示。

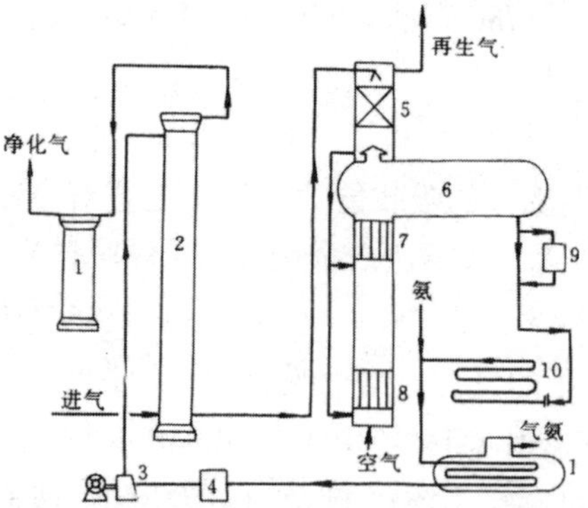

图 6-12　醋酸铜氨液洗涤、再生工艺流程

脱碳后压缩至 12MPa 以上的原料气经油分离器后送入铜洗塔底部。气体在塔内与塔顶喷淋下来的铜液进行逆流接触，CO、CO_2、O_2 和 H_2S 被铜液吸收。精制后的氢氮混合气从塔顶出来，经分离器后送往压缩。铜塔出来的铜液经减压送再生系统。

再生后的铜液，经过铜液过滤器除去杂质，经氨冷器使温度降至 8 ~ 12℃。然后经铜液泵加压至 12MPa 以上送到铜洗塔顶部入口，在塔内吸收 CO、CO_2 等气体，如此循环使用。

二、甲烷化法

甲烷化法是在催化剂的作用下将 CO、CO_2 加氢生成甲烷而达到气体精炼的方法。此法可将原料气中的碳氧化物总量脱至 1×10^{-5}（体积分数）以下。由于甲烷化过程消耗 H_2 而生成无用的 CH_4。因此仅适用于气体中 CO、CO_2 含量低于 0.5% 的工艺过程中。

1．甲烷化催化剂

甲烷化反应系甲烷蒸汽转化反应的逆反应，所用的催化剂都是以镍为活性组分。而甲烷化反应是在较低温度下进行的，要求催化剂有很高活性。

为满足高活性要求，甲烷化催化剂中的镍含量要比甲烷蒸汽转化为高，一般为 15% ~ 30%（以 Ni 计），有时还加入稀土元素作为促进剂。催化剂可作成压片、挤条或球形，粒度在 4 ~ 6mm。

除预还原型催化剂外，甲烷化催化剂中的镍均以 NiO 存在，使用前需先以 H_2 或脱碳后的原料气还原。在用原料气还原时，为避免床层温升过大，要尽量控制碳氧化物含量在 1% 以下。还原后的镍催化剂容易自燃，务必防止同氧化性气体接触。而且不能用含有 CO 的气体升温，防止在低温时生成羰基镍。

硫、砷、卤素以及脱碳的带液造成的盐类覆盖催化剂表面，均导致活性的严重丧失，应予注意。

2．甲烷化反应动力学

有人研究认为，在制氨和制氢装置的操作条件下，在镍催化剂上的甲烷化反应速度相当快。为适应工程计算的需要，常假定 CO 和 CO_2 的甲烷化反应都是一级反应。当同时有 CO 和 CO_2 存在时，据研究认为，CO_2 对 CO 的甲烷化反应速度没有影响，而 CO 对 CO_2 的甲烷化反应速度有抑制作用。也就是说，CO_2 比 CO 更难进行甲烷化，而 CO 具有优先甲烷化的趋势。因此，在计算 CO 和 CO_2 的甲烷化总速度时，常将 CO_2 进口含量加倍后作为 CO 含量来处理。

甲烷化表观反应速度常数与温度和压力有关，在计算时，需加以校正。图 6–13 为甲烷化催化剂 G–33、G–65 的表观反应速度常数与温度的关系，图 6–14 示出了不同压力时的校正系数。

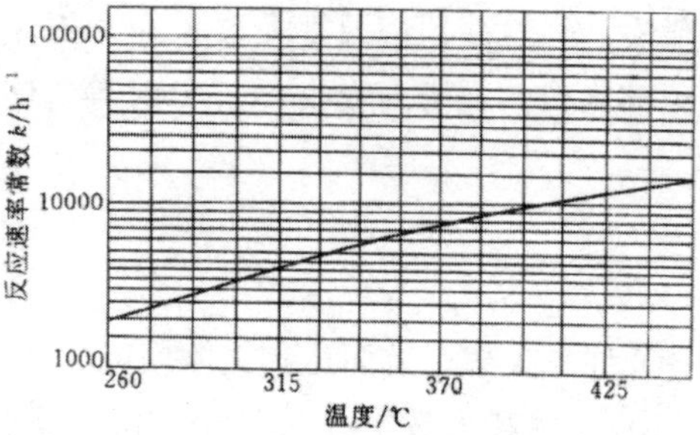

图 6–13　催化剂 G–33、G–65 的反应速度常数与温度的关系

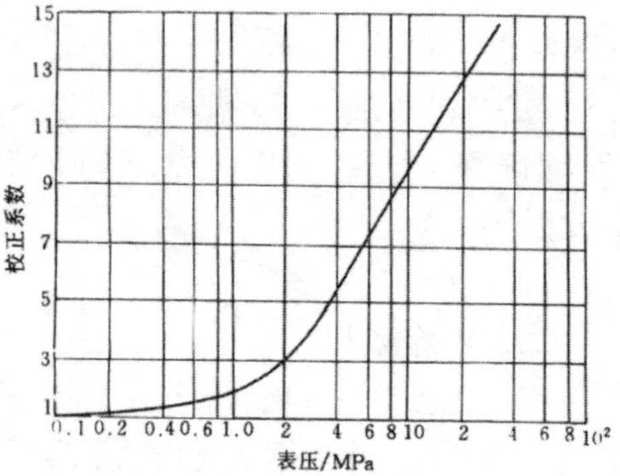

图 6–14　催化剂 G–33、G–65 的的压力校正系数

三、液氮洗涤法

液氮洗涤法的突出优点是可以得到只含 1×10^{-4}（体积分数）以下惰性气体的氢氮混合气。该法常与设有空分装置的重油部分氧化、煤富氧气化以及采用焦炉气分离制氢的工艺相配用。

1．基本原理

该法是一种深冷分离法。是基于各种气体的沸点不同这一特性进行的。CO 具有比氮的沸点高以及能溶解于液态氮的特性，同时考虑到 N_2 是合成氨的直接原料之一，从而在工业上实现以液态氮洗涤微量 CO 的方法。用液氮洗涤时 CO 冷凝在液相中，而一部分液氮蒸发到气相中。如果进入氮洗系统的气体中含有少量的 O_2、CH_4 和 Ar，由于它们的沸点都比 CO 高。故在脱除 CO 的同时也将这些组分除去。

液氮洗涤 CO 为物理吸收过程，CO 在液氮中的溶解度遵从亨利定律。在不同温度下的 CO 溶解度和亨利系数同温度的关系见图 6–15 和图 6–16。在液氮中 CO 的亨利系数高于纯 CO 的饱和蒸汽压 20% ~ 30%。

2．工艺流程

在工艺流程设计中应考虑下列几个问题：

（1）氮的来源

氮由空气分离装置以气态或液态形式提供。要求氮气中氧含量小于 4%（体积分数），液氮中氧含量小于 2×10^{-5}（质量分数）。在部分氧化和煤纯氧气化时液氮洗涤过程中氮的蒸发即提供氮。

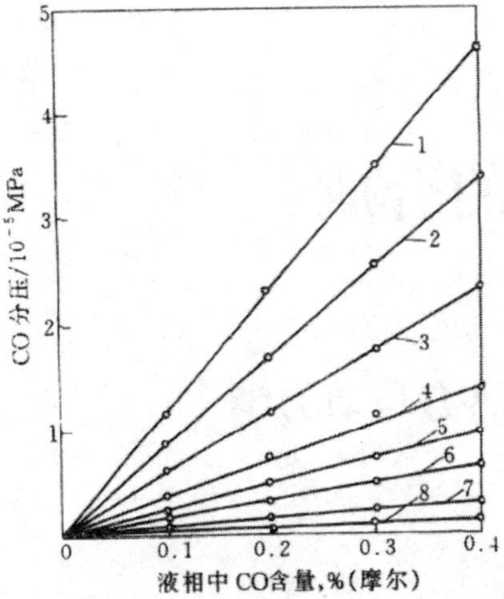

图 6–15　各种不同温度下液氮中一氧化碳的溶解度

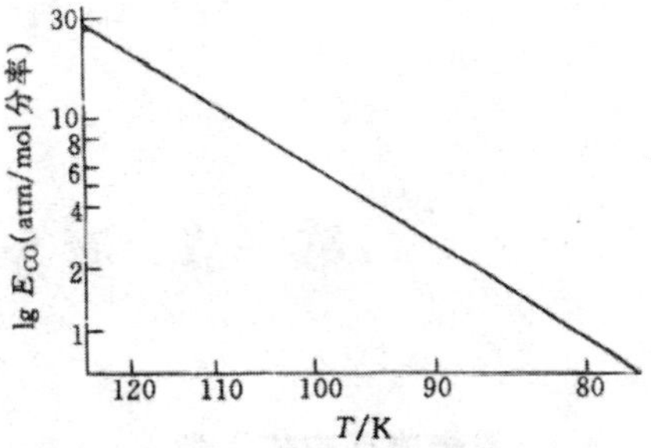

图 6–16　一氧化碳的亨利系数与温度的关系

（2）冷源

为补充正常操作时从环境漏入热量以及各种换热器热端温差引起的冷量损失，必须解决冷源问题以提供冷量。通常采用的方法有：节流效应、等熵膨胀和外加氨冷等。液氮洗涤的冷源通常借高压氮洗所得富CO馏分节流至低压的致冷效应获得的。

（3）预处理

由于低温会使水和 CO_2 凝结成固体，影响传热和堵塞管道及设备。因此，入本系统的原料气必须符合完全不含水蒸气和二氧化碳的工艺要求。

焦炉气和合成气中常含有微量氮氧化物及不饱和烃，在深冷设备中会相互沉积为树枝状物质，很易自燃引爆。因此，工艺上以活性炭等吸附剂作最终脱除，以确保安全。氮洗部分工艺流程如图 6–17 所示。

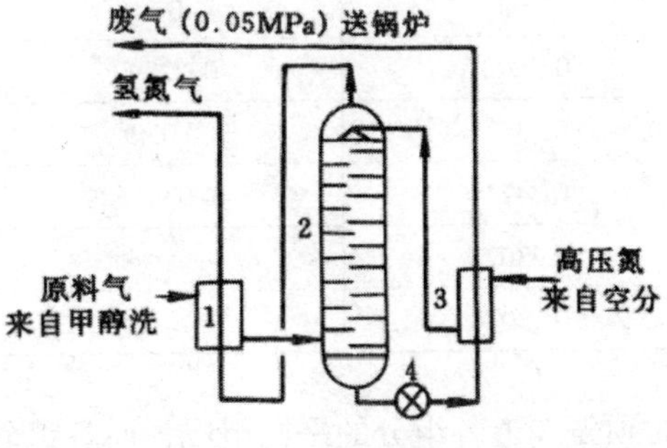

图 6–17　氮洗工艺流程

第七章　氨的合成

第一节　氨合成反应热力与动力学

一、氨合成反应热力学

1．氨合成反应的化学平衡

氨合成反应式为：

$$\frac{1}{2}N_2+\frac{3}{2}H_2=NH_3(g),\Delta H^0{}_{298}=-46.22kJ/mol$$

这是一个可逆放热和摩尔数减少的反应。常压下此平衡常数仅是温度的函数，可表示为：$\lg Kp(p\rightarrow 0)=\lg K_f=(2001.6/T)-2.69112\lg T-5.5193\times 10^{-5}T$
$+1.8489\times 10^{-7}T^2+3.6842$

加压下的化学平衡常数 Kp 不仅与温度有关，而且与压力和气体组成有关，因而应以逸度表示。

由于高压下的气体混合物可视为一种非理想溶液，各组分的 γ 值不仅与温度、压力有关，而且还取决于气体组成。

气体的各特征系数值为：

组分 i	Aoi	Boi	Ci
H_2	0.02001	0.02090	0.0504×10^4
N_2	0.13623	0.050	4.20×10^4
NH_3	0.24247	0.03415	476.87×10^4
CH_4	0.23071		
Ar	0.13078		

按上式计算 γ 值时须先知道各组分的平衡组成，而各组分的平衡组成又决定于该条件下的平衡常数，因此要用迭代法求解。不同温度、压力下 1 ：3 纯氮氢气的

值列入表 7–1。

表 7–1　不同温度、压力下氨合成的 Kp 值

温度℃	压力 /MPa					
	0.1013	10.13	15.20	20.27	30.39	40.53
350	2.5961×10^{-1}	2.9796×10^{-1}	3.2933×10^{-1}	3.5270×10^{-1}	4.2346×10^{-1}	5.1357×10^{-1}
400	1.2540×10^{-1}	1.3842×10^{-1}	1.4742×10^{-1}	1.5759×10^{-1}	1.8175×10^{-1}	2.1146×10^{-1}
450	6.4086×10^{-2}	7.1310×10^{-2}	7.4939×10^{-2}	7.8990×10^{-2}	8.8350×10^{-2}	9.9615×10^{-2}
500	3.6555×10^{-2}	3.9882×10^{-2}	4.1570×10^{-2}	4.3359×10^{-2}	4.7461×10^{-2}	5.2259×10^{-2}
550	$2.13O2\times10^{-2}$	2.3870×10^{-2}	2.4707×10^{-2}	2.5630×10^{-2}	2.7618×10^{-2}	2.9883×10^{-2}

如将各反应组分的混合物看成是真实气体的理想溶液，则各组分的 γ 值可取“纯”组分在相同温度及总压下的逸度系数，由普遍化逸度系数图可查取 γ 值。不同温度、压力下的 kγ 值见图 7–1。

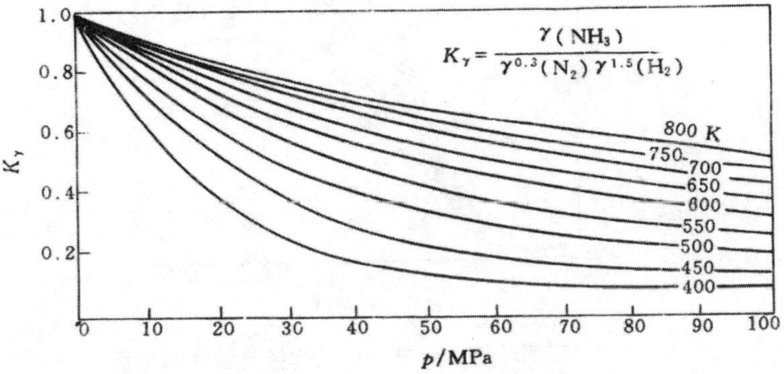

图 7–1　氨合成反应的 kγ 值

2. 氨合成反应的热效应

氨合成反应的热效应不仅与温度有关，而且还受到压力、气体组成的影响。不同温度、压力下，纯氢氮混合气完全转化为氨的反应热效应为：

$$-\Delta H_F=3833.89+[0.23131+\frac{356.61}{T}+\frac{159.03\times10^6}{T^3}]p+22.3864T$$

在工业生产中，反应产物为氮、氢、氨和惰性气体的混合物。热效应为上述反应热与产物混合热之和。由于混合时吸热，实际热效应小于上式的计算值。

混合热是气体混合物非理想性的标志。它随着压力的提高，温度的降低而增大。

当反应压力较高时，总反应热效应 ΔH_R 应为 ΔHF 和 ΔH_M 之和。

二、氨合成反应动力学

工业反应器中，除了考虑纯化学反应对速度的影响之外，尚需考虑扩散对反应速度的影响。大量的研究工作表明，工业反应器的气流条件是以保证气流和催化剂外表面的传递过程能强烈地进行。因而，外扩散的阻力可忽略不计。但内扩散的影响则不容忽视。

图 7-2 为压力 30.40MPa 不同温度和粒度催化剂条件下测得的合成塔出口氨含量。可以看出，温度低于 380℃时，出口氨含量受粒度影响较小；超过 380℃，在催化剂活性温度范围之内，粒度的影响就较显著了。

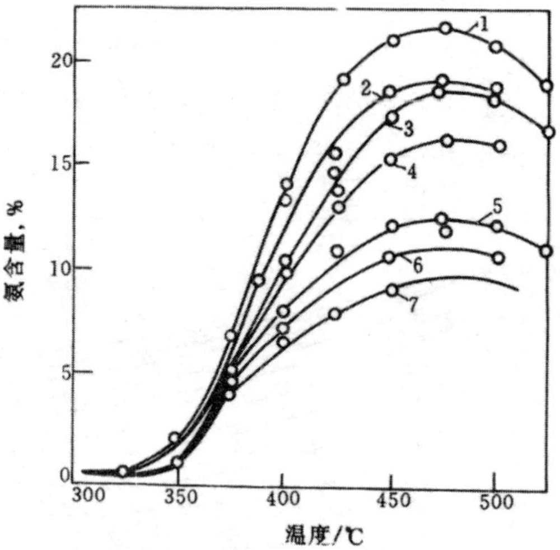

图 7-2　不同粒度催化剂出口氨含量与温度的关系

内扩散的影响通常以内表面利用率 η_1 表示，实际的氨合成反应速率是内表面利用率和化学动力学速率 r（NH_3）的乘积。内表面利用率的大小与催化剂粒度和反应条件有关。

不难看出，在通常情况下，温度越高，内表面利用率越小；氨含量越大，内表面利用率越大；随催化剂粒度的增加，内表面利用率大幅度下降。采用小颗粒催化剂可提高内表面利用率。但颗粒过小，单位容积填充质量降低。而且易发生中毒而失活，需综合考虑。

第二节 氨合成催化剂

近几十年来，合成氨工业的巨大进展，在很大程度上是由于催化剂质量的改进而取得的。在合成氨生产中，很多工艺指标和操作条件都是由催化剂的性质所决定。因此，其作用是不言而喻的。

一、化学组成和结构

对氨合成具有活性的金属很多，如锇、铂、钼、钨、铀、锰、铬、铁等。其中以铁为主体并添加促进剂的催化剂价廉易得，活性良好，使用寿命长，在工业上得到了广泛的应用。

目前，大多数铁催化剂都是经过精选的天然磁铁砂利用熔融法制备的，其活性组分为金属铁。未还原的铁系催化剂活性组分为 FeO 和 Fe_2O_3，其中 FeO 约占 24% ~ 38%（质量），Fe^{2+}/Fe^{3+} 约为 0.5，此成分相当于 Fe_3O_4，具有尖晶石的结构。可作为促进剂的成分有 Al_2O_3、K_2O、CaO、MgO、SiO_2、BaO、CoO 等多种。

Al_2O_3、MgO 是通过改过改善还原态铁的结构而呈现促进作用的，称作结构型促进剂；K_2O 和 CaO 可以使金属电子的逸出功降低，有利于氮的活性吸附，从而提高催化剂活性，属于电子型促进剂。同时，CaO 还可以降低熔体的熔点和黏度，有利于 Al_2O_3 和 Fe_3O_4 固熔体形成；SiO_2 除具有"中和" K_2O、CaO 等碱性组分的作用外，尚可提高催化剂的抗水毒害和耐烧结性能。

为提高氨合成催化剂的低温活性，还可以加入 CaO 作促进剂，可使其晶粒减小 100A，比表面增大（$3m^2/g$）。

通常制得的催化剂为黑色不规则颗粒，有金属光泽。堆密度随粒度增大而增大，一般为 2.5 ~ 3.0kg/L，堆积孔孔隙率为 36% ~ 45%。国内已制出球形氨合成催化剂，填充床阻力降较不规则颗粒低 30% ~ 50%。

催化剂还原后 Fe_3O_4 晶体被还原成细小的 a–Fe 晶体，疏松地处于 Al_2O_3 骨架上，其结构变成多孔海绵状，这些孔呈不规则树枝状，内表面积为 4 ~ $16m^2/g$。

二、催化剂的还原与活性保持

氨合成催化剂的主要活性组分是 Fe_3O_4，必须经过还原后才有活性。该活性不仅与还原前的化学组成和结构有关，而且与制备方法及还原条件有很大关系。催化剂还原反应式为：

$$Fe_3O_4+4H_2=-3Fe+4H_2O\ (g),\ \Delta H^{\circ}_{298}=149.9kJ/mol$$

可以看出，还原过程是吸热的。工业上一般用电加热器或加热炉提供热。在还原后期可由上层已还原好的催化剂在氨合成时放出的反应热来提供。

确定还原条件的原则是：要使 Fe_3O_4 充分还原为 a–Fe，同时对还原生成的铁晶体不因重结晶而长大，以确保催化剂具有最大比表面和更多活性中心。因此应选择适宜的还原温度、压力、空速和还原气组成。

催化剂在使用过程中，由于长期处于高温下，发生细晶长大、毒物的毒害、机械杂质遮盖减小比表面等会导致活性不断下降。

可以看出使用前后，促进剂成分改变甚微，而中、上层的表面积却显著下降，孔隙率增加，平均孔径增大。这说明由于结晶的长大，其结构趋于一种活性很低的稳定状态。同时，在催化剂使用后硫含量明显提高，说明硫化物对催化剂的中毒是十分敏感的。能使催化剂中毒的物质有：氧和含氧化合物（O2、CO、CO_2、H_2O 等）、硫及硫化合物（H_2S、SO_2 等）、磷及磷化合物（PH_3 等）、砷及砷化合物（AsH_3 等）以及润滑油、铜氨液等。

为此，送往合成系统的原料气必须严格脱除各种毒物。一般要求（$CO+CO_2$）$\leq 1\times10^{-5}$（体积分数）[小型氨厂 $< 2.5\times10^{-5}$（体积分数）]。只要对催化剂使用、维护保养得当，一般可使用数年仍能保持相当高的催化活性。

第三节　氨的分离

即使在 100MPa 的压力下合成氨，合成塔出口气体的氨含量也只能达到 25% 左右。因此，必须将生成的氨分离出来，将未反应的氢氮气送回系统循环利用。

氨的分离方法有冷凝分离法和水或溶剂吸收法。溶剂吸收法尚未获得工业应用。目前，工业生产中主要为冷凝法分离氨。

冷凝法分离氨是利用氨气在高压下易于液化的原理进行的。高压下，与液氨呈平衡的气相氨含量随温度降低、压力增高而下降，近似可以下式计算：

$$\lg y^{0}(NH_3)=4.1856+\frac{1.9060}{\sqrt{p}}-\frac{1099.5}{T}$$

如操作压力在 45MPa 以上，用水冷却即可使氨冷凝。而在 20 ~ 30MPa 下操作，水冷只能分出部分氨，气相中尚含有 7% ~ 9% 的氨，需进一步以液氨为冷冻剂冷至 0℃以下，方可将气相氨含量降至 2% ~ 4%。

冷凝的液氨在氨分离器中与气体分开后经减压送入贮槽。同时带入一定量的氢、氮、甲烷和氩气（包括溶解和夹带），这些气体大部分在氨贮槽中释放出来，工业上称为“贮槽气”或“弛放气”。

上述气体在液氨中的溶解度，可依亨利定律近似计算，溶解度系数与温度 t（℃）的关系为：

氢气 $0.454+7.6\times10^{-3}t$，Nm^3/m^3 液氨 MPa；

氮气 $0.509+7.60\times10^{-3}$，Nm^3/m^3 液氨 MPa；

甲烷 $1.589+2.40\times10^{-4}$，Nm^3/m^3 液氨 MPa；

氩气 $0.722+8.55\times10^{-3}$，Nm^3/m^3 液氮 MPa。

第四节　氨合成工艺流程

根据氨合成的工艺特点，工艺过程系采用循环流程。其中包括氨的合成、分离、氢氮原料气的压缩并补入循环系统，未反应气体补压后循环利用、热量的回收以及排放部分循环气以维持循环气中惰性气体的平衡等。

在工艺流程的设计中，要合理地配置上述各环节。重点是合理地确定循环压缩机、新鲜原料气的补入以及惰气放空的位置、氨分离的冷凝级数（冷凝法）、冷热交换器的安排和热能回收的方式等。

采用柱塞式压缩机的氨合成系统，活塞环采用注油润滑，压缩后气体中夹带油雾，新鲜气补入及循环压缩机的位置均不宜设置在合成塔之前。循环机宜尽量置于流程中气量较少、温度较低的部位，以降低功耗。一般设置在水冷与氨冷之间。而补充气宜补入水冷与氨冷之间的循环机滤油器中，以便在氨冷中利用液氨进一步脱除其中的水、油和微量二氧化碳。

采用离心式压缩机的合成氨系统，气体中不存在油雾，而且循环气和新鲜气是在同一压缩机的不同段里进行，有的甚至直接在压缩机的缸内混合。因此，新鲜气的补入和循环压缩机在流程中处于同一位置。

惰气的放空显然应设在惰气含量高，氨含量较低的部位。氨分离冷凝的级数以及冷热交换的安排均以节省冷量为原则。同时有利于回收合成反应热以降低系统能耗。

氨合成流程据所用压缩机型式、氨分离冷凝级数、热能回收的方式的不同而出现不同的流程。图 7–3 和图 7–4 分别示出了中压氨合成流程和凯洛格（Kellogg）氨合成工艺流程。

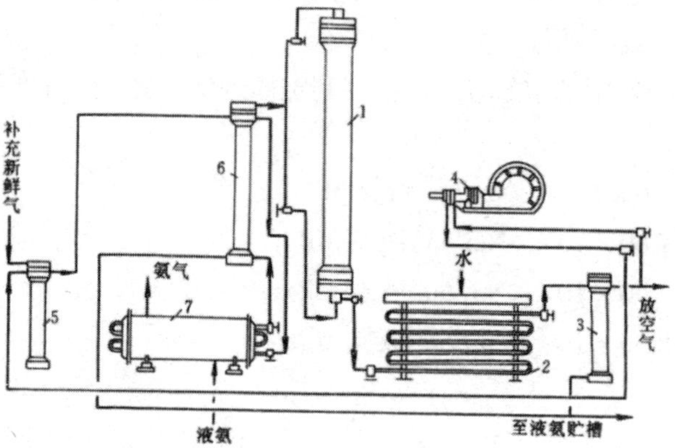

图 7–3　中压氨厂工艺流程

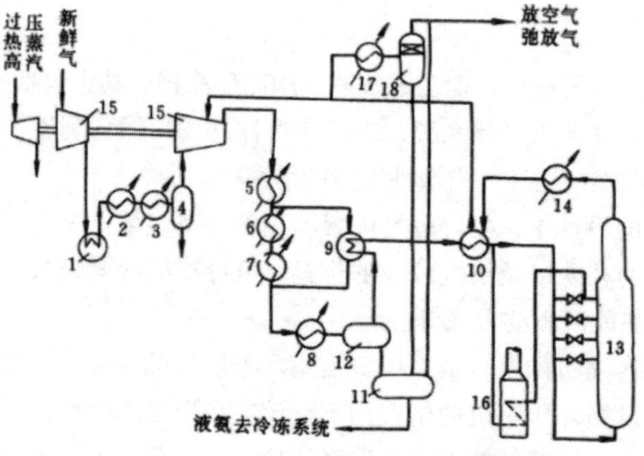

图 7–4　凯洛格氨合成工艺流程

图 7–3 为传统的中压氨合成工艺流程，而图 7–4 为大型合成氨厂的典型流程。该类流程采用汽轮机驱动带循环节的离心式压缩机，气体不受油污染，合成反应热也回收较好。同时，由于近年来世界能源价格不断上涨，高能耗的合成氨工厂面临竞争的挑战，出现了一批节能型氨合成流程。目前已工业化的有英国 ICI 公司的“AMV”流程，美国 Braun 公司的低温净化流程和美国 Kellogg 公司的低能耗流程等。能耗均达到了 29.3×10^6kJ/tNH_3 以下。图 7–5 示出了体现“AMV”技术的 Uhde 制氨流程。

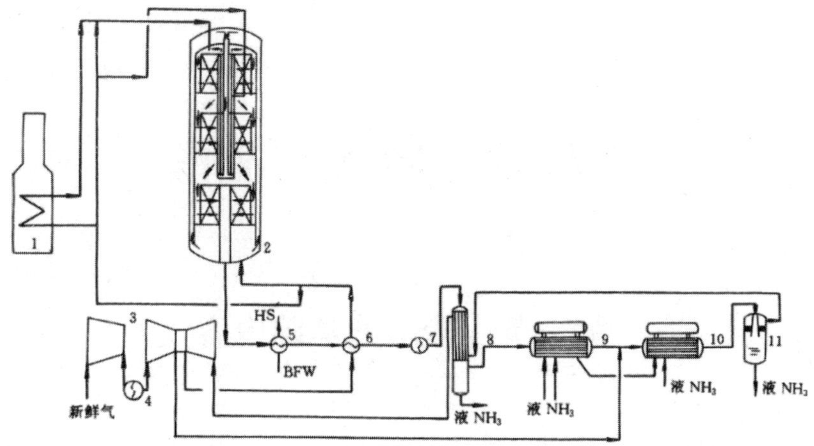

图 7-5　Uhde-AMV 氨合成工艺流程

该流程的特点是：氨合成压力 10.58MPa、温度 479℃，均较低；采用了径向合成塔和两级氨冷；合成塔压降仅 0.41MPa；新鲜气从第二氨冷器前加入，可彻底清除新鲜气中微量的 CO_2、H_2O 等；新鲜气压缩后的氨冷与循环气的一级氨冷系同一氨冷器，既减少了冷量损失，又节省了设备投资。为弥补放空气量（占循环气量的 6%，一般为 3%）大的不足，设置了放空气的氢回收系统。

第八章　硫酸与硝酸

第一节　硫酸的基础内容

一、硫酸的性质和用途

工业上的硫酸，是指三氧化硫与水以任意比例溶合的溶液。如果三氧化硫与水的摩尔比小于1，则形成硫酸水溶液；若其摩尔比等于1，则是100%的纯硫酸；若其摩尔比大于1，称之为发烟硫酸。换言之，凡溶有游离三氧化硫的纯硫酸都叫发烟硫酸。

发烟硫酸浓度通常有三种表示方法：

①以含有游离的三氧化硫质量百分比表示；

②以酸中所含的三氧化硫总量百分比表示；

③以硫酸的质量百分比表示。

1. 结晶温度

硫酸水溶液或发烟硫酸，能形成六种结晶状态的化合物，这些结晶化合物所对应的结晶温度差别甚大。

我国南北方气候尤其是冬夏季相差很大，硫酸生产须根据当地冬夏的气候条件，正确选择适宜的浓度。我国北方硫酸厂冬季生产浓度为92%的硫酸，夏季可生产98%的硫酸，以防止硫酸因结晶堵塞生产设备及运输设备的事故发生。

2. 相对密度

硫酸水溶液的密度，随着硫酸浓度的增加而增大，于98.3%时密度达最大值，然后逐渐减小；发烟硫酸的密度，随其中三氧化硫含量的增加而增加，如图8–1所示。

3. 沸点及蒸汽压

一般来讲，硫酸水溶液的沸点，随着硫酸浓度的增加而增加，但存在一个恒沸点，此时硫酸的含量为98.3%，恒沸点温度为336℃。由此可知，稀硫酸浓缩不可能获得100%硫酸。图8–2显示，恒沸点右侧，随着酸浓度连续增加，它所对应的三氧化硫分压上升，而沸点反而下降。

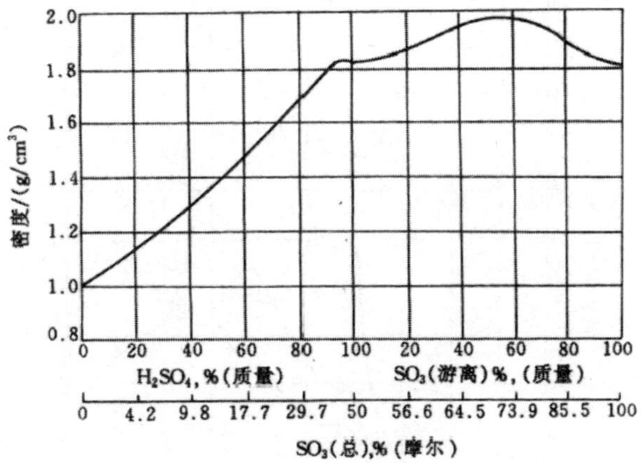

图 8-1　SO_3 水溶液在 40℃时的密度变化

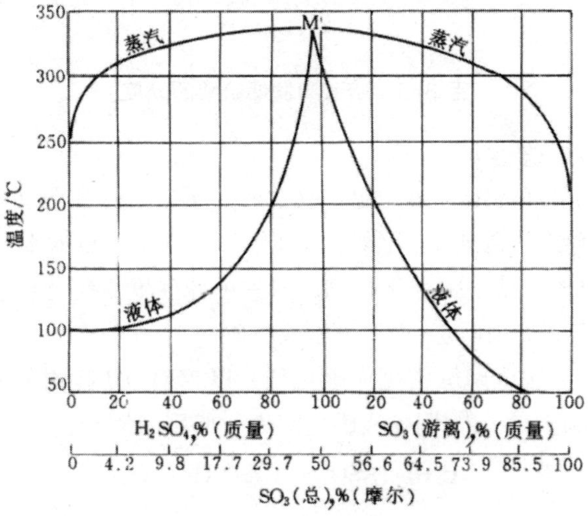

图 8-2　H_2O–SO_3 系的沸点

值得注意的是，浓硫酸的平衡水蒸气压很低，甚至远远低于同一温度下的饱和水蒸气压。依据这一特性，浓硫酸（浓度为 90% 以上）可广泛用作干燥剂，用来干燥那些不与它反应的各种气体。

4．黏度

与一般流体的性质相似，无论是硫酸还是发烟硫酸，其黏度随着浓度的增加而增加，随着温度的升高而降低，如图 8-3 所示。

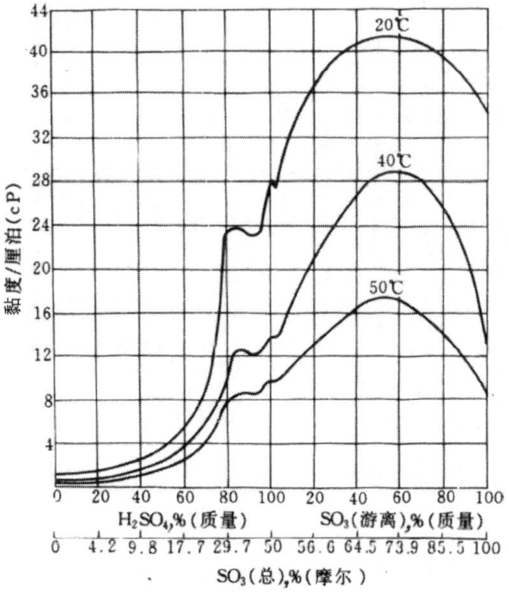

图 8–3　硫酸和发烟硫酸的黏度

5. 硫酸与水的强烈反应

浓硫酸与水有很强的结合力，能夺取木材、布、纸张甚至动植物组织有机体中的水分，使有机体烧焦（碳化）。例如，人体组织中含有大量的水分，遇到浓硫酸时，就会发生严重的灼伤。糖是碳水化合物，遇到浓硫酸发生碳化反应，夺去这类物质里与水分子组成相当的氢和氧，而留下游离的碳。

在有机合成工业中，硫酸常用作磺化剂，以 $-SO_2OH$ 基团取代有机化合物的氢原子，从而发生磺化反应。苯用硫酸磺化则为一典型的例子：

$$C_6H_6+H_2SO_4=C_6H_5SO_3H+H_2O$$

6. 硫酸的用途

硫酸素有“工业之母”之称，在国民经济各部门有着广泛用途，诸如，石油精制，金属材料的酸洗，铜、铝、锌等有色金属的提炼，纺织品的漂白、印染，毛皮的鞣制，淀粉的生产，除草剂、炸药等的制造都需要大量的硫酸。尤其是现代尖端科学技术领域，从铀矿中提取纯铀。作为火箭高能燃料的氧化剂，耐高温轻质钛合金和高温涂料的制造等，都离不开硫酸或发烟硫酸。

就化学工业本身而言，如化学肥料和酸类的制造，各种无机盐的生产，多种工业气体的干燥等都要使用很多硫酸；在有机化工领域，染料中间体、塑料、药品、橡胶、人造纤维、合成洗涤剂、蓄电池等的生产也都要以硫酸做原料。据统计，化学工业本身使用的硫酸量为最大，占总产量的 70% ~ 80%，其中，化学肥料所用量占 1/3 ~ 2/3。

由此可知，硫酸在国民经济中占有十分重要的地位。

7. 生产硫酸的原料

目前，世界各国生产硫酸的原料主要有硫铁矿、硫黄及其他含硫原料。

（1）硫铁旷

硫铁矿是当前硫酸生产最主要的原料，其主要成分是 FeS_2，理论含硫量 53.45%，含铁 46.55%。实际上，根据不同的矿产区，硫铁矿还可能含有铜、锌、铅、锑、钴等有色金属。一般富矿含硫 30% ~ 48%，贫矿含硫在 25% 以下。

硫铁矿按二硫化铁的晶形结构不同可分为①黄硫铁矿，属立方晶系，密度 4.95 ~ 5.00g/cm^3；②白硫铁矿，属斜方晶系，密度 4.55g/cm^3；③磁硫铁矿，构造较为复杂，其分子式一般可用 Fe_nS_{n+1}（$n \geqslant 5$）表示，其中以 Fe_7S_8 最为普遍，密度 4.58 ~ 4.70g/cm^3，具有磁性。硫铁矿按其来源不同又可分为普通硫铁矿、浮选硫铁矿和含煤硫铁矿。

（2）硫黄

硫黄在常温下为固体，结晶形的硫有多种分子变形体。最稳定的为八原子硫 S_8，通常有 α、β、γ 三种同素异形体。α 为正交晶系，在 95.35℃下较稳定，95.4℃开始转变为 β、γ 型硫。

目前，硫黄是国外制酸的最主要原料，国外的硫黄大部分由石油化工回收而得。硫黄一般杂质含量少，只要在焙烧前略经除杂纯化，制成的炉气无须复杂的精制过程，经降温至 420℃后便可进入转化系统。与以硫铁矿为原料的制酸流程相比，节省投资费用，也可避免硫铁矿焙烧所产生的难以处理的矿渣及矿渣环境污染问题。

（3）硫酸盐

自然界存在的硫酸盐，以石膏贮量最为丰富，天然存在的石膏有三种，即无水石膏、雪花石膏和纤维石膏。尤其是无水石膏，许多国家都贮量甚丰。

我国天然石膏资源也十分丰富，分布极广，若将其综合利用，使硫酸厂与水泥厂联合生产，对发展我国硫酸和水泥工业具有重要意义。

（4）冶炼气

几乎所有金属冶炼工业都产生含有二氧化硫的尾气，这也是目前世界上制造硫酸的重要资源。回收尾气制酸，这对保护生态环境意义重大。我国政府对此项工程也十分重视。但是由冶炼气制酸要求尾气中二氧化硫含量不得低于 5% ~ 7%。

二、当代硫酸工业的特点

世界硫酸工业的发展，主要表现在扩大生产规模，采用先进技术，节约能源，提高劳动生产率和消除环境污染等方面。60 年代，采用了两转两吸新技术，使二氧化硫总转化率提高到 99.8% 以上；为强化生产，提高了进入转化器二氧化硫浓度；采用提高余热利用效率及将传统的柱状催化剂改为环形催化剂，改进设备结构及减小系统阻力等措施；开发了硫酸尾气治理工艺，使排入大气的二氧化硫含量降至 1×10^{-4}（体积分数）或 5×10^{-5}（体积分数）以下；在生产规模和设备上采用大型化，从而降低了成本，取得了显著的经济效益。

第二节　硝酸的基础内容

纯硝酸（100%NHO_3）为带有窒息性与刺激性的无色液体，相对密度 1.522，沸点 83.4℃，溶点　41.5℃，常温时能进行分解：

$$4HNO_3=4NO_2+O_2+2H_2O$$

放出的二氧化氮溶于硝酸而呈现黄色。

硝酸能以任意比例与水混合，并放出热量。此稀释热可用下式计算：

$$Q=m\cdot\frac{37.41n}{1.737+n}$$

工业硝酸依 HNO_3 含量多少可分为浓硝酸（96% ~ 98%HNO_3）和稀硝酸（45% ~ 70%HNO_3）。

硝酸是强酸之一，氧化性很强。除金、铂及某些其它稀有金属外，各种金属都能与稀硝酸作用生成硝酸盐。但由浓硝酸与盐酸按 1 ∶ 3（体积比）混合形成的“王水”却能溶解金和铂。

硝酸是基本化学工业重要的产品之一，产量在各类酸中仅次于硫酸。主要用于制造肥料，如硝酸铵、硝酸钾等。用硝酸分解磷灰石可制得高浓度的氮磷复合肥。

浓硝酸最主要用于国防工业，是生产三硝基甲苯（TNT）、硝化纤维、硝化甘油等的主要原料。生产硝酸的中间产物液体四氧化二氮是火箭、导弹发射的高能燃料。硝酸还广泛用于有机合成工业，用硝酸将苯硝化并经还原制得苯胺，硝酸氧化苯制造邻苯二甲酸，均可用于染料生产。

第三节　二氧化硫的催化氧化

通过上面的热力学和动力学分析，将进一步讨论二氧化硫催化氧化最优化的工艺条件。

1．最佳温度

如前已述，二氧化硫氧化是一个可逆放热反应。显然，温度降低对化学平衡是有利的。但从动力学角度看，要提高反应速度，就必须适当提高反应温度。因此，温度对平衡和动力学两者的影响是互为矛盾的,存在一个最佳反应温度。在该温度下，对于一定的炉气组成和欲要达到的某瞬时转化率，其反应速度为最大。

若反应体系炉气的组成、压力及催化剂等一定，反应速度仅是温度和转化率的函数。如果过程为动力学控制，用函数求极值的方法即可得到最佳温度的计算公式：

$$Tm=\frac{Te}{1+\frac{RTe}{E_2-E_1}\ln\frac{E_2}{E_1}}$$

图 8–4 表示在相应的转化率下，反应温度与反应速度的关系。图中 A–A 线为最佳温度连线，B–B 和 C–C 线则是反应速度相当于最大反应速度 0.9 倍的各点连线。由图 8–5 可以看出，转化率越高，最佳温度越低，在相同温度下，转化率越高则反应速度越小。参见图 8–4。

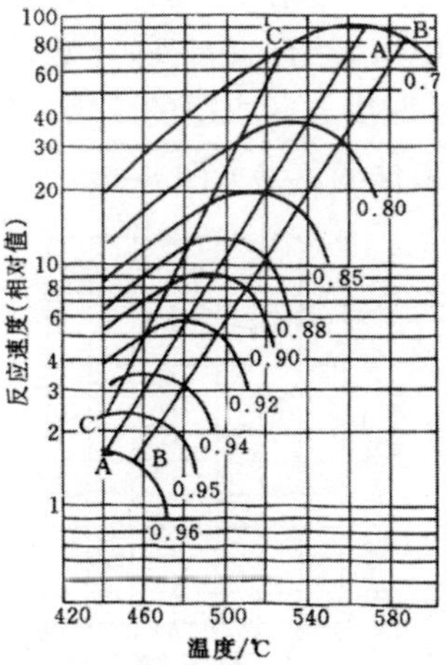

图 8–4　反应速率与温度的关系

值得注意，最佳温度与平衡温度关系上式是依照反应为动力学控制导出的。当催化剂颗粒较大，内扩散影响不可忽略，此时宏观动力学模型很复杂，应根据催化剂内表面利用率来作修正。

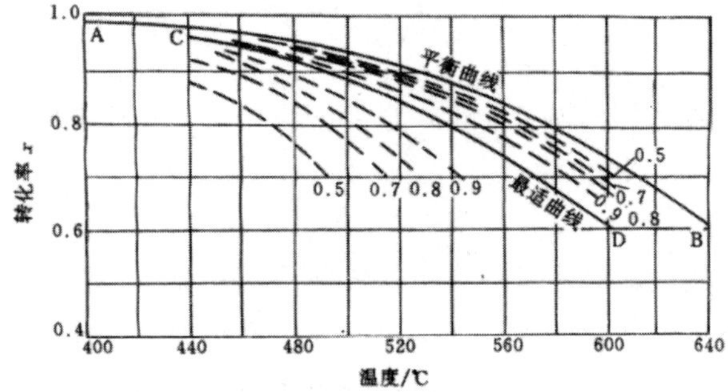

图 8–5　温度与转化率的关系

此外，如果最佳温度的计算值超出了催化剂的活性温度范围，必须以催化剂的活性温度来确定操作温度。换句话说，最佳温度只有在催化剂的活性温度范围内，才具有工业实际意义。

2. 二氧化硫最适宜浓度的确定

二氧化硫最适宜浓度的确定，首先应在保证产量和最大经济效益前提下作考虑。硫酸产量决定于其心脏设备——送风机的能力。一般硫酸厂为了节省电力，都是采用送风量大而风压低的罗茨机或离心式送风机。众所周知，硫酸厂系统阻力的 70% 是集中在转化器的触媒层。显然，若炉气中二氧化硫浓度过低，势必会影响硫酸产量。若采用较浓的二氧化硫炉气，对增产虽然有好处，但又必须增加催化剂装填量才能保证达到工艺规定的转化率。这样也将导致触媒层阻力增大。由此可见，二氧化硫最适宜浓度在很大程度上取决于触媒层的阻力。实践证明，炉气中 SO_2 浓度在 7% 左右，其综合经济效益是最佳的。参见图 8–6。

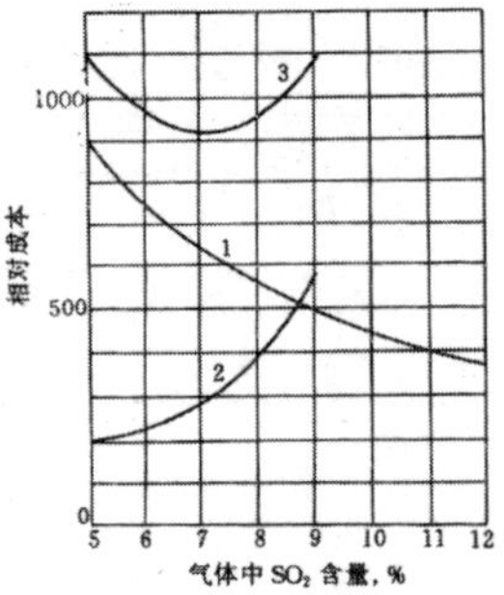

图 8–6　SO_2 浓度对生产成本的影响

若采用两转两吸工艺，二氧化硫浓度在原来基础上可提高 1% ~ 2%。

3．最终转化率选择

最终转化率，也是硫酸生产的主要指标。提高最终转化率，不仅可降低尾气中 SO_2 含量，减少环境污染；而且可提高硫的利用率。但与此同时会导致催化剂用量和流体阻力的增加。因此，最终转化率的确定也同样存在最优化问题。

最终转化率与采用的工艺、设备及操作条件密切相关。对于“一转一吸”流程，在尾气不回收的情况下，最终转化率与成本关系见图 8–7。

由图可见，当最终转化率为 97.5% ~ 98% 时，硫酸的生产成本最低。对于有 SO_2 回收装置，最终转化率可取得低些。如果采用“两转两吸”工艺，最终转化率可达到 99.5%。

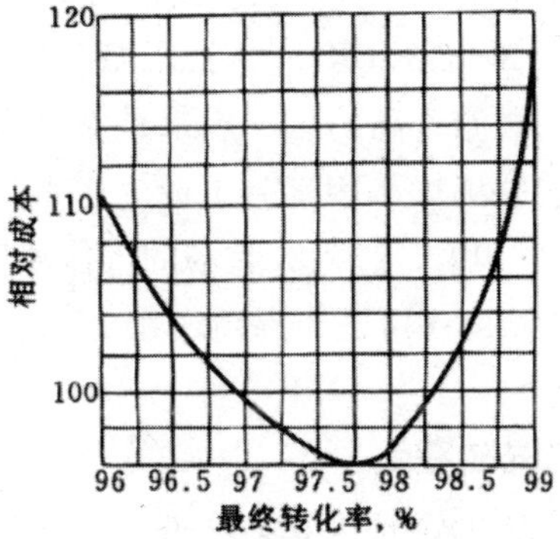

图 8–7　最终转化率对成本的影响

第四节　三氧化硫吸收及尾气处理

二氧化硫经催化氧化后，转化气中约含 7% 的三氧化硫及 0.2% 的二氧化硫，其余为氧和氮气。用硫酸水溶液吸收转化气中的三氧化硫，可制得硫酸和发烟硫酸。在实际生产中，一般用大量的循环酸来吸收三氧化硫，目的是要将硫酸生成热引出系统。吸收酸的浓度在循环中不断增大，需要用稀酸或水稀释，与此同时不断取出产品硫酸。

一、三氧化硫吸收的工艺条件

1．吸收酸浓度

仅从化学反应来看，三氧化硫可用任意浓度的硫酸或水吸收，即对吸收酸浓度无严格要求。但对吸收操作来讲，为了使 SO_3 能被吸收完全并尽可能减少酸雾，要求吸收酸液面上的 SO_3 与水蒸气分压要尽可能低。从上图可知，任何温度下浓度为 98.3% 的硫酸液面上总蒸汽压为最小。因此吸收酸浓度选择 98.3% 比较合适。若吸收酸浓度太低，因水蒸气分压增高，f 形成酸雾；但若吸收酸浓度太高，则液面上 303 分压较高，难以保证吸收率达到 99.9%。工业生产中，三氧化硫吸收是与二氧化硫炉气干燥结合起来考虑的。一般吸收酸浓度取 98% 合乎生产实际。

2．吸收酸温度

吸收酸温度对吸收率影响也较大。从吸收角度看，温度越高越不利于吸收操作。因为酸温度越高，吸收酸液面 SO_3 和水蒸气分压也越高，易形成酸雾，导致吸收率下降，且易造成 SO_3 损失。酸温升高的另一后果是对管道腐蚀性加剧。因此，综合考虑酸雾形成、吸收率及管路腐蚀等因素，工业生产中，控制吸收酸温度一般不高于 50℃，出塔酸温度不高于 70℃，进入吸收塔的气体温度一般不低于 120℃。如果炉气干燥程度较差，气体的温度还可适当提高。

二、三氧化硫吸收的工艺流程

图 8–8 为同时生产标准发烟硫酸和浓度为 98.3% 硫酸的典型工艺流程。

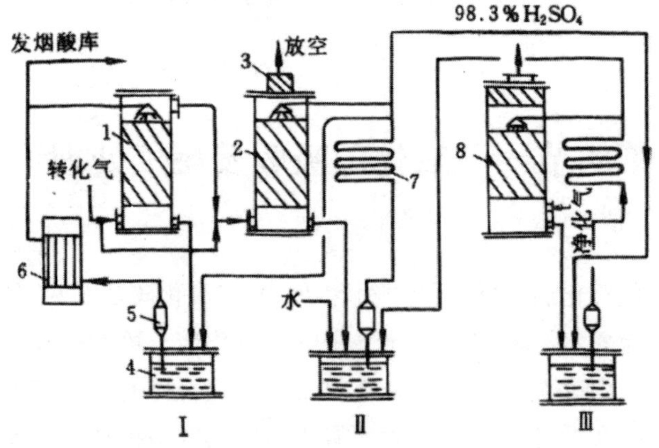

图 8–8　生产发烟硫酸时的干燥 – 吸收流程

转化气经三氧化硫冷却器冷却到 120℃左右，先经发烟硫酸吸收塔 1，后经浓硫酸吸收塔 2，再经尾气回收后放空。吸收塔 1 用 18.5% 的发烟酸喷淋，吸收三氧化硫后，浓度和温度均升高。吸收塔 1 流出的发烟酸在贮槽 4– Ⅰ中与来自贮槽 4– Ⅱ的 98% 硫酸混合，以保持发烟硫酸的浓度。经冷却器 7 冷却后，取出部分标准发烟酸产品，其余部分送入吸收塔 1 循环使用。吸收塔 2 用 98% 硫酸喷淋，塔底排出酸浓度上升，酸温由 45℃上升为 60℃，在贮槽 4– Ⅱ中与来自干燥塔的 93% 硫酸混合，以保持 98% 浓度。经冷却后，一部分 98.3% 的酸送入发烟硫酸贮槽 4–I，另一部分送往干燥塔贮槽 4– Ⅲ，以保持干燥酸浓度。同时取出部分酸作为成品酸，大部分送入吸收塔 2 循环使用。

三、尾气的处理

经过吸收工序的尾气中，仍含有少量二氧化硫及部分三氧化硫，其含量视具体工艺不同而略有差别，一般在 0.3% 左右。对尾气中的二氧化硫及三氧化硫必须加以回收，以减少环境污染，降低硫酸生产的消耗定额。目前国内硫酸大部分采用氨 – 酸法处理尾气。

第五节　稀硝酸与浓硫酸的生产

一、氨催化氧化反应动力学

氨与氧反应生成一氧化氮，需四个分子氨和五个分子氧碰撞在一起才能完成。从动力学角度看，用九个分子碰撞在一起的机会极小。因此式只能看作氨氧化生成一氧化氮的总反应式。

一般来讲，氨氧化过程与其他气 – 固催化反应过程一样，包括：反应物的分子从气相主体扩散到催化剂表面；在表面上被吸附并进行化学反应；反应产物从催化剂表面解吸并扩散到气相主体等系列步骤。并遵循下述反应机理：

1．铂吸附氧的能力极强，吸附的氧分子发生原子间的键断裂；

2．铂催化剂表面从气体中吸附氨分子，随之氨分子中的氮和氢原子分别与氧原子结合；

3．在铂催化剂活性中心进行电子重排，生成一氧化氮和水蒸气；

4．铂催化剂对一氧化氮和水蒸气吸附能力较弱，因此它们会离开铂催化剂表面进入气相。

在铂催化剂上氨氧化生成 NO 机理如图 5–9。

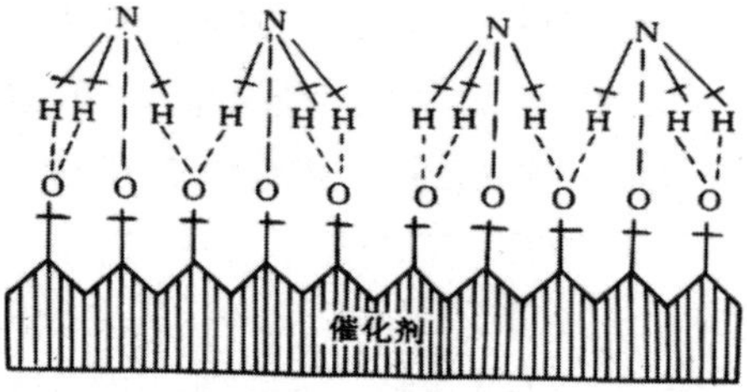

图 8–9　铂催化剂表面生成 NO 的图解

上述过程中，以氨向铂催化剂表面扩散为最慢，是整个氧化过程的控制步骤。诸多学者认为，氨氧化的反应速度受外扩散控制，对此，M.N. 捷姆金导出了 800 ~ 900℃间在 Pt–Rh 网上氨氧化反应的动力学方程为：

$$\lg\frac{co}{c1}=0.951\frac{Sm}{dVo}[0.45+0.288(dVo)^{0.56}]$$

二、氨催化氧化工艺条件的选择

氨催化氧化工艺条件的选择，应该考虑的主要因素有：较高的氨氧化率，尽可能高的生产强度，较低的铂损失。

1．温度

温度越高，催化剂的活性也越高。生产实践也证明，要达到 96% 以上的氨氧化率，温度不得低于 780℃。但若温度太高，超过 920℃时，铂的损失速度剧增，且副反应加剧。因此常压下氨氧化温度取 780 ~ 840℃比较适宜。压力增高时，操作温度可相应提高，但不应超过 900℃。

2．压力

氨氧化反应实际上可视为不可逆反应，压力对于 NO 产率影响不大，但是加压有助于反应速度的提高。尽管加压（如 0.8 ~ 1.0MPa）氧化导致氨氧化率有所降低，但由于反应速度的提高可使催化剂的生产强度增大。尤其是压力提高可大大节省 NO 氧化和 NO_2 吸收所用的昂贵不锈钢设备。生产中究竟采用常压还是加压操作，应视具体条件而定。一般加压氧化采用 0.3 ~ 0.5MPa，国外有采用 1.0MPa。也有采用综合法流程，即氨氧化采用常压，NO_2 吸收采用加压，以兼顾两者之优点。

3．接触时间

接触时间应适当。时间太短，氨气体来不及氧化，致使氧化率降低；但若接触时间太长，氨在铂网前高温区停留过久，容易被分解为氮气，同样也会降低氨氧化率。

考虑到铂网的弯曲因素，接触时间可由下式计算：

$$\frac{fsdmPk}{VoTk}$$

由上式可见，当铂网规格一定时，接触时间与网数成正比，而与处理的气量成反比。

为了避免氨过早氧化，常压下气体在接触网区内的流速不低于0.3m/s。加压操作时，由于反应温度较高，宜采用大于常压时的气速。但最佳接触时间一般不因压力而改变。故在加压时增加网数的原因就在于此。

另外，催化剂的生产强度与接触时间有关

$$A=1.97\times10^5\times\frac{cofdPk}{S\tau oTk}$$

在其他条件一定时，铂催化剂的生产强度与接触时间成反比，即与气流速度成正比。从提高设备的生产能力考虑，采用较大的气速是适宜的。尽管此时氧化率比最佳气速时稍有减小，但从总的经济效果衡量是有利的。

在900℃及$O_2/NH_3=2$的条件下，不同初始氨含量co时，a（NH_3）与生产强度的关系见图8-10。由图可看出，对应于某一个氨含量有一个氧化率最大时的催化剂生产强度A。工业上选取的生产强度一般稍大些，多控制在600 ~ 800kgNH_3/（m^2·d）。如果催化剂选用Pt-Rh-Pd三元合金，催化剂的生产强度可达900 ~ 1000kgNH_3/（m^2·d），氨氧化率可保证在98.5%左右。

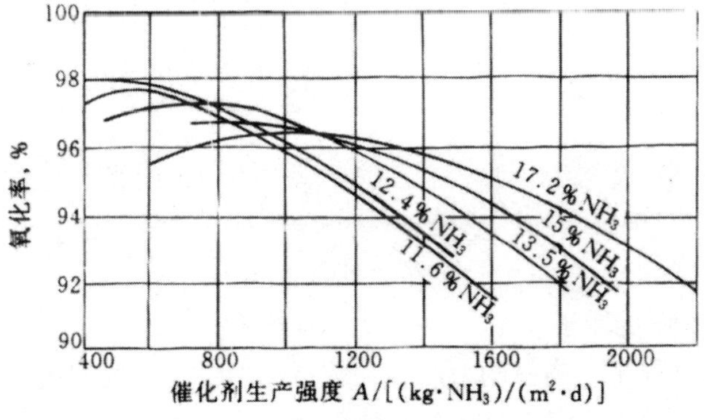

图8-10 在900℃时，氧化率与催化剂生产强度、混合气中氨含量的关系

4．混合气体组成

氨氧化的混合气中，氧和氨的比值（$v=O_2/NH_3$）是影响氨氧化率的重要因素之一。增加混合气中氧浓度，有利于氨氧化率的增加；增加混合气中的氨浓度，则可提高铂催化剂的生产强度。因此，选择O_2/NH_3比值时需全面考虑。

硝酸制造过程，除氨氧化需氧外，后工序 NO 氧化仍需要氧气。在选择 O_2/NH_3 比时，还要考虑 NO 氧化所需的氧量。

因此，在氨氧化时，右氨的浓度超过 9.5%，则后在工序 NO 氧化时必须补加二次空气。

图 8–11 为氨 – 空气混合气在 90CTC 催化氧化时氨氧化率与氧氨比的关系。直线 1 表示按生成 NO 反应时的理论情况；曲线 2 表示实际情况。

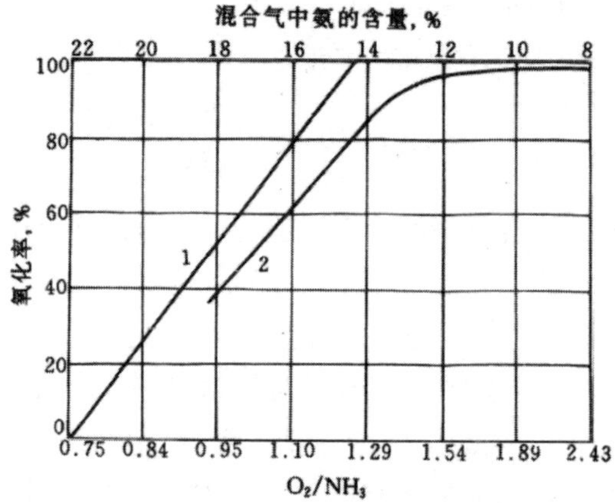

图 8–11　氧化率与氧氨比的关系

由图可知，氧氨比在 1.7 ~ 2.0 时，对于保证较高的氨氧化率是适宜的。工业生产中，为提高生产能力，一般均采用较 9.5% 更高混合气中氧浓度，有利于氨氧化率的增加；增加混合气中的氨浓度，则可提高铂催化剂的生产强度。因此，选择 O_2/NH_3 比值时需全面考虑。

硝酸制造过程，除氨氧化需氧外，后工序 NO 氧化仍需要氧气。在选择 O_2/NH_3 比时，还要考虑 NO 氧化所需的氧量。为此，需考虑总反应式：

$$NH_3+2O_2—HNO_3+H_2O$$

5．爆炸及其预防措施

氨 – 空气混合气中，当氨的浓度在一定范围内，一旦遇到火源便会引起爆炸，此时氨的最小浓度称为该混合气体的最低爆炸极限；氨的最大浓度称为最高爆炸极限；从最低到最高这一范围统称为爆炸极限。爆炸极限越宽，气体混合物越容易爆炸。爆炸极限与混合气体的温度、压力、氧含量、气体流向、容器的散热速度等因素有关。当气体的温度、压力及氧含量增高，气体自下而上通过，容器散热速度减小时，爆炸极限变宽。反之，则不易发生爆炸。

为了保证安全生产，防止爆炸，在设计和生产中要采取必要措施，严格控制操作条件，使气流均匀通过铂网，合理设计接触氧化设备或添加水蒸气，避免引爆物存在。

6．氨催化氧化工艺流程及主要设备

（1）工艺流程。常压下氨的催化氧化工艺流程如图 8–12 所示：

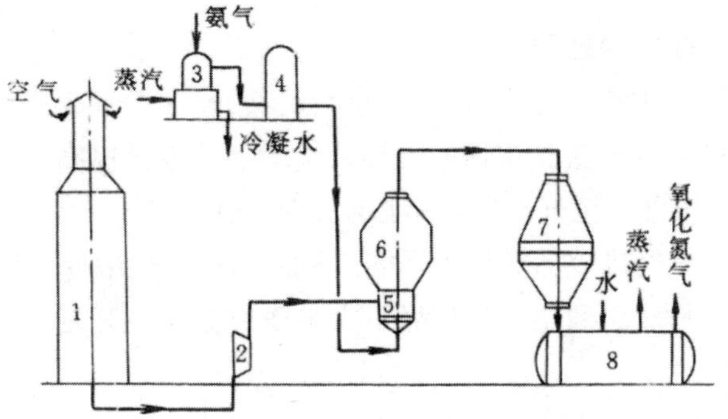

图 8–12　氨氧化部分工艺流程

空气由净化器顶部进入，来自气冷器的水从净化器顶部向下喷淋，形成栅状水幕与空气逆流接触，除去空气中部分机械杂质和一些可溶性气体。然后进入呢袋过滤器，进一步净化后送入鼓风机前气体混合器。来自气柜的氨经氨过滤器除去油类和机械杂质后，在混合器中与空气混合，送入混合器预热到 70 ~ 90℃，然后进入纸板过滤器进行最后的精细过滤。过滤后的气体进入氧化炉，通过 790 ~ 820℃的铂网，氨氧化为 NO 气体。

高温反应后的气体进入废热锅炉管间，逐步冷却到 170 ~ 190℃，然后进入混合预热器管外，继续降温到 110℃时进入气体冷却器，再冷却到 40 ~ 55℃后进入透平机。

在气体通过冷却器时，随着部分水蒸气被冷凝，同时与部分氮氧化物反应，出冷却塔会生成 10% 左右的稀硝酸，此冷凝酸送回循环槽以备利用。

（2）主要设备。氨催化氧化过程的主要设备是氧化炉。常压氧化多采用由上下两个圆锥体中间为圆柱体组成的炉体结构。锥体的角度应满足氨－空气混合气分散均匀及催化剂受热均匀的要求，一般锥角为 67° ~ 70° 比较合适。

该氧化炉直径为 3m，采用 5 张铂－铑－钯网和一张纯铂网。该装置上部为氧化炉，下部为立式列管换热器。氨－空气混合气由氧化炉顶部进入，经气体分布板、铝环和不锈钢环，在铂－铑合金网上进行氨氧化反应。

为了充分利用反应热，在中部设有过热器。氮氧化物气体经过热器后，温度降至 745℃左右进入下部列管换热器管内，与列管间的水进行换热产生饱和蒸汽。气体温度降至240℃，由底部送出。换热器间的水与锅炉气包之间形成自然对流循环，气包分离出来的水仍回到锅炉。

该装置生产能力大，铂网生产强度高，设备余热利用好，锅炉部分阻力小，操作方便。目前大中型厂开始投入工业应用。

三、硝酸生产尾气的处理

如前所述，尾气中仍含有少量的氮氧化物，含量多少取决于操作压力。如果将尾气直接放空，势必造成氮氧化物损失和氨耗增加，不仅提高了生产成本，而且严重污染大气环境。因此，尾气放空之前必须严格处理。

国际上对硝酸尾气排放标准日趋严格，一般NO*x*排放浓度不得大于2×10^{-4}（质量分数）。为此，曾对硝酸尾气治理做了大量研究工作，开发了多种治理方法，归纳起来有以下三种：

1．溶液吸收法

溶液吸收法是硝酸尾气治理最早采用的方法，以碱液吸收法最为典型。该方法简单易行，处理量大，适用于尾气中NO*x*含量较高的常压法硝酸生产。其不足之处是难以将尾气中NO*x*降到2×10^{-4}（质量分数）以下。

2．固体吸附法

此方法是以分子筛、硅胶和活性炭等作吸附剂来吸附NO*x*。其中以活性炭吸附容量最高，分子筛次之，硅胶最低。但是分子筛基本上不吸附NO，只有在氧存在条件下，分子筛能将NO催化氧化为NO_2后加以吸附。国内曾对丝光沸石分子筛做过许多研究，结果表明，该方法可将硝酸尾气中NO*x*脱除到2×10^{-4}（质量分数）以下。

固体吸附法的优点是净化度高，当吸附剂失效后，可用热空气或水蒸气将其再生。但是固体吸附法容量小，当尾气中NO*x*含量高时，吸附剂需要量很大，且吸附再生周期短。因此，该方法在工业上未能得到广泛应用。

3．催化还原法

催化还原法的特点是脱除NO*x*效率高，并且不存在湿法吸收伴生副产品及废液的处理问题。气体在加压时，还可以采用尾气膨胀透平回收能量。是目前被广泛采用的硝酸尾气治理方法之一。

四、浓硝酸的生产

浓硝酸通常是指几乎无水的硝酸（浓度高于96%）。浓硝酸是国防工业和化学工业的重要原料，广泛用于硝酸磷肥、矿山炸药、化学纤维及高聚物的生产。

浓硝酸制备通常有间接法和直接法。间接法是在稀硝酸中加入脱水剂并经浓缩制成浓硝酸；直接法则是将氮氧化物、氧和水直接合成。另外，尚有采用氨氧化、超共沸生产和精馏得浓硝酸生产方法。

（1）稀硝酸的浓缩

浓硝酸不能由稀硝酸蒸馏制取，因为 HNO_3 和 H_2O 会形成二元共沸物。由图 8–13 可知，在 0.1MPa 下，共沸点温度为 120.05℃，硝酸浓度为 68.4%。

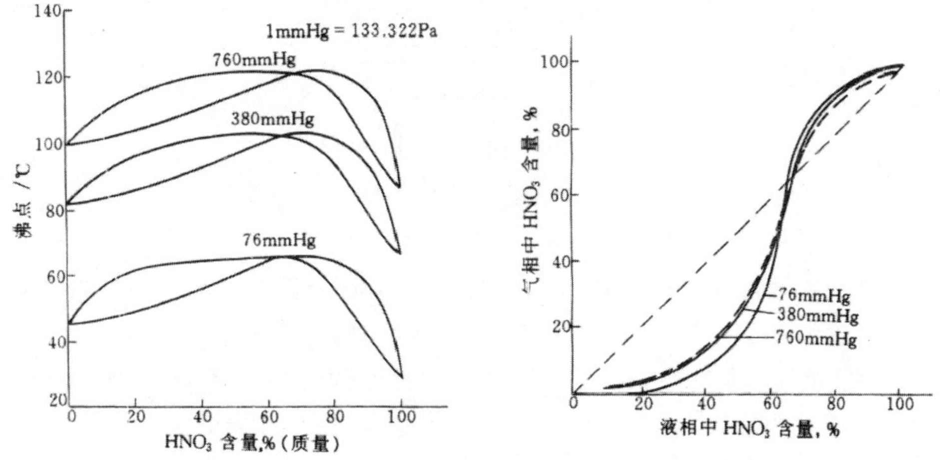

图 8–13　HNO_3–H_2O 系统的沸点、组成与压力的关系

为了制造浓硝酸，可加入“脱水剂”，其作用就在于破坏共沸混合物。作为脱水剂的要求是：能大大降低硝酸液面上的水蒸气分压；同时要求脱水剂本身蒸汽压应极小，热稳定性好，不与硝酸反应，对设备腐蚀性小，来源广泛，价格便宜。工业上常用的脱水剂有浓硫酸和碱土金属的硝酸盐。其中以硝酸镁最为普遍。

（2）硝酸镁法生产浓硝酸

1）硝酸镁的性质

纯硝酸镁为三斜晶系的无色结晶，具有极强的吸水性，可生成 1、2、3、6、9 个分子结晶水的硝酸镁，尤其以 6 水硝酸镁［$Mg(NO_3)_2 \cdot 6H_2O$］最为常见。该盐为无色单斜晶系，常温时相对密度 1.464g/cm^3。硝酸镁水溶液极易结晶，其结晶温度与浓度有关。图 8–14 表明，硝酸镁水溶液有四个共饱和点，温度分别为 –31.9℃，–18℃，54℃和 130.5℃。当硝酸镁浓度大于 67.6% 时，结晶温度随着溶液浓度的增加而升高，当浓度超过 81.9% 时，结晶温度呈直线上升。因此在工业生产中，若采用较低浓度的硝酸镁，其脱水能力差。一般控制硝酸镁浓度在 64% ~ 84%，通常稳定在 80%，加热器出口浓度不低于 64%。

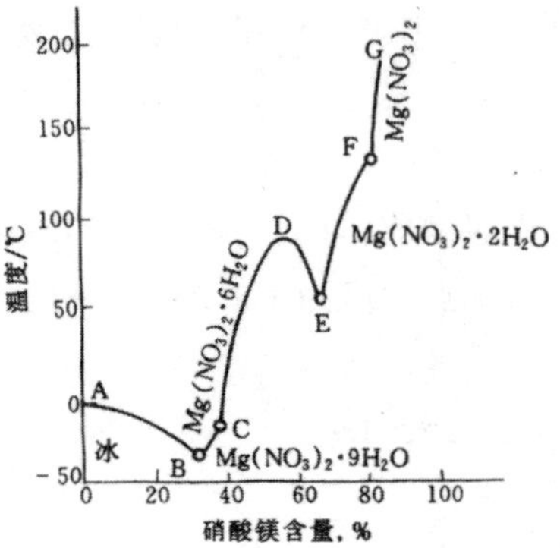

图 8–14　$Mg(NO_3)_2$–H_2O

2）硝酸镁法浓缩稀硝酸的原理

将硝酸镁溶液加入稀硝酸中，生成 HNO_3–H_2O–$Mg(NO_3)_2$ 的三元混合物，硝酸镁吸收稀硝酸中的水分，使水蒸气分压大大降低。加热此三元混合物蒸馏出 HNO_3，其浓度较原来的为大，图 8–15 和图 8–16 分别为常压下 HNO_3–H_2O–$Mg(NO_3)_2$ 三元混合物液相组成与沸点的关系，以及液相组成与蒸汽中硝酸浓度的关系。

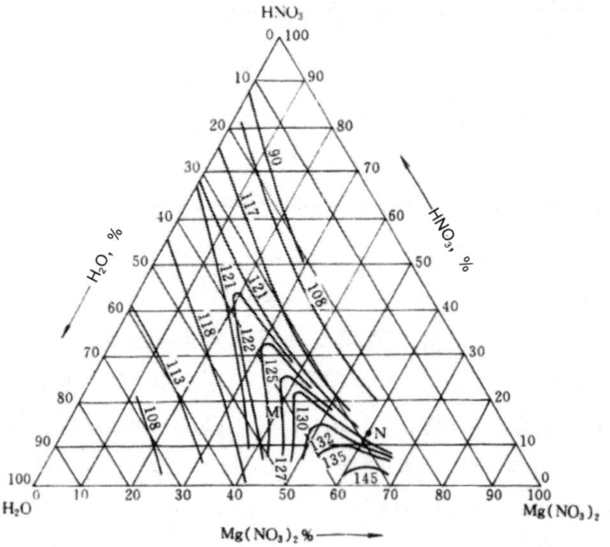

图 8–15　常压下 HNO_3–H_2O–$Mg(NO_3)_2$ 三元混合物液相组成与沸点的关系

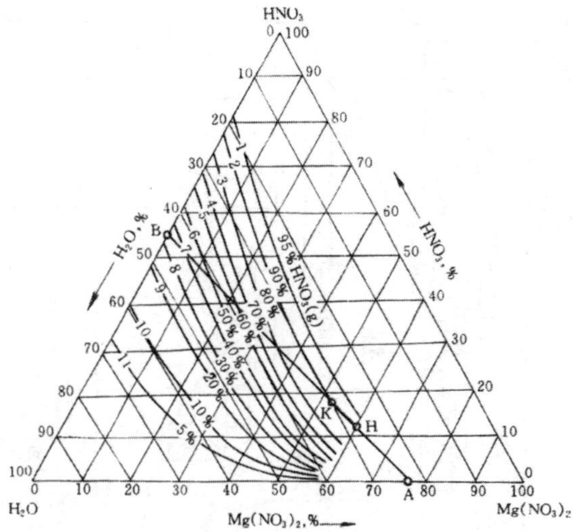

图 8–16　常压下 HNO_3–H_2O–Mg（NO_3）$_2$ 三元混合物液相组成与蒸汽中硝酸浓度的关系

3）工艺流程及工艺条件

用硝酸镁法浓缩稀硝酸，多采用填料塔进行操作，如图 8–17 所示。72% ~ 76% 的浓硝酸镁溶液和需浓缩的稀硝酸分别经高位槽 6 和 2，流量计 3，以 4 ~ 6：1 的比例流入混合器 7。然后自提馏塔 12 顶部加入，由加热器 13 提供蒸馏过程所需的热量，蒸馏温度 115 ~ 13℃。含有 80% ~ 90% 的硝酸蒸汽从提馏塔顶逸出进入精馏塔 11，并与精馏塔回流的 HNO_3 进行换热并进一步蒸浓。温度 80 ~ 90℃、浓度为 98% 的 HNO_3 蒸汽引入冷凝器 1，冷却后流入酸分配器 9，2/3 作为精馏塔回流酸，1/3 去漂白塔 14，排出其中溶解的氮氧化物，得到成品硝酸。冷凝器 1 和漂白塔 14 中未冷凝的 HNO_3 蒸汽，经集雾器 19 由风机 23 抽出送去吸收或放空。

稀硝酸镁溶液由提馏塔塔底流出，进入加热器 13，由 1.3MPa 的蒸汽间接加热，温度维持 174 ~ 177℃，并在此脱硝后，Mg（NO_3）$_2$ 浓度为 62% ~ 67%，含硝酸 0.1%，进入稀硝酸镁贮槽 18 中，由液下泵打入膜式蒸发器 16 蒸发。用蒸汽间接加热蒸出水分，使稀硝酸镁浓度提高到 72% ~ 76%，送入硝酸镁贮槽 22 中循环使用。

采用的工艺条件为：硝酸镁溶液浓度 72% ~ 74%；Mg（NO_3）$_2$ 溶液与稀硝酸配料比为 4 ~ 6 ：1；精馏塔操作回流比为 2，塔顶温度 85℃；漂白塔塔顶温度为 80 ~ 85℃。

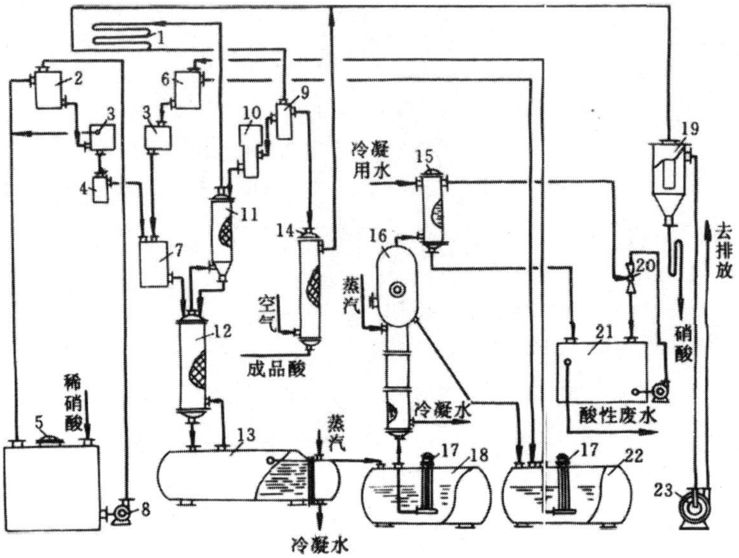

图 8-17　硝酸镁法浓缩稀硝酸工艺流程

第九章 磷肥和复合肥料

第一节 湿法磷酸和酸法磷肥

一、湿法磷酸

1. 二水物法生产湿法磷酸

（1）生产工艺流程

目前世界上有各种各样的二水物流程，其中以有回浆的单槽萃取配以大型翻盘式过滤机的生产流程应用最为普遍。中国二水法磷酸是采用与多尔 – 奥利佛流程相近似的同心圆型单槽、多桨、空气冷却流程。其流程如图 9–1 所示。

硫酸分解磷矿是放热反应，为使反应槽内料浆温度维持在最佳操作范围内，必须移走多余的反应热。移走反应热的方式有空气冷却和真空闪蒸冷却两种，前者得到的石膏晶粒略为粗大且重新开车后能较快达到过滤指标，因此我国湿法磷酸装置多采用空气冷却方式。

2. 工业操作条件的选择

湿法磷酸的生产工艺指标主要是保证达到最大的 P_2O_5 回收率和最低的硫酸消耗量，主要应选择和控制以下生产操作条件。

（1）液相 SO_3 浓度

液相中游离硫酸的含量，对磷矿分解、硫酸钙晶核形成、晶体成长速度、晶体外形以及 $HPO^{2-}{}_4$ 在晶格上取代 SO_4^{2-} 均有很大影响。

按二水物法时，SO_3 控制在 0.025 ~ 0.035g/ml；按半水物法为 0.015 ~ 0.025g/ml。

（2）反应温度

反应温度升高能加速反应进行，提高分解率并降低液相黏度，同时又增加了溶液中硫酸钙溶解度，降低了其过饱和度，有利于形成粗大晶体而提高过滤强度。但温度过高将导致生成不稳定的半水物，甚至生成一些无水物，不仅使过滤困难，且使杂质溶解度相应增大，并会影响到产品质量。二水物流程控制的温度为 65 ~ 80℃；半水物流程为 95 ~ 105℃。

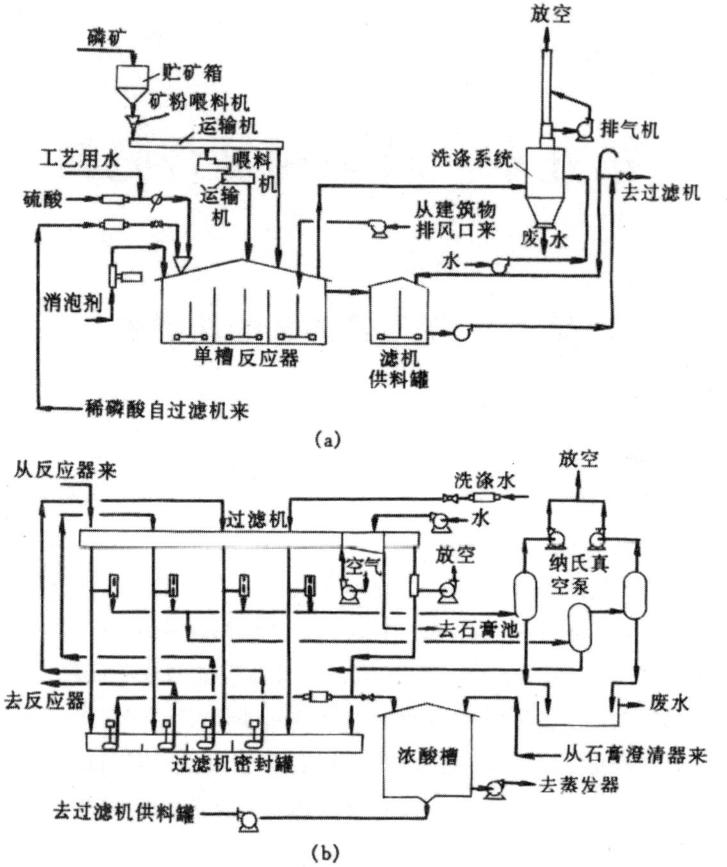

图 9-1　二水物单槽空气冷却湿法磷酸流程

（a）—反应系统；（b）—过滤系统

（3）反应料浆中 P_2O_5 浓度

硫酸钙晶体形成晶核和晶体成长必须依赖于磷酸介质。反应料浆中 P_2O_5 浓度稳定可以保证硫酸钙溶解度变化不大及相应的过饱和度稳定。对二水法流程，当操作温度控制在 70 ~ 80℃范围内，料浆 P_2O_5 浓度为 25% ~ 30%，高杂质的料浆中 P_2O_5 浓度为 22% ~ 25%；空制反应料浆中磷酸浓度，就在于控制进入系统中的水量，实际上是控制洗涤滤饼带入系统的水量。

（4）反应料浆中固体物的浓度

反应料浆中固体物的浓度即料浆的液固比（液相与固相的质量比）。料浆中过高的固体物含量会使料浆黏度增高，抑制了磷矿的分解及晶体的生长，同时它将使搅拌桨叶与晶核的碱撞概率增加，使晶核被破坏，导致结晶细小，但液固比过大也会降低设备能力。一般二水物流程液固比控制在 2.5 ~ 3 ∶ 1；半水物流程 3.5 ~ 4 ∶ 1，含镁、铁、铝等杂质量高时，应适当提高液固比含量。

（5）回浆

回浆指返回大量的料浆，它有以下优点：1）可以提供大量晶种；2）可以防止局部游离硫酸浓度过高；3）可以降低过饱和度和减少新生晶核量。由于以上三点，可能获得粗大均匀的硫酸钙晶体。在生产中，回浆量一般为加入物料形成料浆量的 100 ~ 150 倍。

（6）反应时间

反应时间是指物料在反应器内的停留时间。由于硫酸分解磷矿反应速度较快，反应时间主要由硫酸钙晶体的成长时间来确定，一般反应时间为 4 ~ 6h。

（7）料浆的搅拌

适度的搅拌可以改善反应条件且促进结晶生长，有利于消除局部游离硫酸浓度过高及磷矿粉“包裹”现象且有消除泡沫的功能，但搅拌强度不易太高，否则将破坏大量晶体导致二次成核量过多。

3．湿法磷酸的浓缩

二水物流程生产的湿法磷酸浓度一般为 28% ~ 32%P_2O_5，但生产高浓度肥料如重过磷酸钙、磷酸铵等所用的磷酸需要的浓度为 38% ~ 55%P_2O_5，因此萃取磷酸需要加以浓缩处理。

湿法磷酸浓缩在工艺和设备上存在的主要问题是：①在蒸发过程中，气、液相均有极大的腐蚀性；②溶解于稀磷酸中的盐类在浓缩过程中会析出并沉积于传热设备表面，影响传热效率的提高。

湿法磷酸中一般含有 2% ~ 4% 的游离硫酸和约 2% 的氟，这种混合酸本身具有极大的腐蚀性，在蒸发浓缩的高温条件下腐蚀性更大，并将严重地腐蚀管道和设备。因此在与酸接触的部位可采用非金属材质，如浸渍过的石墨材料，不仅能耐腐蚀，而且传热性能也较好。其他的接触表面可采用橡胶衬里结构。循环酸泵通常用高铬镍的合金钢材质制成。

30%P_2O_5 的稀磷酸溶液中含有多种离子和化合物，它们处于饱和或过饱和状态。在浓缩过程中，这些化合物将随磷酸浓度的提高而析出沉淀，沉淀物主要是钙盐和氟盐。浓缩时逸入气相的四氟化硅与水蒸气作用生成二氧化硅和氟硅酸，反应析出的硅胶沉积在气体管道上，增大系统阻力。

$$3SiF_4+2H_2O=SiO_2+2H_2SiF_6$$

二、酸法磷肥

用无机酸分解磷矿制造出的磷肥称为酸法磷肥。它包括以水溶性 P_2O_5 为主要有效养分的普通过磷酸钙、重过磷酸钙和富过磷酸钙及枸溶性的沉淀磷肥。

枸溶性磷肥是指一些不溶于水的磷肥，其中所含的磷能溶于柠檬酸或柠檬酸铵溶液中，亦能被植物吸收。由于柠檬酸又称为枸橼酸，所以称为枸溶性磷肥。枸溶性磷肥中五氧化二磷绝大部分能溶解于2%柠檬酸溶液、中性或微碱性柠檬酸铵溶液，而不溶于水。

普通过磷酸钙（俗称普钙）是用硫酸分解磷矿制得的含有以磷酸一钙和硫酸钙为主体及少量游离磷酸和其他磷酸盐（铁、铝）的磷肥。其有效 P_2O_5 含量一般为12% ~ 20%。

重过磷酸钙（俗称重钙）是以湿法磷酸或热法磷酸分解磷矿制得的以磷酸一钙为主体，含有少量游离磷酸和其他磷酸盐的磷肥，其有效 P_2O_5 含量一般为普通过磷酸钙的2 ~ 3倍。

富过磷酸钙是用浓硫酸和稀磷酸的混酸处理磷矿制成的肥料，其有效 P_2O_5 含量在重过磷酸钙与普通过磷酸钙之间，一般为20% ~ 30%P_2O_5。

沉淀磷肥是以磷酸萃取液（可用硫酸、硝酸或盐酸分解磷矿制得）加石灰乳或石灰石进行中和后析出以磷酸二钙（$CaHPO_4 \cdot 2H_2O$）为主的一种枸溶性肥料，既可作为肥料，也可用作饲料（要求含氟< 0.2%，含砷< 0.001%）。

1. 硫酸分解磷矿的工艺条件选择

制造普通过磷酸钙同生产湿法磷酸一样，都是用硫酸分解磷矿生成硫酸钙和磷酸。不同之处在于：生产湿法磷酸时产生大量循环磷酸，料浆的液固比较大，有利于硫酸钙晶体的长大，便于过滤；而生产普通过磷酸钙时，随着分解反应进行，生成大量硫酸钙的细小结晶，料浆不断稠厚，最后终于成为固体粉末状。如果固化过程正常，最后所得产品内含液相、疏松多孔而又表面干燥，这就表明产品物理性能良好。

磷矿分解在第一阶段较快，由于硫酸用量过量，P_2O_5 转化率（产品的有效 P_2O_5 和全 P_2O_5 含量之比称为转化率）略大于70%；第二阶段反应速度逐渐减慢，需要6 ~ 15d才能达到95%左右，因此磷矿的转化率受第二阶段反应的控制。第二阶段反应开始不久，大量的半水硫酸钙转化成无水物，而且当物料由化成室卸出，随着温度降低，磷酸一钙也开始结晶。这些结晶覆盖在未分解的磷矿周围，甚至构成细小致密的无水硫酸钙薄膜，将矿粉颗粒包裹起来，增大了扩散阻力，在不同程度上阻碍了反应进行。包裹的程度（膜的可透性）与硫酸钙结晶的形状和大小有关。结晶越细小，固体膜的可透性越差，因此应尽可能生成粗大的硫酸钙结晶以克服固体膜对反应速度的影响。要达到上述要求，应该讨论硫酸用量及浓度、温度、矿粉粒度、搅拌条件、液相杂质含量等有关影响因素。

（1）硫酸用量

增加硫酸用量，可以增加磷矿颗粒与硫酸的接触机会，加快分解反应速度，提高分解率，同时还可以提高第二阶段的反应速度。但过高的酸用量，会使料浆难以固化，产品中游离酸含量增高，使生产成本增加。生产中所用的硫酸量为理论酸用量的 1.03 ~ 1.05 倍。

（2）硫酸浓度

工艺上要求硫酸浓度尽可能高，提高硫酸浓度能加快反应速度，减少液相量，又能加剧水分蒸发，使磷酸浓度提高，有利于磷酸一钙的生成和结晶，缩短熟化时间。如果硫酸浓度过低，则反应缓慢，液相过多，使产品物性变坏；如果硫酸浓度过高，会使反应过快，半水硫酸钙迅速脱水，形成细小的无水硫酸钙，从而既不能形成固化骨架，又包裹了未分解的磷矿颗粒，降低了分解率，也使产品物性变坏。硫酸浓度一般为 60% ~ 75%，容易分解活性较高的磷矿、矿粉较细；连续混合法生产、气温低，则硫酸浓度可高些，反之则低些。

（3）硫酸温度

硫酸温度与硫酸浓度的影响相类似。两者间有一定关系，硫酸浓度高时，温度可略低些，反之则略高。硫酸温度常采用 50 ~ 80℃，夏季时酸温应比冬季低 10℃，含镁量高的磷矿可将酸温提高到 70 ~ 80℃，含铁、铝量高的磷矿可用较低酸温度 50 ~ 60℃。

（4）搅拌强度

搅拌的作用是促进液固相反应，减少扩散阻力，降低矿粉表面溶液的过饱和程度，使颗料表面形成较易渗透的薄膜，因此要有足够的搅拌强度。但是，如果搅拌强度过大，将破坏半水硫酸钙形成的固化骨架，同时还使桨叶机械磨损加剧，当硫酸浓度和温度条件不合适时，单纯依靠强烈搅拌也不能加速磷矿分解。立式混合器桨叶末端线速度采用 3 ~ 12m/s，卧式混合器桨叶一般选 10 ~ 20m/s。

（5）磷矿粉细度

矿粉越细反应越快、越完全，可大大缩短混合、化成和熟化时间，并可获得较高的转化率。但过高的矿粉细度必将降低粉碎设备的生产能力，同时增加矿耗和生产成本，一般要求矿粉 90% ~ 95% 通过 100 目筛。对磷矿粉细度的要求与磷矿石分解的难易程度有关，矿粉细度高时，可适当提高酸浓度和温度。

2．工艺流程

普通过磷酸钙生产方法可分为稀酸矿粉法和浓酸矿浆法两类。稀酸矿粉法是世界上常用的工艺，硫酸浓度为 60% ~ 75%；浓酸矿浆法是我国开发的一种工艺，硫酸浓度为 93% ~ 98%，它是将磷矿湿磨成矿浆后再加入混合器中。

过磷酸钙生产可分为以下几个工序：①硫酸与磷矿粉（或矿浆）混合；②料浆在化成室内固化（化成）；③过磷酸钙在仓库内熟化；④从含氟废气中回收氟。图 9-2 是立式混合器、回转化成室法生产过磷酸钙流程，其生产方法是稀酸矿粉法。

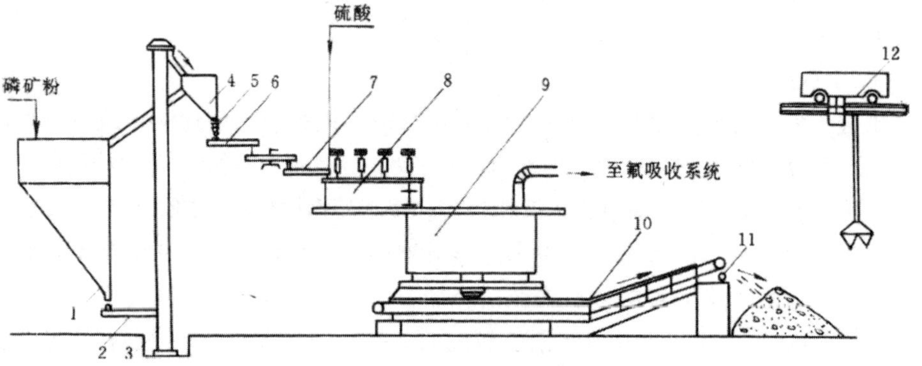

图 9-2　普钙生产工艺流程

如果熟化后期游离酸超过指标，由于它具有腐蚀性，会给运输、贮存、施肥等带来困难，故在产品出厂前要进行中和游离酸的处理。中和的方法有：添加能与过磷酸钙中的磷酸迅速作用的固体物料，如石灰石、骨粉、磷矿粉等；用气体氨、铵盐处理过磷酸钙（氨化）。中和后的过磷酸钙物性得到改善，可以减少吸湿性及结块性。但氨化程度必须予以控制，加入中和物料过多，会使产品中水溶性 P_2O_5 向难溶或不溶性 P_2O_5 转化，从而导致产品的退化。

生产中的含氟废气引入氟吸收室用水吸收，以避免污染大气。在吸收室得到的氟硅酸溶液用钠盐处理可制得氟硅酸钠、氟化钠、氟化铝或冰晶石（Na_3AlF_6）等副产品，可供冶金、搪瓷、医药及建筑材料工业使用。

第二节　热法磷酸和热法磷肥

一、黄磷与热法磷酸

1. 电炉法制黄磷

世界各国主要将黄磷加工为热法磷酸，然后制取磷酸盐肥料（重过磷酸钙、磷酸铵）、工业磷酸盐和饲料磷酸盐，少部分黄磷用于制造赤磷、磷的氧化物和硫化物、含磷合金、有机磷农药等。

黄磷的生产方法主要有电炉法和高炉法，由于高炉法投资高、焦耗大、磷的收得率低、操作不易掌握，在工业生产上一直没有取得进展，目前全世界的黄磷生产都采用电炉法。

在生产中，添加二氧化硅作为助熔剂，可以降低还原温度，同时石灰变成易熔的炉渣——硅酸钙而易于出炉。

2．热法磷酸

元素磷通过氧化（燃烧）、水化（吸收）制得的磷酸称为热法磷酸。

热法磷酸的生产方法主要是液态磷燃烧法（二步法）。此法又分为水冷法及酸冷法两种，前者是将黄磷燃烧，得到五氧化二磷后用水冷却和吸收制得磷酸；后者是将燃烧后制得的五氧化二磷用预先冷却的磷酸进行冷却和吸收后得到磷酸。

此外，还有完全燃烧法、优先氧化法、水蒸气氧化黄磷法及窑法磷酸（KPA 法）等。

二、热法磷肥

1．钙镁磷肥

钙镁磷肥是以磷矿为原料，例如含镁、硅、钙矿物的蛇纹石（$3MgO \cdot 2SiO_2 \cdot 2H_2O$）。根据磷矿的组成不同，有时需加入白云石（$CaCO_3 \cdot MgCO_3$）或硅石（$SiO_2$）作为助熔剂（简称溶剂），在温度高于 1400℃下熔融，然后将熔融体在水中迅速冷却并烘干、磨细而得到的一种玻璃体粉末状枸溶性肥料。钙镁磷肥具有作物所需的 12% ~ 20% 有效 P_2O_5，8% ~ 18%MgO，20% ~ 30%SiO_2、25% ~ 30%CaO 以及 0.5% ~ 5%K_2O、FeO、MnO 等，它具有物理性质好，不宜吸潮、不含游离酸、不结块的特性。

钙镁磷肥生产按照所用能源（燃料）的不同，又可分为：①高炉法，以焦炭或无烟煤（白煤）为燃料；②电炉法，以电力为能源；③平炉法，以燃油为能源。我国主要是以高炉法生产钙镁磷肥，巴西、韩国、日本大多采用电炉或平炉法。

钙镁磷肥生产的首要问题是确定合适的配料比。配料的原则有两点：①生产有效 P_2O_5 含量较高的产品；②有较低炉料熔融温度，有良好的流动性。钙镁磷肥生产配料依据是控制配料中主要氧化物的摩尔比，如镁硅比 MgO/SiO_2，镁磷比 MgO/P_2O_5，余钙碱度（$CaO+MgO-3P_2O_5$）$/SiO_2$ 或玻璃结构因子。

实际生产中，许多工厂控制配料的余钙碱度，以及表示，要求 $0.8 < R < 1.3$。

郑州工业大学在钙镁磷肥“网络－晶子”学说基础上，建立了钙镁磷肥玻璃体结构模型，并提出了以玻璃结构因子（Ob/Yb）进行配料的新方法。按照统计分析结果，认为最佳配料范围在 2.87 < Ob/Yb < 3.07。

玻璃态的钙镁磷肥是一种在热力学上处于介稳状态的过冷液体，在一定条件下会转变为稳定的结晶态，只有保持其玻璃体状态，避免从玻璃体中析出磷灰石结晶(反玻璃化)，才能保证产品中有效 P_2O_5 不降低。

在钙镁磷肥玻璃体结构中，若玻璃网络太小，不足以阻止晶子的成长，不能获得完全的玻璃体，产品的枸溶率降低；而网络太大，玻璃体结构强化，也将妨碍营养元素的溶出。因此，配料的原则是要形成一个合适大小的玻璃网络。

2. 其他热法磷肥

除钙镁磷肥外，还有其他一些热法磷肥，简单介绍如下。

（1）脱氟磷肥。根据氟磷灰石中氟离子可被离子半径相近的 OH- 同晶取代生成羟基磷灰石的原理，在天然磷矿中添加硅砂、无水芒硝等适量的添加剂，在水蒸气存在下，于 1350C 以上的高温，使氟磷灰石转变为可被植物吸收的 a- 磷酸三钙或硅磷酸钙可变组成体。因生产方法不同，分为烧结法和熔融法。产品有效 P_2O_5 含量 18% ~ 20% 或 36% ~ 38%。

（2）烧结钙钠磷肥。在 1100 ~ 1300℃高温条件下，将磷矿粉、纯碱和硅石粉混合而成的炉料按质量比为 100 ∶ 35 ∶ 10 的比例在旋转窑里烧结，得到的以磷酸钠钙（$CaNaPO_4$）和硅酸钙（CaSiC×）为主要成分的肥料，一般 P_2O_5 含量为 20% ~ 30%。也可用芒硝和焦炭代替部分或全部纯碱（碳酸钠）生产出钙钠磷肥。

（3）偏磷酸钙。在竖式炉中，高温下用气态 P_2O_5 及水蒸气与磷灰石反应生成熔融状的偏磷酸钙，经水淬、研磨和筛分后得到细度为 80% 以上过 20 目筛的玻璃态产品，或直接冷却得到结晶态产品。含有等摩尔的 CaO（CaO28.3%）和 P_2O_5（$P_2O_5$71.7%），有结晶态和玻璃态两种形态，是一种含有效 P_2O_5 极高的枸溶性磷肥。

（4）钢渣磷肥。在碱性炉炼钢时，将造渣剂、石灰等加入铁水后，生铁中所含的磷与石灰结合形成的炉渣。其主要成分是磷酸四钙 $Ca_2P_2O_9$，在有 SiO_2 存在时，还可以生成磷酸五钙（$5CaO \cdot P_2O_5 \cdot SiO_2$）。

第三节　复合肥料

复合肥料、复混肥料、掺混肥料是含有氮、磷、钾三大营养元素中任意两种或两种以上的肥料，具有养分全面，包装和运输成本低，施肥方便等特点。因此，市场的需求量日益增加。一般以 $N\text{-}P_2O_5\text{-}K_2O$ 来表示其所含有的营养元素百分比，若还含有 N、P、K 以外的其他营养元素，则可接在 K_2O 后面标注其含量，并加注括号注明该元素的符号。复合肥料是用化学加工方法制得的肥料；复混肥料是两种或两种以上基础肥料通过混合等伴有物理或化学反应的过程所制得的肥料；掺混肥料是用粉状或粒状基础肥料通过简单机械混合且无明显的化学反应所制成的肥料。

一、磷酸铵

磷酸铵的性质：

磷酸铵包括磷酸一铵（MAP）$NH_4H_2PO_4$，磷酸二铵（DAP）（NH4）$_2HPO_4$ 和磷酸三铵（TAP）（NH_4）$_3PO_4$ 三种，是含有磷和氮两种营养元素的复合肥料。

纯净的磷酸铵盐是白色结晶状物质，磷酸一铵最稳定，磷酸二铵次之，磷酸三铵很不稳定，在常温、常压下即放出氨而变成磷酸二铵。工业上制得的磷酸铵盐肥料是磷酸一铵和磷酸二铵的混合物，以前者为主的称为磷酸一铵类肥料（12–52–0），以后者为主的称为磷酸二铵类肥料（18–46–0）。

磷酸一铵与硫酸铵、硫酸钾、磷酸二氢钾、磷酸一钙和磷酸二钙混合时具有良好的相合性。磷酸二铵与氯化钾、硫酸铵、硝酸铵、过磷酸钙和重过磷酸钙混合时，所得混合肥料的物理性质良好。

二、硝酸磷肥

用硝酸分解磷矿制得的氮磷复合肥料称为硝酸磷肥。

硝酸磷肥利用硝酸来分解磷矿，而硝酸根又能作为作物养分留在肥料中，硝酸得到了双重利用，因此在技术经济上是有优越性的。

硝酸磷肥根据加工处理分解磷矿后得到的含有硝酸钙及游离磷酸的萃取液方法的不同分为：冷冻法、硝酸－硫酸法、硝酸－硫酸盐法、硝酸－磷酸盐法、碳化法和有机溶剂萃取法。

硝酸磷肥的主要成分是水溶性的硝酸铵（NH_4NO_3）及少量硝酸钙［Ca（NO_3）$_2$］的硝酸盐、水溶性的磷酸铵及枸溶性的磷酸二钙（$CaHPO_4$）组成的磷酸盐，代表性产品为 20–20–0，28–14–0 或 15–15–15 等。

1．工艺条件的选择

硝酸分解磷矿反应过程的速度（以磷矿中有效组分 P_2O_5 的萃取率计算）与硝酸浓度及用量、反应温度、磷矿粒度和分解时间等因素有关。

（1）硝酸浓度及用量

硝酸浓度在 30% ~ 55% 范围内，对磷矿分解率无显著影响，但为了加速反应及减少以后浓缩时的蒸发水量，一般采用 50% 以上的硝酸。对于冷冻法工艺，由于

硝酸浓度对 $Ca(NO_3)_2 \cdot 4H_2O$ 结晶析出率的影响较大，一般采用 56% ~ 57%，至少 52%HNO_3 以上的浓度。

硝酸分解磷矿的理论用量，通常以磷矿中所含的氧化钙与氧化镁的总量为计算基准，但由于磷矿中还含有倍半氧化物和有机物需消耗硝酸，因此，实际的硝酸用量约为理论量的 102% ~ 105%，对于冷冻法，则为理论用量的 110%。

（2）反应温度

分解反应温度在 50 ~ 55℃进行，而反应温度是靠约 30℃的硝酸与磷矿反应时放出的热量来维持。随着温度的增加，溶液的黏度减少，有利于离子扩散，使分解速度加快。如果反应温度< 40℃，则分解速度减慢；若反应温度> 60℃，则加剧设备腐蚀。

（3）磷矿粒度和分解时间

磷矿越细则与硝酸接触表面积越大，分解速度也越快。但因硝酸分解能力强，生成的硝酸钙溶解度大，不会产生固体膜包裹矿物颗粒，故矿粉细度可以稍粗一些，一般要求 100% 通过 40 目筛，对于易分解磷矿粒度可粗些，保持 1 ~ 2mm。

粒度对分解时间影响最大，一般来说，磷块岩的分解时间约需 1h。磷灰石较磷块岩难分解，时间也长，约需 1.5h。

2．硝酸磷肥的生产方法

（1）冷冻法

用冷冻至低温（如 -5℃）的方法，将硝酸分解磷矿制得的萃取液中的硝酸钙以四水物硝酸钙 $Ca(NO_3)_2 \cdot 4H_2O$ 形式析出，将结晶与母液分离后得到 CaO ： P_2O_5（钙磷比）适宜的滤液，用氨中和滤液，形成的料浆经浓缩、造粒，得到含有硝酸铵、磷酸二钙和磷酸铵的含有水溶性和枸溶性 P_2O_5 的硝酸磷肥。

（2）混酸法

混酸法有两种：一是硝酸 - 硫酸法，二是硝酸 - 磷酸法。用硝酸 - 硫酸的混酸处理磷矿时，除了氢离子（H^+）分解磷矿外，硫酸根可使酸解液中的钙离子形成硫酸钙沉淀，加入的硫酸量一般要使 40% ~ 60% 钙离子从溶液中析出，再用氨中和酸解液，从而制得含有水溶性磷酸一铵和枸溶性磷酸二钙的硝酸磷肥。

（3）硫酸盐法

在硝酸分解磷矿过程中，加入可溶性硫酸盐（如硫酸钾、硫酸铵等），利用硫酸根和钙生成不溶性硫酸钙结晶，以固定萃取液中多余的钙，调节硝酸萃取液中 CaO ： P_2O_5。生成硫酸钙沉淀后，可直接进行氨化，或将硫酸钙分离后，再将母液氨化而制得含有部分或全部水溶性 P_2O_5 的复合肥料。产品规格有 17–14–14，14–14–0 等。

（4）碳化法

在有稳定剂（镁、镍、铝、锰或锌的盐类）存在的条件下，在硝酸萃取液中先通氨中和，再继续通氨和二氧化碳处理萃取液中多余的钙。产品规格 18–12–0，16–14–0 等，总养分在 30% 以上，产品中全为枸溶性 P_2O_5。

第十章　氨碱法制纯碱

第一节　石灰石煅烧与石灰乳制备

一、石灰石煅烧

氨碱法生产纯碱，需要大量的二氧化碳和石灰乳，前者供氨盐水碳化之用，后者供蒸氨之用。石灰及二氧化碳可由煅烧石灰石而得，生石灰经消化即得石灰乳。

二、石灰乳的制备

盐水精制的蒸氨过程中所用的氢氧化钙，是由石灰石煅烧形成的石灰加水消化得到。

生石灰消化是放热过程，使石灰体积热膨胀松散。消化时按所加入水量的不同可得到消石灰（细粉末）、石灰膏（稠厚不流动物）、石灰乳（消石灰在水中的悬浮液）和石灰水（氢氧化钙的水溶液）。

氢氧化钙在水中的溶解度很小，并且随着温度的升高而降低，如图 10–1 所示。生石灰的消化速度与石灰石的煅烧时间、石灰中所含的杂质、消化用水温度和石灰颗粒大小等有关。石灰石煅烧温度越高，消化所需时间越长。如图 10–2 所示。当生石灰中含杂质较多以及存放时间较长时，都会影响消化速度。

石灰乳较稠，对生产有利，但过于稠厚粒度变大，流动性差，容易沉淀而堵塞管道和设备，不便于输送。一般生产中使用的石灰乳含活性氧化钙为 160 ~ 20tt，相对密度为 1.17 ~ 1.27。

石灰消化系统的示意流程见图 10–3。石灰消化主要在化灰机内完成。化灰机为一卧式回转筒，稍有斜度（约 0.5°），出口朝着一端倾斜。生石灰和水从一端加入，互相混合反应，圆筒内装有螺旋形推料器，转动时将水和石灰向前推动，尾部有孔径不同的两层筛子，已消化的石灰乳从筛孔中流出进入灰乳桶，筛内剩下的生烧或过烧的石灰则由筛子内流出，大块可以重新入窑再烧，称为返石；小块称为废石，排弃之。

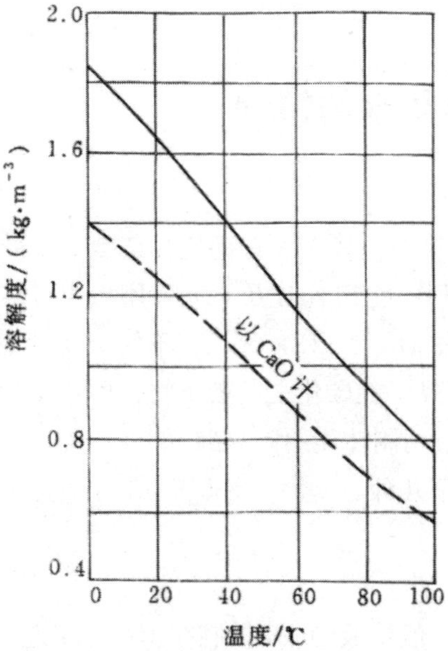

图 10–1　氢氧化钙在水中的溶解度

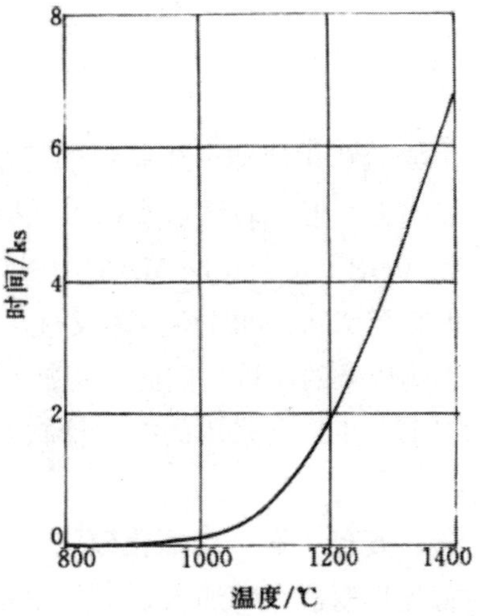

图 10–2　石灰消化时间与煅烧温度的关系

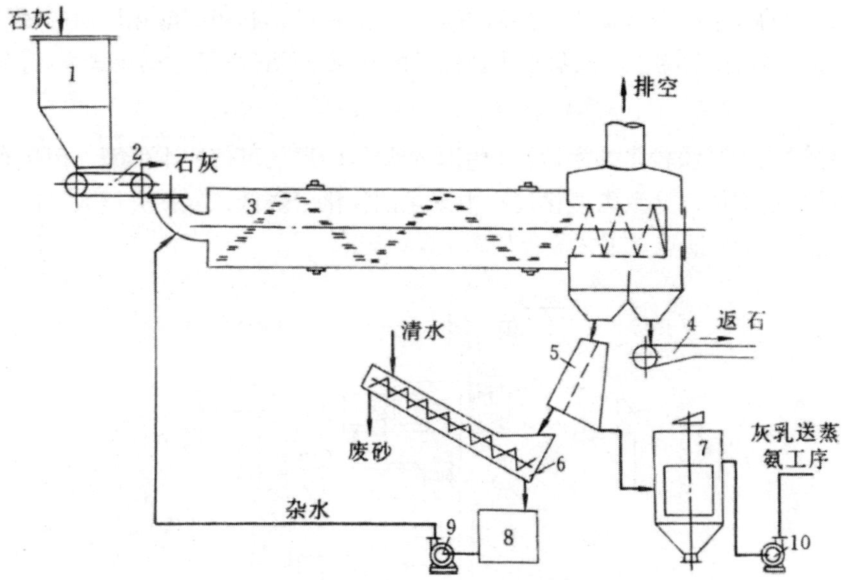

图 10–3　石灰消化过程及化灰机

第二节 饱和食盐水的精制

由原盐在化盐桶中所制得的盐水称为粗盐水，其中含有钙盐和镁盐等杂质，含量虽然不大，但在后续盐水吸氨及碳酸化过程中能和 NH_3 及 CO_2 作用生成沉淀或复盐［$Mg(OH)_2$、$NaCl \cdot MgCO_3 \cdot Na_2CO_3$、$MgCO_3 \cdot Na_2CO_3$ 等］，不仅会使设备和管道结垢甚至堵塞，同时还会造成氨及食盐的损失。在碳化之前若不将这些杂质除去，便会影响纯碱的质量。因此，粗盐水必须经过精制才能用于制碱。

目前，工厂所采用的盐水精制方法有以下几种。

一、石灰－氨－二氧化碳法

首先将粗盐水中加入石灰乳除去镁盐，一般溶液的 pH 控制在 10 ~ 11 左右。

$$Mg^{2+}+Ca(OH)_2 \rightarrow Mg(OH)_2\downarrow +Ca^{2+}\downarrow$$

除镁时，为加速杂质沉淀，还需加入助沉剂以提高精制效果。

除镁后的盐水称一次盐水，然后将其送入除钙塔。利用碳酸化塔后的尾气（其中含氨及二氧化碳）除去一次盐水中新加入的和原有的钙离子，反应式为：

$$Ca^{2+}+2NH_3+CO_2+H_2O \rightarrow CaCO_3\downarrow +2NH_4^+$$

此法适用于含镁较多的海盐，利用碳酸化塔的尾气可使成本低廉。但也有溶液中氯化铵含量增加，导致碳酸化过程中氯化钠转化率降低，氨损失增大，以及流程和操作较为复杂的缺点。工艺流程如图 10-4 所示。

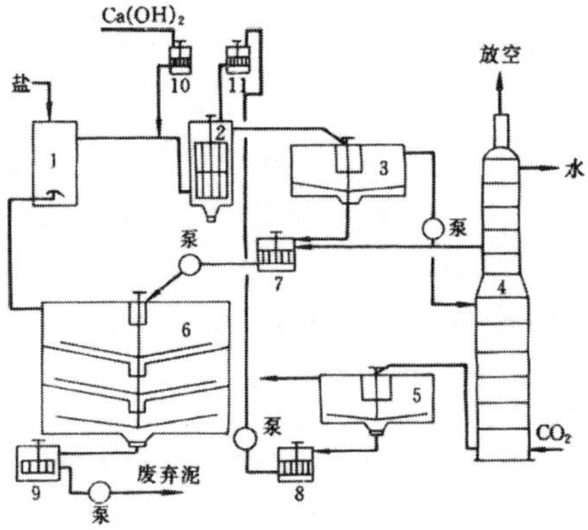

图 10-4 石灰－氨－二氧化碳法精制盐水流程

二、石灰－纯碱法

用石灰乳先除去粗盐水中的镁盐，而后再用纯碱除去一次盐水中的钙盐，其反应式为：$Mg2^{+}+Ca(OH)_2 \rightarrow Mg(OH)_2\downarrow+Ca^{2+}$

$$Ca^{2+}+Na_2CO_3 \rightarrow CaCO_3\downarrow+2N^{a+}$$

本法使钙镁沉淀、加入、脱除是一次完成的。所用的石灰乳量相当于溶液中的镁离子含量；而纯碱加入量相当于溶液中钙镁离子含量之和。实际上应按化学计量稍过量一些。 本法的优点是操作简单、劳动条件好、精制度高，但要消耗纯碱。工艺流程如图 10–5 所示。

除钙镁以后的盐水称二次盐水，又称精盐水，送往吸氨工序以作吸氨之用。盐水精制中所生成的镁和钙的沉淀物分别称为一次泥和二次泥，可进一步加工成碳酸镁、氯化镁、高级镁砂、金属镁和轻质碳酸钙等化工原料。

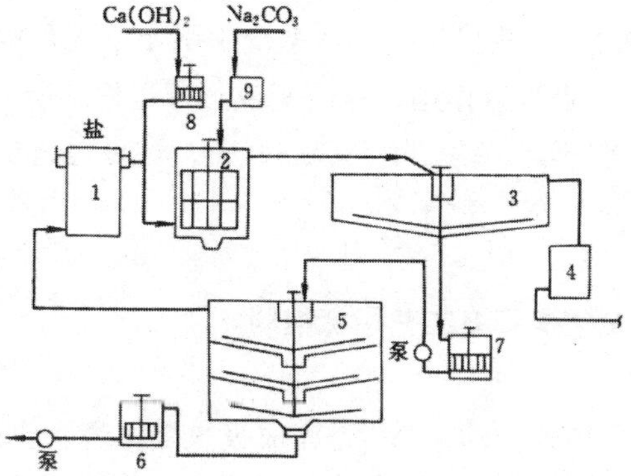

图 10–5 石灰－纯碱法精制盐水流程

第三节 精盐水的吸氨

一、盐水吸氨的基本原理

1. 原盐和氨溶解度的相互影响

氯化钠在水中的溶解度随温度的变化不大，但在饱和盐水吸氨时，会使氯化钠的溶解度降低。氨溶解得越多，氯化钠的溶解度越小。氨在水中的溶解度很大，但在盐水中有所降低，这就是说氨盐水气相中的氨平衡分压也比纯氨水气相中氨的平衡分压为大。

温度对气氨溶解度的影响与一般气体的影响相同，温度越高溶解度越小。在盐水吸氨过程中，因气相中的 CO_2 溶于液相能生成（NH_4）$_2CO_3$，故可增大氨的溶解度。

盐水吸氨过程中，由于它们的相互影响、相互制约作用，所以饱和盐水的吸氨量应该控制适宜。否则，氯化钠在液相中的溶解度将因氨浓度的升高而下降，这对制碱过程中钠的利用率及产率是很不利的。

按理论反应溶液中的氨和氯的滴度比 F（NH_3）/T（Cl^-）值应为 1，但考虑到氨的逸散损失等，一般取 F（NH_3）/T×（Cl^-）=l.08 ~ 1.12，即 F（NH3）=99 ~ 1O2tt，T（Cl^-）=89 ~ 94tt。

2. 吸氨过程的热效应

吸氨过程在吸氨塔内进行，伴有大量热放出，其中包括 NH_3 和 CO_2 的溶解热，NH_3 与 CO_2 的反应热，以及氨气所带来的水蒸气冷凝热。lkg 氨吸收成氨盐水时释放出的总热量为 4280kJ。这些热量若不从系统中引出，就足以使吸氨塔内温度高达 120℃，结果将会完全失去吸氨作用，反而变成蒸馏过程。所以冷却是吸氨过程的关键。冷却越好，吸氨越完全。但实际生产过程中，过冷也将造成杂质分离困难，所以一般温度应控制在 70℃左右为宜。

二、盐水吸氨的工艺流程及工艺指标控制

1. 工艺流程

吸氨塔是一个多段铸铁单泡罩塔，是完成吸氨操作的主要设备。如图 10-6 所示，精制以后的二次饱和盐水经冷却至 35 ~ 40℃后进入吸氨塔，盐水由塔上部淋下，与塔底上升的气氨进行逆流接触，以完成盐水吸氨过程。此时放出大量热，会使盐水温度升高。因此需将盐水从塔中抽出，送入冷却排管 6 进行冷却后再返回中段吸收塔。同理吸氨后氨盐水从塔中部抽出经过冷却排管 7 降温后，返回吸收塔下段。由吸收塔下段出来的氨盐水经循环段贮桶 8、循环泵 9、冷却排管 10 进入循环冷却吸收，以提高吸收率。

精制后的盐水虽已除去 99% 以上的钙镁，但难免仍有少量残余杂质进入吸氨塔，形成碳酸盐和复盐沉淀。为保证氨盐水的质量，成品氨盐水经澄清桶 11 除去沉淀，再经冷却排管 12 后进入氨盐水贮桶 13，经氨盐水泵 14 将其送往碳酸化系统。

用于精制盐水吸氨的含氨气体，导入吸氨塔下部和中部，与盐水逆流接触吸收后，此尾气由塔顶放出，经真空泵 15，送往二氧化碳压缩机入口。

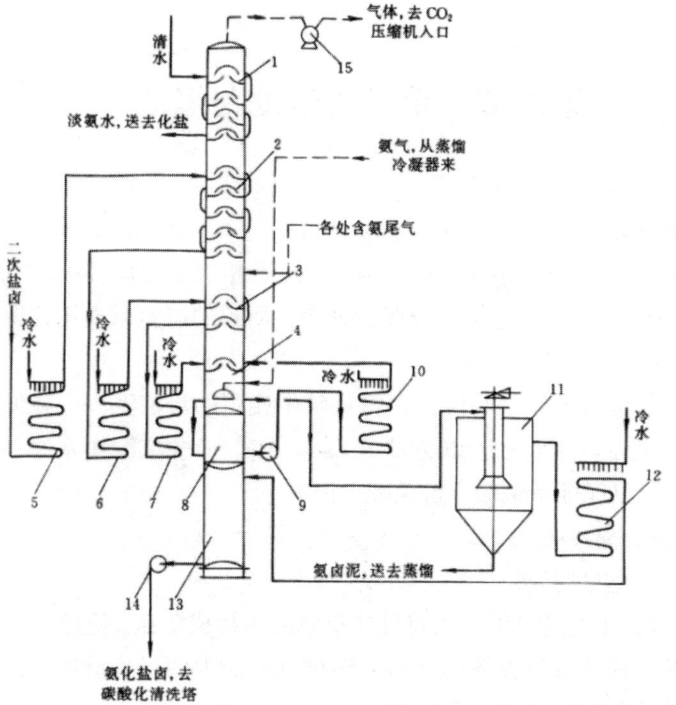

图 10–6　吸氨流程示意

2．工艺条件的选择

（1）盐水吸氨浓度

经冷却至 35 ～ 40℃的精制盐水及已冷却至 50℃的由蒸氨塔出来的含氨气体，两者一起导入吸氨塔进行吸氨操作。由于吸氨是放热过程，所以盐水吸氨必须采用边吸收边冷却的工艺流程。显然，氨盐水浓度不能太高，否则会降低吸氨效率。低温不仅对吸氨有利，而且可以减少其中的水蒸气含量，以避免盐水过于稀释。但温度过低会生成（NH_4）$_2CO_3 \cdot H_2O$、NH_4HCO_3、NH_4COONH_2 而结晶出来，将设备和管道堵塞。一般来讲，吸氨塔中部温度不得超过 60 ～ 65℃。

（2）吸收塔内的压力

为了减少吸氨系统因装置不严密而泄漏气体，以及考虑保护操作环境，加快蒸氨塔内 CO_2 和 NH_3 的蒸出，提高蒸氨塔的生产能力，节约蒸汽用量等因素，吸氨操作一般在微负压下进行的。

第四节 重碱的过滤与煅烧

一、重碱的过滤

碳化取出液中含有 45% ~ 50%（体积）的固相 $NaHCO_3$，须通过过滤设备将 $NaHCO_3$（俗称重碱）结晶浆与母液分离，分离后所得的湿重碱再送往煅烧炉以制取纯碱，母液送往蒸氨工段处理。

重碱过滤时，须对滤饼进行洗涤，将重碱中残留的母液洗去，降低成品纯碱中氯化钠的含量。洗涤宜用软水，以免带入 Ca^{2+}、Mg^{2+} 形成沉淀堵塞滤布。同时，洗水量应控制适当，以保证重碱的质量及减少损失。

1. 重碱过滤分离设备

（1）转鼓式真空过滤机

借助于真空机（真空泵）的作用将过滤机滤鼓内抽成负压，使过滤介质层（滤布）两面形成压力差，随着过滤设备的运转，碳化悬浮液中的母液被抽走，重碱则被吸附在滤布上，然后由刮刀刮下。

真空过滤机主要由滤鼓、错气盘、碱液槽、压辊、刮刀、洗水槽及传动装置组成。真空过滤机滤鼓的工作原理见图 10–7。

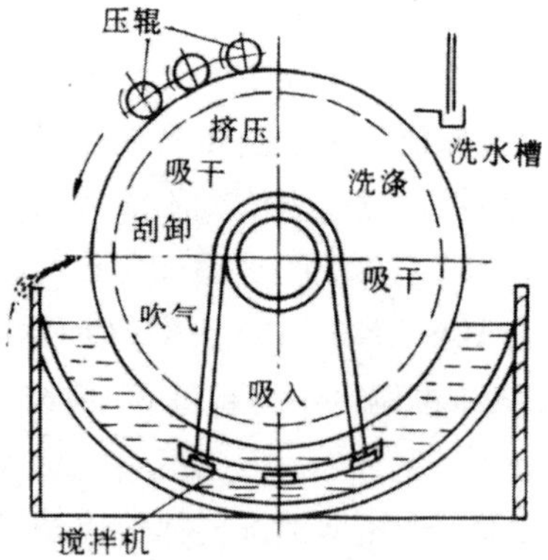

图 10–7 滤鼓旋转一周过程中的作用

滤鼓内有许多格子连在错气盘上，鼓外面有多块篦子板，板上用毛毡做滤布，鼓的两端装有空心轴，轴上有齿轮与传动装置相联，滤液及空气经空心轴抽到气液分离器。滤鼓旋转一周依次完成吸碱、吸干、洗涤、挤压、刮卸、吹除等过程。

为了不使重碱在碱液槽底部沉降，真空过滤机上附有搅拌机，搅拌机通过传动装置在碱液槽中来回摆动。

（2）筛网式离心机

利用离心力的作用使碳化取出液中的重碱与母液分离。这种分离设备流程简单，动力消耗低，不需要复杂的真空系统，湿重碱的含水量可降至10%以下，但对重碱的粒度要求较严，生产能力低且氨损耗大。

2. 真空过滤的流程及控制要点

真空过滤的简要流程如图10–8。由碳化塔底部取出的碱液经出碱液槽1流入过滤机的碱槽内，由于真空系统的作用，母液通过滤布的孔隙被抽入转鼓内，而重碱结晶则被截在滤布上。鼓内的滤液和同时被吸入的空气一同进入分离器5，滤液由分离器底部流出，进入母液桶6，用泵7送往吸氨工序，气体由分离器上部出来，经净氨洗涤后排空。

滤布上的重碱用来自高位槽2的洗水进行洗涤，经吸干后的重碱被刮刀刮落于皮带运输机4上，然后送往煅烧炉煅烧成纯碱。

真空过滤机的操作，主要是调节真空度，真空度的大小（一般为26.7～33.3kPa）决定过滤机的生产能力、重碱的含水量及成品纯碱的质量。其次是滤饼的洗涤，洗水温度应适宜。温度太高则$NaHCO_3$的溶解损失大，温度太低则洗涤效果差。洗水用量过多，除增加$NaHCO_3$溶解损失外，还会使母液体积增大，增大蒸氨负荷；洗水用量过少，则洗涤不彻底，难以保证重碱的质量。滤饼的洗涤一般控制$NaHCO_3$的溶解损失为2%～4%，所得纯碱成品中含NaCl不应大于1%。

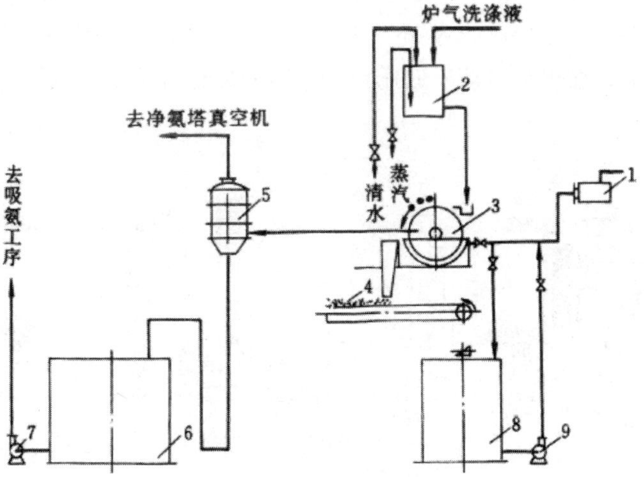

图10–8　重碱过滤流程示意

二、重碱的煅烧

1．重碱煅烧设备

（1）外热式回转煅烧炉

图 10-9 示出了一种外热式回转煅烧炉的结构。炉体是用钢板焊制而成的圆筒设备，加料口及出料口设有防止漏气的装置。炉体两端安有滚圈，架卧在两对托轮上，后托轮上有防止炉体轴向串动的凸缘，炉内有一条固定于两端的链条，链条与刮板相连，用以刮去炉壁上的附着物并搅拌打碎碱块。

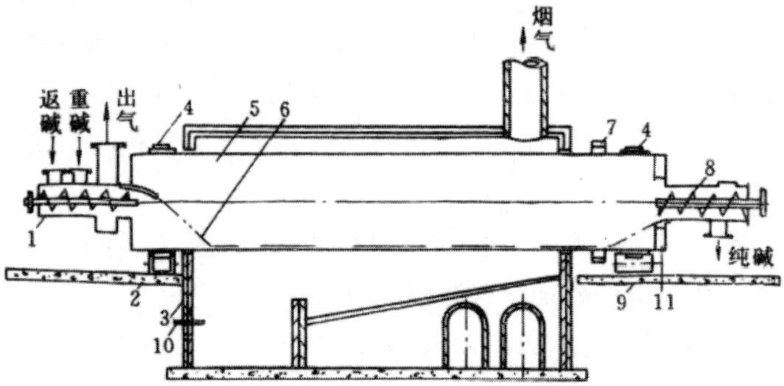

图 10-9　外压式重碱煅烧炉及炉灶

炉内用煤或重油为燃料加热，炉体每分钟转动 6 ~ 7 转。该炉因受结构限制，热效率较差，生产能力低，炉体易损坏，所以逐渐被内热式蒸汽煅烧炉所代替。

（2）内热式蒸汽煅烧炉

目前生产中使用较多的是内热式蒸汽煅烧炉，如图 10-10 所示。炉体为卧式圆筒形，常用规格为 Φ2.5m，长 27m，炉体上有两个滚圈，炉体与物料的质量通过滚圈支承在托轮上，在出料口端靠近托轮的炉体上装有齿轮圈，由此带动炉体回转。

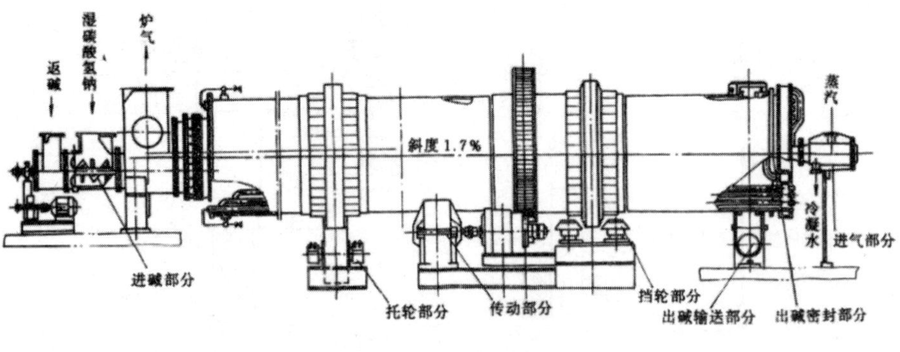

图 10-10　蒸汽煅烧炉

炉体内装有三层蒸汽加热管，管外焊有螺旋导热片以增大传热表面，气室设在炉尾，导入高压蒸汽后，冷凝水由原管回气室，并流入冷凝水室，经疏水器送往扩容器，闪蒸一部分蒸汽后，冷凝水返回锅炉。内热式蒸汽炉具有生产能力大，热效率高等特点。

（3）沸腾煅烧炉

20世纪70年代以来，流化态技术日渐运用于重碱煅烧，目前已有一定规模的生产。其特点是运转设备少，维护费用低，采用内返碱技术，简化了流程。重碱煅烧过程中，物料均一性好，提高了传质传热效果，生产强度大。

沸腾煅烧示意流程如图10–11所示。由锅炉送来的中压蒸汽作为热源，分别进入沸腾炉加热器，副炉加热器及沸腾气加热器，并在其中冷凝。冷凝水通过疏水器、节流装置后进入扩容器，闪蒸出低压蒸汽后，余水返回锅炉软水池。

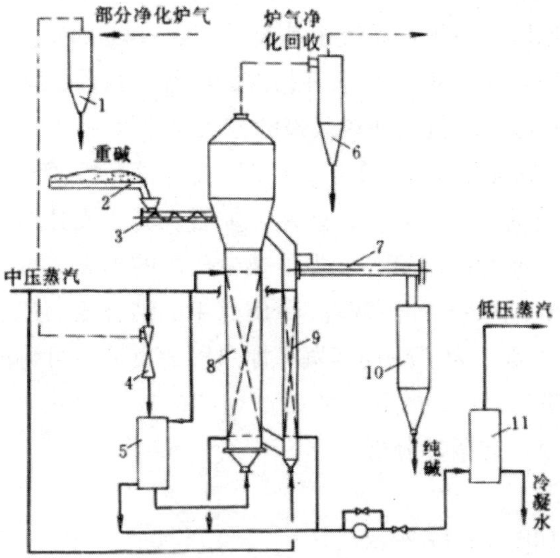

图10–11　沸腾煅烧流程图

中压蒸汽除用作热源外，还与部分炉气混合，再经加热器升温至160℃以上，进入沸腾炉作为沸腾用气。

重碱由螺旋输送机送入沸腾炉，在流化状态下受热分解为纯碱，然后经副炉及出碱螺旋输送机送入碱仓。重碱分解产生的炉气与沸腾用气混合由炉顶进入旋风分离器，分离回收碱粉以后的气体去炉气净化系统。

2．湿法分解

在纯碱生产中，湿法分解是将氨盐水碳酸化后的悬浮液直接加热分解得到

Na_2CO_3 水溶液的过程。这种方法亦称湿法煅烧，尤其适用于要求 Na_2CO_3 水溶液，且允许含有一定量的 Na_2CO_3 的情况下。因此，重碱的湿法分解越来越被人们所重视。

湿法分解反应是：

$$2NaHCO_3 — CO_2+H_2O+Na_2CO_3$$

当温度在 95 ~ 98℃时，有 75% 的 $NaHCO_3$ 被分解成 Na_2CO_3，其后分解速度越来越慢，直至所生成的 Na_2CO_3 与残留的 $NaHCO_3$ 达到平衡。

第五节　氨的回收

氨碱法生产中所用的氨是循环使用的，每生产 It 纯碱约需循环 0.4 ~ 0.5t 氨。由于逸散、滴漏等原因，还需往系统中补充 1.5 ~ 3.0kg 的氨。因此，减少氨的损失和尽量回收氨是氨碱法生产中一个不可忽视的问题。目前，氨碱法生产中，一般是将各种含氨料液汇集起来，再用加热蒸馏的方法回收氨。

含氨料液主要包括过滤母液和淡液（炉气洗涤液、冷凝液及含氨杂水）。过滤母液含有可直接蒸出的“游离氨”，以及需加石灰乳（或其他碱类物质）使之反应才能蒸出的结合氨（亦称固定氨）。为了减少灰乳的损失，可先将过滤母液中的游离氨和二氧化碳蒸出，然后再加石灰乳，分解其中的结合氨，使其变成游离氨而蒸出。

淡液中只含游离氨。为了减轻蒸氨塔加热段的负荷，可将淡液蒸馏与过滤母液蒸馏分别在两塔中进行，以回收其中的氨。

蒸氨工艺流程及工艺条件分析：

1．工艺流程

蒸氨工艺流程如图 10–12 所示。

蒸氨的主要设备为蒸氨塔，它包括母液预热器、精馏段、分液槽、加热段和石灰乳蒸馏段，其次还有气体冷凝器和预灰桶等。

母液预热器和气体冷凝器均由 7 ~ 10 个卧式水箱组成，管外走热气，管内走母液或冷却水。冷母液在母液预热器中与蒸出的热气体进行间壁换热，使其温度由 25 ~ 32℃升高到 70℃左右，而后进入预热段。同时，热气体温度由 88 ~ 90℃降到 65 ~ 67℃后进入气体冷凝器，其中大部分水汽经冷凝后进入吸氨塔。

加热段采用填料式结构，使气液接触良好，强化热量、质量传递。主要用来蒸出母液中的游离氨和二氧化碳。

石灰乳蒸馏段一般由十多个单菌帽形泡罩板组成，主要用来蒸出由石灰乳分解结合氨而得的游离氨。

来自重碱工序的母液由母液泵送到母液预热器经升温后，进入母液分配槽均匀洒下，在加热段填料中，与上升的热气体逆流接触，蒸出其中的游离氨和二氧化碳，最后剩下结合氨和盐的母液。

母液经加热段后，因其中结合氨在加热时不能分解，所以应先将母液引入预灰桶与石灰乳混合，此时大部分结合氨即转变成游离氨，再进入蒸氨塔下部的石灰乳蒸馏段蒸出游离氨。通过石灰乳蒸馏段以后，99% 的氨可被蒸出，含微量氨的废液由塔底排出。

蒸氨塔所需的热量是由塔底进入的低压蒸汽所提供的。每生产 It 纯碱约耗用蒸汽 1.5 ~ 2.0t。

2. 工艺条件分析

蒸氨需要大量热，工业生产中一般采用直接蒸汽加热。因为进入蒸氨塔底部的料液中含氨已较少，掺入蒸汽的凝液对其成分影响不大，同时还可省去庞大的换热设备。一般是将温度和压力不太高的蒸汽(0.16 ~ 0.17MPa)，由蒸氨塔底部直接通入，通过控制蒸汽压力和蒸汽用量使预热段底部液体温度达到 100℃左右，以尽量除净入塔母液中的游离氨和二氧化碳。

蒸氨过程主要工艺条件如下：

（1）压力。蒸氨塔上、下部的压力是不同的，蒸氨塔下部压力与直接入塔蒸汽压力相同，为 0.16 ~ 0.17MPa。对于蒸氨来说减压是有利的，故塔顶一般略呈约 666Pa 的真空，这样虽能防止氨的逸散损失，但却产生了系统漏入空气的可能，所以要求系统严密以免空气稀释氨气而不利于吸收。废液从塔底排出，是一个减压等焓过程，可释放出一部分蒸汽，可用作预热水以制石灰乳，也可通入小蒸馏塔，用以蒸出各种含氨杂水中的氨。

废液中氨的损失及热量消耗与液量成正比，故应避免液体过于稀释，所以石灰乳应适当稠些，一般以含 CaO 160 ~ 250 滴度为宜。

（2）温度。一般塔底温度维持在 110 ~ 117℃，塔顶温度维持在 80 ~ 85℃较好。在一定蒸汽压力下，用改变蒸汽用量及母液量来调节温度。如蒸汽用量不足，将导致液体抵达塔底时尚不能将氨逐尽而造成损失；若蒸汽用量过多，则温度也越高；氨蒸出固然可以完全，但气相中水蒸气分压也大大增加，当此气体用于饱和盐水吸氨时，将会稀释氨盐水。另外，温度越高，母液中氯化铵的腐蚀性也更加严重。

（3）灰乳的用量。用于蒸氨的石灰乳，一般含活性 CaO 浓度为 180 ~ 220 滴度，用量应比化学计量过量些以保证蒸氨完全。一般调和液中 CaO 过量不超过 1.2 滴度，这应根据母液流量及浓度、预热母液中含 CO_2 量和石灰乳的浓度、操作温度等因素来调节。

废液中的氨含量一般控制在 0.O28 滴度以下，废液中氨的含量是蒸氨操作效果的重要标志。若废液中氨含量过高，说明氨回收效果不好，造成氨的损失；若废液中氨含量过低，则加入灰乳必须过量很多，则易造成设备及管道堵塞。

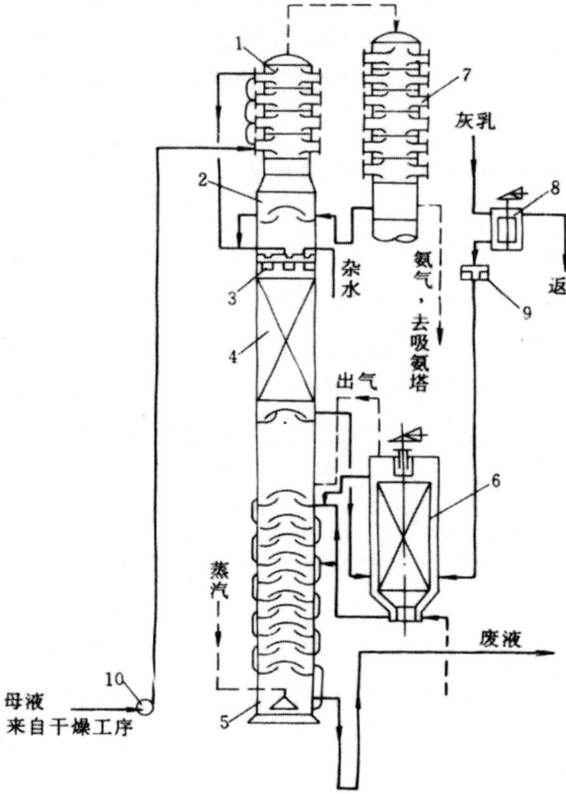

图 10-12　蒸氨流程

第十一章　电解法制烧碱

第一节　电解法制烧碱的基础内容

烧碱即氢氧化钠，亦称苛性钠。烧碱的工业品有液体和固体，其中液体为不同含量的氢氧化钠水溶液；固体白色不透明，常制成片、棒、粒状，或熔融态以铁桶包装。

氢氧化钠吸湿性很强，易溶于水，溶解时强烈放热。水溶液呈强碱性，手感滑腻；也易溶于乙醇和甘油，不溶于丙酮。烧碱有强烈的腐蚀性，对皮肤、织物、纸张等侵蚀剧烈；易吸收空气中的二氧化碳变为碳酸钠；与酸起中和作用而生成盐。

烧碱是一种基本的无机化工产品，广泛应用于造纸、纺织、印染、搪瓷、医药、染料、农药、制革、石油精炼、动植物油脂加工、橡胶、轻工等工业部门；也用于氧化铝的提取和金属制品加工。

烧碱工业生产有苛化法和电解法两种。苛化法是用纯碱水溶液与石灰乳通过苛化反应而生成烧碱；电解法是采用电解饱和食盐水溶液生成烧碱，并副产氯气和氢气。因此，电解法生产烧碱又称为氯碱工业。

早在 19 世纪初，人们已经研究烧碱生产的工业化问题。1884 年开始在工业上采用石灰乳苛化纯碱溶液生产烧碱；1890 年德国在哥里斯海姆（Griesheim）建成世界上第一个工业规模的隔膜电解槽装置投入生产；1892 年美国人卡斯勒（H.Y.castner）发明水银法电解槽。第二次世界大战后，随着氯碱产品从军用生产转入民用生产，以及石油化工的迅速发展，氯的需求量大幅度增加，更加促进了氯碱工业的发展。1969 年美国首先使用装备金属阳极的隔膜电解槽，为隔膜电解槽工艺技术的发展开辟了新纪元。1975 年世界上第一套离子交换膜法电解装置在日本旭化成公司投入运转。

我国最早的隔膜法氯碱工厂是 1929 年投产的上海天原电化厂（现在的天原化工厂前身）。国内第一家水银法氯碱工厂是锦西化工厂，于 1952 年投产。1974 年我国首次采用的金属阳极电解槽，在上海天原化工厂投入工业化生产。自 1986 年我国甘肃盐锅峡化工厂引进第一套离子膜烧碱装置投产以来，离子交换膜法电解烧碱技术迅速发展。1949 年全国烧碱的年产量仅有 1.5 万 t；到 1995 年我国烧碱的总生产能力为 450 万 t，其中离子膜烧碱能力 55 万 t 以上。

第二节　电解食盐水溶液的基本原理

一、电解过程基本定律及电流效率

电解过程为电能转化为化学能的过程。当以直流电通过熔融态电解质或电解质水溶液时，产生离子的迁移和放电现象，在电极上析出物质的过程。

电解过程中，在两个电极上究竟有哪种离子放电及其放电数量，即参加电化学反应的反应物与生成物之间，理论上存在严格的定量关系，这就是法拉第（Faraday）电解定律。

1．法拉第第一定律

电解过程中，电极上所生成的物质的质量与通过电解质的电量成正比，即与电流强度及通电时间成正比。

$$G=K\cdot Q=K*I\cdot t$$

式中：G——电极上生成物质的质量，g；

Q——通过的电量，A · s 或 A · h；

K——电化当量；

I——电流强度，A；

t——时间，s 或 h。

由上式可知，如果要提高电解生成物的产量，则要增大电流强度，或延长电解时间。

2．法拉第第二定律

将等量的直流电流通过电解质时，在电极上析出物质的量与电解质的当量成正比。

产生 1 克当量的任何物质都需要消耗同样多的电量 F，F 约等于 96500 库仑（以符号 C 表示）的电量，称为 1 法拉第，即：

$$1F=96500C=96500A\cdot s=26.8A\cdot h$$

根据法拉第第二定律，可计算出通过单位电量时，在电极上所析出物质的质量，其数值即为该物质的“电化当量”。但是，对某一具体物质而言，若所用的电量单位不同，当然“电化当量”的数值也就不同。工业生产中，常以 26.8A · h 来表示 1 法拉第电量。

3. 电流效率

实际生产过程中，由于在电极上要发生一系列的副反应以及漏电现象，所以电量不能完全被利用，实际产量比理论产量低。实际产量与理论产量之比，称为电流效率或电流利用率，用 n1 表示。

n1=（G 实际产量 /G 理论产量）× 100%

在现代氯碱工厂中，电流效率一般为 95% ~ 97%。

二、槽电压及电压效率

电解时电解槽的实际分解电压（或称操作电压）叫作槽电压。槽电压由理论分解电压、超电压以及各种电压降组成。

1. 理论分解电压

电解过程发生时所必须的最小外加电压叫作理论分解电压。它在数值上等于阳极析氯电位与阴极析氢电位之差的表示，可由能斯特（Nemst）方程或吉布斯 – 霍姆荷茨（Gibbs–He1mholtz）方程求得。

2. 过电位（超电压）

过电位系离子在电极上的实际放电电位与理论放电电位的差值。金属离子在电极上放电析出时的过电位并不大,但对于有气体析出的电极反应,则过电位就相当大。

从电解过程的动力学来讲，电极既起电子传递的作用，而其表面又相当于多相催化反应中催化剂表面的作用。因控制步骤的不同，电极表面所起的作用也不同。因此，过电位与多种因素有关，例如析出物质的种类、电极材料的性质、电流密度、电极表面特性、电解质溶液温度等对过电位均有影响。

在电解过程中，由于超电压的存在，无疑要多消耗一部分电能，这是不利的一面。但是，可以根据电解产物在电极上超电压的不同，采用不同的电解方法。例如，在隔膜法电解中，Cl^- 和 OH^- 都趋向阳极，单从离子放电效应来讲，由此可知，OH^- 应该先放电而逸出 O_2，但由于 O_2 在石墨电极上的超电压较高，相比之下 Cl_2 的过电位较低，这就形成了 OH^- 在阳极上的实际放电电位比 Cl^- 实际放电电位高，因而阳极上 Cl^- 先放电而逸出 Cl_2。同样在铁阴极上，虽然 H_2 比金属钠具有更高的超电压，但 H^+ 较 Na^+ 的理论放电电位要低得多。因此，在铁阴极上，总是 H^+ 先放电而逸出 H_2。

以水银为阴极的电解法中，H_2 在水银阴极上具有很高的超电压，当增加电流密度时，H_2 的超电压数值更大。与此同时，Na^+ 在水银阴极上放电，却由于去极化作用反而降低了分解电压，因而 Na^+ 在水银阴极上先放电变成钠汞齐。

3. 槽电压及电压效率

电解时加在电解槽两极上的实际操作电压称槽电压。它包括理论分解电压、超电压、电解质溶液电压及其他各种电压降。工业上隔膜电解槽的槽电压一般为 3.2 ~ 3.8V；水银电解槽的槽电压一般为 4.2 ~ 5.6V。理论分解电压与实际的槽电压之比叫作电压效率，以 ηe 表示，即 $\eta e=(E_{理}/E_{实})\times 100\%$

欲提高电压效率，必须降低电解槽的实际操作电压，这应以减少各种电压降着手。一般来说，隔膜电解槽的电压效率在 60% 以上。

三、电能效率

电解是利用电能来进行化学反应而获得产品的过程。因此，产品消耗电能的多少，是工业生产中的一个极为重要的技术经济指标。

第三节 隔膜法与水银法电解

一、隔膜法电解

本法是以石墨为阳极（或金属阳极），铁为阴极，采用石棉隔膜的一种电解方法。隔膜是由一种多孔渗透性材料做成。能将阳极产物与电极产物隔开，可使电解液通过，并以一定的速度流向阴极而可阻止 OH^- 向阳极扩散。

目前，工业上较多使用立式隔膜电解槽，工作原理如图 11-1 所示。

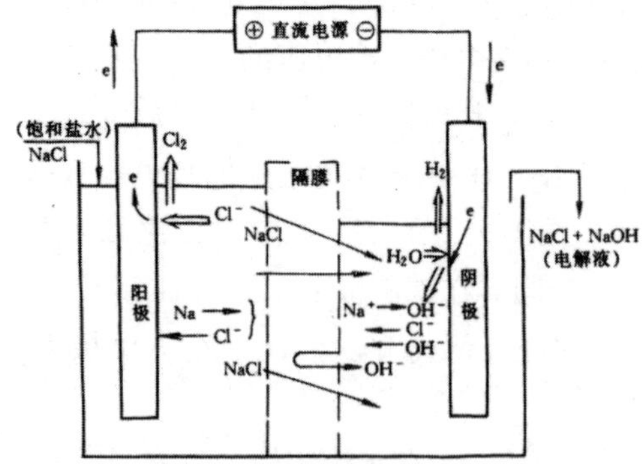

图 11-1 立式隔膜电解槽

1. 隔膜法电解工艺流程

（1）电解工艺流程

如图 11–2 所示。精制后的合格饱和食盐水，升高温度后进入盐水高位槽，槽内盐水保持一定液面，以确保盐水压力恒定。盐水从高位槽出来后，再经过盐水预热器，一般用蒸汽预热后，温升可到 75 ~ 80℃，盐水依自压平稳地从盐水总管经分导管连续均匀地加入电解槽中进行电解。

电解生成的氯气由槽盖顶部的支管导入氯气总管，送到氯气处理工序。氢气从电解槽阴极箱的上部支管导入氢气总管，经盐水 – 氢气热交换器降温后送氢气处理工序。生成的电解碱液从电解槽下侧流出，经电解液总管后，汇集于电解液贮槽，再由碱泵送至蒸发工序浓缩制得合格液碱产品。

（2）电解液的蒸发

由隔膜电解槽阴极室流出的电解液含有 NaOH 10% ~ 12%、NaCl 16% ~ 18%、SO_4^{2-} 0.1% ~ 0.6%。为得到符合商品规格的烧碱（NaOH ≥ 30%，NaCl ≤ 4.7%），还必须将电解液进行蒸发。

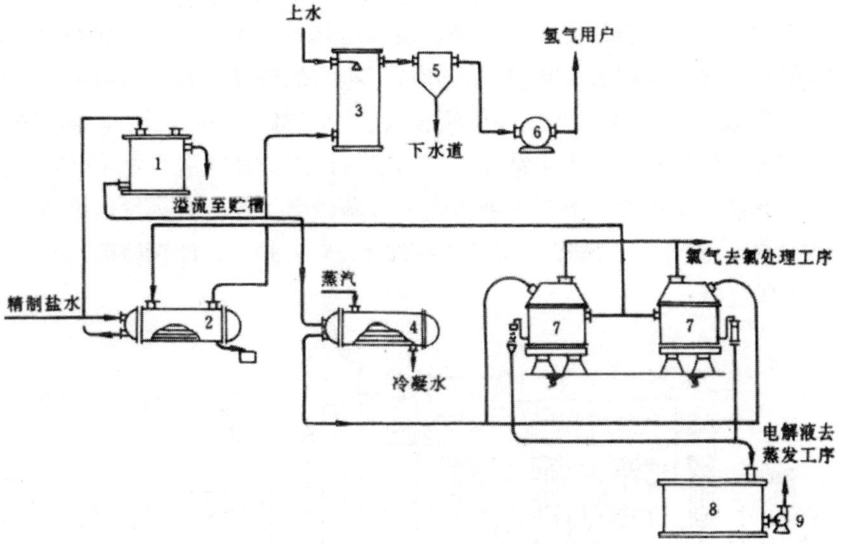

图 11–2　电解食盐水溶液工艺流程

1）电解液蒸发的主要目的

将含 NaOH 10% ~ 12% 的电解液浓缩，使之符合一定规格的商品液碱。

通过电解液浓缩，将其中氯化钠结晶分离出来，以提高碱液的纯度。并将分离得到的盐制成盐水，返回盐水精制工序使用。

2）电解液蒸发原理

本工序是借助于蒸汽，使电解液中的水分部分蒸发，以浓缩氢氧化钠。工业上该过程都是在沸腾状态下进行的。由于电解液中含有 NaOH、NaCl、NaClO 等多种物质，所以溶液的沸点是随着蒸发过程中溶液浓度的提高而升高，同时也与蒸发的操作压力有关。

应当指出，在电解液蒸发的全过程中，烧碱溶液始终是一种被 NaCl 所饱和的水溶液。

因而随着烧碱浓度的提高，NaCl 便不断地从电解液中结晶出来，从而提高了碱液的纯度。

为了减少加热蒸汽的耗量，提高热能利用率，电解液蒸发常在多效蒸发装置中进行。随着效数的增加，单位质量的蒸汽所蒸发的水分也越多，蒸汽利用的经济程度自然越佳；但蒸发效数过多，其经济效益的增加并不明显，故过多蒸发效数并不必要。实际生产中，通常采用二效或三效蒸发工艺。

3）电解液蒸发工艺流程

目前，工业生产中广泛采用的是三效顺流操作流程，如图 11–3 所示。

来自电解工序的电解液先入计量槽，由泵送往碱液预热器，预热器中用来自蒸发器的冷凝水加热，既回收了热量，又降低了蒸汽的消耗。经预热后的电解液依次进入一效、二效、三效蒸发器，直到碱液浓度为 25% ~ 30%。由于碱液浓度的提高，大部分溶解的食盐逐渐析出结晶。从第三效出来的盐碱混合物由碱液泵送至中间碱液贮槽，盐沉至槽底，上部清液流入浓效蒸发器。在浓效蒸发器中蒸至浓度为 42% ~ 45% 时，即可送入循环冷却系统冷却至 25 ~ 30℃，即得液碱产品；或送固碱工序制固体烧碱。

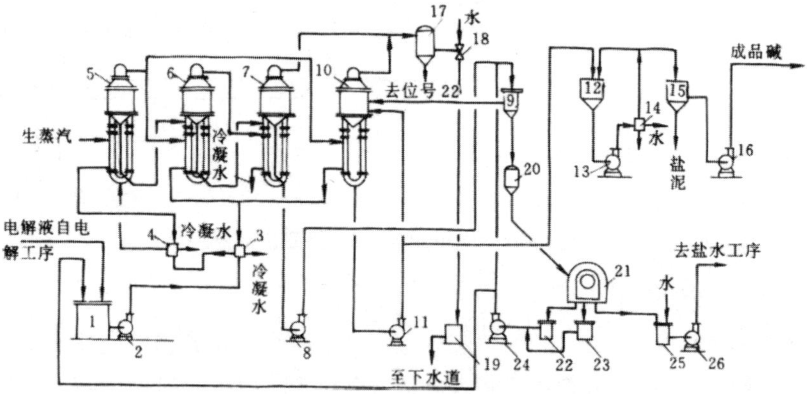

图 11–3　三效四体两段顺流蒸发流程

（3）固碱的制造

从蒸发工序来的液碱浓度一般不大于50%，其用途有限，且不便作长途运输和贮存。故常将一部分液碱制成固体烧碱。生产方法有间歇锅式蒸煮法和连续膜式蒸发法。

1）间歇锅式蒸煮法制固碱

采用铸铁锅以直接明火加热，生产过程分为蒸发、熔融和澄清，整个生产过程都在熬碱锅中进行。

液碱被加热至沸腾时水分不断蒸发，随着碱液纯度的提高，沸点也相应升高。碱液在蒸煮过程中，由于熬碱锅受高温浓碱的侵蚀，使碱液带有多种颜色。在开始阶段，铸铁锅被腐蚀生成棕黄色的FeO，再继续氧化生成棕红色的Fe_2O_3，与空气中氧反应，生成易溶于碱的物质Na_2FeO_4，颜色为蓝绿色。

$$8NaOH+2Fe_2O_3+3O_2 \rightarrow 4Na_2FeO_4+4H_2O$$

与此同时，铸铁中的杂质锰生成粉红色的MnO、黑色的MnO_2和蓝色的Na_2MnO_4，这些化合物都易溶于碱液中。随着碱液温度的提高，金属杂质被氧化，碱液的颜色也发生变化，低温时碱液呈蓝色或绿色，高温时呈红色。

工业生产中，为了分离铁、锰等杂质，采用硝酸钠氧化，再用硫黄还原，把颗粒细小、不易沉淀的二价铁和易溶于碱的六价锰转变成三价铁和四价锰。当熬碱锅内温度至500℃时，加入少量$NaNO_3$。

$$Fe+2H_2O \rightarrow Fe(OH)_2+H_2\uparrow$$

$$10Fe(OH)_2+2NaNO_3+6H_2O \rightarrow 10Fe(OH)_3\downarrow+2NaOH+N_2\uparrow$$

当温度降至400℃时，加入适量的硫黄，能使高价锰的化合物还原成二氧化锰沉淀，与液碱分离：

$$6NaOH+4S \rightarrow 2Na_2S+Na_2S_2O_3+2H_2O$$

$$Na_2S+4Na_2MnO_4+4H_2O \rightarrow Na_2SO_4+8NaOH+4MnO_2\downarrow$$

$$Na_2S_2O_3+4Na_2MnO_4+3H_2O \rightarrow 2Na_2SO_4+6NaOH+4MnO_2\downarrow$$

熔融碱的温度降至330℃时，即用碱泵注入铁桶包装，待自然冷却后即为成品固碱。

2）连续膜式蒸发法制固碱

根据薄膜蒸发的原理，采用升、降膜蒸发器，分别用蒸汽和熔融盐加热，将45%的液碱浓缩为熔融碱，经冷却制得固碱。

膜式蒸发法制固碱流程如图11-4所示。

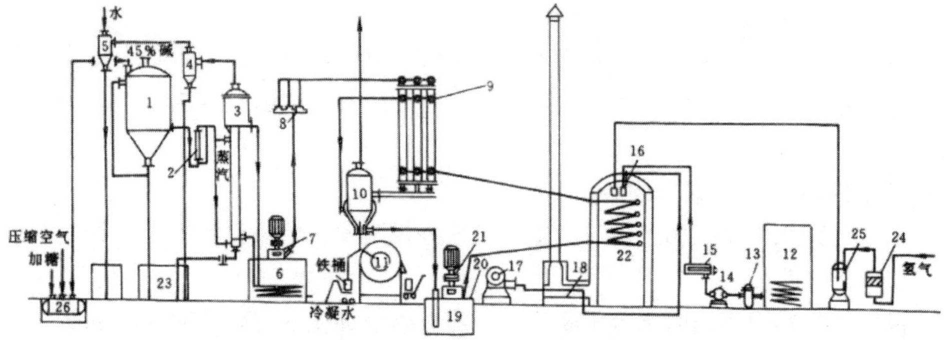

图 11–4 连续法膜式蒸发固碱生产流程示意

由蒸发工序送来的合格的 45% 液碱至高位槽，经计量后送入升膜蒸发器，用 0.3 ~ 0.4MPa（表压）的蒸汽加热，碱液在升膜蒸发器内呈膜状沿管壁上升，被浓缩至 60% 左右，温度约 110℃。然后从蒸发室下部出口流入 60% 碱液缓冲罐，再由液下泵将碱液送至碱液分配管后进入降膜蒸发器。碱液在降膜蒸发器中沿管内壁成膜状下降，被熔融盐加热，浓缩成熔融烧碱流入成品分离器。成品分离器中的熔融烧碱温度一般控制在 395 ~ 415℃，经液封装置自动流出，直接灌桶包装或流入片碱机制成片碱。

熔融盐由 7%$NaNO_3$、40%$NaNO_2$ 及 53%KNO_3 组成。开车前将这三种固体盐加入熔融槽内用电加热器加热至 180 ~ 0℃，使其呈熔融状，然后用液下泵送入加热炉加热至 425℃左右，再送入降膜蒸发器。与降膜蒸发器内的碱液进行热交换后流入成品分离器夹套，最后回流到熔融盐贮槽循环使用。

2. 隔膜电解槽的构造

隔膜电解槽是隔膜法电解生产中的主要设备，根据隔膜的安装方式不同，可分为水平式和立式两种。水平式隔膜电解槽在氯碱工业发展初期被采用，最初采用石墨阳极、铁阴极和石棉隔膜，后来为了延长隔膜的使用寿命，又采用改性石棉隔膜。自 60 年代后期，逐步以金属阳极代替石墨阳极，降低了氯的过电位，同时也解决了炭末堵塞隔膜而缩短隔膜使用寿命的问题，也为隔膜电解槽的大型化，提高电流密度，延长运转周期创造了条件。

目前生产中所使用的一般为立式吸附隔膜金属阳极电解槽。如图 11–5 所示，它由槽盖、阴极箱体、阳极片和底板以及隔膜等组成。

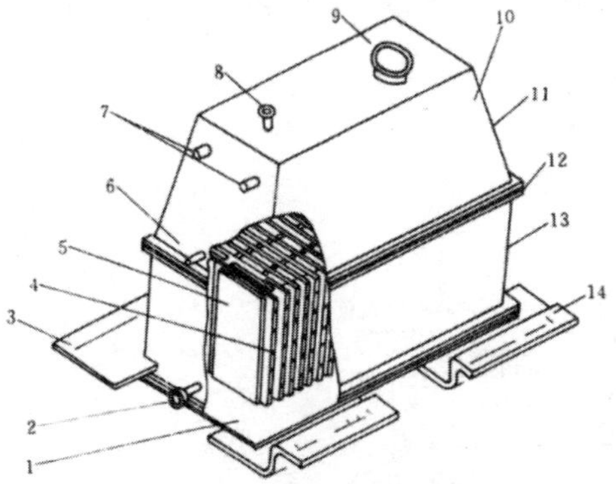

图 11-5　金属阳极隔膜电解槽

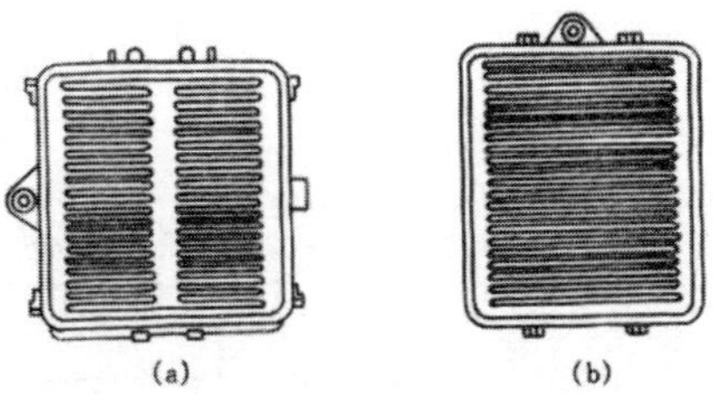

图 11-6　隔膜电解槽阴极两种型式

（1）槽盖

隔膜电解槽使用金属阳极代替石墨阳极以后，将过去笨重的混凝土槽盖改为钢衬胶或玻璃纤维增强塑料（FRP）槽盖。盖顶有氯气出口、氯气压力表接口及防爆膜，侧部有盐水进口、阳极液位计接口。

（2）阴极组件

由箱体、阴极网袋及导电铜板组成。阴极箱体是用钢板焊成的无底无盖的长方形框，在箱体上有氢气和电解液出口管，外侧有导电铜板，使电流均匀分布在阴极网袋上。阴极网袋一般由镀锌铁丝编织而成，铁丝网应有足够的导电面积，并且表面力求平整，以使石棉纤维均匀沉积在铁丝网袋表面上。阴极的结构形式如图 11-6 所示。

（3）阳极组件

由阳极片和钛 - 铜复合棒焊接而成。阳极片采用 1.0 ~ 1.5mm 钛板冲压扩张成菱形网片，经处理后涂上钌钛涂层。钛 - 铜复合棒是在铜棒上包裹上一层钛皮的复合体，在棒的一端有螺纹，可与阳极底板紧固。菱形阳极网片焊在钛 - 铜复合棒上，阳极片通过钛 - 铜复合棒一端的螺栓紧固在铜导电板上。

二、水银法电解

以石墨为阳极，以水银为阴极的电解方法称为水银法电解。水银法电解也是电解饱和食盐水生产烧碱的重要方法之一。

水银法电解较隔膜法电解而言，阴极材料采用水银，阴、阳极之间没有隔膜，电解槽由两个相联的设备——电解室和解汞精制盐水室组合而成。电解室中产生氯气，解汞室中产生氢气和氢氧化钠，这就从根本上解决了 NaOH 与 Cl_2 以及 H_2 与 Cl_2

的混合问题。另外，在解汞过程中，通过控制加入一定水量，使烧碱浓度提高。因此，水银法电解可以生产高纯度、高浓度的烧碱。

水银法电解和解汞的示意流程如图 11-7 所示。

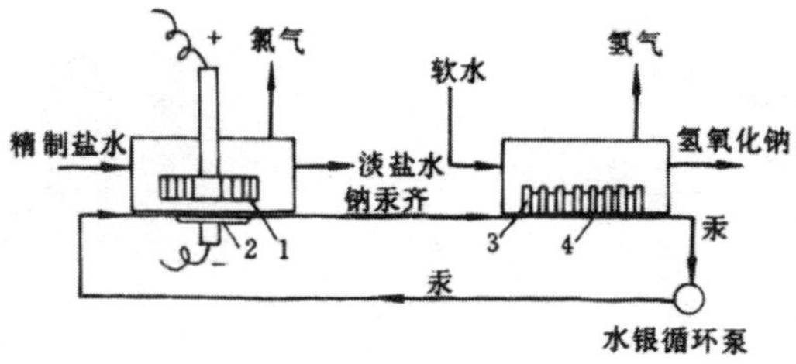

图 11-7　水银电解槽的流程

第四节　离子交换膜法电解

离子交换膜法电解食盐水溶液，在 20 世纪 50 年代开始研究，直到 1966 年美国杜邦（Dupout）公司开发了化学稳定性较好的离子交换膜（Nafion 膜）以后，日本旭化成公司于 1975 年开始工业化生产，为离子膜法电解食盐水工业化奠定了基础。

离子膜法烧碱较传统的隔膜法、水银法，具有能耗低、产品质量高、占地面积小、生产能力大及能适应电流昼夜变化波动等优点。另外彻底根治了石棉、水银对环境的污染。因此，离子膜法烧碱是氯碱工业发展的方向。

一、电解原理

在离子交换膜法电解槽中，由一种具有选择透过性能的阳离子交换膜将阳极室和阴极室隔开，该膜只允许阳离子（Na^+）通过进入阴极室，而阴离子（Cl^-）则不能通过。在阳极上和阴极上所发生的反应与一般隔膜法电解相同。

离子交换膜法制碱的原理如图 11-8 所示。

饱和精制盐水进入阳极室，去离子水加入阴极室。导入直流电时，Cl^- 在阳极表面放电产生 Cl_2 逸出，H_2O 在阴极表面放电生成 H_2，Na^+ 通过离子膜由阳极室迁移到阴极室与 OH^- 结合成 NaOH。通过调节加入阴极室的去离子水量，可得到一定浓度的烧碱溶液。

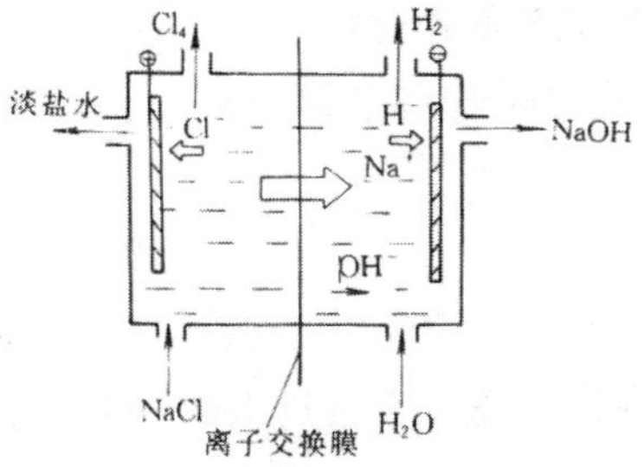

图 11-8 离子膜电解制碱原理示意

二、工艺流程

离子膜法电解工艺流程如图 11-9 所示。

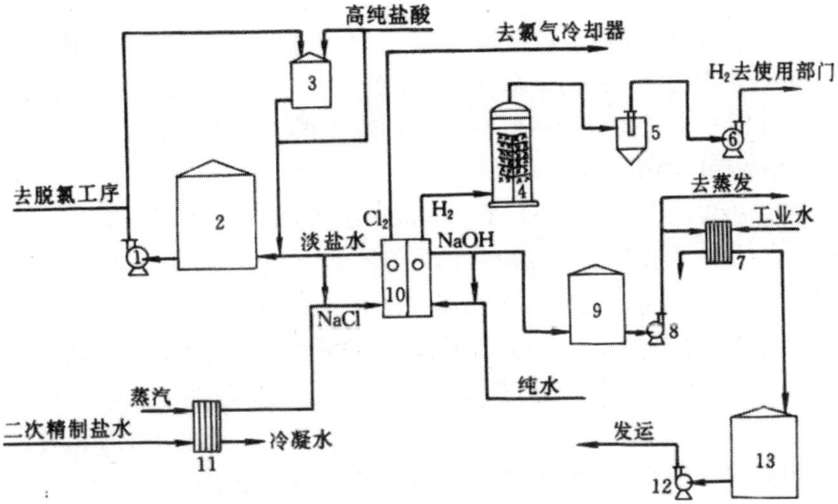

图 11-9 离子膜电解工艺流程

二次精制盐水经盐水预热器升温后送往离子膜电解槽阳极室进行电解；纯水由电解槽底部进入阴极室。通入直流电后，在阳极室产生的氯气和流出的淡盐水经分离器分离后，湿氯气进入氯气总管，经氯气冷却器与精制盐水热交换后，进入氯气洗涤塔洗涤，然后送往氯气处理工序。从阳极室流出来的淡盐水，一部分补充到精制盐水中返回电解槽阳极室，另一部分进入淡盐水贮槽，再送往氯酸盐分解槽，用高纯盐酸进行分解。分解后的盐水回到淡盐水贮槽，与未分解的淡盐水充分混合并调节 pH 在 2 以下，送往脱氯塔脱氯，最后送到一次盐水工序重新制成饱和盐水。

三、离子交换膜法电解工艺条件分析

离子交换膜法是一种先进的电解法制烧碱工艺，对工艺条件提出了较严格的要求。

1．饱和食盐水的质量

盐水的质量对膜的寿命、槽电压和电流效率都有重要的影响。盐水中的Ca^{2+}、Mg^{2+}和其他重金属离子以及阴极室反渗透过来的OH^-结合成难溶的氢氧化物会沉积在膜内，使膜电阻增加，槽电压上升；还会使膜的性能发生不可逆恶化而缩短膜的使用寿命。SO_4^{2-}和其他离子（如Ba^{2+}等）生成难溶的硫酸盐沉积在膜内，也使槽电压上升，电流效率下降。

用于离子膜法电解的盐水，纯度远远高于隔膜法和水银法，须在原来一次精制的基础上，再进行第二次精制。

将一次盐水以炭素管式过滤器过滤，使其中悬浮物含量小于1×10^{-6}（质量分数）；而后以螯合树脂法再进行精制，使钙、镁含量小于2×10^{-8}（质量分数）。

只要将盐水中的钙、镁离子总量保持在2×10^{-8}（质量分数）以下，硫酸根离子浓度在4g/L以下，就能保证膜的使用寿命和较高的电流效率。

2．电槽的操作温度

离子膜在一定的电流密度下，有一个取得最高电流效率的温度范围。当电流密度下降时，电槽的操作温度也相应降低，但不能低于65℃，否则电槽的电流效率将发生不可逆转的下降。这是因为温度过低时，膜内的$-COO^-$离子与Na^+结合成$-COONa$后，使离子交换难以进行；同时阴极侧的膜由于得不到水合钠离子而造成脱水，使膜的微观结构发生不可逆改变，电流效率急剧下降。

槽温也不能太高（92℃以上），否则产生大量水蒸气而使槽电压上升。因此，在生产中根据电流密度，电槽温度控制在70 ~ 90℃。

第十二章　催化加氢与催化氧化

第一节　催化加氢的基础内容

催化加氢反应中氢的来源：

催化加氢所用氢气主要是由含氢物质转化而来。大致有如下几方面来源：

①水电解制氢；

②石油炼厂催化重整装置及脱氢装置副产氢气；

③烃类裂解生产乙烯，副产氢气；

④焦炉煤气分离得到氢气；

⑤烃类转化制氢气。

利用烃类转化制氢气，是工业上经常采用的方法，如天然气及石脑油转化可制氢气，煤和焦气化可制氢气。在烃类中，甲烷的含氢量最高，故甲烷是理想的制氢原料。天然气的主要成分是甲烷，所以在有天然气资源的地方，大多以天然气为原料制氢。由甲烷制氢主要有两种方法：水蒸气转化法和部分氧化法。现分别简要介绍。

1．水蒸气转化法

高温下，甲烷与水蒸气在镍催化剂的作用下，转化生成 H_2、CO、CO_2。

$$CH_4+H_2O\ (g)=CO+3H_2$$

$$CH_4+2H_2O\ (g)=CO_2+4H_2$$

生成的 CO 和水蒸气在一定条件下转化成 CO_2 和 H_2。

$$CO+H_2O\ (g)=CO_2+H_2$$

烃类水蒸气转化制氢的工艺流程如图 12-1 所示。

经过脱硫预处理的原料气与水蒸气混合后进入转化炉，炉内装一定数量的列管，管内装有镍系催化剂，操作压力 2.0MPa，反应温度 800℃左右。在催化剂的作用下，混合气体转化成氢、一氧化碳和二氧化碳。从转化炉出来的转化气，经废热锅炉回收热量，用急冷水冷却至 380 ~ 400℃，进入中温变换反应器，使其中的 CO 含量降至 3%（体积分数）左右。变换后的气体经换热冷却至 180 ~ 200℃后进入低温变换反应器，使其中的 CO 含量降至 0.3%（体积分数）左右。

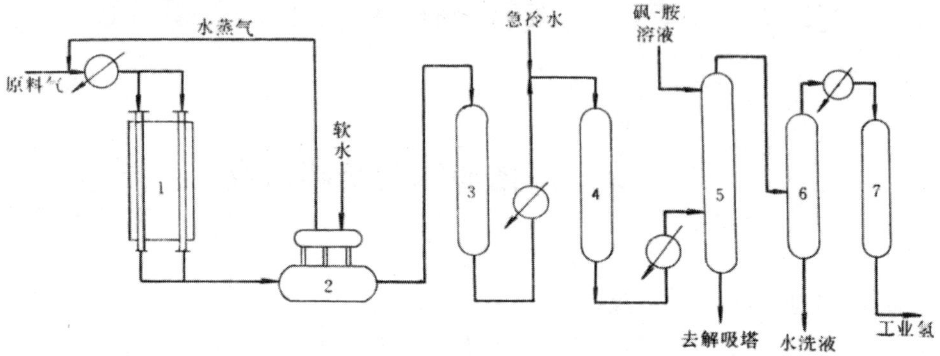

图 12–1　烃类水蒸气转化氢工艺流程

将此转化气用环丁砜 – 乙醇胺溶液在吸收塔中吸收以除去其中的 CO_2，使其含量降至 0.3%（体积分数）以下。吸收塔顶出来的粗氢气经水洗除去夹带的环丁砜 – 乙醇胺溶液，加热至 300℃后进入甲烷化反应器，在镍 – 铝催化剂的作用下，其中残余的 CO、CO_2 与氢反应生成甲烷，制得的工业氢气中氧化物含量低于 0.1%（体积分数）。此工业氢气中氢含量 98%，可用于加氢合成和加氢精制。

由甲烷和水蒸气转化生成的 CO 和 H_2 的混合气，可直接用于合成甲醇，因此也称为合成气。表 12–1 是以天然气为原料，用水蒸气转化制得的合成气组成。

表 12–1　合成气组成　（单位：%）

序号	CO_2	CO	H_2	CH_4	N_2
1	0.3	31.9	67.1	0.6	0.12
2	0.5	32.0	65.6	0.5	1.7
3	2.6	34.5	61.4	0.3	1.4
4	11.22	13.12	70.36	4.68	0.62

2．部分氧化法

将甲烷部分氧化，也可制得氢气，其反应如下：

$$CH_4+(1/2)O_2 \rightarrow CO+2H_2$$

制得的合成气含氢气为 60% 左右，含 CO 为 35% 左右。

另外，其他含氢气体（如焦炉煤气）可采用吸附法将氢气分离出来。工业上通常采用变压吸附分离法。如焦炉煤气压力高时通过分子筛吸附剂，氢气被分离出来，其他组分被吸附，压力低时分子筛脱吸再生。此法生产的氢气经催化燃烧脱氧器将其中微量氧脱去后，所制得氢气可达到较高纯度。

第二节　催化氧化的基础内容

一、催化氧化反应在有机化学工业中的地位

催化氧化反应在有机化学工业，特别是在石油化学工业中有着十分重要的地位。这是因为随着石油化学工业的迅速发展，烷烃、烯烃和芳烃等基础有机原料的产量稳步上升，而进一步将这些基础有机原料转化为各种有机化工产品的主要手段之一是通过催化氧化来实现，特别是近年来对催化氧化反应催化剂的不断研究开发，催化氧化技术及工艺过程的不断改进完善，使氧化产品类型不断扩大，给基本有机化工的发展带来了新的前景。产品中有些是有机化工的重要原料和中间体，有些是三大合成材料的重要单体，有些是用途极广的溶剂，这些产品在化学工业乃至整个国民经济中都占有十分重要的地位。

二、催化氧化反应过程的共性

1. 强放热性

所有的催化氧化反应均为强放热反应，特别是完全氧化反应，其释放的热量要比部分氧化反应放热大 8 ~ 10 倍。因此在氧化过程中，反应热的移走是一个主要而又关键的问题。如果不能有效及时地移走反应热，则会使反应温度迅速升高，而温度升高会导致催化剂选择性下降，从而加剧完全氧化反应的进行，致使反应温度无法控制而引起“飞温”，甚至发生爆炸。

2. 不可逆性

几乎所有的催化氧化反应都是不可逆反应，都能进行到底，即平衡常数相当大。如乙烯和醋酸催化氧化制醋酸乙烯，温度为 170℃时，其平衡常数 $K_p \approx 10^{24}$，即在热力学上占绝对优势。因此，在研究催化氧化反应时，应着重考虑其他影响因素，而不必考虑化学平衡问题。

3. 多途径氧化性

烃类催化氧化反应由于反应条件不同，所选用的催化剂不同，可氧化成多种产

物。例如，丙烯催化氧化反应可能发生的氧化途径如下：

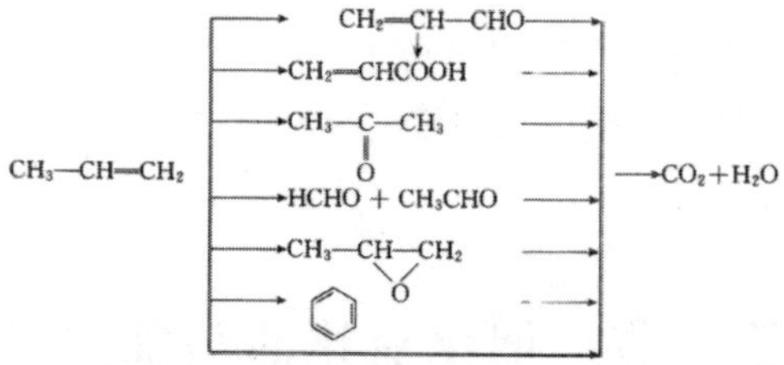

对于这样一个复杂反应系统，要使反应尽可能朝着所要求的方向进行，得到所需产品，必须采用选择性和活性较强的催化剂及适宜的反应条件。常用的催化剂有过渡金属、过渡金属氧化物及其盐类。

4．易爆性

催化氧化反应极易爆炸。原料烃和氧均有一个爆炸极限，所以原料配比一般要求在爆炸极限之外，而进料比往往与理论值相差甚远，这给生产带来一定困难，因此实际生产中对工艺条件的选择和控制应特别注意安全。

三、氧化剂的选择

氧化反应所采用的氧化剂有许多种，其中最具价值的氧化剂是气态氧，可以是空气，亦可以是纯氧。此类氧化剂来源丰富，无腐蚀性，但其氧化能力较弱。以空气为氧化剂，优点是容易获得，比较安全，但动力消耗较大，排放尾气量大。以纯氧为氧化剂，优点是设备体积较小，排放尾气量少，但需空分设备。

催化氧化反应根据其所采用催化剂的类型及反应物系相态的不同，可分为均相催化氧化反应和非均相催化氧化反应两大类。

第三节　催化加氢反应的基本原理

一、催化剂

在化学工业中很多重要的化学反应从热力学上分析是可行的，但是反应速度较慢，必须使用催化剂（工业上称触媒），提高其反应速度，才能实现工业规模生产。加氢反应即属于此种类型。不同的加氢反应，选用的催化剂也不一样，同一类型的加氢反应因选用不同的催化剂，其所需的反应条件也不相同，甚至反应产物也不同。

为了获得经济的催化加氢产物，应选择合适的催化剂，使反应条件尽可能避开高温高压。对催化剂除要求转化率高、选择性好外，还要求使用寿命长、价廉易得。

用于加氢的催化剂种类很多，常用的有 Pt、Pd、Cu、Ni、Co、Fe 等过渡金属元素及其氧化物、硫化物。

催化剂按其形态分有金属催化剂、骨架催化剂、金属氧化物催化剂、金属硫化物催化剂和金属络合物催化剂等。

1．金属催化剂

常用的加氢金属催化剂有 Ni、Pd，而尤以 Ni 最为常用。

金属催化剂是把金属分散于载体上，这样可节约金属，提高金属的利用率，增加催化剂强度和耐热性能。载体为多孔性物质，常用的催化剂载体有氧化铝、硅胶和硅藻土等。

金属催化剂的优点是活性高，低温下即可进行加氢反应，可应用于几乎所有官能团的加氢反应。其缺点是易中毒，对原料中杂质含量要求严格，含 S、N、As、P、C_1 等化合物均可使催化剂中毒。所谓使催化剂中毒，即是金属与毒物形成了强吸附，其活性中心被毒物占据，从而使催化剂失去活性，即称为催化剂中毒。中毒可分为暂时中毒和永久中毒两种。暂时中毒可进行再生，永久中毒无法再生。

2．骨架催化剂

将具有催化活性的金属和铝或硅制成合金，再用氢氧化钠溶液浸渍合金，将其中的部分铝和硅除去，得到活性金属的骨架，所以称为骨架催化剂。最常用的骨架催化剂是骨架镍，合金中镍占 40% ~ 50%，可用于各种类型的加氢反应。骨架镍具有较高的活性和机械强度。其他骨架催化剂有骨架铜、骨架钴等。

3．金属氧化物催化剂

催化加氢常用的金属氧化物催化剂有 MoO_3、Cr_2O_3、ZnO、CuO、NiO。这些金属氧化物可单独使用，也可混合使用，如 $CuO\text{-}CuCr_2O_4$ 系列催化剂（铜铬催化剂）、$ZnO\text{-}Cr_2O_3$、$CuO\text{-}ZnO\text{-}Cr_2O_3$ 等混合催化剂。此类加氢催化剂的抗毒性好，但其活性比金属催化剂低，要求有较高的反应温度和压力。由于要求反应温度较高，常在此类催化剂中加入高熔点组分（如 Cr_2O_3、MoO_3），以提高其耐高温性能。

4．金属硫化物催化剂

该类催化剂常用的金属硫化物有 MOS_2、WS_2、Ni_2S_3、Fe-Mo-S 等。其抗毒能力较强，但活性较低，所需反应温度较高，一般应用于加氢精制。

5．金属络合物催化剂

这类加氢催化剂的中心原子，大多是贵重金属，如 Ru、Rh、Pd 等，其特点是活性高，选择性好，反应条件缓和，一般常用于共轭双键的选择性加氢为单烯烃。

该类催化剂属液相均相加氢催化剂，由于催化剂可溶于加氢产物中，分离困难，会造成贵金属的损失，所以若采用此类催化剂，其分离与回收是关键问题。

二、作用物结构与反应速度之间的关系

化合物的结构对反应速度有一定影响。由于不同的化合物在催化剂表面的吸附能力不同，活化程度也不同，加氢时受到空间阻碍也不同，所以不同的化合物其对反应速度的影响也不同。另外，使用不同的催化剂，对反应速度的影响也不同。

第四节　一氧化碳加氢合成甲醇

甲醇是一种十分重要的基本有机化工原料，用途十分广泛。在发达国家中，甲醇产量仅次于乙烯、丙烯和苯，占第四位。1993 年世界甲醇产量为 2060 万 t，1996 年预计可达到 2560 万 t。我国 1995 年甲醇产量为 95 万 t，预计 1996 年可达 120 万 t。甲醇是生产三大合成材料、农药、染料和药品的原料。甲醇大量用于生产甲醛、对苯二甲酸二甲酯和醋酸等有机化工产品。近年来世界各国正在大力研究和开发利用煤及天然气资源，发展合成甲醇工业，以甲醇作代用燃料或进一步合成汽油，也可以从甲醇出发生产乙烯，以代替石油生产乙烯的原料路线。

一、催化剂及反应条件

1. 催化剂

合成甲醇的催化剂最早使用的是 $ZnO-Cr_2O_3$，该催化剂活性较低，所需反应温度较高（380 ~ 400℃），在高温下，为了提高平衡转化率，反应必须在高压下进行（30MPa），这种方法称为高压法。该法动力消耗大，对材质要求严格。20 世纪 60 年代英国卜内门化学工业公司研制成功了高活性的铜基催化剂。该催化剂活性高，性能良好，可以在较低的温度下进行反应，适宜的反应温度为 230 ~ 270℃，此时可采用较低的压力（5MPa），这种方法称为低压法。

随着甲醇生产装置的大型化（最大规模已达 60 万 t/a），低压法也显露出其设备庞大、布置不紧凑等弊端，如对一个日产 1000t 的装置，由于气量较大，气体管道直径需 5m 左右，其他设备也相应增加，这对设备制造和原料运输都带来了困难，因此又出现了中压法，将合成压力提高至 10 ~ 15MPa，其经济技术指标比低压法要好。

甲醇合成方法中，低压法和中压法的发展十分迅速，其成功的关键是采用了铜基高活性催化剂，该催化剂的使用成功，使合成甲醇由高压法发展成中、低压法，大大降低了生产成本和对设备材质的要求，减少了副反应的发生，是甲醇生产中的重大突破。

但是铜基催化剂对硫极为敏感，易中毒失活，且热稳定性较差，所以生产上对原料的净化和操作控制要求特别严格。70 年代后新建和扩建的合成甲醇工厂大都采用低压法工艺，故本书重点讨论低压合成法。低压法合成甲醇所采用的催化剂是 $CuO-ZnO-Al_2O_3$（Cr_2O_3）。纯的氧化铜和氧化锌活性非常低，加入少量的助催化剂可使其活性提高。最常用的助催化剂为 Cr_2O_3 和 Al_2O_3（Cr_2O_3 对 ZnO 助催化效果较好，Al_2O_3 对 CuO 的助催化效果较好）。ICI51-I 型低压法合成甲醇催化剂的大致组成如下：

$$CuO\ 60\% \times -ZnO\ 30\%-Al_2O_3\ 10\%$$

该催化剂需经活化后（将氧化铜还原成金属铜）才能使用。

催化剂的颗粒大小也有一定要求，适宜的颗粒大小要经过实验进行经济评价来决定。一般中、低压法要求催化剂颗粒为 Φ5.4mm × 3.6mm、Φ5mm × 5mm、Φ3.2mm × 3.2mm 的柱状，高压法要求为 Φ9mm × 9mm 的柱状。

催化过程是在催化剂表面进行的，因而单位催化剂的表面积（比表面积）的大小对催化剂的活性影响很大，锌基催化剂的比表面积为 $70m^2/g$ 以上。

2. 反应条件

工业生产上要求在一定的设备中有最大的生产能力，为此要选择最适宜的反应条件。反应条件主要是指温度、压力、空速和原料气组成等。为了最大限度减小合成甲醇时副反应的反应速度，提高甲醇的产率，除选择适宜的催化剂以外，选择合适的反应条件也是十分重要的。

（1）反应温度

反应温度影响反应速度和反应的选择性。一氧化碳加氢合成甲醇时反应温度对反应速度的影响基本符合烃类加氢反应的一般规律，也存在一最适宜反应温度。根据所采用的催化剂不同，所需最适宜温度也不同。例如，以 $ZnO-Cr_2O_3$ 为催化剂的高压法，由于催化剂活性较低，所需最适宜温度较高，一般为 380℃左右，对以 $CuO-ZnO-Al_2O_3$ 为催化剂的低压法，因催化剂活性较高，其最适宜温度较低，为 230 ~ 270℃（低于 200℃，反应速度较慢，高于 300℃，则催化剂会很快失活）。最适宜反应温度还与转化深度和催化剂的老化程度有关，一般为了使催化剂寿命延长，开始时宜采用较低温度，随着催化剂逐渐老化，反应温度逐步提高。

合成甲醇反应属放热反应，反应热必须及时移出，以避免催化剂升温过高产生烧结现象，使催化剂活性下降，同时避免副反应增加。因此在低压法合成甲醇时，必须严格控制反应温度，及时有效地移走反应热。

（2）反应压力

一氧化碳加氢合成甲醇的主反应与其他副反应相比，是分子数减少最多而平衡常数最小的反应，故压力增加，对加快反应速度和增加平衡浓度都十分有利。在铜基催化剂下，气相空速为3000H^{-1}，不同压力和一氧化碳的甲醇转化率的关系如图12–2所示，不同压力与甲醇生成量的关系如图12–3所示。

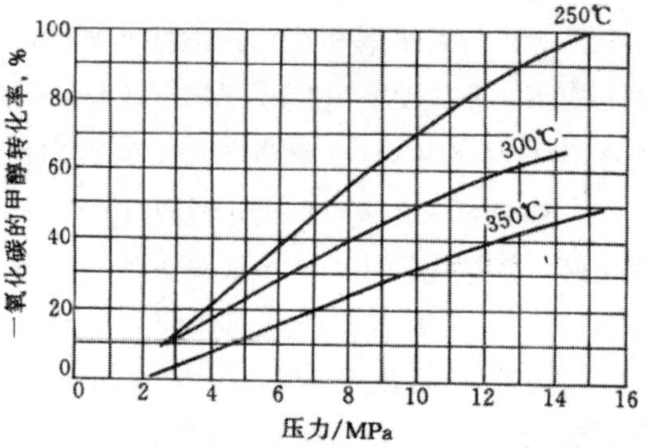

图12–2　合成压力与一氧化碳的甲醇转化率的关系

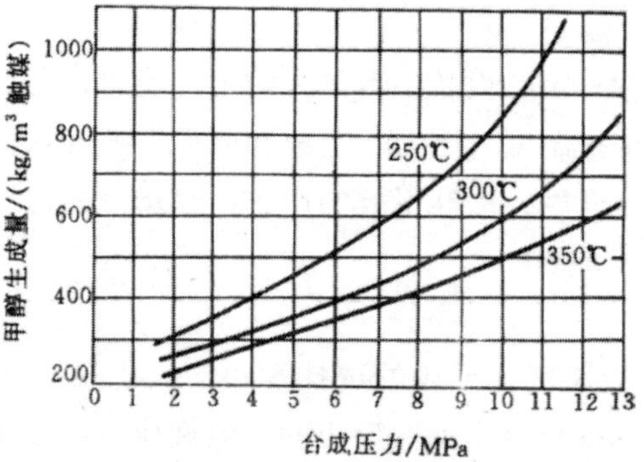

图12–3　合成压力与甲醇生产量的关系

从图12–2中可以看出，合成压力越高，一氧化碳的甲醇转化率越高。从图12–3中可以看出，合成压力越高，甲醇生成量越大。

合成反应所需压力与催化剂类型、反应温度等都有较密切的关系。当使用ZnO–Cr_2O_3作催化剂时，由于活性低，反应温度较高，则相应的反应压力也需较高（约为30MPa），以增加反应速度。当使用CuO–ZnO–Al_2O_3作催化剂时，由于活性较高，相应的反应温度较低，则反应压力也较低（约为5MPa）。

（3）空速

合成甲醇的空速大小，影响反应的选择性和转化率。合适的空速与催化剂的活性和反应温度有关。一般来说，空速低，物料接触时间较长，不仅会加速副反应的发生，生成高级醇，而且也会使催化剂生产能力下降。空速高，可提高催化剂生产能力，减少副反应，提高甲醇产品纯度。但空速太高，单程转化率降低，甲醇浓度降低，分离难度加大。一氧化碳加氢合成甲醇用铜基催化剂的低压法，适宜的空速 10000H^{-1} 左右［Nm^3/（m^3 催化剂 · h）］。

（4）原料气组成

合成甲醇反应原料气 H_2 ∶ CO 化学计量比为 2 ∶ 1。一氧化碳含量高，对温度控制不利，也会引起羰基铁在催化剂上的积聚而使催化剂失活。H_2 过量有利于反应热移出，反应温度较易控制，并可改善甲醇质量，提高反应速度。

合成气中氢和一氧化碳的比例对一氧化碳生成甲醇的转化率也有较大的影响，如图 12–4 所示。

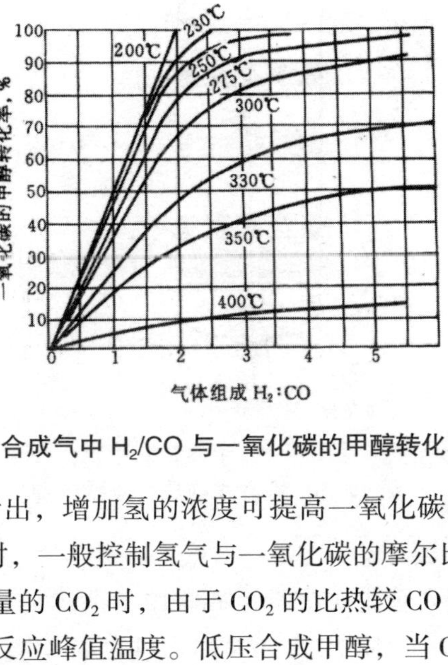

图 12–4　合成气中 H_2/CO 与一氧化碳的甲醇转化率的关系

从图 12–4 中可以看出，增加氢的浓度可提高一氧化碳的转化率。采用铜基催化剂的低压法合成甲醇时，一般控制氢气与一氧化碳的摩尔比为 2.2 ~ 3.0 ∶ 1。

原料气中含有一定量的 CO_2 时，由于 CO_2 的比热较 CO 的比热高，而其加氢反应热较小，所以可降低反应峰值温度。低压合成甲醇，当 CO_2 含量为 5%（体积）时甲醇产率最高。CO_2 的存在也可抑制二甲醚的生成。

二、合成反应器的结构与材质

合成甲醇反应器，亦称甲醇转化器或甲醇合成塔，是甲醇合成系统中最重要的部分。合成甲醇反应是一放热反应，根据反应热移出的方式不同，可将反应器分为绝热式和等温式两大类；按冷却方式的不同可分为直接冷却的冷激式和间接冷却的列管式两种反应器。下面介绍低压法合成甲醇所采用的冷激式和列管式两种反应器。

1．冷激式绝热反应器

这类反应器把反应床层分为若干绝热段，两段之间直接加入冷的原料气使反应气冷却，故称为冷激式绝热反应器。图 12–5 所示是此反应器的结构示意图。反应器主要由塔体、气体喷头、气体进出口、催化剂装卸口等组成。催化剂由惰性材料支撑，分成数段。反应气体由上部进入反应器，冷激气在段间用喷嘴喷入，喷嘴分布于反应器的整个截面上，以使冷激气与反应气混合均匀。混合后的温度正好是反应温度低限，混合气然后进入下一段进行反应。段中进行的反应为绝热反应，其温度升高但未超过反应温度高限，于下一段间再与冷激气混合降温后进入再下一段进行反应。

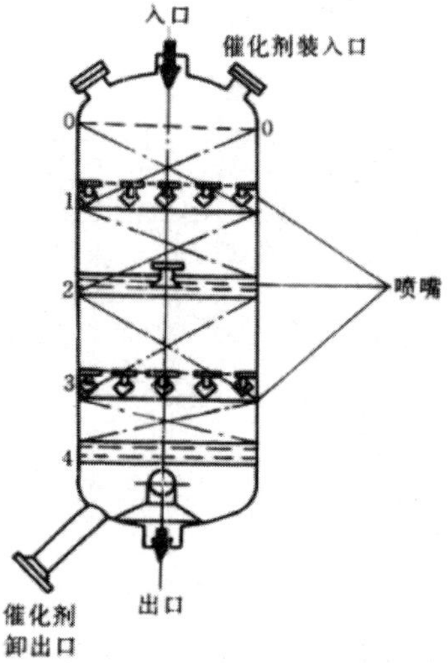

图 12–5　冷激式绝热反应器结构

2．列管式等温反应器

该类反应器类似于列管式换热器，如图 12–6 所示。催化剂装填于列管中，壳程走冷却水，反应热由冷却水带走，冷却水入口为常温水，出口为高压蒸汽。通过对蒸汽压力的调节，可方便调节反应温度，使其沿管长温度几乎不变，避免了催化剂的过热，延长了催化剂的使用寿命。列管式等温反应器的优点是温度易控制，能量利用较经济。

3．反应器的材质

合成气中含有氢气和一氧化碳，氢气在高温高压下会和钢材发生脱碳反应（即氢分子扩散到金属内部并和所含碳发生反应生成甲烷逸出，这种现象称为脱碳），会大大降低钢材的性能。一氧化碳在高温、高压下易和铁发生作用生成五羰基铁，引起设备的腐蚀，对催化剂也有一定的破坏力。

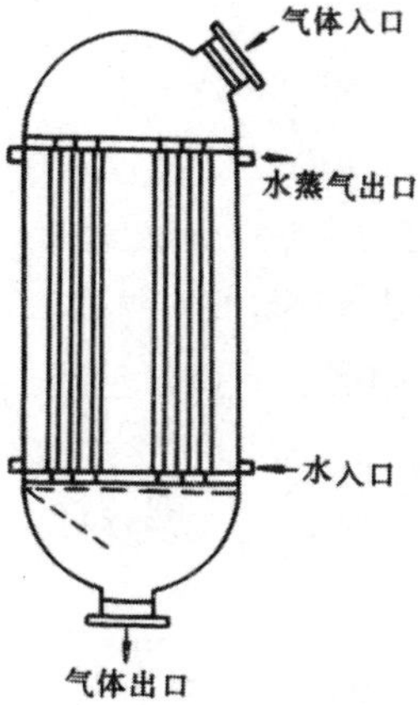

图 12-6　列管式等温反应器结构

三、一氧化碳加氢合成甲醇工艺流程

由于低压法技术经济指标先进，现在世界各国合成甲醇已广泛采用了低压合成法，所以本节主要介绍低压合成法。

1．低压法合成甲醇工艺流程

低压法合成甲醇的工艺流程简图如图 12-7 所示。

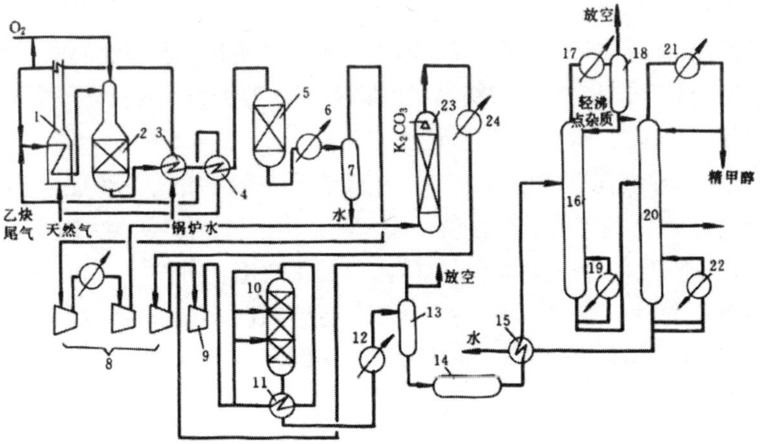

图 12–7　低压法合成甲醇的工艺流程

这是目前各生产厂家所普遍采用的工艺流程。由造气、压缩、合成、精制四大部分组成。本书主要讨论压缩、合成、精制部分。

利用天然气经水蒸气转化（或部分氧化）后得到的合成气，再经换热脱硫后（含硫不大于 5×10^{-7}（体积分数），经水冷却分离出冷凝水后进入合成气透平压缩机（三段），压缩至压力稍低于 5MPa，与循环气混合后在循环压缩机中压缩至 5MPa 后，进入合成反应器，在催化床中进行合成反应。合成反应器为冷激式绝热反应器，催化剂为 Cu–Zn–Al 系列，操作压力为 5MPa，操作温度为 240 ~ 270℃。由反应器出来的气体含甲醇 4% ~ 8%，经换热器与合成气热交换后进入水冷器，冷却后进入分离器，使液态甲醇在此与气体分离，经闪蒸除去溶解的气体，然后送去精制。分离出的气体含大量的 H_2 和 CO，返回循环气压缩机循环使用。为防止惰性气体积累，将部分循环气放空。

粗甲醇中除含有约 80% 的甲醇外，还含有两大类杂质。一类是溶于其中的气体和易挥发的轻组分如氢气、一氧化碳、二氧化碳、二甲醚、乙醛、丙酮、甲酸甲酯和羰基铁等；另一类是难挥发的重组分如乙醇、高级醇、水分等。可利用两个塔分别予以除去。

粗甲醇首先进入第一个塔（称为脱轻组分塔），经分离塔顶引出轻组分，经冷却冷凝后回收其中所含甲醇，不凝气放空。此塔一般为板式塔，有 40 ~ 50 块塔板。塔釜引出重组分（称釜液），进入第二个塔（称为脱重组分塔）。塔顶采出产品甲醇，塔釜为水，接近塔釜处侧线采出乙醇、高级醇等杂醇油。

采用此双塔流程获得的产品甲醇纯度可达 99.85%。

粗甲醇溶液呈酸性，为了防止管线及设备腐蚀，并导致甲醇中铁含量增加，应加入适量的碱液进行中和，一般控制 pH 为 7 ~ 9，使其呈弱碱性或呈中性。

若生产染料甲醇时，粗甲醇精制是以除去水分为目的，故只需一个脱水塔即可。

2．三相流化床反应器合成甲醇的工艺流程

三相流化床反应器合成甲醇的工艺流程是近年来开始试验研究的。该工艺流程单程转化率高，出口气体中甲醇含量可达 5% ~ 20%（体积），大大减少了循环气量，节省了动力消耗，反应器结构简单，单位体积催化剂比表面积大，温度均匀易于控制。缺点是气、液、固三相互相夹带，不利于分离，且堵塞设备，所以目前尚处于试验阶段。

三相流化床反应器合成甲醇的工艺流程如图 12–8 所示。

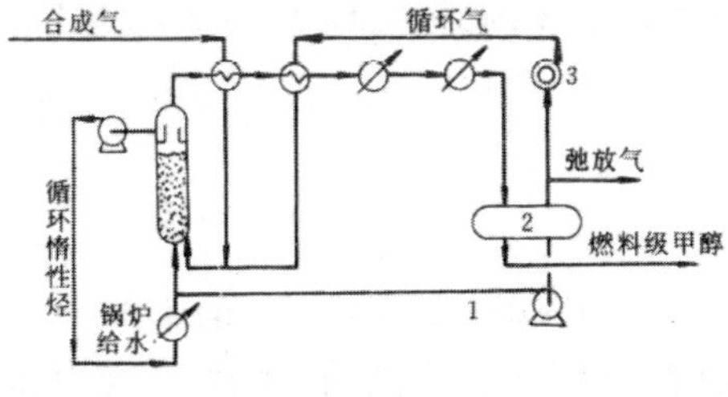

图 12-8　三相流化床反应器合成甲醇流程

合成气由反应器底部进入，液态烃也由底部进入反应器，反应器为一空塔，塔内用液态惰性烃进行循环，催化剂悬浮于液态惰性烃中，塔上部有一溢流堰，用于液态惰性烃溢流。合成气入塔后在塔内形成固、液、气三相流，在三相流中进行合成反应，反应热被液态惰性烃吸收。固、液、气三相在反应器顶部进行分离，催化剂留在反应器中；液态惰性烃经溢流堰流出，经换热器加热锅炉给水，产生蒸汽，回收其热量，然后用泵经反应器底部送回反应器；反应气体从反应器顶部出来，经冷却冷凝后分离出蒸发的惰性烃和甲醇。惰性烃返回反应器，甲醇送去精制，未凝气部分排放以维持惰性气体浓度，其余作为循环气经增压后返回合成反应器。

四、甲醇下游产品的开发与应用

甲醇是十分重要的基本有机化工原料之一，由它可以加工成一系列的有机化工产品，还可以合成甲醇蛋白、汽油添加剂及甲醇燃料等，具有广泛的用途。我国拥有丰富的煤炭资源，因此在我国发展煤化工具有十分重要的战略意义。从煤制甲醇再制甲醇系列产品是很有前途的技术路线。

1．甲基叔丁基醚及其他醚类

（1）甲基叔丁基醚（MTBE）

为了改善汽油的抗爆性能，必须添加一定量的四乙基铅，但是在排放的尾气中污染物含量增加，造成环境污染，发达国家已禁止使用含铅汽油，我国也规定1996年后要减少含铅汽油的产量。在汽油中添加一定量高辛烷值（115 ~ 135）的MTBE，可以促进汽油完全燃烧，并且可明显改善汽油的冷启动性能和加速性能。目前，世界许多国家已广泛使用MTBE，我国也开始应用MTBE。

（2）二甲醚（甲醚）

由甲醇脱水缩合而成二甲醚。该产品具有无色、无味、无毒、低黏度、高互溶性、高稳定性等优点，主要用于制造喷雾油漆、润滑剂、脱模剂、发胶摩丝、气雾香水、空气清新剂、杀虫剂、衣物除垢剂和家具光亮剂等，是一种用途广泛的化工原料。

2. 羧酸及其酯类

（1）醋酸

德国BASF公司于20世纪60年代在高温、高压条件下用甲醇和CO合成醋酸，并实现了工业化。自1980年以来，我国的醋酸生产能力和产量增长较快，1990年醋酸产量为35.8万t，仅次于美、日、德、英等国，但仍不能满足国内市场需要，所以应积极扩大甲醇羰基化生产醋酸的产量。

（2）甲酸甲酯

甲酸甲酯被称为万能中间体，由它可衍生出的反应有50多个。甲醇羰基化制甲酸甲酯是目前国外广泛采用的大规模生产甲酸甲酯的方法。即在甲醇钠催化剂的作用下，甲醇与合成气中的CO反应生成甲酸甲酯。另外甲醇在铜基催化剂作用下脱氢也可制得甲酸甲酯。此工艺目前已实现工业化。在V_2O_5/TiO_2催化剂作用下，甲醇经气相氧化直接制得甲酸甲酯。此法具有选择性高、产率高、生产工艺稳定、生产成本低等优点，工业化价值较大。

3. 甲醇汽油

甲醇的辛烷值很高，特别适应作高压缩化的内燃机燃料，以代替部分汽油和柴油。甲醇汽油的动力性与普通燃油相接近，若能解决甲醇汽油在低温或高含水状态的分层现象，则甲醇汽油应用前景广阔。

4. 甲醇单细胞蛋白

利用甲醇生产甲醇微生物蛋白是甲醇的又一应用新方向。

在适当的温度和pH下，在甲醇和无机盐组成的一定浓度培养液中，接种酵母或细菌，通气使之迅速繁殖，而后将细胞分离、干燥，由此制得的蛋白产品即为甲醇蛋白，该产品可用作动物饲料。

第五节　均相与非均相催化氧化反应

一、均相催化氧化反应

均相催化氧化大多是气、液相氧化反应，单纯的气相氧化反应因难以选择合适的催化剂，且反应较难控制，故工业上一般不采用。

工业上广泛采用的均相催化氧化反应可分为两类，一类是均相催化自氧化反应，另一类是均相络合催化氧化反应。均相催化自氧化反应一般用过渡金属离子为催化剂，具有自由基链反应的特点。代表反应是乙醛催化自氧化制醋酸。均相络合催化氧化反应一般采用金属络合物为催化剂，在反应过程中，反应物与金属离子形成活性络合物，然后转化为产物。代表反应是乙烯在 $PdCl_2$–$CuCl_2$–HCl 水溶液催化剂中均相络合催化氧化制乙醛。

近年来开发研究的均相催化氧化反应类型甚多，例如，在 $PdCl_2$–$CuCl_2$–LiCl–CH_3COOLi 催化剂存在下，乙烯、一氧化碳和氧直接羰化氧化一步合成丙烯酸等。另外，还开发了用有机过氧化物为氧化剂的均相氧化新工艺，受到世界各国关注。

1．均相催化自氧化反应

（1）催化剂及氧化促进剂

工业生产中，大多数均相氧化反应都是在催化剂存在下进行的，一般选用的催化剂是过渡金属的水溶性或油溶性的有机酸盐，如醋酸钴、丁酸钴、环烷酸钴、醋酸锰等。对均相催化自氧化反应催化剂的作用，目前研究的还不十分详细，一般认为有以下两个方面的作用：

①加速链引发，缩短或消除诱导期，具体作用机理有待于进一步研究。

②加速 ROOH 的分解，促进氧化产物醇、醛、酮、酸等的生成。

为了使催化系统的氧化还原循环能够达到平衡，必须选择氧化还原电位高的金属离子作催化剂。工业上一般选择氧化还原电位较高的钴离子和锰离子的盐类作催化剂。

催化剂的加入方式通常是将二价钴盐（或锰盐）转化为有机酸盐（醋酸盐等），并溶于溶剂中（常用的溶剂是醋酸），然后加入到反应系统，催化剂用量一般少于 1%。

有些烃类或有机物的自氧化反应即使在催化剂的存在下，其反应诱导期仍较长，或氧化反应只停留在某一阶段。例如，环已烷一步氧化制已二酸时，如仅采用钴催化剂，当反应温度为 90℃时，诱导期为 7h 左右。再如，对二甲苯氧化制对苯二甲酸时，对二甲苯分子中第一个甲基较易氧化，第二个甲基由于受到羧基的影响不易氧化，在钴催化剂的作用下，仅能得到对甲苯甲酸。为了缩短诱导期和加快某一步氧化反应速度，在使用催化剂的同时，采用氧化促进剂。工业上采用的促进剂主要有两大类：一类为有机含氧化合物，如乙醛等；另一类为溴化物，如溴化铵、四溴乙烷等。

（2）影响均相催化自氧化反应的因素

①杂质

由于均相催化自氧化反应是以自由基作为载链体，其链反应速度不仅取决于单位时间内引发的链的数目，同时也取决于链的转移速度。如果系统中有干扰引发反应或导致载链体自由基消失的杂质存在，则会使反应速度显著下降。

水是阻化剂，氧化反应速度随氧化液中水量的增加而降低，若达一定浓度，则反应会停止。例如，丁烷催化自氧化反应制醋酸时，当水含量达 30% 时，氧化反应即无法进行。

反应物中若含硫化物，也会起阻化作用，故一般对原料中的水和硫化物都有一定要求。

②反应温度和氧分压

工业上进行液相自氧化反应，为了使反应稳定进行，应保持足够高的反应温度，这样使反应在氧浓度高区域处于动力学控制，在氧浓度低区域处于氧的传质控制。在同一反应器内，动力学控制区和传质控制区同时存在时，即使温度有波动，仍能使反应稳定进行，但反应温度不能太高，太高则选择性下降，完全氧化副产物增多，温度易失控，会引起爆炸。反应温度也不能太低，否则处于完全由动力学控制的条件下操作时，如有其他因素引起反应温度降低，则会使反应速度显著下降，放热与移热失去平衡，会使温度进一步降低，反应速度进一步下降，形成恶性循环，最后导致反应无法进行。

当操作处于传质控制时，增加氧气的压力，可提高反应速度，但压力提高，对设备要求也高，由此有一适宜的操作压力。

③氧化气空速

由于液相自氧化反应往往是在气、液相接触界面附近进行，空速增大，可增加气液接触面，使反应加速。但空速过大，气体在反应器内接触时间太短，反而降低了氧的利用率，同时由于尾气中含氧量增加，若达爆炸极限浓度范围，遇火花会产生爆炸，极不安全，故工业上一般利用尾气中氧含量来控制氧化气空速。

④溶剂

有些烃类的液相自氧化反应，其反应温度只能限制在临界温度之下，如丁烷液相自氧化反应只能在低于其临界温度（152℃）下进行。由于温度低，反应速度太慢，反应热不能合理利用。要使反应在高于临界温度下进行，必须采用溶剂，以溶解烃和氧及提供它们化合的环境。在选用溶剂时，必须注意溶剂效应，由于此效应可分为正效应和负效应，所以必须正确选择溶剂。

⑤转化率及返混

烃类自氧化反应，其转化率的大小，应根据具体反应而定。一般来说，若所需目的产物较稳定，不易进一步氧化，则转化率可适当控制较高一点，如乙醛氧化制醋酸，由于产物较稳定，故可控制较高转化率。若所需目的产物不稳定，易氧化，则为了获取高选择性，就必须限制转化率，如环己烷氧化制环己酮时，由于产物环己酮极易氧化，所以要想获得高选择性，转化率只能控制在10%左右。

自氧化反应结果与反应器中物料的返混程度也有关系。当产物易氧化时，则返混易使产物进一步氧化而使选择性下降。对此类反应工业上一般采用活塞流反应器以减少返混。当反应有中间产物生成且目的产物较稳定时，则返混会加快中间产物反应生成目的产物，选择性提高。对此类反应，工业上一般采用全返混型反应器，以增加返混。

2．络合催化氧化反应

络合催化泛指在反应过程中经由催化剂和反应物间配位作用而形成的催化反应，所以又称配位催化。络合催化是均相催化中十分重要的内容，是自20世纪60年代开始迅速发展起来的催化学科的新领域，受到科研和生产各方面的高度重视。络合催化有如下优点。

（1）催化活性高。由于催化剂是以分子状态存在于溶液中，各分子具有等同活性，故催化剂的有效浓度远远高于处于低分散度的固体催化剂。

（2）选择性好。因催化剂分子均具有等同活性，而且均依据其化学结构特点，突出一种最强烈的配位作用，故为具有较高选择性提供了有利的条件。

（3）反应条件缓和。由于活性较高，可降低反应温度和压力，减少催化剂用量，可使反应在较缓和的条件下进行。

（4）催化系统可预见及可调变。在络合催化系统中，由于所研究的对象被约束在分子级范围内，对活性研究十分有利。可对新的催化过程进行预见和设计，并可在较为广阔的范围内提供多样催化作用及随时调变催化系统。

络合催化氧化是均相催化氧化的另一重要领域。络合催化氧化所用催化剂是过渡金属的络合物，其中最具代表性的是Pd络合物。

催化剂溶液组成对其活性和稳定性的影响：

要使乙烯的络合催化氧化反应能以一定的速度稳定进行，催化剂溶液的组成是关键条件。虽然乙烯的氧化速度主要取决于羰化反应的速度，但催化剂的活性是否能保持稳定，则要受Pd°的氧化反应的热力学条件限制，还受Cu^{+}氧化反应速度影响。要满足其热力学和动力学稳定条件，除与反应条件有关外，也与催化剂的组成密切相关。工业生产中，对催化剂溶液的控制指标主要有钯含量、总铜含量、氧化度和pH等。

尽管乙烯的氧化速度与Pd^{2+}浓度成正比，但由于受Pd°氧化热力学平衡限制，若Pd^{2+}浓度超过其平衡浓度，将会有金属钯析出，故有一适宜的钯浓度。

总铜含量是指Cu^{2+}和Cu^{+}的总和。Cu^{2+}是Pd°的氧化剂，为了能使Pd°的氧化有效地进行，不致析出金属钯，溶液中需有过量的Cu^{2+}存在。

氧化度是指在总铜中，Cu^{2+} 所占比例。这又与 Cl^- 浓度有关，乙烯的氧化速度与 Cl^- 浓度呈一 2 级关系，Cl^- 浓度降低，氧化速度加快。但 Cu^+ 的氧化反应须在盐酸中进行，故 Cl^- 浓度降低，对 Cu^+ 的氧化反应不利，从而又影响乙烯的氧化反应，所以应根据不同的 Cl/Cu 比，确定适宜的氧化度。

二、非均相催化氧化反应

1．非均相催化氧化反应的特点

非均相催化氧化反应与均相催化氧化反应相比有如下特点：

（1）反应过程复杂

非均相催化氧化过程是气态物料通过固体催化剂所构成的床层进行氧化反应，所以和一般非均相催化反应一样，其反应过程也包括扩散、吸附、表面反应、脱附和扩散五个基本步骤。催化剂的宏观结构、表面活性、流体流动的特征和分子扩散速度都对反应速度和传热速度有一定影响。

（2）传热过程复杂

非均相催化氧化的传热过程包括催化剂颗粒内传热、催化剂颗粒与气相物料间传热、催化剂床层与管壁间传热等，故其传热情况比均相催化氧化过程的传热要复杂得多。另外，催化剂载体往往是导热性能欠佳的物质，因此及时有效地进行传热是反应器设计时需要考虑的重要因素。

2．非均相催化氧化反应的工业应用

非均相催化氧化反应在基本有机化学工业中占有较为重要的地位，其产品具有十分广泛的用途。例如，乙烯环氧化生成的环氧乙烷是生产乙二醇的基本原料，由其出发可制得一系列重要的化工产品。如防冻液、合成纤维、表面活性剂、增塑剂等产品，在乙烯系列产品中产量仅次于聚乙烯而位居第二；丙烯氨氧化制得的丙烯腈是生产合成橡胶、合成塑料、合成纤维的重要单体原料；正丁烷氧化制得的顺丁烯二酸酐是生产不饱和聚酯、增塑剂、杀虫剂等的基本原料；芳烃氧化制得的酸酐类是生产树脂、涂料、绝缘漆的重要原料。

第十三章　安全生产法规与技术标准研究

第一节　安全生产法规研究

一、基础内容

1．什么是法规和安全生产法规

法规是指国家机关制定的规范性文件。安全生产法规是用来调整与从业人员或生产人员的安全与健康，以及生产资料和社会财富安全保障有关的各种社会关系法律规范的总和。

2．安全生产法规内容

安全生产法规包括安全生产的法律、规定、条例和规范。如《安全生产法》《特种作业人员安全技术培训考核管理规定》《危险化学品安全管理条例》《危险场所电气安全防爆规范》等。

3．安全生产法规的层次体系是怎样的

安全生产法规的层次体系是：国家基本法（如《宪法》），国家一般法（如《刑法》等），国家安全生产综合法律（如《安全生产法》《消防法》《职业病防治法》等），国家安全生产行政法规（如《危险化学品安全管理条例》等），国家安全生产部门规章（如《作业场所安全使用化学品规定》等），国家安全技术标准（如《工业企业设计卫生标准》），行业、地方法规（如《建设工程勘察设计管理条例》《北京市大气污染防治条例》等）。

4．安全生产法规专业体系是怎样的

安全生产法规从专业内容上大体可以分为安全技术法规、工业卫生法规和安全管理法规。

5．安全法规在安全生产中的作用是什么

安全法规在安全生产中的作用是：为保护从业人员的安全与健康提供法律保障；加强安全生产的法制化管理；指导和推动安全生产工作的顺利进行，促进企业的安全生产；推动生产力的提高，保证企业效益的实现和国家经济建设事业的蓬勃发展。

二、安全生产法

1. 为什么要制定《安全生产法》？该法是何时制定和实施的

为了加强安全生产，预防和减少生产安全事故，保障人民群众生命财产安全和职业健康，促进经济社会和谐发展，2002年6月29日第九届全国人大常委会第二十八次会议通过了《中华人民共和国安全生产法》（简称《安全生产法》），2002年11月1日起实施。《安全生产法》的颁布标志着我国安全生产进入法制建设轨道。

2. 《安全生产法》的核心内容是什么

《安全生产法》共七章九十七条，其核心内容是制定了我国安全生产方针和七项基本法律制度。

3. 什么是安全生产方针

我国现行的安全生产方针是"安全第一、预防为主、综合治理"。

（1）"安全第一"就是在生产过程中把安全放在第一重要的位置上。具体体现在：确保从业人员的安全和健康，坚决杜绝人员伤亡，避免或减少职业病的发生；确保财产不受损失、环境不受污染；当安全和生产发生矛盾时，必须把安全工作放在第一位，保证生产安全运行，保证经济稳定发展；在衡量企业工作时，把安全生产工作作为核心内容来考核，安全指标具有"否决权"。

（2）"预防为主"就是把安全生产工作的关口前移，超前防范，建立预测、预报、预警、预防的递进式、立体化事故隐患预防体系。预防为主具体体现在：在生产过程中做到未雨绸缪，防患于未然，把生产过程中各种危险因素都预想到，采取先进的设施和先进的技术，达到安全的目的，杜绝生产事故的发生；在进行新建、改建、扩建工程时，确保安全性设施的投入，实行同时设计、同时施工、同时生产使用的"三同时"原则；实现生产自动化和安全联锁，做到本质安全；严密进行职业危害的预防，包括建立良好的工作环境，严格进行个人防护；制定事故应急预案和救援体系，并进行演练。

（3）"综合治理"就是运用法律、行政、经济等手段，通过健全安全法规、建设安全文化、提高安全科技水平、落实安全生产责任、加大安全资金投入，构筑坚固的安全防线，从而实现安全生产的目的。

"安全第一"是"预防为主、综合治理"的灵魂，没有"安全第一"的思想，"预防为主"就失去了思想支撑，"综合治理"就失去了整治依据。"预防为主"是实现"安全第一"的根本途径，只有把安全生产的重点放在建立事故隐患预防体系上，才能有效减少事故。"综合治理"是实现"安全第一、预防为主"的根本保证。

4．七项法律制度的内容是什么

七项法律制度包括：生产经营单位负责人安全责任制度；生产经营单位安全保障制度；从业人员安全生产权利义务制度；安全生产监督管理制度；安全生产中介服务制度；事故应急救援和处理制度；安全生产责任追究制度。

5．生产经营单位安全责任是什么

生产经营单位是安全生产的责任主体，必须遵守安全生产的法律、法规，加强安全生产管理，建立、健全安全生产责任制度，符合安全生产条件，确保安全生产。生产经营单位主要负责人对本单位的安全生产工作全面负责，分管安全负责人、技术负责人和其他负责人在各自职责范围内对安全生产工作负责。

6．生产经营单位主要负责人的职责有哪些

生产经营单位的主要负责人对本单位安全生产工作负有下列职责：建立、健全本单位安全生产责任制；组织制定并督促落实本单位安全生产规章制度和操作规程；配备符合条件的分管安全负责人、技术负责人，并赋予其技术决策和安全生产指挥权；保证本单位安全生产投入的有效实施；督促、检查本单位的安全生产工作，及时消除生产安全事故隐患；组织制订本单位安全教育培训计划并监督落实；组织开展安全生产标准化建设；组织实施本单位从业人员的职业健康工作；组织制定并实施本单位的生产安全事故应急救援预案；及时、如实报告生产安全事故；每年向职工代表大会、职工大会、股东大会报告本单位的安全生产情况。

7．生产经营单位安全保障制度有哪些

生产经营单位安全保障制度包括：建立安全生产责任制、规章制度、操作规程。具备安全生产条件和所必需的资金投入，遵守“三同时”原则。生产经营单位应设置安全生产管理机构或者专职安全生产管理人员，并具备与本单位所从事的生产经营活动相应的安全生产知识和管理能力，由有关主管部门对其安全生产知识和管理能力考核合格后方可任职。生产经营单位应当对从业人员进行安全生产教育和培训，建立教育培训档案，保证从业人员具备必要的安全生产知识，熟悉有关的安全生产规章制度和安全操作规程，掌握本岗位的安全操作技能。未经安全生产教育和培训合格的从业人员，不得上岗作业。以劳务派遣形式用工的，劳务派遣单位应当对劳务派遣人员进行必要的安全生产教育和培训；用工单位应当对劳务派遣人员进行岗位安全操作规程和安全操作技能的教育和培训；用工单位与劳务派遣单位应当在劳务派遣协议中明确各自承担的教育与培训的职责和具体内容；用工单位对现场劳务派遣人员负有安全管理职责。生产经营单位的特种作业人员必须按照国家有关规定经专门的安全作业培训，取得特种作业操作资格证书，方可上岗作业。生产经营单位对重大危险源应当登记建档，进行定期检测、评估、监控，并制定应急预案，告知从业人员和相关人员在紧急情况下应当采取的应急措施。安全保障制度还包括：进行项目安全评价；推行设备安全管理；落实现场安全管理；严格交叉作业管理；实施高危作业管理；保证承包租赁安全管理；落实劳动保护和工伤保险等。

8．安全生产管理机构以及安全生产管理人员有哪些职责

安全生产管理机构以及安全生产管理人员应当履行下列职责：贯彻执行安全生产法律、法规和强制性国家标准、行业标准，参与本单位安全生产决策；参与制定安全生产规章制度和安全操作规程并督促执行；监督和指导本单位其他机构、人员履行安全生产职责；开展安全生产检查，制止和查处违章指挥、违章操作、违反劳动纪律的行为；制止超能力、超强度、超定员组织生产；对发现的事故隐患，督促有关业务部门和人员及时整改，并报告本单位负责人；落实岗位达标、专业达标和企业达标为主要内容的安全生产标准化建设；参与本单位安全生产应急预案的制定及演练；法律、行政法规规定的其他职责。

9．从业人员安全生产权利义务制度有哪些

根据《中华人民共和国劳动法》和《中华人民共和国安全生产法》的有关规定，总结出从业人员的“八项权利”和“三项义务”。

（1）从业人员的八项权利（见表 13–1）

表 13–1　从业人员的八项权利

权利	内容
建议权	即从业人员有权对本单位安全生产工作提出建议
知情权	即生产经营单位的从业人员有权了解其作业场所和工作岗位存在的危险因素、防范措施及事故应急措施
拒绝违章权	即从业人员对用人单位管理人员违章指挥、强令冒险作业，有权拒绝执行
要求赔偿权	即因生产安全事故受到损害的从业人员，除依法享有工伤社会保险外，依照有关民事法律尚有获得赔偿权利的，有权向本单位提出赔偿的要求
批评、检举、控告权	即从业人员有权对危害生命安全和身体健康的行为提出批评、检举、控告
受教育培训权	即从业人员有接受安全生产教育和培训的权利
获得防护用品权	即从业人员有权从本单位获得符合国家标准或行业标准的劳动保护用品
紧急避险权	即从业人员发现直接危及人身安全的紧急情况时，有权停止作业或者采取可能的应急措施后撤离作业场所

（2）从业人员的三项义务

①自律遵规义务。即从业人员在作业过程中，应当严格遵守本单位的安全生产规章制度和操作规程，服从管理，正确佩戴和使用劳动保护用品。

②自觉学习安全生产知识义务。即从业人员应当掌握本职工作中所需要的安全生产知识，提高安全生产技能，增强事故预防和应急处理能力。

③危险报告义务，即从业人员发现事故隐患或者其他不安全因素，应当立即向现场安全生产管理人员或者本单位负责人报告。

10．安全生产监督管理制度有哪些

《安全生产法》明确了安全生产监督管理部门“三大职权”，规定了监督检查人员的“五项义务”，确立了举报制度和监督机制。

11．安全生产监督管理部门的三大职权是什么

（1）现场调查取证权。即安全生产监督检查人员有权进入生产经营单位进行检查，调阅有关资料，向有关单位和人员了解情况，单位不得拒绝。

（2）现场处理权。即对生产行业检查中发现的安全生产违法行为，当场予以纠正或者要求限期改正；对依法应当给予行政处罚的行为，依照《安全生产法》或其他有关法律、行政法规的规定做出行政处罚决定；对检查中发现的事故隐患，应当责令立即排除；重大事故隐患排除前或者排除过程中无法保证安全的，应当责令从危险区域内撤出作业人员，责令暂时停产停业或者停止使用；重大事故隐患排除后，经审查同意，方可恢复生产经营和使用。

（3）查封、扣压行政强制措施权。即对有根据认为不符合保障安全生产的国家标准或者行业标准的设施、设备、器材予以查封或者扣押，并应当在15日内依法做出处理决定。

12．监督检查人员的五项义务是什么

（1）检查、验收禁止收取费用；（2）禁止要求被审查、验收的单位购买指定产品；（3）必须遵循“忠于职守、坚持原则、秉公执法”的执法原则；（4）监督检查时须出示有效的监督执法证件；（5）对检查单位的技术秘密、业务秘密尽到保密义务。

13．什么是安全生产中介服务

在市场经济体制下，依法设立的中介组织，受生产经营单位或生产部门的委托，依法有偿从事安全生产评价、认证、监测、检验和咨询等专门业务的技术服务活动称为安全生产中介服务。

14．安全生产中介服务范围有哪些

（1）矿山建设项目和用于生产、储存危险物品的建设项目，应当分别按照国家有关规定进行安全条件论证和安全评价。

（2）矿山建设项目和用于生产、储存危险物品的建设项目竣工投入生产或者使用前，必须依照有关法律、行政法规的规定对安全设施进行验收；验收合格后，方可投入生产和使用。

（3）生产经营单位使用的涉及生命安全、危险性较大的特种设备，以及危险物品的容器、运输工具，必须按照国家有关规定，由专业生产单位生产，并经取得专业资质的检测、检验机构检测、检验合格，取得安全使用证或者安全标志，方可投入使用。

15．安全生产中介服务机构的资质和责任是什么

承担安全评价、认证、检测、检验的机构应当具备国家规定的资质条件，并对其做出的安全评价、认证、检测、检验的结果负责。

16．安全生产中介服务机构和专业人员的权利是什么

依法从事安全生产中介服务工作受法律保护；依照法律和标准规定，从事授权范围内的有关安全生产业务；接受政府、部门的委托和生产经营单位的聘请，按照委托和约定的有关事项从事安全生产中介服务；有权杜绝从事非法或服务范围以外的安全中介服务；有权依法收取中介服务报酬和费用。

17．安全生产中介服务机构和专业人员的义务是什么

具备法定条件，依法取得安全生产中介服务资质；在法律、行政法规规定的行业、领域和业务范围内，按照执业准则，从事合法、真实的中介服务；严格按照政府、部门和生产经营单位的委托和约定，完成所承担的安全生产中介服务事项；接受政府有关部门对其进行的监督检查；合理确定服务报酬和收费标准，不得非法谋利。

18．安全生产中介服务机构和专业人员的责任是什么

对其承担服务工作的合法性、真实性负责；对其违法犯罪行为承担相应的法律责任。

19．哪级政府部门应建立安全生产事故应急救援预案

县级以上地方各级人民政府应当组织有关部门制定本行政区域内特大生产安全事故应急救援预案，建立应急救援体系。

20．哪些单位应当建立应急救援组织

危险物品的生产、经营、储存单位以及矿山、建筑施工单位应当建立应急救援组织；生产经营规模较小，可以不建立应急救援组织的，应当指定兼职的应急救援人员。

21．什么单位应当配备应急救援器材

危险物品的生产、经营、储存单位以及矿山、建筑施工单位应当配备必要的应急救援器材、设备，并进行经常性维护、保养，保证正常运转。

22．发生生产安全事故后应怎样报告

生产经营单位发生生产安全事故后，事故现场有关人员应当立即报告本单位负责人。单位负责人接到事故报告后，应当立即启动相应应急预案，或者迅速采取有

效措施，组织抢救，防止事故扩大，减少人员伤亡和财产损失，并按照国家有关规定立即如实报告当地负有安全生产监督管理职责的部门，不得隐瞒不报、谎报或者拖延不报，不得故意破坏事故现场、毁灭有关证据。

23．上级主管部门接到生产事故报告后应做哪些工作

有关地方人民政府和负有安全生产监督管理部门的负责人接到重大生产安全事故报告后，应当立即按照国家有关规定上报事故情况，不得隐瞒不报、谎报或者拖延不报，并应当立即赶到事故现场，组织事故抢救。

24．怎样进行安全生产事故调查

事故调查处理应当按照实事求是、尊重科学的原则，及时、准确地查清事故原因，查明事故性质和责任，总结事故教训，提出整改措施，并对事故责任者提出处理意见。

25．安全生产事故责任追究有哪些方面

生产经营单位发生生产安全事故，经调查确定为责任事故的，除了应当查明事故单位的责任并依法予以追究外，还应当查明对安全生产的有关事项负有审查批准和监督职责的行政部门的责任，对有失职、渎职行为的，依法追究法律责任。

26．哪级政府部门公布安全生产事故情况

县级以上地方各级人民政府负责安全生产监督管理的部门应当定期统计分析本行政区域内发生生产安全事故的情况，并定期向社会公布。

27．安全生产中违法行为分为哪几种

政府、生产经营单位、从业人员和中介机构可能有 38 种违法行为，其中，政府及监管部门可能的违法行为有 5 种；生产经营单位可能的违法行为有 30 种；中介机构可能的违法行为有 1 种；生产经营单位的从业人员可能的违法行为有 2 种（详见《安全生产法》第六章）。

28．对于违法行为有哪些处罚方式

相应的违法行为处罚方式有：对监督管理部门的工作人员有降级、撤职的行政处罚；对监督管理部门有责令改正、责令退还违法收取费用的处罚；对中介机构有罚款、第三方损失连带赔偿、撤销机构资格的处罚；对生产经营单位有责令限期改正、停产停业整顿、经济罚款、限期不得担任生产经营单位的主要负责人；降职、撤职、处 15 日以下拘留等处罚；对从业人员有批评教育、依照有关规章制度给予处分等。无论任何人，造成严重后果，构成犯罪的，要依法追究刑事责任（详见《安全生产法》第六章和《刑法》的有关条款）。

29．四个责任对象是什么

安全生产具有责任的四个对象是：政府责任方；生产经营单位责任方；从业人员责任方；中介机构责任方。

30. 四种监督方式是什么

一是工会民主监督，即工会有权对建设项目的安全设施与主体工程同时设计、同时施工，同时投入生产和使用进行监督；二是社会舆论监督，即新闻、出版、广播、电视等单位有对违反安全生产法规的行为进行舆论监督的权利；三是公众举报监督，即任何单位和个人对事故隐患或者安全生产违法行为，均有权向负有安全生产监督管理部门报告或举报；四是社区报告监督，即居民委员会、村民委员会发现有其所在区域内的生产经营单位存在事故隐患或者安全违法行为时，有权向当地人民政府或者有关部门报告。

31. 三套对策体系是什么

安全生产的三套对策体系，见表 13–2。

表 13–2　安全生产的三套对策体系

体系	内容
事前预防对策体系	即要求生产经营单位建立安全生产责任制、坚持“三同时”原则、落实安全投入、进行安全培训、实行危险源管理、进行项目安全评价、推行安全设备管理、落实现场安全管理、严格交叉作业管理、实施高危作业安全管理、保证承包租赁安全管理、落实工伤保险等。同时加强政府监督、发动社会监督、推行中介技术支持等的预防策略
事中应急救援体系	即要求政府建立行政区域的重大事故应急救援体系，制定应急救援预案，并进行演练。在发生重大安全生产事故时，按应急救援预案，及时进行事故救援
事后处理对策体系	即推行及时的事故报告程序和严密的事故处理方案；实施事故后的行政责任追究和经济处罚，明确事故的刑事责任

三、安全生产的相关法律内容

1. 国家对劳动安全卫生制度是怎样规定的

《劳动法》中规定：用人单位必须建立、健全劳动卫生制度，严格执行国家劳动安全卫生规程和标准，对劳动者进行劳动安全卫生教育，防止劳动过程中的事故，减少职业危害；劳动安全卫生设施必须符合国家规定的标准。新建、改建、扩建工程的劳动安全卫生设施必须与主体工程同时设计、同时施工、同时投入生产和使用；用人单位必须为劳动者提供符合国家规定的劳动安全卫生条件和必要的劳动防护用品，对从事有职业危害作业的劳动者应当定期进行健康检查。

2. 在消防工作中，单位和个人都有哪些义务

《消防法》中规定：任何单位和个人都有维护消防安全、保护消防设施、预防火灾、报告火警的义务。任何单位和成年人都有参加有组织的灭火工作的义务。

3．机关、团体、企业、事业等单位有哪些消防安全职责

《消防法》中规定各单位应当履行下列消防安全职责：落实消防安全责任制，制定本单位的消防安全制度、消防安全操作规程，制定灭火和应急疏散预案；按照国家标准、行业标准配置消防设施、器材，设置消防安全标志，并定期组织检验、维修，确保完好有效；对建筑消防设施每年至少进行一次全面检测，确保完好有效，检测记录应当完整准确，存档备查；保障疏散通道、安全出口、消防车通道畅通，保证防火防烟分区、防火间距符合消防技术标准；组织防火检查，及时消除火灾隐患；组织进行有针对性的消防演练；法律、法规规定的其他消防安全职责。

4．消防安全重点单位应履行哪些消防安全职责

《消防法》中规定，消防安全重点单位除履行上述职责外，还应当履行下列消防安全职责：确定消防安全管理人，组织实施本单位的消防安全管理工作；建立消防档案，确定消防安全重点部位，设置防火标志，实行严格管理；实行每日防火巡查，并建立巡查记录；对职工进行岗前消防安全培训，定期组织消防安全培训和消防演练。

5．对生产、储存、经营化学品的场所有哪些消防要求

《消防法》中规定：生产、储存、经营易燃易爆危险品的场所不得与居住场所设置在同一建筑物内，并应当与居住场所保持安全距离；生产、储存，装卸易燃易爆危险品的工厂、仓库和专用车站、码头的设置，应当符合消防技术标准；易燃易爆气体和液体的充装站、供应站、调压站，应当设置在符合消防安全要求的位置，并符合防火防爆要求；生产、储存、运输、销售、使用、销毁易燃易爆危险品，必须执行消防技术标准和管理规定；进入生产、储存易燃易爆危险品的场所，必须执行消防安全规定；禁止非法携带易燃易爆危险品进入公共场所或者乘坐公共交通工具；储存可燃物资仓库的管理，必须执行消防技术标准和管理规定。

6．对消防设施、器材，对疏散通道、安全出口、消防车通道有哪些要求

《消防法》中规定：任何单位、个人不得损坏、挪用或者擅自拆除、停用消防设施、器材，不得埋压、圈占、遮挡消火栓或者占用防火间距，不得占用、堵塞、封闭疏散通道、安全出口、消防车通道。人员密集场所的门窗不得设置影响逃生和灭火救援的障碍物。

7．发现火灾后怎么办

任何人发现火灾都应当立即报警。任何单位、个人都应当无偿为报警提供便利，不得阻拦报警。严禁谎报火警。人员密集场所发生火灾，该场所的现场工作人员应当立即组织、引导在场人员疏散。任何单位发生火灾，必须立即组织力量扑救。邻近单位应当给予支援。消防队接到火警，必须立即赶赴火灾现场，救助遇险人员，排除险情，扑灭火灾。

8．火灾现场总指挥有哪些权利

火灾现场总指挥根据扑救火灾的需要，有权决定下列事项：使用各种水源；截断电力、可燃气体和可燃液体的输送，限制用火用电；划定警戒区，实行局部交通管制；利用临近建筑物和有关设施；为了抢救人员和重要物资，防止火势蔓延，拆除或者破损毗邻火灾现场的建筑物、构筑物或者设施等；调动供水、供电、供气、通信、医疗救护、交通运输、环境保护等有关单位协助灭火救援。

9．公安机关消防机构应对火灾现场做哪些工作

公安机关消防机构有权根据需要封闭火灾现场，负责调查火灾原因，统计火灾损失。火灾扑灭后，发生火灾的单位和相关人员应当按照公安机关消防机构的要求保护现场，接受事故调查，如实提供与火灾有关的情况。公安机关消防机构根据火灾现场勘验、调查情况和有关的检验、鉴定意见，及时制作火灾事故认定书，作为处理火灾事故的证据。

10．对产生职业病危害的用人单位有哪些卫生要求

《职业病防治法》中规定：职业病危害因素的强度或者浓度符合国家职业卫生标准；有与职业病危害防护相适应的设施；生产布局合理，符合有害与无害作业分开的原则；有配套的更衣间、洗浴间、孕妇休息间等卫生设施；设备、工具、用具等设施符合保护劳动者生理、心理健康的要求；法律、行政法规和国务院卫生行政部门关于保护劳动者健康的其他要求。

11．劳动过程中用人单位应当采取哪些职业病防治管理措施

《职业病防治法》中规定：设置或者指定职业卫生管理机构或者组织、配备专职或者兼职的职业卫生管理人员，负责本单位的职业病防治工作；制定职业病防治计划和实施方案；建立、健全职业卫生管理制度和操作规程；建立、健全职业卫生档案和劳动者健康监护档案；建立、健全工作场所职业病危害因素监测及评价制度；建立、健全职业病危害事故应急救援预案。

12．用人单位与劳动者订立劳动合同时，关于职业危害应向劳动者说明哪些内容

用人单位与劳动者订立劳动合同时，应当将工作过程中可能产生的职业病危害及其后果、职业病防护措施和待遇等如实告知劳动者，并在劳动合同中写明，不得隐瞒或者欺骗；劳动者在已订立劳动合同期间因工作岗位或者工作内容变更，从事与所订立劳动合同中未告知的存在职业病危害的作业时，用人单位应当依照前款规定，向劳动者履行如实告知的义务，并协商变更原劳动合同相关条款。

13．劳动者享有哪些职业卫生保护权利

《职业病防治法》中规定劳动者享有下列职业卫生保护权利：获得职业卫生教

育、培训；获得职业健康检查、职业病诊疗、康复等职业病防治服务；了解工作场所产生或者可能产生的职业病危害因素、危害后果和应当采取的职业病防护措施；要求用人单位提供符合防治职业病要求的职业病防护设施和个人使用的职业病防护用品，改善工作条件；对违反职业病防治法律、法规以及危及生命健康的行为提出批评、检举和控告；拒绝违章指挥和强令进行没有职业病防护措施的作业；参与用人单位职业卫生工作的民主管理，对职业病防治工作提出意见和建议。

14．用危险化学品进行犯罪的处罚，《刑法》是怎样规定的

放火、决水、爆炸以及投放毒害性、放射性、传染病病原体等物质或者以其他危险方法危害公共安全，尚未造成严重后果的，处三年以上十年以下有期徒刑。如果致人重伤、死亡或者使公私财产遭受重大损失的，处十年以上有期徒刑、无期徒刑或者死刑。

15．生产不符合国家标准的产品应怎样处理

《刑法》中规定：生产不符合保障人身、财产安全的国家标准、行业标准的电器、压力容器、易燃易爆产品或者其他不符合保障人身、财产安全的国家标准、行业标准的产品，或者销售明知是以上不符合保障人身、财产安全的国家标准、行业标准的产品，造成严重后果的，处五年以下有期徒刑，并处销售金额百分之五十以上二倍以下罚金；后果特别严重的，处五年以上有期徒刑，并处销售金额百分之五十以上二倍以下罚金。

16．生产、作业中违反有关安全管理规定的应怎样处罚

《刑法》中规定：在生产、作业中违反有关安全管理的规定，因而发生重大伤亡事故或者造成其他严重后果的，处三年以下有期徒刑或者拘役；情节特别恶劣的，处三年以上七年以下有期徒刑。强令他人违章冒险作业，因而发生重大伤亡事故或者造成其他严重后果的，处五年以下有期徒刑或者拘役；情节特别恶劣的，处五年以上有期徒刑。

17．生产条件不符合国家规定造成事故的应怎样处罚

《刑法》中规定：安全生产设施或者安全生产条件不符合国家规定，因而发生重大伤亡事故或者造成其他严重后果的，对直接负责的主管人员和其他直接责任人员，处三年以下有期徒刑或者拘役；情节特别恶劣的，处三年以上七年以下有期徒刑。

18．违反危险化学品管理规定造成事故的应怎样处罚

《刑法》中规定：违反爆炸性、易燃性、放射性、毒害性、腐蚀性物品的管理规定，在生产、储存、运输、使用中发生重大事故，造成严重后果的，处三年以下有期徒刑或者拘役；后果特别严重的，处三年以上七年以下有期徒刑。

第二节　安全生产技术标准

一、基础内容

1．什么是国家标准

国家标准是指由国家标准主管机构发布，对全国经济、技术发展有重大意义，且在全国范围内统一的标准。安全生产技术标准是国家标准的一部分。

2．国家标准是怎样分类的

按标准的法律效力，国家标准分为强制性标准和推荐性标准。强制性标准是保障人们身体健康、人身、财产安全的标准和法律及行政法规规定强制执行的国家标准；推荐性标准是指生产、检验、使用等方面，通过经济手段或市场调节而自愿采用的国家标准。

按标准对象特性分类，国家标准可分为技术标准、管理标准和工作标准。技术标准是对标准化领域中需要协调统一的技术事项所制定的标准；管理标准是对标准化领域中需要协调统一的管理事项所制定的标准；工作标准是对工作的责任、权利、范围、质量要求、程序、效果、检查方法、考核办法所制定的标准。

按标准内容分类，国家标准可分为基础标准（包括名词术语、符号、代号、机械制图、公差与配合等）、产品标准和辅助产品标准（工具、模具、量具、夹具等）、原材料标准、方法标准（包括工艺要求、过程、要素、工艺说明等）。

标准级别有国家标准、行业标准、地方标准和企业标准。

3．标准由哪些部门制定？年限是多少

国家标准是在全国范围内统一的技术要求，由国务院标准化行政主管部门编制计划，协调项目分工，组织制定（含修订），统一审批、编号、发布。法律对国家标准的制定另有规定的，依照法律的规定执行。国家标准的年限一般为5年，超过年限后，要进行修订或重新制定。此外，随着社会的发展，国家需要制定新的标准来满足人们生产、生活的需要。因此，标准是一种动态信息。行业标准由国务院有关行政主管部门制定，企业生产的产品没有国家标准和行业标准的，应当制定地方标准或企业标准，作为组织生产的依据，并报有关部门备案。

4．制定标准的意义是什么

制定标准有利于合理利用国家资源、推广科学技术成果、提高经济效益、保障安全和人民身体健康、保护消费者的利益、保护环境，有利于产品的通用互换及标准的协调配套等。标准是构成国家核心竞争力的基本要素，是规范经济和社会发展的重要技术制度。国家标准对全面建设小康社会、落实科学发展观、整体提升中国标准化水平具有重要意义。充分发挥标准对国民经济和社会发展的技术支撑和基础保障作用，是我国经济发展的重要保证。

5．制定标准的原则是什么

坚持企业为主原则，提高标准的适用性；坚持国际化原则，提升中国的综合竞争力；坚持重点保障原则，促进经济平衡较快发展；坚持自主创新原则，提高中国的标准化水平。

二、设计、管理类标准

1．在作业环境方面制定了哪些标准，规定了哪些内容

在作业环境方面主要制定了《工业企业设计卫生标准》，标准中规定了防尘、防毒、防暑、防寒、防噪声、防震动、防电离辐射和非电离辐射的安全设计等。

2．工作场所化学有害因素方面制定了哪些标准

在工作场所化学有害因素方面制定了《职业性接触毒物危害程度分级》（GBZ230—2010）。在标准中规定了空气中化学物质允许浓度、粉尘允许浓度、生物因素等安全标准。

3．在职业危害程度分级方面制定了哪些标准

职业危害程度分级方面的标准有：《高温作业分级》（GB/T4200—2008）、《体力劳动强度分级》（GB3869—1997）、《高处作业分级》（GB3608—2008）等数十种标准。

4．在事故管理方面制定了哪些标准

事故管理方面的标准有：《企业职工伤亡事故分类》（GB6441—1986）、《企业职工伤亡事故调查分析规则》（GB6442—1986）、《企业职工伤亡事故经济损失统计标准》（GB6721—1986）、《职工工伤与职业病伤残鉴定》（GB/T16180—2006）等。

5．职工伤亡事故是怎样分类的

职工伤亡事故包括物体打击、车辆伤害、机械伤害、起重伤害、触电、淹溺、灼烫、火灾、高处坠落、坍塌、冒顶片帮、透水、放炮、火药爆炸、瓦斯爆炸、锅炉爆炸、容器爆炸、其他爆炸、中毒和窒息及其他伤害。

6．火灾事故是怎样分级的

火灾事故分为特别重大、重大、较大和一般火灾。分级标准分别为：特别重大火灾事故是指造成30人以上死亡，或者100人以上重伤，或者1亿元以上直接财产

损失的火灾；重大火灾事故是指造成10人以上30人以下死亡，或者50人以上100人以下重伤，或者5000万元以上1亿元以下直接财产损失的火灾；较大火灾事故是指造成3人以上10人以下死亡，或者10人以上50人以下重伤，或者1000万元以上5000万元以下直接财产损失的火灾；一般火灾事故是指造成3人以下死亡，或者10人以下重伤，或者1000万元以下直接财产损失的火灾。

7. 职工工伤与职业病伤残鉴定分为多少级

职工工伤与职业病伤残鉴定分为十级，见《劳动能力鉴定职工工伤与职业病致残等级》（GB/T16180—2006）。

8. 在安全教育方面制定了哪些标准

在安全教育方面制定了《特种作业人员安全技术考核管理规则》（2010年4月国家安全生产监督管理总局局长办公会议审议通过）、《起重机司机安全技术考核标准》（GB6720—1986）、《爆破作业人员安全技术考核标准》（GB53—1993）等。

9. 什么是特种作业和特种作业人员

特种作业是指容易发生事故，对操作者本人、他人的安全健康及设备、设施的安全可能造成重大危害的作业。特种作业人员是指直接从事特种作业的从业人员。

10. 特种作业人员应符合哪些条件

特种作业人员应符合下列条件：

年满18周岁，且不超过国家法定退休年龄；经社区或者县级以上医疗机构体检健康合格，并无妨碍从事相应特种作业的器质性心脏病、癫痫、梅尼埃综合征、眩晕症、癔病、震颤麻痹症、精神病、痴呆症以及其他疾病和生理缺陷；具有初中及以上文化程度；具备必要的安全技术知识与技能；相应特种作业规定的其他条件。

11. 对特种作业人员有什么要求

特种作业人员必须经专门的安全技术培训并考核合格，取得特种作业操作证后，方可上岗作业。特种作业操作证每3年复审1次。特种作业人员在特种作业操作证有效期内，连续从事本工种10年以上，严格遵守有关安全生产法律法规的，经原考核发证机关或者从业所在地考核发证机关同意，特种作业操作证的复审时间可以延长至每6年1次。

三、设备、工具类标准

1. 在安全生产设备、工具设计原则和防护装置方面的安全卫生标准有哪些

这类标准有《生产设备安全卫生设计总则》（GB5083—1999）、《固定式钢直梯安全技术条件》、（GB4053.1—1993）、《固定式工业防护栏杆安全技术条件》、（GB4053.3—2009）等。

2. 生产设备安全卫生的基本设计原则是什么

（1）生产设备及其零部件，必须有足够的强度、刚度、稳定性和可靠性。在按规定条件制造、运输、储存、安装和使用时，不得对人员造成危险。

（2）生产设备正常生产和使用过程中，不应向工作场所和大气排放超过国家标准规定的有害物质，不应产生超过国家标准规定的噪声、震动、辐射和其他污染。对可能产生的有害因素，必须在设计上采取有效措施加以防护。

（3）设计生产设备，应体现人类工效学原则，最大限度地减轻生产设备对操作者造成的体力、脑力消耗以及心理紧张状况。

（4）设计生产设备，应通过下列途径保证其安全卫生：

选择最佳设计方案并进行安全卫生评价；对可能产生的危险因素和有害因素采取有效防护措施；在运输、储存、安装、使用和维修等技术文件中写明安全卫生要求。

（5）设计生产设备，当安全卫生技术措施与经济效益发生矛盾时，应优先考虑安全卫生技术上的要求，并应按下列等级顺序选择安全卫生技术措施：

① 直接安全卫生技术措施——生产设备本身应具有本质安全卫生性能，即保证设备即使在异常情况下，也不会出现任何危险和产生有害作用。

② 间接安全卫生技术措施——若直接安全卫生技术措施不能实现或不能完全实现时，则必须在生产设备总体设计阶段，设计出其效果与主体先进性相当的安全卫生防护装置。安全卫生防护装置的设计、制造任务不应留给用户去承担。

③ 提示性安全卫生技术措施——若直接和间接安全卫生技术措施不能实现或不能完全实现时，则应以说明书或在设备上设置标志等适当方式说明安全使用生产设备的条件。

（6）生产设备规定的整个使用期限内，均应满足安全卫生要求。对于可能影响安全操作、控制的零部件、装置等应规定符合产品标准要求的可靠性指标。

3. 易发生事故的机械类安全卫生标准有哪些

对容易发生事故的机器设备，还制定了专业的安全卫生标准。在机器设备中，发生死亡事故最多的是起重机械，所以制定了如《起重机械安全规程》（GB6067—2010）、《起重吊运指挥信号》（GB5082—1985）、《塔式起重机安全规程》（GB5144—2007）等。

4. 压力机械类安全卫生标准有哪些

压力机械是发生重伤事故最多的一种机械，这种机械应用比较广泛。为了减少这类事故，制定了《冲压车间安全生产通则》（GB8176—87）、《压力机用安全防护装置技术要求》（GB5091—2011）、《压力机用感应式安全装置技术条件》（GB5092—2008）、《压力机用光线式安全装置技术条件》（GB4584—1984）、《压力机用手持电磁吸盘技术条件》(GB5093—2009)、《磨削机械安全规程》(GB4674—2009)等。

四、生产工艺安全卫生类标准

1. 预防工伤事故的安全卫生标准有哪些

由于工艺缺陷造成的工伤事故中，以厂内运输事故为最多，所以制定了《工业企业厂内铁路、道路运输安全规程》(GB4387—2008)，对厂内的铁路运输、公路运输、装卸作业等方面的安全要求作了具体规定。

2. 防火灾爆炸事故的安全卫生标准有哪些

为了防止火灾爆炸事故，发布了《火灾分类》(GB/T4968—2008)、《氢气使用安全技术规程》(GB4962—2008)、《氯气安全规程》(GB11984—2008)、《粉尘防爆安全规程》(GB15577—2007)等。

3. 预防职业病的生产工艺劳动卫生工程标准有哪些

这类标准有《生产过程安全卫生要求总则》(GB/T12801—2008)等，主要是对生产中各种危害严重的工艺，从厂房布局、工艺设备、通风净化、组织管理等方面提出了防尘和防毒的要求。

五、防护用品类标准

1. 防护用品为什么要制定国家标准？分为哪几类

防护用品标准是为了控制防护用品质量，使其达到劳动安全卫生要求。防护用品标准分为通用标准、门类标准、产品标准。通用标准主要包括名词术语、通用测试方法以及产品包装标志、验收、检验规则等。门类标准是使用单位对劳动防护用品要求不同而进行的分类。产品标准是对防护用品的产品结构、规格、质量和检验方法所做的技术规定。

2. 防护用品的门类分为哪些

劳动防护用品共分为九大门类（见表 13–3）。

表 13–3 劳动防护用品分类

类别	内容
呼吸器官防护用品	呼吸器官防护用品主要分为防尘口罩和防毒口罩或防毒面具。按功能又可分为过滤式和隔离式两类
头部防护用品	主要有一般防护帽、防尘帽、防水帽、防寒帽、安全帽、防静电帽、防高温帽、防电磁辐射帽、防昆虫帽九类产品

续表

类别	内容
手部防护用品	分为十二类，即一般防护手套、防水手套、防寒手套、防毒手套、防静电手套、防高温手套、防X射线手套、防酸碱手套、防油手套、防震手套、防切割手套、绝缘手套
足部防护用品	分为防尘鞋、防水鞋、防寒鞋、防足趾鞋、防静电鞋、防高温鞋、防酸碱鞋、防油鞋、防烫鞋、防滑鞋、防刺穿鞋、电绝缘鞋、防震鞋十三类
眼面部防护用品	根据防护功能大致可分为防尘、防水、防冲击、防高温、防电磁辐射、防射线、防化学飞溅、防风沙、防强光九类
护肤用品	按照防护功能，护肤用品分为防毒、防腐、防射线、防油漆及其他类
躯干防护用品	根据防护功能，防护服分为一般防护服、防水服、防寒服、防砸背心、防毒服、阻燃服、防静电服、防高温服、防电磁辐射服、耐酸碱服、防油服、水上救生衣、防昆虫服、防风沙服十四类
听觉器官防护用品	主要有耳塞、耳罩和防噪声头盔三类
防坠落用品	是通过绳带，将高处作业者的身体系接于固定物体上，整体防护用品是在作业场所的边沿下方张网，以防不慎坠落，主要有安全网和安全带两种

3．防护用品的标准有哪些

根据防护要求和门类，制定各种防护标准。如《安全帽标准》（GB2811–2007）、《自吸过滤式防尘口罩通用技术条件》（GB/T2626—1992）、《过滤式防毒面具通用技术条件》（GB890—1996）等。

第十四章　国家安全生产监督管理制度与安全生产规章制度研究

第一节　国家安全生产监督管理制度研究

一、基础内容

1. 国家监管。国家监管是指国家法规授权行政主管部门设立的监管机关，对生产经营单位和有关企业，履行安全生产职责和执行安全生产法规、政策情况依法进行监管、纠正和惩戒的工作。

2. 国家安全生产管理体制。我国安全监督管理体制是由安全生产综合监督部门与其他有关部门相结合的、综合监督管理与专项监督管理相结合的安全生产监督管理体制。

3. 国家安全生产监管部门的职权。对遵守、执行安全生产法规各项规定的情况实行经常性检查；对新建、改建、扩建项目、特种设备、严重有害作业场所、特种作业人员进行专门的预防性审查认可或认证；对重大隐患、严重职业危害，以及不具备安全生产条件的企业令其改进、停止危险（危害）部分的作业；对发生事故的单位及直接责任者进行处罚，并追究其行政或刑事责任；参加和监督职工伤亡事故的处理。

4. 国家安全生产监管方式。国家安全生产监管方式分为行为监管和技术监管。

（1）行为监管包括内容。行为监管包括组织管理、规章制度建设、职工教育培训、各级安全生产责任制的落实等。

行为监管的作用。行为监管的作用是提高安全意识，在工作中落实安全措施，对违章指挥、违章操作、违反劳动纪律的不安全行为，要坚决纠正、严肃处理。

（2）技术监管包括内容。技术监管包括对新建、改建、扩建和技术改造工程项目的“三同时”监管；对现有防护措施与设施完好率、使用率的监管；对个人防护用品的质量、配备与作用的监管；对危险性较大的设备、危害性严重的作业场所和特种作业的监管等。

二、对生产性建设项目的监管

1. 建设性项目劳动安全卫生“三同时”。生产经营单位新建、改建、扩建项目的安全设施，必须符合国家劳动安全卫生的有关法规、标准，应与主体工程同时设计、同时施工、同时投产使用。

2. 建设项目劳动安全卫生监督的内容。建设项目劳动安全卫生监督，是指建设单位安全卫生监督部门根据国家法律、法规、标准，对建设项目的全过程进行劳动安全卫生监督，分为五个阶段，即项目可行性研究报告、初步设计、总体开工方案审查、开工前安全条件确认、竣工验收。

3. 建设项目劳动安全卫生监督等级管理。投资额在 2 亿元人民币以上、国家批准的重点建设项目，由集团公司安全环保局参加全过程监督，安全环保局代表在初步设计审查表和验收审查表中签署主管部门审查意见和建设单位上级部门验收意见；投资额在 5 千万元人民币以上、2 亿元人民币以下的建设项目，由集团公司安全环保局委托直属企业安全卫生部门参加全过程监督，直属企业要分阶段及时向集团公司安全环保局汇报。直属企业安全卫生部门代表签署审查意见和验收意见，并报集团公司安全环保局备案；投资额在 5 千万元人民币以下、直属企业批准的建设项目，由建设单位自行组织审查，建设单位有关部门参加全过程监督，安全卫生部门代表签署审查意见和验收意见；科研开发的工业试验装置，投资额在 3 千万元人民币以上、火灾危险属甲类装置的项目，由集团公司安全环保局参加全过程监督，安全环保局代表签署审查意见和建设单位上级主管部门验收意见。在此条件之外的科研开发的工业试验装置，由直属企业自行组织监督、审查、签署意见。

三、对特种设备和特种作业人员的监管

1. 特种设备。特种设备是指涉及生命安全、危险性较大的锅炉、压力容器、压力管道、电梯、起重机械、客运索道、大型游乐设施内的专用机动车辆等。

2. 国家对特种设备生产单位的要求。特种设备生产单位，应当依照国务院特种设备安全监督管理部门制定并公布的安全技术规范的要求，进行生产活动。特种设备生产单位对其生产的特种设备的安全性能和能效指标负责，不得生产不符合安全性能要求和能效指标的特种设备，不得生产国家产业政策明令淘汰的特种设备。

3. 压力容器的设计单位应当具备的条件。有与压力容器设计相适应的设计人员、设计审核人员；有与压力容器设计相适应的场所和设备；有与压力容器设计相适应的健全的管理制度和责任制度。

4. 特种设备的制造、安装、改造单位应当具备的条件。有与特种设备制造、安装、改造相适应的专业技术人员和技术工人；有与特种设备制造、安装、改造相适应的生产条件和检测手段；有健全的质量管理制度和责任制度。

5. 特种设备的安全技术档案包括内容。特种设备的设计文件、制造单位、产品质量合格证明、使用维护说明等文件以及安装技术文件和资料；特种设备的定期检验和定期自行检查的记录；特种设备的日常使用状况记录；特种设备及其安全附件、安全保护装置、测量调控装置及有关附属仪器仪表的日常维护保养记录；特种设备运行故障和事故记录；高耗能特种设备的能效测试报告、能耗状况记录以及节能改造技术资料。

6. 特种设备使用有效期。特种设备使用单位应当按照安全技术规范的定期检验要求，在安全检验合格有效期届满前 1 个月向特种设备检验检测机构提出定期检验要求。检验检测机构接到定期检验要求后，应当按照安全技术规范的要求及时进行安全性能检验和能效测试。未经定期检验或者检验不合格的特种设备，不得继续使用。

7. 国家对特种设备作业人员的要求。特种设备作业人员应当按照国家有关规定经特种设备安全监督管理部门考核合格，取得国家统一格式的特种作业人员证书，方可从事相应的特种设备作业或者管理工作。

8. 特种设备作业人员的义务（见表 14–1）。

表 14–1　特种设备作业人员的义务

项目	内容
遵章守纪义务	特种设备作业人员在作业中应当严格执行特种设备的操作规程和有关的安全规章制度
危险报告义务	特种设备作业人员在作业过程中发现事故隐患或者其他不安全因素，应当立即向现场安全管理人员和单位有关负责人报告
接受培训义务	特种设备使用单位应当对特种设备作业人员进行特种设备安全、节能教育和培训，保证特种设备作业人员具备必要的特种设备安全、节能知识

四、对劳动保护用品的监管

1. 劳动防护用品。劳动防护用品，是指由生产经营单位为从业人员配备的，使其在劳动过程中免遭或者减轻事故伤害及职业危害的个人防护装备。

2. 政府部门对劳动防护用品进行监督。国家安全生产监督管理总局对全国劳动防护用品的生产、检验、经营和使用的情况实施综合监督管理。省级安全生产监督管理部门对本行政区域内劳动防护用品的生产、检验、经营和使用的情况实施综合监督管理。

3. 生产劳动防护用品的企业应当具备的条件。有工商行政管理部门核发的营业执照；有满足生产需要的生产场所和技术人员；有保证产品安全防护性能的生产设备；有满足产品安全防护性能要求的检验与测试手段；有完善的质量保证体系；有产品标准和相关技术文件；产品符合国家标准或者行业标准的要求；法律、法规规定的其他条件。

4. 对劳动防护用品的产品的要求。生产劳动防护用品的企业应当按其产品所依据的国家标准或者行业标准进行生产和自检，出具产品合格证，并对产品的安全防护性能负责；新研制和开发的劳动防护用品，应当对其安全防护性能进行严格的科学试验，并经具有安全生产检测检验资质的机构检测检验合格后，方可生产、使用；生产劳动防护用品的企业生产的特种劳动防护用品，必须取得特种劳动防护用品安全标志。

5. 国家对劳动防护用品的产品检测检验机构的要求。检测检验机构必须取得国家安全生产监督管理总局认可的安全生产检测检验资质，并在批准的业务范围内开展劳动防护用品检测检验工作；检测检验机构应当严格按照有关标准和规范对劳动防护用品的安全防护性能进行检测检验，并对所出具的检测检验报告负责。

6. 国家对经营劳动防护用品的单位的要求。经营劳动防护用品的单位应有工商行政管理部门核发的营业执照、有满足需要的固定场所和了解相关防护用品知识的人员。经营劳动防护用品的单位不得经营假冒伪劣劳动防护用品和无安全标志的特种劳动防护用品。

7. 安全生产监督管理部门对生产经营单位劳动防护用品方面的依法查处。不配发劳动防护用品的；不按有关规定或者标准配发劳动防护用品的；配发无安全标志的特种劳动防护用品的；配发不合格的劳动防护用品的；配发超过使用期限的劳动防护用品的；劳动防护用品管理混乱，由此对从业人员造成事故伤害及职业危害的；生产或者经营假冒伪劣劳动防护用品和无安全标志的特种劳动防护用品的；其他违反劳动防护用品管理有关法律、法规、规章、标准的行为。

五、对有害作业场所的监管

1. 加强作业场所的职业危害防治的意义。生产经营单位应当加强作业场所的职业危害防治工作，为从业人员提供符合法律、法规、规章和国家标准、行业标准的工作环境和条件，采取有效措施，保障从业人员的职业健康。

2. 职业危害防治的责任主体和责任人。生产经营单位是职业危害防治的责任主体，生产经营单位的主要负责人对本单位作业场所的职业危害防治工作全面负责。

3. 职业危害防治机构的义务。为作业场所职业危害防治提供技术服务的职业健康技术服务机构，应当依照法律、法规、规章和执业准则，为生产经营单位提供技术服务。

4. 对存在职业危害的生产经营单位的要求。存在职业危害的生产经营单位应当设置或者指定职业健康管理机构，配备专职或者兼职的职业健康管理人员，负责本单位的职业危害防治工作。

5. 生产经营单位主要负责人和职业健康管理人员应当具备的能力。生产经营单位的主要负责人和职业健康管理人员应当具备与本单位所从事的生产经营活动相适应的职业健康知识和管理能力，并接受安全生产监督管理部门组织的职业健康培训。

6. 对从业人员应当进行的培训。生产经营单位应当对从业人员进行上岗前的职业健康培训和在岗期间的定期职业健康培训，普及职业健康知识，督促从业人员遵守职业危害防治的法律、法规、规章、国家标准、行业标准和操作规程。

7. 存在职业危害的生产经营单位应当建立、健全的职业危害防治制度。职业危害防治责任制度；职业危害告知制度；职业危害申报制度；职业健康宣传教育培训制度；职业危害防护设施维护检修制度；从业人员防护用品管理制度；职业危害日常监测管理制度；从业人员职业健康监护档案管理制度；岗位职业健康操作规程；法律、法规、规章规定的其他职业危害防治制度。

8. 存在职业危害的生产经营单位的作业场所应当符合的要求。生产布局合理，有害作业与无害作业分开；作业场所与生活场所分开，作业场所不得住人；有与职业危害防治工作相适应的有效防护设施；职业危害因素的强度或者浓度符合国家标准、行业标准；法律、法规、规章和国家标准、行业标准的其他规定。

9. 新建、改建、扩建的工程建设项目和技术改造、技术引进项目可能产生职业危害的解决。新建、改建、扩建的工程建设项目和技术改造、技术引进项目可能产生职业危害的，建设单位应当按照有关规定，在可行性论证阶段委托具有相应资质的职业健康技术服务机构进行预评价。职业危害预评价报告应当报送建设项目所在地安全生产监督管理部门备案。

10. 存在职业危害的生产经营单位和作业岗位应做的工作。存在职业危害的生产经营单位，应当在醒目位置设置公告栏，公布有关职业危害防治的规章制度、操作规程和作业场所职业危害因素监测结果。对产生严重职业危害的作业岗位，应当在醒目位置设置警示标识和中文警示说明。警示说明应当载明产生职业危害的种类、后果、预防和应急处置措施等内容。

11. 生产经营单位对职业危害防护设施应做的工作。生产经营单位对职业危害防护设施应当进行经常性的维护、检修和保养，定期检测其性能和效果，确保其处于正常状态，不得擅自拆除或者停止使用职业危害防护设施。

12. 生产经营单位对职业危害因素检测工作应注意的方面。存在职业危害的生产经营单位应当设有专人负责作业场所职业危害因素日常监测，保证监测系统处于正常工作状态。监测的结果应当及时向从业人员公布；存在职业危害的生产经营单位应当委托具有相应资质的中介技术服务机构，每年至少进行一次职业危害因素检测，每三年至少进行一次职业危害现状评价。定期检测、评价结果应当存入本单位的职业危害防治档案，向从业人员公布，并向所在地安全生产监督管理部门报告；生产经营单位在日常的职业危害监测或者定期检测、评价过程中，发现作业场所职业危害因素的强度或者浓度不符合国家标准、行业标准的，应当立即采取措施进行整改和治理，确保其符合职业健康环境和条件的要求。

13. 生产经营单位提供可能产生职业危害的设备的注意事项。向生产经营单位提供可能产生职业危害的设备的，应当提供中文说明书，并在设备的醒目位置设置警示标识和中文警示说明。警示说明应当载明设备性能、可能产生的职业危害、安全操作和维护注意事项、职业危害防护措施等内容。任何生产经营单位不得使用国家明令禁止使用的可能产生职业危害的设备或者材料。

14. 向生产经营单位提供可能产生职业危害的化学品等材料的注意事项。向生产经营单位提供可能产生职业危害的化学品等材料的，应当提供中文说明书。说明书应当载明产品特性、主要成分、存在的有害因素、可能产生的危害后果、安全使用注意事项、职业危害防护和应急处置措施等内容。产品包装应当有醒目的警示标识和中文警示说明。储存场所应当设置危险物品标识。

六、对职业健康的监管

1. 生产经营单位与从业人员订立劳动合同时应向从业人员说明的问题。生产经营单位与从业人员订立劳动合同时，应当将工作过程中可能产生的职业危害及其后果、职业危害防护措施和待遇等如实告知从业人员，并在劳动合同中写明，不得隐瞒或者欺骗。生产经营单位应当依法为从业人员办理工伤保险，缴纳保险费。

2. 对接触职业危害的从业人员进行健康检查。对接触职业危害的从业人员，生产经营单位应当按照国家有关规定组织上岗前、在岗期间和离岗时的职业健康检查，并将检查结果如实告知从业人员。职业健康检查费用由生产经营单位承担。

3. 接触职业危害的从业人员的禁忌。生产经营单位不得安排未经上岗前职业健康检查的从业人员从事接触职业危害的作业；不得安排有职业禁忌的从业人员从事其所禁忌的作业；对在职业健康检查中发现有与所从事职业相关的健康损害的从业人员，应当调离原工作岗位，并妥善安置；对未进行离岗前职业健康检查的从业人员，不得解除或者终止与其订立的劳动合同。

4. 哪些人员不能从事职业危害的作业。生产经营单位不得安排未成年人员从事接触职业危害的作业；不得安排孕期、哺乳期的女职工从事对本人和胎儿、婴儿有危害的作业。

5. 从业人员职业健康监护档案的要求。生产经营单位应当为从业人员建立职业健康监护档案，并按照规定的期限妥善保存。从业人员离开生产经营单位时，有权索取本人职业健康监护档案复印件，生产经营单位应当如实、无偿提供，并在所提供的复印件上签章。

6. 安全生产监督管理部门对生产经营单位职业健康进行的监督检查。职业健康管理机构设置、人员配备情况；职业危害防治制度和规程的建立、落实及公布情况；主要负责人、职业健康管理人员、从业人员的职业健康教育培训情况；作业场所职业危害因素申报情况；作业场所职业危害因素监测、检测及结果公布情况；职业危害防护设施的设置、维护、保养情况，以及个体防护用品的发放、管理及从业人员佩戴使用情况；职业危害因素及危害后果告知情况；职业危害事故报告情况；依法应当监督检查的其他情况。

7. 安全生产监督管理部门履行监督检查职责时具有的权利。进入被检查单位及作业场所，进行职业危害检测，了解有关情况，调查取证；查阅、复制被检查单位有关职业危害防治的文件、资料，采集有关样品；对有根据认为不符合职业危害防治的国家标准、行业标准的设施、设备、器材予以查封或者扣押，并应当在 15 日内依法做出处理决定。

七、对事故的监管

1. 伤亡事故。伤亡事故是指职工在劳动过程中发生的人身伤害、急性中毒等事故。

2. 伤亡事故分级的划分。根据生产安全事故造成的人员伤亡或者直接经济损失，事故一般分为以下等级（表 14–2）。

表 14–2 伤亡事故分级的划分

等级	内容
一般事故	是指造成 3 人以下死亡，或者 10 人以下重伤，或者 1000 万元以下直接经济损失的事故
较大事故	是指造成 3 人以上 10 人以下死亡，或者 10 人以上 50 人以下重伤，或者 1000 万元以上 5000 万元以下直接经济损失的事故
重大事故	是指造成 10 人以上 30 人以下死亡，或者 50 人以上 100 人以下重伤，或者 5000 万元以上 1 亿元以下直接经济损失的事故
特别重大事故	是指造成 30 人以上死亡，或者 100 人以上重伤（包括急性工业中毒，下同），或者 1 亿元以上直接经济损失的事故

3. 伤亡事故调查处理应当遵循的原则。伤亡事故调查处理应当坚持实事求是、尊重科学的原则，及时、准确地查清事故经过、事故原因和事故损失，查明事故性质，认定事故责任，总结事故教训，提出整改措施，并对事故责任者依法追究责任。

4. 发生伤亡事故应向相关部门报告。事故发生后，事故现场有关人员应当立即向本单位负责人报告；单位负责人接到报告后，应当于 1 小时内向事故发生地县级以上人民政府安全生产监督管理部门和负有安全生产监督管理职责的有关部门报告。情况紧急时，事故现场有关人员可以直接向事故发生地县级以上人民政府安全生产监督管理部门和负有安全生产监督管理职责的有关部门报告；安全生产监督管理部门和负有安全生产监督管理职责的有关部门接到事故报告后，应当依照规定上报事故情况，并通知公安机关、劳动保障行政部门、工会和人民检察院，同时报告本级人民政府。国务院安全生产监督管理部门和负有安全生产监督管理职责的有关部门以及省级人民政府接到发生特别重大事故、重大事故的报告后，应当立即报告国务院。必要时，安全生产监督管理部门和负有安全生产监督管理职责的有关部门可以越级上报事故情况；安全生产监督管理部门和负有安全生产监督管理职责的有关部门逐级上报事故情况，每级上报的时间不得超过 2 小时。

5. 各级别重大事故应报告的等级部门：特别重大事故、重大事故逐级上报至国务院安全生产监督管理部门和负有安全生产监督管理职责的有关部门；较大事故逐级上报至省、自治区、直辖市人民政府安全生产监督管理部门和负有安全生产监督管理职责的有关部门；一般事故上报至设区的市级人民政府安全生产监督管理部门和负有安全生产监督管理职责的有关部门。

6. 报告事故应当包括下列内容。事故发生单位概况；事故发生的时间、地点以及事故现场情况；事故的简要经过；事故已经造成或者可能造成的伤亡人数（包括下落不明的人数）和初步估计的直接经济损失；已经采取的措施；其他应当报告的情况。

7. 事故报告后出现新情况的处理。事故报告后出现新情况的，应当及时补报。自事故发生之日起 30 日内，事故造成的伤亡人数发生变化的，应当及时补报。道路交通事故、火灾事故自发生之日起 7 日内，事故造成的伤亡人数发生变化的，应当及时补报。

8. 单位负责人和有关部门接到事故报告后应做的工作。事故发生单位负责人接到事故报告后，应当立即启动事故相应应急预案，或者采取有效措施，组织抢救，防止事故扩大，减少人员伤亡和财产损失；事故发生地有关地方人民政府、安全生产监督管理部门和负有安全生产监督管理职责的有关部门接到事故报告后，其负责人应当立即赶赴事故现场，组织事故救援。

9. 事故发生后，现场人员应注意的事项。事故发生后，有关单位和人员应当妥善保护事故现场以及相关证据，任何单位和个人不得破坏事故现场、毁灭相关证据；因抢救人员、防止事故扩大以及疏通交通等原因，需要移动事故现场物件的，应当做出标志，绘制现场简图并做出书面记录，妥善保存现场重要痕迹、物证。

10. 事故调查的部门。特别重大事故由国务院或者国务院授权有关部门组织事故调查组进行调查；重大事故、较大事故、一般事故分别由事故发生地省级人民政府、设区的市级人民政府、县级人民政府负责调查。省级人民政府、设区的市级人民政府、县级人民政府可以直接组织事故调查组进行调查，也可以授权或者委托有关部门组织事故调查组进行调查；未造成人员伤亡的一般事故，县级人民政府也可以委托事故发生单位组织事故调查组进行调查。

11. 调查应遵循的原则和参加人员。事故调查组的组成应当遵循精简、效能的原则。根据事故的具体情况，事故调查组由有关人民政府、安全生产监督管理部门、负有安全生产监督管理职责的有关部门、监察机关、公安机关以及工会派人组成，并应当邀请人民检察院派人参加。事故调查组可以聘请有关专家参与调查。

12. 事故调查组成员的要求。事故调查组成员应当具有事故调查所需要的知识和专长，并与所调查的事故没有直接利害关系。事故调查组组长由负责事故调查的人民政府指定。事故调查组组长主持事故调查组的工作。

13. 事故调查组履行的职责。查明事故发生的经过、原因、人员伤亡情况及直接经济损失；认定事故的性质和事故责任；提出对事故责任者的处理建议；总结事故教训，提出防范和整改措施；提交事故调查报告。

14. 事故调查组具有的权利。事故调查组有权向有关单位和个人了解与事故有关的情况，并要求其提供相关文件、资料，有关单位和个人不得拒绝；事故调查中需要进行技术鉴定的，事故调查组应当委托具有国家规定资质的单位进行技术鉴定。必要时，事故调查组可以直接组织专家进行技术鉴定。技术鉴定所需时间不计入事故调查期限。

15. 事故调查组成员应遵守的纪律。事故调查组成员在事故调查工作中应当诚信公正、恪尽职守，遵守事故调查组的纪律，保守事故调查的秘密。未经事故调查组组长允许，事故调查组成员不得擅自发布有关事故的信息。

16. 事故调查中涉嫌犯罪的处理。事故调查中发现涉嫌犯罪的，事故调查组应当及时将有关材料或者其复印件移交司法机关处理。

17. 事故调查中，事故发生单位的负责人应注意的事项。事故发生单位的负责人和有关人员在事故调查期间不得擅离职守，并应当随时接受事故调查组的询问，如实提供有关情况。

18. 提交事故调查报告的期限。事故调查组应当自事故发生之日起 60 日内提交事故调查报告。特殊情况下，经负责事故调查的人民政府批准，提交事故调查报告的期限可以适当延长，但延长的期限最长不超过 60 日。

19. 事故调查报告应当包括的内容。事故发生单位概况；事故发生经过和事故救援情况；事故造成的人员伤亡和直接经济损失；事故发生的原因和事故性质；事故责任的认定以及对事故责任者的处理建议；事故防范和整改措施。

20. 调查报告的批复期限。重大事故、较大事故、一般事故，负责事故调查的人民政府应当自收到事故调查报告之日起 15 日内做出批复；特别重大事故，30 日内做出批复，特殊情况下，批复时间可以适当延长，但延长的时间最长不超过 30 日。

21. 批复后的事故报告的处理。有关机关应当按照人民政府的批复，依照法律、行政法规规定的权限和程序，对事故发生单位和有关人员进行行政处罚，对负有事故责任的国家工作人员进行处分；事故发生单位应当按照负责事故调查的人民政府的批复，对本单位负有事故责任的人员进行处理；负有事故责任的人员涉嫌犯罪的，依法追究刑事责任。

22. 事故处理后应做的工作。事故发生单位应当认真吸取事故教训，落实防范和整改措施，防止事故再次发生。防范和整改措施的落实情况应当接受工会和职工的监督；安全生产监督管理部门和负有安全生产监督管理职责的有关部门应当对事故发生单位落实防范和整改措施的情况进行监督检查；事故处理的情况由负责事故调查的人民政府或者其授权的有关部门、机构向社会公布，依法应当保密的除外。

23. 事故责任者的处理不能取得一致意见时的处理。事故调查组在查明事故情况以后，如果对事故的分析和事故责任者的处理不能取得一致意见，劳动部门有权提出结论性意见；如果仍有不同意见，应当报上级劳动部门的有关部门处理；仍不能达成一致意见的，报同级人民政府裁决。但不得超过事故处理工作的时限。

24. 发生事故的企业对事故调查应持的态度。事故调查组有权向发生事故的企业和有关单位、有关人员了解有关情况和索取有关资料，任何单位和个人不得拒绝；任何单位和个人不得阻碍、干涉事故调查组的正常工作。

25. 事故调查组提出的事故处理意见的部门处理。事故调查组提出的事故处理意见和防范措施建议，由发生事故的企业及其主管部门负责处理。

26. 忽视安全生产不采取有效措施以致造成伤亡事故的处理。因忽视安全生产、违章指挥、违章作业、玩忽职守或者发现事故隐患、危害情况而不采取有效措施以致造成伤亡事故的，由企业主管部门或者企业按照国家有关规定，对企业负责人和直接责任人员给予行政处分；构成犯罪的，由司法机关依法追究刑事责任。

27. 伤亡事故发生后隐瞒不报的处理。在伤亡事故发生后隐瞒不报、谎报、故意迟延不报、故意破坏事故现场，或者无正当理由，拒绝接受调查以及拒绝提供有关情况和资料的，由有关部门按照国家有关规定，对有关单位负责人和直接责任人员给予行政处分，构成犯罪的，由司法机关依法追究刑事责任。

28. 调查、处理伤亡事故中玩忽职守的处理。在调查、处理伤亡事故中玩忽职守、徇私舞弊或者打击报复的，由其所在单位按照国家有关规定给予行政处分，构成犯罪的，由司法机关依法追究刑事责任。

29. 事故处理的“四不放过”原则。事故原因未查清不放过；责任人员未受到处理不放过；事故责任人和周围群众没有受到教育不放过；切实可行的整改措施未落实不放过。

八、工会劳动保护监督

1. 工会劳动保护监督。工会劳动保护监督是依据法律赋予工会的职权，监督企业和有关方面贯彻国家有关劳动安全卫生的法律法规，发动职工参与企业安全生产工作，督促企业不断改善劳动条件，维护职工在生产劳动过程中的安全健康的合法权益。

2. 劳动保护工作的主要内容。劳动保护立法和建立各种劳动保护监督管理体制；为防止事故所采取的各种措施；保障职工在生产中的身体健康，防止职业病的发生；工作时间和休息休假；对女工及未成年工的特殊的劳动保护。

3. 工会在劳动保护监督方面具有的权利。工会有权对建设项目的安全设施与主体工程同时设计、同时施工、同时投入生产和使用进行监督，提出意见；工会对生产经营单位违反安全生产法律、法规，侵犯从业人员合法权益的行为，有权要求纠正；发现生产经营单位违章指挥、强令冒险作业或者发现事故隐患时，有权提出解决的建议，生产经营单位应当及时研究答复；发现危及从业人员生命安全的情况时，有权向生产经营单位建议组织从业人员撤离危险场所，生产经营单位必须立即做出处理；工会有权依法参加事故调查，向有关部门提出处理意见，并要求追究有关人员的责任。

4. 工会安全监督的渠道（见表 14–3）。

表 14–3　工会安全监督的渠道

渠道	内容
双向监督	工会干部和群众监督员实行主动管理与受企业行政被动管理的相互监督
参政监督	参与地方政府安全法规制定，对新建、改建、扩建工程项目的审查等工作进行监督。 依法监督：依据国家法律进行有效监督

续表

渠道	内容
网络监督	通过劳动保护监督检查员、职工代表、职工家属安全网络员等，形成网络监督
舆论监督	应用新闻、网络、杂志等舆论工具进行曝光监督。专题监督：对较典型的问题进行专题调查研究，并分析、建议、督促有关部门解决实际问题
信息监督	依靠建立情报信息系统，对数据和资料进行动态分析，提出控制事故对策
联合监督	与有关部门密切配合，通力协作，联合进行定期或不定期的安全卫生检查，并把检查结果与企业奖励挂钩，促进企业加强安全工作
科学监督	运用安全科学理论进行有效的管理和监督
民主监督	通过职工代表大会对企业行政进行监督

第二节　安全生产规章制度研究

一、安全生产责任制

1. 安全生产责任制规定相关人员的责任。安全生产责任制规定了企业各级领导、管理人员、技术人员和一线操作人员的安全生产职责范围，以便各负其责。

2. 生产经营单位主要负责人的安全生产职责。生产经营单位主要负责人是企业安全生产的第一责任人，对企业安全和生产工作负全面责任，因此要做到在计划、布置、检查、总结、评比中纳入安全工作；加强安全生产管理，负责建立并落实全员安全生产责任制；严格执行国家和上级有关安全生产的方针、政策，遵守国家法律、法规，加强对职工的安全教育培训，接受安全培训考核；审定安全生产规划和计划，确定本单位安全生产目标，签发安全生产规章制度、安全技术规程，批准重大安全技术措施，切实保证安全生产资金投入；检查并考核所属单位安全责任制落实情况；负责健全安全生产管理机构，充实专职安全技术管理人员；主持召开安委会议，研究解决安全生产的重大问题；执行国家和上级主管部门安全生产保证金管理办法，并落实和审批使用；生产中一旦发生事故，应及时上报、及时组织抢救、及时调查和分析事故原因、及时进行事故处理，并制定整改措施，预防事故重复发生；制订生产经营单位负责人年度安全工作计划，并落实工作安排；有权拒绝和停止执行上级违反安全生产法规、政策的指令；搞好女职工和未成年人的特殊保护工作，抓好职工个人防护用品的使用和管理。

3. 工程技术人员的安全生产职责。组织开展技术研究工作，积极采用先进技术和安全防护装置，组织研究落实重大事故隐患的整改方案；在组织新厂、新装置以及技术改造项目的设计、施工和投产时，要做到安全卫生设施与主体工程同时设计、同时施工、同时投入使用；审查企业安全技术规程和安全技术措施项目，保证技术切实可行；负责组织制定生产岗位尘毒等有害物质的治理方案、规划，使之达到国家标准；参加事故的调查处理，采取有效措施，防止事故重复发生。

4. 车间主任的安全生产职责。认真贯彻党的安全生产方针和上级有关劳动保护的法令、指示和规章制度，切实贯彻安全生产“五同时”；组织制订并实施本车间安全管理规定、安全技术操作规程和安全技术措施计划，保证工艺文件、技术资料和工具设备等符合安全要求；组织对新工人进行安全教育，对职工进行经常性的安全思想、安全知识和安全技术教育，开展岗位练兵，并定期组织安全考核；组织车间安全检查，落实隐患整改，保证生产设备、安全装置、消防设施、防护器材和急救器具都处于完好状态，并教育职工加强维护，正确使用；认真执行“职工伤亡事故报告规程”，严格按照“四不放过”原则处理事故。

5. 班组长的安全职责。贯彻执行企业和车间对安全生产的规定和要求，全面负责班组的安全生产工作；组织职工学习并贯彻执行企业、车间各项安全生产规章制度和安全技术操作规程，教育职工遵纪守法，制止违章行为；对新工人进行安全教育，组织并参加安全活动，坚持班前宣讲安全、班中检查安全、班后总结安全的制度；负责班组安全检查，发现不安全因素及时组织力量消除，发生事故立即报告，并组织抢救，保护好现场，做好详细记录；搞好生产设备、安全装备、消防设施、防护器材和急救器具的检查维护工作，使其经常保持完好和正常运行，并督促职工合理使用劳动保护用品、用具，正确使用灭火器材。

6. 安全人员的安全职责。在车间主任的领导下，负责车间的安全生产工作，协助车间主任贯彻上级安全生产的指示和规定，并检查督促执行；参与制定车间安全生产管理制度和安全技术操作规程，并检查执行情况；督促车间及时编制安全技术措施计划和隐患整改方案，并负责及时上报和检查落实；做好职工的安全思想、安全技术教育与考核工作，负责新人厂人员的二级安全教育，督促检查班组、岗位的三级安全教育；参加车间新建、改建、扩建工程的设计审查、竣工验收和设备改造、工艺条件变动方案的审查，使之符合安全技术要求，落实装置检修停工、开工的安全措施；负责车间安全设备、灭火器材、防护器材和急救器具的管理，掌握车间尘毒情况，提出改进建议；每天要深入检查，及时发现隐患，并督促整改。

7. 人员的安全职责。认真学习和严格遵守各项规章制度，对本岗位的安全生产负直接责任；精心操作，严格执行操作规程，做好各项记录，交接班必须交接安全情况；正确分析、判断和处理各种事故隐患，把事故消灭在萌芽状态，如发生事故要正确处理，及时、如实上报，并保护现场，做好详细记录；按时认真进行巡回检查，发现异常情况及时处理和报告；正确操作，精心维护设备，保持作业环境清洁，搞好文明生产；正确使用防护用品和各种防护器具、灭火器材，爱护安全标志，严格遵守岗位责任制和安全技术操作规程；积极参加各种安全活动，积极提出预防事故、改善职业条件的合理化建议；有权拒绝违章作业的指令，对他人违章作业加以劝阻和制止。遇有严重人身危险而无措施保证的作业，有权拒绝操作，及时报告有关部门。

二、安全生产检查制度

1. 安全生产检查的内容。安全生产检查主要是查安全意识、查管理和制度、查现场和隐患、查事故处理。

2. 安全意识检查的内容。安全意识的检查是指企业领导和职工的安全意识，依照国家安全生产方针、政策及有关安全生产的文件，检查他们对安全生产的认识是否正确，对各项安全生产法规及安全生产方针的贯彻执行是否认真和到位。

3. 管理和制度检查的内容。管理和制度方面主要是检查企业各项规章制度的落实情况，如安全生产的“五同时”制度；企业各职能部门在各自业务范围内是否对安全生产负责；安全机构是否健全；职工是否参与安全生产的管理活动；新员工入厂的“三级安全教育”制度、转岗人员及特殊工种人员的培训教育制度是否落实等。

4. 现场和隐患检查的内容。要深入生产现场和工地，检查企业的劳动条件、生产设备以及相应的安全卫生设施是否符合安全要求，有关安全操作规程是否认真执行。

5. 事故处理检查的内容。主要是检查企业对安全生产事故是否按“四不放过”原则严肃处理，是否有隐瞒不报、谎报、故意迟延不报、故意破坏事故现场，或者无正当理由，拒绝接受调查以及拒绝提供有关资料的情况。

6. 安全生产检查的方法。定期安全检查是企业安全管理主管部门根据企业生产活动情况而进行的有计划的安全检查，如每季度的全面安全生产大检查；不定期安全检查是企业根据某一阶段或某一个时期而出现的安全生产突出问题所进行的不固定时间的安全检查；经常性安全检查是所进行的安全生产日查、周查和月查，其目的是紧密结合生产实际，及时查找和解决生产过程中物的不安全状态和人的不安全行为，并加以控制，防止事故的发生；专业性安全检查是根据设备和工艺的特点，由有关专业人员组织进行的安全检查。这种检查可以发挥有关专业部门和专业人员的作用，提高检查效果。

7. 进行安全宣传的意义。安全宣传是为了普及安全生产的法律法规；树立牢固的安全意识；推动安全生产责任制的全面落实；促进安全生产工作的有效开展。

8. 安全生产宣传教育的内容。安全生产宣传教育包括国家的安全生产方针、政策和法规；企业的安全规章制度；车间的安全操作规程；与企业有关的安全技术等。

9. 安全生产宣传教育制度的内容。安全生产宣传教育制度包括三级安全宣传教育制度、管理人员及特种作业人员安全宣传教育制度、职工日常安全宣传教育制度、安全意识宣传教育制度。

10. 安全生产宣传的形式。安全宣传教育形式多样，如开展安全知识竞赛、安全演讲赛、安全文艺会演、板报展、书法漫画展等。

三、安全评价制度

1. 安全评价。安全评价是应用安全系统工程原理和方法，辨识与分析工程、系统、生产经营活动中的危险、有害因素，预测发生事故或造成职业危害的可能性及其严重程度，提出科学、合理、可行的安全对策措施建议，做出评价结论的活动。安全评价可针对一个特定的对象，也可针对 ·定区域范围。

2. 安全评价分类。安全评价按照实施阶段的不同分为四类：安全预评价、安全验收评价、安全现状综合评价、专项安全评价。

（1）安全预评价：安全预评价是在建设项目可行性研究阶段、工业园区规划阶段或生产经营活动组织实施之前，根据相关的基础资料，辨识与分析建设项目、工业园区、生产经营活动潜在的危险、有害因素，确定其与安全生产法律法规、标准、行政规章、规范的符合性，预测发生事故的可能性及其严重程度，提出科学、合理、可行的安全对策措施建议，做出安全评价结论的活动。

（2）安全验收评价：安全验收评价是在建设项目竣工后正式生产运行前或工业园区建设完成后，通过检查建设项目安全设施与主体工程同时设计、同时施工、同时投入生产和使用的情况，检查安全生产管理措施到位情况，检查安全生产规章制度健全情况，检查事故应急救援预案建立情况，审查确定建设项目、工业园区建设满足安全生产法律法规、标准、规范要求的符合性，做出安全验收评价结论的活动。

（3）安全综合现状评价：安全综合现状评价是针对生产经营活动中、工业园区的事故风险、安全管理等情况，辨识与分析其存在的危险、有害因素，审查确定其与安全生产法律法规、规章、标准、规范要求的符合性，预测发生事故或造成职业危害的可能性及其严重程度，提出科学、合理、可行的安全对策措施建议，做出安全现状评价结论的活动。

（4）专项安全评价：专项安全评价是针对某一项活动或某个场所，以一个特定的行业、产品、生产方式、生产工艺或生产装置存在的危险、有害因素进行安全评价，提出合理可行的安全对策措施计划。

3. 进行安全评价的意义。通过安全评价，找出系统中存在的潜在危险因素以及事故发生的条件，论证安全技术措施的合理性。在设计之前进行评价，可以避免选用不安全的工艺流程和危险的原材料，以及不合理的工艺设备、设施。设计之后进行评价，可以查出设计的缺陷和不足，及早采取改进措施。系统建成后运行阶段进行安全评价，有助于发现和消除系统的现实危险性，对正确制定安全对策有重要意义；通过安全评价可以掌握系统存在的危险源、分布部位、数目、事故的概率、危险程度，科学划分企业的危险等级，确定安全管理重点，对加强安全管理、分类指导、合理部署力量和资金投入，对提高安全管理水平具有重要意义；通过安全评价为实现安全技术、安全管理的标准化和科学化创造条件；通过安全评价，对事故进行科学分析，从设计上采取相应措施，做到即使发生误操作或出现设备故障时也不会导致事故发生，实现生产过程的本质安全化。

4. 安全评价过程的步骤。安全评价包括辨识危险、评价危险、采取措施；辨识危险是查明系统中可能出现的危险，以及危险的性质、种类、范围和存在的条件；评价危险是根据系统中存在的危险因素，采取一定的方法对危险因素进行量化，并确定危险程度；采取措施是对系统存在的危险因素，从技术、管理等方面采取一定的措施进行控制，把系统风险降低到可接受程度。

5. 安全评价的内容。安全评价的内容主要有建设项目职业安全卫生预评价；设备与设施现状安全评价；作业条件危险性评价等。

6. 安全评价的方法。安全评价方法常用定性安全评价方法、危险指数评价法、概率风险评价法、安全检查表评价法、矩阵法等。

第十五章　化工企业安全管理

第一节　基础内容

1. 企业安全管理和化工企业安全管理。企业安全管理是指以国家的法律、规范、条例和技术标准为依据，采取各种手段，对企业的安全状况实施有效制约的一切活动。化工企业安全管理是根据化工企业的特殊性，对化工企业安全状况实施有效制约的活动。

2. 化工企业安全管理的主要内容。行政管理、技术管理、工业卫生管理（见表15–1）。

表 15–1　化工企业安全管理的主要内容

项目	内容
工业卫生管理	是根据国家法律和标准对工业生产有毒、有害物质的控制，对环境的要求，对职工健康检查和防护等方面的管理活动
企业技术管理	就是依据科学技术工作规律，对企业的科学研究和全部技术活动进行的计划、协调、控制和激励等方面的管理工作。企业技术管理包括技术开发、产品开发、技术改造、技术合作以及技术转让等管理活动
行政管理	是运用国家权利对化工企业的行政事务的管理。行政管理包括企业经济建设、企业文化建设、环境保护等各个方面

3. 化工企业安全管理的方法。规划——制订安全措施计划；组织——开展安全活动；检查——对现场和作业全过程的安全检查；评审——对安全方案及效果的审核。

4. 化工企业安全管理的手段。法制手段、行政手段、经济手段、文化手段、科学手段（见表15–2）。

表 15–2　化工企业安全管理的手段

手段	内容
行政手段	是企业通过行政机构，采取带强制性的行政命令、指示、规定等措施，来调节和管理安全工作的手段
经济手段	是指企业运用经济投入的作用保证安全生产的手段。文化手段是指利用企业文化作用保证安全生产的手段
法制手段	是政府安监部门运用国家法律、法规对生产的强制措施来监督安全生产工作的手段
科学手段	是人们在安全生产过程中遵循或运用的、符合科学一般原则的各种途径和手段

5. 化工企业安全管理的目的。通过合理的组织生产，使化工企业在生产过程中减少事故，使企业生产的产品在未来投入使用时无事故隐患。它是调整经营者和劳动者关系的重要内容，是生产经营的保证，是企业获取经济效益的必要条件。

第二节　安全管理组织体系与安全专业人员的配备

一、安全管理组织体系

1. 化工企业管理的层次。化工企业管理分为决策层、管理层、操作层（见表 15–3）。

表 15–3　化工企业管理的层次

层次	内容
管理层	包括企业职能部门和车间，他们主要进行生产的日常管理，督促安全生产规章制度的执行，并负责检查落实
操作层	是一线操作人员，他们必须严格执行企业安全生产规章制度，遵守操作规程，杜绝违章行为，防止事故发生
决策层	包括企业法人代表及其领导班子成员，他们主要起决策、指挥作用，贯彻安全生产法律、法规，制定本企业安全生产规章制度，落实安全规划，健全安全机构、配备安全管理人员、保证安全资金投入

2. 把法人代表定为化工企业安全管理的第一责任人的原因。法人代表对化工企业的一切行为负责，只有把安全管理的责任落实到企业法人代表身上，才能把安全工作落到实处；安全管理涉及企业的生产、技术、人力资源管理各个部门，安全工

作与生产工作有时是矛盾的，只有企业法人代表才能调动各方面的力量，协调这些矛盾；有利于贯彻“安全第一、预防为主、综合治理”的方针。

3. 化工企业管理的系统。化工企业管理分为生产、经营、技术、人事教育等系统。

4. 建立分级、分系统的化工安全生产管理体系的意义。建立分级、分系统的化工安全生产管理体系，有利于推动各级各系统领导切实负起责任，可以有效地调动各级领导积极性，形成人人重视安全的局面。

5. 建立班组安全生产管理体系的意义。班组是企业的最基层组织，是加强公司管理，搞好安全生产的基础。因此，对安全生产来说，班组是一个至关重要的单元，是开展安全生产管理工作的主要对象。做好班组安全管理必须树立“安全发展，科学发展”的观念，坚持“以人为本”，把人的生命放在第一位；全体员工要牢固树立“关注安全、关爱生命、珍惜健康”的正确理念，使员工积极投身到全员参与安全管理的活动之中，齐抓共管做好班组安全管理工作。

6. 落实班组安全管理的意义。班组安全管理要做到“十到位”：思想认识到位；责任落实到位; 制度制定到位; 宣传教育到位; 安全活动到位; 安全检查到位; 安全“公示”到位；隐患整改到位；安全激励到位；绩效考核到位。

二、安全专业人员的配备

1. 化工企业配备安全生产专业管理人员的意义。安全生产关系到企业的生存和发展，关系到职工的生命和健康，关系到市场经济的发展和社会的稳定；法律法规文件规定，必须配备合格的安全生产技术人员和管理人员；安全科学技术的系统知识只有高素质的专业人才方能掌握；生产经营单位中安全生产管理、安全工程技术工作等岗位以及为安全生产提供技术服务的中介机构，必须配备一定数量的注册安全工程师。

2. 化工企业应配备安全生产专业管理人员。化工企业和危险物品的生产、经营、储存单位，应当设置安全生产管理机构或者配备专职安全生产管理人员。除此以外的其他生产经营单位，从业人员超过 300 人的，应当设置安全生产管理机构并配备专职安全生产管理人员；从业人员在 300 人以下的，应当配备专职或者兼职的安全生产管理人员，或者委托具有国家规定资质条件的注册安全工程师事务所提供安全生产管理服务。

3. 安全生产专业管理人员的要求。化工企业和危险物品的生产、经营、储存单位的专职安全生产管理人员应当取得注册安全工程师资格，并具备 3 年以上相应工作经历。注册安全工程师管理办法由国务院安全生产监督管理部门制定。

4. 生产经营单位的主要负责人、分管安全负责人和安全生产管理人员必须具备与本单位所从事的生产经营活动相应的安全生产知识和管理能力；危险物品的生产、经营、储存单位的主要负责人、分管安全负责人和安全生产管理人员，应当由有关主管部门对其安全生产知识和管理能力考核合格后方可任职。考核不得收费。

5. 安全生产专业管理人员应具备的素质。要有较高的政治思想素质；要有丰富的安全知识和业务素质；要有良好的心理素质；要有应变“突发事件”的能力；具有良好的体魄。

6. 安全生产管理机构以及安全生产管理人员应当履行的职责。贯彻执行安全生产法律、法规和强制性国家标准、行业标准，参与本单位安全生产决策；参与制定安全生产规章制度和安全操作规程并督促执行；监督和指导本单位其他机构、人员履行安全生产职责；开展安全生产检查，制止和查处违章指挥、违章操作、违反劳动纪律的行为；制止超能力、超强度、超定员组织生产；对发现的事故隐患，督促有关业务部门和人员及时整改，并报告本单位负责人；落实岗位达标、专业达标和企业达标为主要内容的安全生产标准化建设；参与本单位安全生产应急预案的制定及演练；法律、行政法规规定的其他职责。

7. 安全生产专业管理人员的权力。有权指令先行停止生产，并立即报告领导研究处理；有权立即向上级主管部门和安全监督管理部门报告或越级向上级汇报；有权检查所在单位对安全生产方针或上级有关安全生产工作指示的贯彻执行情况。

三、化工企业安全生产经费的保障

1. 落实化工企业安全生产经费的意义。为了建立化工企业安全生产投入长效机制，加强安全生产费用管理，保障企业安全生产资金投入，维护企业、职工以及社会公共利益，所以要落实安全生产经费。

2. 工企业安全生产经费的应用（见表 15–4）。

表 15–4　工企业安全生产经费的应用

项目	内容
软技术方面	日常安全管理；安全奖励资金；安全活动经费
个人防护方面	劳动保护用品；保健及健康监护费用；职业病诊治费用等
硬技术方面	安全技术的各类防护装置，安全防护设施的改造费用；工业卫生所采取的一切措施费用；辅助设施费用（如取暖、防洪等）

不同企业的具体用途见《企业安全生产费用提取和使用管理办法》。

3. 安全生产经费的来源。安全生产经费的提取按《企业安全生产费用提取和使用管理办法》（财企〔2012〕16号）执行。关于非煤矿山开采企业依据开采的原矿产量按月提取。各类矿山原矿单位产量安全费用提取标准如下：石油，每吨原油17元；天然气、煤层气（地面开采），每千立方米原气5元。危险品生产与储存企业以上年度实际营业收入为计提依据，采取超额累退方式按照以下标准平均逐月提取：营业收入不超过1000万元的，按照4%提取；营业收入超过1000万元至1亿元的部分，按照2%提取；营业收入超过1亿元至10亿元的部分，按照0.5%提取；营业收入超过10亿元的部分，按照0.2%提取。

4. 安全生产经费提取的原则。安全生产经费按照“企业提取、政府监管、确保需要、规范使用”的原则进行提取。

四、化工企业现场安全管理

1. 化工企业现场安全管理的内容。严格安全操作规程管理；危险作业申请、审批制度；危险检修作业挂牌制度；强化作业现场“定置管理”制度；作业现场“三点控制”制度；防电气误操作“五步操作法”；“5S”活动；强化班组安全管理；加强有害因素安全管理；搞好厂区环境管理。

2. 严格安全操作规程管理的内容。化工企业应根据工艺要求、技术特点，在设备的安装调试、运行、维修、检查、改造和生产过程中，结合技术规程，制定并不断完善安全操作规程和标准，在作业过程中严格执行和遵守。安全操作规程是依据职业安全卫生法规、标准和多年生产实践经验及血的教训制定的，是安全生产的基础保障。

3. 实行危险工作申请、审批制度的场所。在易燃、易爆、易中毒和窒息的场所，在非建筑行业的高处作业场所，在多层交叉检修作业及其他容易发生危险的作业场所，须在作业前制定可靠的安全措施（包括应急预案），向安全管理部门或专业机构提出申请，经审查批准后方可作业，必要时设专人监护。

4. 实行危险检修作业“挂牌制度”的重要性。在重点检修场所和危险部位实行“挂牌制度”，明确并落实生产操作和检修作业职责，强化双方的沟通联络和信息交流，防止人的误操作而引发的事故。

5. 强化作业现场“定置管理”。现场的人流、物流要实行严格的规范化管理。首先是在车间或岗位现场，从平面到立体空间，其使用的工具、设备、材料、工件等的位置要规范，文明管理，要进行科学物流设计。其次是对现场人员行动要进行限制性管理。

6. 现场作业“三点控制”的意义。对生产现场的“危险点、危害点、事故多发点”要进行强化控制管理，实行挂牌制，标明其危险的性质、类型、定量、注意事项等内容。

7. 防电气误操作“五步法”。是指周密检查、认真填票、实行双监、模拟操作、口令操作。“五步法”做到了层层把关、堵塞漏洞、确认到位和信息的准确传递，消除思想上的误差和行为上的误动。

8.“5S”活动的内容。“5S”是指整理（Seiri）、整顿（Seiton）、清扫（Seiso）、清洁（Seikeetsu）和素养（Shitsuke）这 5 个词的缩写。开展“5S”活动，使操作人员养成良好的工作习惯，努力改善工作环境，达到提高工作效率、提高职工素质、确保安全生产的目标。

9. 强化班组安全管理。班组的每周安全活动要做到时间、人员、内容“三落实”，以安全生产必须落实到班组和岗位为原则，对岗位管理、生产设施、安全装置、工具设备、工作环境、操作行为等方面进行严格、有效的管理。

10. 加强生产过程有害因素的管理。对生产过程的有害化学因素、物理因素和生物因素等进行定期检验、检测，按国家有关控制标准进行有效的防治和管理，使其达到标准的允许范围。

11. 做好化工厂区卫生环境管理。为创造良好的生产、施工环境，保证职工身体健康，生产区域和生活区域应明确划分。把化工厂区和生活区划成若干片，分片包干，建立责任区，从道路交通、消防器材、材料堆放等都有专人负责，做到责任落实到人，使文明施工、环境卫生工作保持经常化、制度化。

12. 现场安全强调特种作业人员管理的意义。特种作业人员是指在生产过程中直接从事对操作者本人或他人及其周围设施安全有重大危害因素的作业人员。由于特种作业人员在生产劳动过程中担负着特殊任务，所承担的风险较大，一旦发生事故，会给企业生产、职工生命安全带来巨大损失。因此对特种作业人员在生产中要严格管理。

13. 化工企业生产现场对劳动用品的发放和管理工作的要求。化工企业使用劳动用品的单位，要建立购买、验收、发放、使用、更新和报废等管理制度。教育职工要正确使用、穿、戴劳动保护用品，同时在现场要加以监督，以保证劳动者安全和健康。

第十六章　危险化学品安全管理与安全生产技术研究

第一节　危险化学品安全管理研究

一、基础内容

危险化学品和易制爆危险化学品：危险化学品是指具有毒害、腐蚀、爆炸、燃烧、助燃等性质，对人体、设施、环境具有危害的剧毒化学品和其他化学品。可用于制造爆炸物品的危险化学品称易制爆危险化学品。

危险化学品安全管理的意义：化学品生产和消费大大地改善了人们的生活，但危险化学品具有的易燃、易爆、有毒、有害的危险性给人类的生存带来一定的威胁。为了防止危险化学品在生产、经营、储存、运输、使用和废弃物处理过程中的危害和污染的风险，必须加强危险化学品的安全管理。

加强危险化学品安全管理：增强法律意识，整顿规范市场秩序；提高企业安全管理水平；加强基础环节的安全防范；强化监督管理，保障经济的可持续发展。

危险化学品的分类：国家质量技术监督局 1992 年发布了国家标准《常用危险化学品的分类及标志》（GB13690—1992），按主要危险特性把危险化学品分为八类：爆炸品；压缩气体和液化气体；易燃液体；易燃固体、自燃物品和遇湿易燃物品；氧化剂和有机过氧化物；有毒品；放射性物品；腐蚀品。

危险化学品的包装标志的种类：危险化学品的包装标志有 27 种，其中主标志有 16 种，副标志有 11 种。

危险化学品目录的制定部门：危险化学品目录由国务院安全生产监督管理部门会同国务院工业和信息化、公安、环境保护、卫生、质量监督检验检疫、交通运输、铁路、民用航空、农业主管部门，根据化学品危险特性的鉴别和分类标准确定、公布，并适时调整。

危险化学品单位：危险化学品单位是指生产、储存、使用、经营、运输危险化学品的单位。

危险化学品单位应具备的条件：危险化学品单位应当具备法律、行政法规规定和国家标准、行业标准要求的安全条件；建立、健全安全管理规章制度和岗位安全责任制度；对从业人员进行安全教育、法治教育和岗位技术培训；从业人员应当接受教育和培训，考核合格后上岗作业；对有资格要求的岗位，应当配备依法取得相应资格的人员。

危险化学品的限制性规定：任何单位和个人不得生产、经营、使用国家禁止生产、经营、使用的危险化学品。国家对危险化学品的使用有限制性规定的，任何单位和个人不得违反限制性规定使用危险化学品。

政府部门对危险化学品安全管理应履行的职责：安全生产监督管理部门负责危险化学品安全监督管理综合工作，组织确定、公布、调整危险化学品目录，对新建、改建、扩建生产、储存危险化学品的建设项目进行安全条件审查，核发危险化学品安全生产、安全使用和经营许可证，并负责危险化学品登记工作；公安机关负责危险化学品的公共安全管理，核发剧毒化学品购买许可证、剧毒化学品道路运输通行证，并负责危险化学品运输车辆的道路交通安全管理；质量监督检验检疫部门负责核发危险化学品及其包装物、容器生产企业的工业产品生产许可证，并依法对其产品质量实施监督，负责对进出口危险化学品及其包装实施检验；环境保护主管部门负责废弃危险化学品处置的监督管理；组织危险化学品的环境危害性鉴定和环境风险程度评估；确定实施重点环境管理的危险化学品，负责危险化学品环境管理登记和新化学物质环境管理登记；依照职责分工调查相关危险化学品环境污染事故和生态破坏事件；负责危险化学品事故现场的应急环境监测；交通运输主管部门负责危险化学品道路运输、水路运输的许可以及运输工具的安全管理，对危险化学品水路运输安全实施监督，负责危险化学品道路运输企业、水路运输企业驾驶人员、船员、装卸管理人员、押运人员、申报人员、集装箱装箱现场检查员的资格认定。铁路主管部门负责危险化学品铁路运输的安全管理，负责危险化学品铁路运输承运人、托运人的资质审批及其运输工具的安全管理。民用航空主管部门负责危险化学品航空运输以及航空运输企业及其运输工具的安全管理；卫生主管部门负责危险化学品毒性鉴定的管理，负责组织、协调危险化学品事故受伤人员的医疗卫生救援工作；工商行政管理部门依据有关部门的许可证件，核发危险化学品生产、储存、经营、运输企业营业执照，查处危险化学品经营企业违法采购危险化学品的行为；邮政管理部门负责依法查处寄递危险化学品的行为。

负有危险化学品安全监督管理职责的部门依法进行监督检查时，可以采取的措施：进入危险化学品作业场所实施现场检查，向有关单位和人员了解情况，查阅、复制有关文件、资料；发现危险化学品事故隐患，责令立即消除或者限期消除；对不符合法律、行政法规、规章规定或者国家标准、行业标准要求的设施、设备、装置、器材、运输工具，责令立即停止使用；经本部门主要负责人批准，查封违法生产、储存、使用、经营危险化学品的场所，扣押违法生产、储存、使用、经营、运输的危险化学品以及用于违法生产、使用、运输危险化学品的原材料、设备、运输工具；发现影响危险化学品安全的违法行为，当场予以纠正或者责令限期改正。

负有危险化学品安全监督管理职责的部门依法进行监督检查和被检查的部门和个人的要求：负有危险化学品安全监督管理职责的部门依法进行监督检查，监督检查人员不得少于 2 人，并应当出示执法证件；有关单位和个人对依法进行的监督检查应当予以配合，不得拒绝、阻碍。

国家对负有危险化学品安全监督管理职责的部门的具体要求：负有危险化学品安全监督管理职责的部门应当相互配合、密切协作，依法加强对危险化学品的安全监督管理。

国家对危险化学品生产企业的鼓励政策：国家鼓励危险化学品生产企业和使用危险化学品从事生产的企业采用有利于提高安全保障水平的先进技术、工艺、设备以及自动控制系统，鼓励对危险化学品实行专门储存、统一配送、集中销售。

违反《危险化学品安全管理条例》规定的行为可以进行举报和处理的部门：任何单位和个人对违反《危险化学品安全管理条例》规定的行为，有权向负有危险化学品安全监督管理职责的部门举报。负有危险化学品安全监督管理职责的部门接到举报，应当及时依法处理；对不属于本部门职责的，应当及时移送有关部门处理。

二、危险化学品生产和储存的安全管理

化学品的生产和储存实行的规划和布局：国家对危险化学品的生产和储存实行统筹规划、合理布局。国务院工业和信息化主管部门以及国务院其他有关部门依据各自职责，负责危险化学品生产、储存的行业规划和布局。地方人民政府组织编制城乡规划，应当根据本地区的实际情况，按照确保安全的原则，规划适当区域专门用于危险化学品的生产、储存。

生产、储存危险化学品的建设项目应进行审查的部门：新建、改建、扩建生产和储存危险化学品的建设项目，应当由安全生产监督管理部门进行安全条件审查。

项目安全条件的评价部门：建设单位应当对建设项目进行安全条件论证，委托具备国家规定的资质条件的机构对建设项目进行安全评价，并将安全条件论证和安全评价的情况报告建设项目所在地设区的市级以上人民政府安全生产监督管理部门；安全生产监督管理部门应当自收到报告之日起 45 日内做出审查决定，并书面通知建

设单位。

铺设的危险化学品管道的要求：生产、储存危险化学品的单位，应当对其铺设的危险化学品管道设置明显标志，并对危险化学品管道定期检查、检测。进行可能危及危险化学品管道安全的施工作业，施工单位应当在开工的7日前书面通知管道所属单位，并与管道所属单位共同制定应急预案，采取相应的安全防护措施。管道所属单位应当指派专门人员到现场进行管道安全保护指导。

危险化学品生产企业进行生产前的要求：危险化学品生产企业进行生产前，应当依照《安全生产许可证条例》的规定，取得危险化学品安全生产许可证。生产列入国家实行生产许可证制度的工业产品目录的危险化学品的企业，应当依照《中华人民共和国工业产品生产许可证管理条例》的规定，取得工业产品生产许可证。

颁发危险化学品安全生产许可证的部门的注意事项：负责颁发危险化学品安全生产许可证的部门,应当将其颁发许可证的情况及时向同级工业和信息化主管部门、环境保护主管部门和公安机关通报。

危险化学品的产品应提供的技术文件：危险化学品生产企业应当提供与其生产的危险化学品相符的化学品安全技术说明书，并在危险化学品包装上粘贴或者拴挂与包装内危险化学品相符的化学品安全标签。化学品安全技术说明书和化学品安全标签所载明的内容应当符合国家标准的要求。

发现危险化学品有新的危险特性的处理：危险化学品生产企业发现其生产的危险化学品有新的危险特性的，应当立即公告，并及时修订其化学品安全技术说明书和化学品安全标签。

生产实施重点环境管理的危险化学品的企业应注意的事项：生产实施重点环境管理的危险化学品的企业，应当按照国务院环境保护主管部门的规定，将该危险化学品向环境中释放等相关信息向环境保护主管部门报告。环境保护主管部门可以根据情况采取相应的环境风险控制措施。

生产、储存危险化学品的单位应当在作业场所设置的安全设施：生产、储存危险化学品的单位，应当根据其生产、储存的危险化学品的种类和危险特性，在作业场所设置相应的监测、监控、通风、防晒、调温、防火、灭火、防爆、泄压、防毒、中和、防潮、防雷、防静电、防腐、防泄漏以及防护围堤或者隔离操作等安全设施、设备，并按照国家标准、行业标准或者国家有关规定对安全设施、设备进行经常性维护、保养，保证安全设施、设备的正常使用。在安全设施、设备上设置明显的安全警示标志。在其作业场所设置通信、报警装置，并保证处于适用状态。

生产、储存危险化学品的企业应当进行的安全评价：生产、储存危险化学品的企业，应当委托具备国家规定的资质条件的机构，对本企业的安全生产条件每3年进行一次安全评价，提出安全评价报告。安全评价报告的内容应当包括对安全生产条件存在的问题进行整改的方案。

生产、储存剧毒化学品或者制造易制爆危险化学品的单位应注意的事项：生产、储存剧毒化学品或者国务院公安部门规定的可用于制造爆炸物品的危险化学品（以下简称易制爆危险化学品）的单位，应当如实记录其生产、储存的剧毒化学品、易制爆危险化学品的数量、流向，并采取必要的安全防范措施，防止剧毒化学品、易制爆危险化学品丢失或者被盗；发现剧毒化学品、易制爆危险化学品丢失或者被盗的，应当立即向当地公安机关报告。生产、储存剧毒化学品、易制爆危险化学品的单位，应当设置治安保卫机构，配备专职治安保卫人员。

危险化学品的储存和保管：危险化学品应当储存在专用仓库、专用场地或者专用储存室内，并由专人负责管理；剧毒化学品以及储存数量构成重大危险源的其他危险化学品，应当在专用仓库内单独存放，并实行双人收发、双人保管制度。危险化学品的储存方式、方法以及储存数量应当符合国家标准或者国家有关规定。

危险化学品和剧毒化学品的出入库制度：储存危险化学品的单位应当建立危险化学品出入库核查、登记制度。对剧毒化学品以及储存数量构成重大危险源的其他危险化学品，储存单位应当将其储存数量、储存地点以及管理人员的情况，报所在地县级人民政府安全生产监督管理部门（在港区内储存的，报港口行政管理部门）和公安机关备案。

储存危险化学品的仓库的要求：危险化学品专用仓库应当符合国家标准、行业标准的要求，并设置明显的标志。储存剧毒化学品、易制爆危险化学品的专用仓库，应当按照国家有关规定设置相应的技术防范设施。对专用仓库的安全设施、设备定期进行检测、检验。

生产、储存危险化学品的单位转产、停产、停业或者解散的，应当采取的措施：生产、储存危险化学品的单位转产、停产、停业或者解散的，应当采取有效措施，及时、妥善处置其危险化学品生产装置、储存设施以及库存的危险化学品，不得丢弃危险化学品；处置方案应当报所在地县级人民政府安全生产监督管理部门、工业和信息化主管部门、环境保护主管部门和公安机关备案。安全生产监督管理部门应当会同环境保护主管部门和公安机关对处置情况进行监督检查，发现未依照规定处置的，应当责令其立即处置。

三、危险化学品包装和使用的安全管理

危险化学品的包装应符合的标准：危险化学品的包装应当符合法律、行政法规、规章的规定以及国家标准、行业标准的要求。

危险化学品的包装物的要求：危险化学品包装物、容器的材质以及危险化学品包装的型式、规格、方法和单件质量（重金），应当与所包装的危险化学品的性质和用途相适应。

危险化学品包装物的生产企业的要求：生产列入国家实行生产许可证制度的工业产品目录的危险化学品包装物、容器的企业，应当依照《中华人民共和国工业产品生产许可证管理条例》的规定，取得工业产品生产许可证；其生产的危险化学品包装物、容器经国务院质量监督检验检疫部门认定的检验机构检验合格，方可出厂销售。

重复使用的危险化学品包装物的注意事项：对重复使用的危险化学品包装物、容器，使用单位在重复使用前应当进行检查；发现存在安全隐患的，应当维修或者更换。使用单位应当对检查情况做出记录，记录的保存期限不得少于 2 年。

使用危险化学品的单位应具备的条件：使用危险化学品的单位，其使用条件应当符合法律、行政法规的规定和国家标准、行业标准的要求，并根据所使用的危险化学品的种类、危险特性以及使用量和使用方式，建立、健全使用危险化学品的安全管理规章制度和安全操作规程，保证危险化学品的安全使用。除此之外，还应具备下列条件：有与所使用的危险化学品相适应的专业技术人员；有安全管理机构和专职安全管理人员；有符合国家规定的危险化学品事故应急预案和必要的应急救援器材、设备；依法进行了安全评价。

需要办理危险化学品安全使用许可证的情况：使用危险化学品从事生产并且使用量达到规定数量的化工企业应当依照规定取得危险化学品安全使用许可证。危险化学品使用量的数量标准，由国务院安全生产监督管理部门会同国务院公安部门、农业主管部门确定并公布。

危险化学品安全使用许可证的办理：申请危险化学品安全使用许可证的化工企业，应当向所在地设区的市级人民政府安全生产监督管理部门提出申请，并提交符合条件的证明材料。设区的市级人民政府安全生产监督管理部门应当依法进行审查，自收到证明材料之日起 45 日内做出批准或者不予批准的决定。予以批准的，颁发危险化学品安全使用许可证；不予批准的，书面通知申请人并说明理由。

四、危险化学品经营的安全管理

危险化学品的经营的规定：国家对危险化学品经营实行许可制度。未经许可，任何单位和个人不得经营危险化学品。依法设立的危险化学品生产企业在其厂区范围内销售本企业生产的危险化学品，不需要取得危险化学品经营许可。

从事危险化学品经营的企业应当具备的条件：有符合国家标准、行业标准的经营场所，储存危险化学品的，还应当有符合国家标准、行业标准的储存设施；从业人员经过专业技术培训并经考核合格；有健全的安全管理规章制度；有专职安全管理人员；有符合国家规定的危险化学品事故应急预案和必要的应急救援器材、设备；法律、法规规定的其他条件。

从事危险化学品经营许可证的办理：从事剧毒化学品、易制爆危险化学品经营的企业，应当向所在地设区的市级人民政府安全生产监督管理部门提出申请，从事其他危险化学品经营的企业，应当向所在地县级人民政府安全生产监督管理部门提出申请（有储存设施的，应当向所在地设区的市级人民政府安全生产监督管理部门提出申请）。申请人应当提交其符合经营条件的证明材料。设区的市级人民政府安全生产监督管理部门或者县级人民政府安全生产监督管理部门应当依法进行审查，并对申请人的经营场所、储存设施进行现场核查，自收到证明材料之日起 30 日内做出批准或者不予批准的决定。予以批准的，颁发危险化学品经营许可证；不予批准的，书面通知申请人并说明理由。

危险化学品经营企业从事经营时的注意事项：危险化学品经营企业不得向未经许可从事危险化学品生产、经营活动的企业采购危险化学品，不得经营没有化学品安全技术说明书或者化学品安全标签的危险化学品。依法取得危险化学品安全生产许可证、危险化学品安全使用许可证、危险化学品经营许可证的企业，凭相应的许可证件购买剧毒化学品、易制爆危险化学品。民用爆炸物品生产企业凭民用爆炸物品生产许可证购买易制爆危险化学品。

剧毒化学品购买许可证的申请部门：申请取得剧毒化学品购买许可证，申请人应当向所在地县级人民政府公安机关提交下列材料：营业执照或者法人证书（登记证书）的复印件；拟购买的剧毒化学品品种、数量的说明；购买剧毒化学品用途的说明；经办人的身份证明。

受理申请的部门的时间办理：县级人民政府公安机关应当自收到前款规定的材料之日起 3 日内，做出批准或者不予批准的决定。予以批准的，颁发剧毒化学品购买许可证；不予批准的，书面通知申请人并说明理由。

危险化学品生产企业、经营企业销售剧毒化学品、易制爆危险化学品应注意的问题：不得向不具有相关许可证件或者证明文件的单位销售剧毒化学品、易制爆危险化学品。对持剧毒化学品购买许可证购买剧毒化学品的，应当如实记录购买单位的名称、地址、经办人的姓名、身份证号码以及所购买的剧毒化学品、易制爆危险化学品的品种、数量、用途。销售记录以及经办人的身份证明复印件、相关许可证件复印件或者证明文件的保存期限不得少于 1 年。禁止向个人销售剧毒化学品（属于剧毒化学品的农药除外）和易制爆危险化学品。

售剧毒化学品、易制爆危险化学品后应做的工作：剧毒化学品、易制爆危险化学品的销售企业、购买单位应当在销售、购买后5日内，将所销售、购买的剧毒化学品、易制爆危险化学品的品种、数量以及流向信息报所在地县级人民政府公安机关备案，并输入计算机系统。

用剧毒化学品、易制爆危险化学品的单位的注意事项：使用剧毒化学品、易制爆危险化学品的单位不得出借、转让其购买的剧毒化学品、易制爆危险化学品；因转产、停产、搬迁、关闭等确需转让的，应当向具有相关许可证件或者证明文件的单位转让，并在转让后将有关情况及时向所在地县级人民政府公安机关报告。

五、危险化学品运输的安全管理

危险化学品的运输的要求：从事危险化学品道路运输、水路运输的，应当分别依照有关道路运输、水路运输的法律、行政法规的规定，取得危险货物道路运输许可、危险货物水路运输许可，并向工商行政管理部门办理登记手续。危险化学品道路运输企业、水路运输企业应当配备专职安全管理人员。

运输危险化学品的从业人员的要求：危险化学品道路运输企业、水路运输企业的驾驶人员、船员、装卸管理人员、押运人员、申报人员、集装箱装箱现场检查员应当经交通运输主管部门考核合格，取得从业资格。具体办法由国务院交通运输主管部门制定。

危险化学品的装卸的规定：危险化学品的装卸作业应当遵守安全作业标准、规程和制度，并在装卸管理人员的现场指挥或者监控下进行。水路运输危险化学品的集装箱装箱作业应当在集装箱装箱现场检查员的指挥或者监控下进行，并符合积载、隔离的规范和要求；装箱作业完毕后，集装箱装箱现场检查员应当签署装箱证明书。

危险化学品运输的注意事项：运输危险化学品，应当根据危险化学品的危险特性采取相应的安全防护措施，并配备必要的防护用品和应急救援器材；用于运输危险化学品的槽罐以及其他容器应当封口严密，能够防止危险化学品在运输过程中因温度、湿度或者压力的变化发生渗漏、洒漏；槽罐以及其他容器的溢流和泄压装置应当设置准确、起闭灵活；运输危险化学品的驾驶人员、船员、装卸管理人员、押运人员、申报人员、集装箱装箱现场检查员，应当了解所运输的危险化学品的危险特性及其包装物、容器的使用要求和出现危险情况时的应急处置方法。

通过道路运输危险化学品的要求：托运人应当委托依法取得危险货物道路运输许可的企业承运；应当按照运输车辆的核定载质量装载危险化学品，不得超载；危险化学品运输车辆应当符合国家标准要求的安全技术条件，并按照国家有关规定定期进行安全技术检验；危险化学品运输车辆应当悬挂或者喷涂符合国家标准要求的警示标志；应当配备押运人员，并保证所运输的危险化学品处于押运人员的监控之下。

运输危险化学品途中需要较长时间停车的处理：运输危险化学品途中因住宿或者发生影响正常运输的情况，需要较长时间停车的，驾驶人员、押运人员应当采取相应的安全防范措施；运输剧毒化学品或者易制爆危险化学品的，还应当向当地公安机关报告。

运输危险化学品途中遇有限制通行区域时的解决：未经公安机关批准，运输危险化学品的车辆不得进入危险化学品运输车辆限制通行的区域。危险化学品运输车辆限制通行的区域由县级人民政府公安机关划定，并设置明显的标志。

通过道路运输剧毒化学品的申请部门：通过道路运输剧毒化学品的，托运人应当向运输始发地或者目的地县级人民政府公安机关申请剧毒化学品道路运输通行证。

申请剧毒化学品道路运输通行证应提的材料：申请剧毒化学品道路运输通行证，应当向县级及县级以上人民政府公安机关提交下列材料：拟运输的剧毒化学品品种、数量的说明；运输始发地、目的地、运输时间和运输路线的说明；承运人取得危险货物道路运输许可、运输车辆取得营运证以及驾驶人员、押运人员取得上岗资格的证明文件；购买剧毒化学品的相关许可证件，或者海关出具的进出口证明文件。

公安机关收到申请材料后的批复时间：县级及县级以上人民政府公安机关应当自收到相关材料之日起 7 日内，做出批准或者不予批准的决定。予以批准的，颁发剧毒化学品道路运输通行证；不予批准的，书面通知申请人并说明理由。

剧毒化学品、易制爆危险化学品在道路运输途中发生意外的处理：剧毒化学品、易制爆危险化学品在道路运输途中丢失、被盗、被抢或者出现流散、泄漏等情况的，驾驶人员、押运人员应当立即采取相应的警示措施和安全措施，并向当地公安机关报告。公安机关接到报告后，应当根据实际情况立即向安全生产监督管理部门、环境保护主管部门、卫生主管部门通报。有关部门应当采取必要的应急处置措施。

通过水路运输危险化学品的注意事项：通过水路运输危险化学品的，应当遵守法律、行政法规以及国务院交通运输主管部门关于危险货物水路运输安全的规定；海事管理机构应当根据危险化学品的种类和危险特性，确定船舶运输危险化学品的相关安全运输条件；拟交付船舶运输的化学品的相关安全运输条件不明确的，应当经国家海事管理机构认定的机构进行评估，明确相关安全运输条件并经海事管理机构确认后，方可交付船舶运输。

水路运输危险化学品的禁令：禁止通过内河封闭水域运输剧毒化学品以及国家规定禁止通过内河运输的其他危险化学品；前款规定以外的内河水域，禁止运输国家规定禁止通过内河运输的剧毒化学品以及其他危险化学品。

通过内河运输危险化学品的要求：应当由依法取得危险货物水路运输许可的水路运输企业承运，其他单位和个人不得承运。托运人应当委托依法取得危险货物水路运输许可的水路运输企业承运，不得委托其他单位和个人承运。应当使用依法取得危险货物适装证书的运输船舶。水路运输企业应当针对所运输的危险化学品的危险特性，制定运输船舶危险化学品事故应急救援预案，并为运输船舶配备充足、有效的应急救援器材和设备；通过内河运输危险化学品的船舶，其所有人或者经营人应当取得船舶污染损害责任保险证书或者财务担保证明。船舶污染损害责任保险证书或者财务担保证明的副本应当随船携带；危险化学品包装物的材质、型式、强度以及包装方法应当符合水路运输危险化学品包装规范的要求。国务院交通运输主管部门对单船运输的危险化学品数量有限制性规定的，承运人应当按照规定安排运输数量。

危险化学品运输作业的内河码头、泊位的要求：用于危险化学品运输作业的内河码头、泊位应当符合国家有关安全规范，与饮用水取水口保持国家规定的距离。有关管理单位应当制定码头、泊位危险化学品事故应急预案，并为码头、泊位配备充足、有效的应急救援器材和设备。用于危险化学品运输作业的内河码头、泊位，经交通运输主管部门按照国家有关规定验收合格后方可投入使用。

船舶载运危险化学品进出内河港口的注意事项：船舶载运危险化学品进出内河港口，应当将危险化学品的名称、危险特性、包装以及进出港时间等事项，事先报告海事管埋机构。海事管埋机构接到报告后，应当在国务院交通运输主管部门规定的时间内做出是否同意的决定，通知报告人，同时通报港口行政管理部门。定船舶、定航线、定货种的船舶可以定期报告。

内河港口内进行危险化学品的装卸、过驳的注意事项：在内河港口内进行危险化学品的装卸、过驳作业，应当将危险化学品的名称、危险特性、包装和作业的时间、地点等事项报告港口行政管理部门。港口行政管理部门接到报告后，应当在国务院交通运输主管部门规定的时间内做出是否同意的决定，通知报告人，同时通报海事管理机构。载运危险化学品的船舶在内河航行，通过过船建筑物的，应当提前向交通运输主管部门申报，并接受交通运输主管部门的管理。

载运危险化学品的船舶在内河航行的要求：载运危险化学品的船舶在内河航行、装卸或者停泊，应当悬挂专用的警示标志，按照规定显示专用信号；载运危险化学品的船舶在内河航行，按照国务院交通运输主管部门的规定需要引航的，应当申请引航；载运危险化学品的船舶在内河航行，应当遵守法律、行政法规和国家其他有关饮用水水源保护的规定。内河航道发展规划应当与依法经批准的饮用水水源保护区划定方案相协调。

托运危险化学品的托运人应当注意的事项：托运危险化学品的托运人应当向承运人说明所托运的危险化学品的种类、数量、危险特性以及发生危险情况的应急处置措施，并按照国家有关规定对所托运的危险化学品妥善包装，在外包装上设置相应的标志。运输危险化学品需要添加抑制剂或者稳定剂的，托运人应当添加，并将有关情况告知承运人。

托运人的禁令：托运人不得在托运的普通货物中夹带危险化学品，不得将危险化学品匿报或者谎报为普通货物托运；任何单位和个人不得交寄危险化学品或者在邮件、快件内夹带危险化学品，不得将危险化学品匿报或者谎报为普通物品交寄。邮政企业、快递企业不得收寄危险化学品；对涉嫌违反规定的，交通运输主管部门、邮政管理部门可以依法开拆查验。

通过铁路、航空运输危险化学品的规定：通过铁路、航空运输危险化学品的安全管理，依照有关铁路、航空运输的法律、行政法规、规章的规定执行。

六、危险化学品登记与事故应急救援

进行危险化学品登记的意义：国家实行危险化学品登记制度，为危险化学品安全管理以及危险化学品事故预防和应急救援提供技术、信息支持。

企业进行危险化学品登记的部门：危险化学品生产企业、进口企业，应当向国务院安全生产监督管理部门负责危险化学品登记的机构办理危险化学品登记。

危险化学品登记的内容：危险化学品登记包括下列内容：分类和标签信息；物理、化学性质；主要用途；危险特性；储存、使用、运输的安全要求；出现危险情况的应急处置措施。

危险化学品登记时应注意的事项：对同一企业生产、进口的同一品种的危险化学品，不进行重复登记。危险化学品生产企业、进口企业发现其生产、进口的危险化学品有新的危险特性的，应当及时向危险化学品登记机构办理登记内容变更手续。

危险化学品登记机构应提供信息的部门：危险化学品登记机构应当定期向工业和信息化、环境保护、公安、卫生、交通运输、铁路、质量监督检验检疫等部门提供危险化学品登记的有关信息和资料。

重大危险源：重大危险源是指生产、储存、使用或者搬运危险化学品，且危险化学品的数量等于或者超过临界量的单元（包括场所和设施）。

构成重大危险源的设施与哪些区域应符合安全距离：危险化学品生产装置或者储存数量构成重大危险源的危险化学品储存设施（运输工具加油站、加气站除外），与下列场所、设施、区域的距离应当符合国家有关规定：居住区以及商业中心、公

园等人员密集场所；学校、医院、影剧院、体育场（馆）等公共设施；饮用水源、水厂以及水源保护区；车站、码头（依法经许可从事危险化学品装卸作业的除外）、机场以及通信干线、通信枢纽、铁路线路、道路交通干线、水路交通干线、地铁风亭以及地铁站出入口；基本农田保护区、基本草原、畜禽遗传资源保护区、畜禽规模化养殖场（养殖小区）、渔业水域以及种子、种畜禽、水产苗种生产基地；河流、湖泊、风景名胜区、自然保护区；军事禁区、军事管理区；法律、行政法规规定的其他场所、设施、区域。

构成重大危险源的设施与一些区域不符合规定的处理：已建的危险化学品生产装置或者储存数量构成重大危险源的危险化学品储存设施不符合规定的，由所在地设区的市级人民政府安全生产监督管理部门会同有关部门监督其所属单位在规定期限内进行整改；需要转产、停产、搬迁、关闭的，由本级人民政府决定并组织实施。

构成重大危险源的设施选址应注意的问题：储存数量构成重大危险源的危险化学品储存设施的选址，应当避开地震活动断层和容易发生洪灾、地质灾害的区域。

危险化学品事故应急预案：为提高对突发事故的处理能力，根据实际情况预计未来可能发生的事故，为保护人员和设施预先制定的事故应急救援对策。

危险化学品事故应急预案的制定部门：县级以上地方人民政府安全生产监督管理部门会同工业和信息化、环境保护、公安、卫生、交通运输、铁路、质量监督检验检疫等部门，根据本地区实际情况，制定危险化学品事故应急预案，报本级人民政府批准；危险化学品单位应当制定本单位危险化学品事故应急预案，配备应急救援人员和必要的应急救援器材、设备，并定期组织应急救援演练，并将其危险化学品事故应急预案报所在地设区的市级人民政府安全生产监督管理部门备案。

危险化学品事故应急救援：指危险化学品由于各种原因造成或可能造成众多人员伤亡及其他较大社会危害时，为及时控制危害源，抢救受害人员，指导群众防护和组织撤离，清除危害后果而组织的救援活动。

发生危险化学品事故时组织救援的部门：发生危险化学品事故，事故单位主要负责人应当立即按照本单位危险化学品应急预案组织救援，并向当地安全生产监督管理部门和环境保护、公安、卫生主管部门报告；道路运输、水路运输过程中发生危险化学品事故的，驾驶人员、船员或者押运人员还应当向事故发生地交通运输主管部门报告。

发生危险化学品事故，地方政府应做的工作：发生危险化学品事故，有关地方人民政府应当立即组织安全生产监督管理、环境保护、公安、卫生、交通运输等有关部门，按照本地区危险化学品事故应急预案组织实施救援，不得拖延、推诿立即组织营救和救治受害人员，疏散、撤离或者采取其他措施保护危害区域内的其他人员；

迅速控制危害源，测定危险化学品的性质、事故的危害区域及危害程度；针对事故对人体、动植物、土壤、水源、大气等造成的现实危害和可能产生的危害，迅速采取封闭、隔离、洗消等措施；对危险化学品事故造成的环境污染和生态破坏状况进行监测、评估，并采取相应的环境污染治理和生态修复措施。

七、法律责任

生产、经营、使用国家禁止生产、经营、使用的危险化学品的处理：生产、经营、使用国家禁止生产、经营、使用的危险化学品的，由安全生产监督管理部门责令停止生产、经营、使用活动，处20万元以上50万元以下的罚款，有违法所得的，没收违法所得；构成犯罪的，依法追究刑事责任。

未经安全条件审查，新建、改建、扩建生产和储存危险化学品建设项目的处理：未经安全条件审查，新建、改建、扩建生产和储存危险化学品建设项目的，由安全生产监督管理部门责令停止建设，限期改正；逾期不改正的，处50万元以上100万元以下的罚款；构成犯罪的，依法追究刑事责任。

未取得危险化学品安全使用许可证和经营许可证，使用危险化学品从事生产的处理：化工企业未取得危险化学品安全使用许可证和经营许可证，使用危险化学品从事生产和经营的，由安全生产监督管理部门责令限期改正，没收违法经营的危险化学品以及违法所得，处10万元以上20万元以下的罚款；逾期不改正的，责令停产整顿。

情形由安全生产监督管理部门责令改正，并处以罚款的情形：有下列情形之一的，由安全生产监督管理部门责令改正，可以处5万元以下的罚款；拒不改正的，处5万元以上10万元以下的罚款；情节严重的，责令停产停业整顿：生产、储存危险化学品的单位未对其铺设的危险化学品管道设置明显的标志，或者未对危险化学品管道定期检查、检测的；进行可能危及危险化学品管道安全的施工作业，施工单位未按照规定书面通知管道所属单位，或者未与管道所属单位共同制定应急预案、采取相应的安全防护措施，或者管道所属单位未指派专门人员到现场进行管道安全保护指导的；危险化学品生产企业未提供化学品安全技术说明书，或者未在包装（包括外包装件）上粘贴、拴挂化学品安全标签的；危险化学品生产企业提供的化学品安全技术说明书与其生产的危险化学品不相符，或者在包装（包括外包装件）粘贴、拴挂的化学品安全标签与包装内危险化学品不相符，或者化学品安全技术说明书、化学品安全标签所载明的内容不符合国家标准要求的；危险化学品生产企业发现其生产的危险化学品有新的危险特性不立即公告，或者不及时修订其化学品安全技术说明书和化学品安全标签的；危险化学品经营企业经营没有化学品安全技术说明书和化学品安全标签的危险化学品的；危险化学品包装物、容器的材质以及包装的型式、规格、方法和单件质量（重量）与所包装的危险化学品的性质和用途不相适应的；生产、储存危险化学品的单位未在作业场所和安全设施、设备上设置明显的安全警示标志，或者未在作业场所设置通信、报警装置的；危险化学品专用仓库未设专人负责管理，或者对储存的剧毒化学品以及储存数量构成重大危险源的其他危险化学品未实行双人收发、双人保管制度的；储存危险化学品的单位未建立危险化学品出入库核查、登记制度的；危险化学品专用仓库未设置明显标志的；危险化学品生产企业、进口企业不办理危险化学品登记，或者发现其生产、进口的危险化学品有新的危险特性不办理危险化学品登记内容变更手续的。

销售未经检验或者经检验不合格的危险化学品包装物、容器的处理：危险化学品包装物、容器生产企业销售未经检验或者经检验不合格的危险化学品包装物、容器的，由质量监督检验检疫部门责令改正，处 10 万元以上 20 万元以下的罚款，有违法所得的，没收违法所得；拒不改正的，责令停产停业整顿；构成犯罪的，依法追究刑事责任。

化学品生产经营单位有哪些情形，安全生产监督管理部门责令改正，并处以罚款：生产、储存、使用危险化学品的单位有下列情形之一的，由安全生产监督管理部门责令改正，处 5 万元以上 10 万元以下的罚款；拒不改正的，责令停产停业整顿直至由原发证机关吊销其相关许可证件，并由工商行政管理部门责令其办理经营范围变更登记或者吊销其营业执照；有关责任人员构成犯罪的，依法追究刑事责任：对重复使用的危险化学品包装物、容器，在重复使用前不进行检查的；未根据其生产、储存的危险化学品的种类和危险特性，在作业场所设置相关安全设施、设备，或者未按照国家标准、行业标准或者国家有关规定对安全设施、设备进行经常性维护、保养的；未依照本条例规定对其安全生产条件定期进行安全评价的；未将危险化学品储存在专用仓库内，或者未将剧毒化学品以及储存数量构成重大危险源的其他危险化学品在专用仓库内单独存放的；危险化学品的储存方式、方法或者储存数量不符合国家标准或者国家有关规定的；危险化学品专用仓库不符合国家标准、行业标准要求的；未对危险化学品专用仓库的安全设施、设备定期进行检测、检验的。

危险化学品生产、经营单位有哪些情形，由公安机关责令改正，并处以罚款：有下列情形之一的，由公安机关责令改正，可以处 1 万元以下的罚款；拒不改正的，处 1 万元以上 5 万元以下的罚款：生产、储存、使用剧毒化学品、易制爆危险化学品的单位不如实记录生产、储存、使用的剧毒化学品、易制爆危险化学品的数量、流向的；生产、储存、使用剧毒化学品、易制爆危险化学品的单位发现剧毒化学品、易制爆危险化学品丢失或者被盗，不立即向公安机关报告的；储存剧毒化学品的单位未将剧毒化学品的储存数量、储存地点以及管理人员的情况报所在地县级人民政府公安机关备案的；危险化学品生产企业、经营企业不如实记录剧毒化学品、易制爆危险化学品购买单位的名称、地址、经办人的姓名、身份证号码以及所购买的剧毒化学品、易制爆危险化学品的品种、数量、用途，或者保存销售记录和相关材料的时间少于1年的；剧毒化学品、易制爆危险化学品的销售企业、购买单位未在规定的时限内将所销售、购买的剧毒化学品、易制爆危险化学品的品种、数量以及流向信息报所在地县级人民政府公安机关备案的；使用剧毒化学品、易制爆危险化学品的单位转让其购买的剧毒化学品、易制爆危险化学品，未将有关情况向所在地县级人民政府公安机关报告的。

化学品的单位转产、停产、停业或者解散，未采取有效措施的处理：生产、储存、使用危险化学品的单位转产、停产、停业或者解散，未采取有效措施及时、妥善处置其危险化学品生产装置、储存设施以及库存的危险化学品，或者丢弃危险化学品的，由安全生产监督管理部门责令改正，处5万元以上10万元以下的罚款；构成犯罪的，依法追究刑事责任。

危险化学品经营企业向违法从事危险化学品生产、经营活动的企业采购危险化学品的应受到的处罚：危险化学品经营企业向违法从事危险化学品生产、经营活动的企业采购危险化学品的，由工商行政管理部门责令改正，处10万元以上20万元以下的罚款；拒不改正的，责令停业整顿直至由原发证机关吊销其危险化学品经营许可证，并由工商行政管理部门责令其办理经营范围变更登记或者吊销其营业执照。

危险化学品生产企业、经营企业有哪些情形，应责令改正，并处以罚款：危险化学品生产企业、经营企业有下列情形之一的，由安全生产监督管理部门责令改正，没收违法所得，并处10万元以上20万元以下的罚款；拒不改正的，责令停产停业整顿直至吊销其危险化学品安全生产许可证、危险化学品经营许可证，并由工商行政管理部门责令其办理经营范围变更登记或者吊销其营业执照：向不具有相关许可证件或者证明文件的单位销售剧毒化学品、易制爆危险化学品的；不按照剧毒化学品购买许可证载明的品种、数量销售剧毒化学品的；向个人销售剧毒化学品（属于剧毒化学品的农药除外）、易制爆危险化学品的。

不具有相关许可证件或者证明文件的单位或者个人购买剧毒化学品、易制爆危险化学品的处理：不具有相关许可证件或者证明文件的单位购买剧毒化学品、易制爆危险化学品，或者个人购买剧毒化学品（属于剧毒化学品的农药除外）、易制爆危险化学品的，由公安机关没收所购买的剧毒化学品、易制爆危险化学品，可以并处5000元以下的罚款。

危险化学品的单位出借或者向不具有相关许可证件的单位转让或者向个人转让

其购买的剧毒化学品、易制爆危险化学品的处理：使用剧毒化学品、易制爆危险化学品的单位出借或者向不具有相关许可证件的单位转让其购买的剧毒化学品、易制爆危险化学品，或者向个人转让其购买的剧毒化学品（属于剧毒化学品的农药除外）、易制爆危险化学品的，由公安机关责令改正，处10万元以上20万元以下的罚款；拒不改正的，责令停产停业整顿。

由交通运输主管部门责令改正并处5万～10万元罚款的情形：有下列情形之一的，由交通运输主管部门责令改正，处5万元以上10万元以下的罚款；拒不改正的，责令停产停业整顿；构成犯罪的，依法追究刑事责任：危险化学品道路运输企业、水路运输企业的驾驶人员、船员、装卸管理人员、押运人员、申报人员、集装箱装箱现场检查员未取得从业资格上岗作业的；运输危险化学品，未根据危险化学品的危险特性采取相应的安全防护措施，或者未配备必要的防护用品和应急救援器材的；使用未依法取得危险货物适装证书的船舶，通过内河运输危险化学品的；通过内河运输危险化学品的承运人违反国务院交通运输主管部门对单船运输的危险化学品数量的限制性规定运输危险化学品的；用于危险化学品运输作业的内河码头、泊位不符合国家有关安全规范，或者未与饮用水取水口保持国家规定的安全距离，或者未经交通运输主管部门验收合格投入使用的；托运人不向承运人说明所托运的危险化学品的种类、数量、危险特性以及发生危险情况的应急处置措施，或者未按照国家有关规定对所托运的危险化学品妥善包装并在外包装上设置相应标志的；运输危险化学品需要添加抑制剂或者稳定剂，托运人未添加或者未将有关情况告知承运人的。

由交通运输主管部门责令改正并处10万～20万元罚款的情形：有下列情形之一的，由交通运输主管部门责令改正，处10万元以上20万元以下的罚款，有违法所得的，没收违法所得；拒不改正的，责令停产停业整顿；构成犯罪的，依法追究刑事责任：委托未依法取得危险货物道路运输许可、危险货物水路运输许可的企业承运危险化学品的；通过内河封闭水域运输剧毒化学品以及国家规定禁止通过内河运输的其他危险化学品的；通过内河运输国家规定禁止通过内河运输的剧毒化学品以及其他危险化学品的；在托运的普通货物中夹带危险化学品，或者将危险化学品谎报或者匿报为普通货物托运的。

由公安机关责令改正，并处5万～10万元罚款的情形：有下列情形之一的，由公安机关责令改正，处5万元以上10万元以下的罚款；构成违反治安管理行为的，依法给予治安管理处罚；构成犯罪的，依法追究刑事责任：超过运输车辆的核定载重量装载危险化学品的；使用安全技术条件不符合国家标准要求的车辆运输危险化学品的；运输危险化学品的车辆未经公安机关批准进入危险化学品运输车辆限制通行区域的；未取得剧毒化学品道路运输通行证，通过道路运输剧毒化学品的。

由公安机关责令改正，并处 1 万 ~ 5 万元罚款的情形：有下列情形之一的，由公安机关责令改正，处 1 万元以上 5 万元以下的罚款；构成违反治安管理行为的，依法给予治安管理处罚：危险化学品运输车辆未悬挂或者喷涂警示标志，悬挂或者喷涂的警示标志不符合国家标准要求的；通过道路运输危险化学品，不配备押运人员的；运输剧毒化学品或者易制爆危险化学品途中需要较长时间停车，驾驶人员、押运人员不向当地公安机关报告的；剧毒化学品、易制爆危险化学品在道路运输途中丢失、被盗、被抢或者发生流散、泄漏等情况，驾驶人员、押运人员不采取必要的警示措施和安全措施，或者不向当地公安机关报告的。

由交通部门责令改正，并处 1 万元罚款的情形：有下列情形之一的，由交通运输主管部门责令改正，处 1 万元以下的罚款；拒不改正的，处 1 万元以上 5 万元以下的罚款：危险化学品道路运输企业、水路运输企业未配备专职安全管理人员的；用于危险化学品运输作业的内河码头、泊位的管理单位未制定码头、泊位危险化学品事故应急救援预案，或者未为码头、泊位配备充足、有效的应急救援器材和设备的。

伪造、变造或者出租、出借、转让许可证的处理：伪造、变造或者出租、出借、转让危险化学品安全生产许可证、工业产品生产许可证，或者使用伪造、变造的危险化学品安全生产许可证、工业产品生产许可证的，分别依照《安全生产许可证条例》《中华人民共和国工业产品生产许可证管理条例》的规定处罚。伪造、变造或者出租、出借、转让其他许可证，或者使用伪造、变造其他许可证的，分别由相关许可证的颁发管理机关处10万元以上20万元以下的罚款，有违法所得的，没收违法所得；构成违反治安管理行为的，依法给予治安管理处罚；构成犯罪的，依法追究刑事责任。

发生危险化学品事故，对其负责人的处理：危险化学品单位发生危险化学品事故，其主要负责人不立即组织救援或者不立即向有关部门报告的，依照《生产安全事故报告和调查处理条例》的规定处罚。危险化学品单位发生危险化学品事故，造成他人人身伤害或者财产损失的，依法承担赔偿责任；发生危险化学品事故，有关地方人民政府及其有关部门不立即组织实施救援，或者不采取必要的应急处置措施减少事故损失，防止事故蔓延、扩大的，对直接负责的主管人员和其他直接责任人员依法给予处分；构成犯罪的，依法追究刑事责任；负有危险化学品安全监督管理职责的部门的工作人员，在危险化学品安全监督管理工作中滥用职权、玩忽职守、徇私舞弊，构成犯罪的，依法追究刑事责任；尚不构成犯罪的，依法给予处分。

第二节　化工生产中的安全技术研究

一、防火、防爆安全技术

燃烧及其特征：燃烧是可燃物质（气体、液体或固体）与氧或氧化剂发生伴有发光和放热的一种激烈的化学反应。发光、放热、生成新物质是燃烧反应的三个特征。

燃烧需要具备的条件。燃烧必须具备三个条件：可燃物、助燃物、着火源。凡是与空气、氧气和其他氧化剂发生剧烈燃烧的物质称为可燃物；凡是具有较强氧化性能，能与可燃物质发生化学反应并引起燃烧的物质称为助燃物；具有一定温度和热量，能引起可燃物和助燃物发生化学反应的能源称为着火源。

燃烧的分类：燃烧现象按其发生瞬间的特点，分为着火、自燃、闪燃、爆燃四种。可燃物质受外界火源的直接作用而开始持续燃烧的现象称为着火；可燃物质虽没有受到外界点火源的直接作用，但受热达到一定的温度，或由于物质内部的物理（辐射、吸附等）、化学（分解、化合等）或生物（细菌、腐败作用等）反应过程所提供的热量聚积起来，使其达到一定的温度，从而发生自行燃烧的现象叫自燃。当火焰或炽热物体接近易燃或可燃液体时，其液面上的蒸汽与空气的混合物会发生一闪即灭的燃烧，这种现象叫闪燃。爆燃是炸药或燃爆性气体混合物的快速燃烧。

燃点、自燃点、闪点：可燃物质开始持续燃烧所需的最低温度称为着火点或燃点；可燃物质无须直接点火源就能自行燃烧的最低温度称为自燃点；在规定条件下，使易燃或可燃液体蒸发出足够的蒸汽，在液面上能够发生闪燃的最低温度称为该物质的闪点。

燃烧过程的形式：可燃物在空气中的燃烧过程可分为扩散燃烧、蒸发燃烧、分解燃烧和表面燃烧四种形式。

扩散燃烧：扩散燃烧是指可燃气体分子和空气分子相互扩散、混合，当其浓度达到极限范围时，在外界火源作用下，使燃烧继续蔓延和扩大的现象。

蒸发燃烧：蒸发燃烧是指液体蒸发产生蒸汽，被点燃起火后，形成的火焰继续加热液体表面，从而加速液体的蒸发，使燃烧继续蔓延和扩大的现象。

分解燃烧：分解燃烧是由于热分解而产生的可燃性气体，把这种气体的燃烧称为分解燃烧。

表面燃烧：可燃物表面接受高温燃烧产物放出的热量，而使表面分子活化，可燃物表面被加热后发生燃烧。燃烧后的高温气体以同样的方式将热量传送给下一层可燃物，这样继续燃烧下去的现象称为表面燃烧。

燃烧特性的指标：通过燃烧热、燃烧温度和燃烧速度几项指标来体现燃烧特性。

完全燃烧：有机可燃气体的燃烧，可燃气体中所含的碳全部氧化成二氧化碳，氢全部氧化成水，这样的过程称为完全燃烧。

燃烧热：在常温常压（298K、101.3kPa）下，把单位质量（或单位体积）的可燃物完全燃烧后所放出的热量称为该物质的燃烧热。

燃烧温度：理论燃烧温度是指可燃物与空气在绝热条件下完全燃烧，所释放出来的热量全部用于加热燃烧产物所达到的温度。文献中查取的都是理论燃烧温度，实际上燃烧放出的热量有一部分损失，所达到的温度低于理论燃烧温度，称为实际燃烧温度。

燃烧速度：燃烧速度是指单位时间内燃烧物质的量（质量或体积）。

燃烧速度的有关因素：物质的燃烧速度与物质的聚集状态有关。相同条件下，气体的燃烧速度＞液体的燃烧速度＞固体的燃烧速度。气体的燃烧速度与可燃气体的浓度、结构、初温、扩散速度等因素有关，可燃气体的浓度越高、结构越简单、初温越高、扩散速度越快，燃烧速度就越快。液体的燃烧速度主要取决于液体的蒸发速度，还与液体的初温、含水量、扩散速度有关。固体的燃烧速度与固体的组成、含水量及比表面积有关。

预防火灾的措施有：一般情况下，防止火灾发生的技术措施主要有：消除着火源，如安装防爆灯、禁止烟火、接地避雷、隔离和控温等；控制可燃物，在生产或生活的可能条件下，以难燃或不燃材料代替可燃材料；降低可燃物质在空气中的浓度；对相互作用能产生可燃气体或蒸汽的物质加以隔离；隔离空气，可以将生产置于真空条件下进行，或在设备容器中充装惰性气体保护；燃料容器和管道在检修前，用惰性气体置换；将可燃物隔绝空气存放；防止形成新的燃烧条件，防止火灾范围的扩大。如安装阻火器、在车间或仓库里筑防火墙或在建筑物之间留防火间距。

爆炸：爆炸是物质在瞬间突然发生物理或化学变化，同时释放出大量气体和能量（光能、热能、机械能），并伴有巨大声音的现象。

爆炸的特征：爆炸的主要特征是物质的状态或成分瞬间发生变化，能量突然释放，温度和压力骤然升高，产生强烈的冲击波并发出巨大的响声。

爆炸的分类：按爆炸的性质分为物理爆炸、化学爆炸、核爆炸。按爆炸反应的相分为气相爆炸、液相爆炸、固相爆炸。按爆炸速度分为轻爆、中爆、爆轰。按爆炸物的状态分为气体爆炸、雾滴爆炸、粉尘爆炸、炸药爆炸。

物理爆炸、化学爆炸、核爆炸：物理爆炸是由于物理变化（温度、压力、体积等因素）引起的，在爆炸前后，爆炸物的性质及化学成分均不改变。化学爆炸是由化学变化引起的，无论是可燃物质与空气的混合物还是爆炸物质，都是一种相对不稳定的系统，在外界一定强度的能量作用下，能产生剧烈的放热反应，产生高温、高压和冲击波,从而引起强烈的破坏作用。核爆炸是物质的原子核在发生“裂变”和“聚变”的链式反应瞬间放出巨大能量而产生的爆炸。

轻爆、中爆、爆轰：物质爆炸时的燃烧速度为每秒数米，爆炸时没有多大破坏力,响声也不大,这种爆炸称为轻爆。物质爆炸时的燃烧速度为每秒几十米或数百米,爆炸时能在爆炸点引起压力激增，有较大的破坏力，有震耳的响声，这种爆炸称为中爆（资料中没有关于“中爆”的词,而是称为“爆炸”，笔者认为把“爆炸”分为“轻爆、爆炸、爆轰”的说法概念混淆，而用“轻爆、中爆、爆轰”的分类方法比较好，供读者参考）。物质爆炸时的燃烧速度1000m/s以上，能在爆炸点突然引起极高压力，并产生超音速的“冲击波”。由于在极短时间内发生的燃烧产物急速膨胀，像活塞一样挤压其周围气体，反应所产生的能量有一部分传给被压缩的气体层，形成的冲击波由它本身的能量所支持，迅速传播并能远离爆炸的发源地而独立存在，同时可引起该处的其他爆炸性气体混合物或炸药发生爆炸，这种现象称为爆轰。

爆炸极限：可燃物质（可燃气体、蒸汽和粉尘）与空气（或氧气）必须在一定的浓度范围内均匀混合，形成混合气，遇着火源才会发生爆炸，这个浓度范围称为爆炸极限，或爆炸浓度极限。

爆炸极限的因素：影响爆炸极限的因素有初始温度、初始压力、含氧量、惰性气体含量、点火源与最小点火能量、消焰距离等。

消焰距离：当通道尺寸越小，通道内混合气体的爆炸浓度范围越小，燃烧时火焰蔓延速度越慢。当通道窄到一定程度时，通道内燃烧反应的放热速率就会小于通道表面的散热速率，这时燃烧过程就会在通道内停止。我们把火焰蔓延不下去的最大通道尺寸叫消焰距离。

粉尘在空气中产生爆炸的原因：粉尘爆炸是粉尘粒子表面分子和氧发生反应所引起的，其爆炸过程是热能加在粒子表面，使其温度逐渐上升；粒子表面的分子热分解或干馏作用，变为气体分布在粒子的周围；这种气体与空气混合而生成爆炸性混合气体，进而发生火焰而燃烧；由于燃烧产生的热量，加速粉尘粒子的分解，如此循环往复地生成或形成可燃性气体物质与空气混合，从而加速燃烧波的传播。

粉尘爆炸极限：粉尘爆炸极限是指在空气中，遇火源能发生爆炸的粉尘最低浓度，用单位体积内所含粉尘质量表示，其单位为 g/m^3。

粉尘最小点火能：最小点火能是在最敏感粉尘浓度下，刚好能点燃粉尘引起爆炸的最小能量，最小点火能的大小受很多因素的影响，特别是湍流度、粉尘浓度和粉尘分散状态（粉尘分散质量）对最小点火能影响很大。

粉尘爆炸极限影响因素：粉尘爆炸极限越低，爆炸危险性越大。不同种类粉尘其爆炸极限不同，同种物质粉尘其爆炸极限也随条件变化而改变。粉尘粒径越小，爆炸极限越低；氧浓度越高，爆炸极限越低；可燃挥发分含量越高，粉尘爆炸极限越低。

爆炸的条件：存在可燃物质，包括可燃气体、蒸汽或薄雾、可燃性粉尘和爆炸性粉尘、可燃纤维等；可燃物质与空气或氧气混合，形成爆炸性混合物并达到爆炸极限；必须有足够引燃爆炸性混合物的引爆能量。

火灾发生过程的阶段：火灾发生过程分为初起期、发展期、最盛期和熄灭期。初起期是火灾从无到有开始发生的阶段，这一阶段可燃物的热解过程至关重要；发展期是火势由小到大发展的阶段，这一阶段通常满足时间平方规律，即火灾热释放速率随时间的平方发展，轰燃就发生在这一阶段；最盛期的火灾燃烧方式是通风控制火灾，火势的大小由建筑物的通风情况决定；熄灭期是火灾由最盛期开始消减直至熄灭的阶段，熄灭的原因可以是燃料不足、灭火系统的作用等。

火灾预防要点。严格控制火源；采取耐火材料；防止火焰蔓延；组织训练消防队伍；配备必要的消防器材。

化学爆炸发生过程的阶段。化学爆炸发生过程分为三个阶段：可燃物与氧化剂相互扩散、均匀混合而形成爆炸混合物，并从遇到火源而爆炸开始。由于连锁反应过程的发展、爆炸范围的扩大使爆炸威力升级；完成化学反应，爆炸力造成严重破坏。

防爆的基本原则：防爆的基本原则是阻止第一过程的出现，限制第二过程的发展，防护第三过程的危害。根据防爆原则要做到以下几点：在工艺设计、安装和生产中应消除和避免可燃性气体、液体、粉尘、纤维向外泄漏和集聚，防止形成爆炸性混合物；防止并严格控制爆炸性混合物的形成，降低其达到爆炸极限范围的概率，缩短爆炸性混合物的滞留时间；在爆炸危险环境及工艺系统装设安全装置。按消防要求，设置消防给水系统、固定灭火装置和灭火器材，设置消火栓和消防通道；消除和控制引燃爆炸性混合物的明火、电弧、高温热体和其他能量。

进行生产过程和物质储存火灾危险性分类的原因：为了防止火灾爆炸事故的发生，就要了解该生产过程和储存物质的火灾危险属于哪一类型，存在哪些可能发生着火或爆炸的因素，发生火灾爆炸后火势蔓延扩大的条件等。根据生产和储存中物料的理化性质及其火灾爆炸危险程度，反应中所用物料的数量，采取的反应温度、压力等生产条件来进行分类，一般分为五类。

爆炸和火灾危险场所及其分类：在可燃、易爆物质的生产、使用、储存和运输过程中，能够形成爆炸性混合物或爆炸性混合物能够侵入的场所称为爆炸和火灾危险场所。根据发生爆炸和火灾的可能性和后果，按危险程度及物质状态的不同，将爆炸和火灾危险场所分为三类。

火灾与爆炸监测仪：火灾与爆炸监测仪有感温报警器（定温式和差动式）、感烟报警器（离子感烟、光电感烟、感光）、测爆仪。

预防形成燃烧式混合物的方法：在生产过程中，根据可燃、易爆物质燃烧爆炸特性以及生产工艺和设备的条件，采取有效措施，预防在设备和系统里或其周围形成爆炸性混合物。这类措施主要有设备密闭、厂房通风、惰性气体保护、以不燃溶剂代替可燃溶剂、危险物品的隔离储存、妥善处理含有危险品的“三废”物质等。

化工企业常见的火源：化工企业常见的火源有明火、化学反应热、化工原料的分解自燃、热辐射、高温表面、摩擦和撞击、绝热压缩、电气设备和线路的过热火花、静电放电、雷击和日光照射等。

明火及其控制：明火指敞开火焰、火星和火花等。明火是引起火灾的主要原因，所以在工业生产过程中必须严格控制明火。如加热过程尽量用热水、水蒸气或密闭的电器以及其他安全加热设备。如果必须采用明火，设备应密闭，燃烧室应用封闭的砖墙隔离，周围不得存在可燃物质。点火前应用惰性气体吹扫，排除其中的可燃气体或爆炸性混合物。在火灾和爆炸危险场所，要严禁烟火，不得使用蜡烛、火柴或普通灯具。机动车进入必须安装火花熄灭器。有明火的区域与有火灾爆炸危险场所要有一定的安全距离。

控制化学反应热：控制投料速度；进行有效的冷却；控制搅拌速度；加强对反应生热的利用。

静电的产生方式。两种介电体相互摩擦或介电体与导体摩擦都能产生静电荷。产生的方式表现为：介电液体的流动和过滤产生静电荷；介电液体流动冲击金属容器或某个部位，在金属容器的器壁、底部和液体附近聚集静电荷；可燃液体飞溅微滴与空气摩擦，高压气体喷出带有杂质或形成雾状产生静电荷；行驶中的介电液体槽车、槽船，由于颠簸震荡，在容器中各部位产生不等的静电荷；向容器中灌注介电液体面有漂浮物时，漂浮物互相撞击或介质撞击产生静电荷；传动轴上的皮带与金属轴摩擦时，某种固体的摩擦剥离产生静电荷；粉尘粒子冲击或因喷射水或水蒸气产生静电；油罐中加入不同规格的油品，调和搅拌时产生静电荷等。

静电荷产生的数量的有关因素：一般来说，管道内壁越粗糙，介质带电越多；管内介质流速越快，流动时间越长，产生静电荷越多；流经阀门越多，静电荷聚集的越多。

静电火花引起着火爆炸的条件：有产生静电的来源；静电得以积累，并达到足以引起放电火花的静电电压；静电火花能量达到爆炸介质的最小引爆能量；静电放电火花周围有爆炸介质存在。

防止和消除静电的根本措施：静电防护的安全措施应当从控制静电的产生与积累，防止爆炸介质的形成和周围爆炸介质的存在入手，采取以下措施：设备、管道选择适合消除静电的材质；控制介质流速；消除附加静电；保证良好的电气连接和接地；增湿；添加抗静电剂。

防止日光照射或聚焦的方法：日光照射会成为某些化学物品的起爆能源，还可能由于聚焦引起可燃物着火。因此，对于见光能反应的化学物品应选用金属桶或暗色玻璃瓶盛装；对有这类化学品的车间、库房应在窗玻璃上涂白漆，或采用磨砂玻璃；易燃易爆危险品及受热易蒸发析出气体的物质，严禁在日光下暴晒。

防火安全装置：防火安全装置有安全液封、阻火器、单向阀。

防火安全装置的阻火原理：安全液封是以液体（多数用水）作为阻火介质，安装在气体管线和设备之间。阻火器的工作原理是火焰在管路中以蔓延的速度随着管径的减小而减小，最后可以达到一个火焰不蔓延的临界直径。用链式反应的理论来解释，器壁对游离基的吸附作用程度增加。用热损失的观点来解释，当管径小到某个极限值时，管壁的热损失大于反应热，从而使火焰熄灭。所以在管路上连接一个内装细孔金属网或砾石的圆筒，就可以阻止火焰从圆筒的一侧蔓延到另一侧；单向阀的作用是仅允许可燃气体或液体向一个方向流动，遇有倒流时即自行关闭，从而避免在燃气或燃油系统发生倒流，避免高压窜入低压造成容器管道的爆裂。

防爆安全装置：防爆安全装置有安全阀、爆破片、易熔塞。

安全阀的作用、防爆原理和结构：为了保证运行设备的安全，安全阀所受最高压力不得大于压力容器的设计压力。当容器内介质压力超过规定值时，它自动开启，当介质压力降低到限定值时，又自动关闭。安全阀可分为弹簧式、杠杆式、脉冲式三种。一般情况下，安全阀尽量安装在容器本体上，同时要考虑到排放的安全。

爆破片的防爆原理和结构：爆破片又称防爆膜，是一种断裂型安全装置，具有密封性能好、泄压反应快等特点。结构由爆破片组件和夹持器等装配组成。当爆破片两侧压力差达到预定值时，爆破片即刻动作（破裂或脱落），泄放出压力介质。

易熔塞的防爆原理和结构：易熔塞是利用装置内的低熔点合金在较高的温度下即熔化、打开通道使气体从原来填充的易熔合金的孔中排出来泄放压力。其特点是结构简单，更换容易，由熔化温度而确定的动作压力较易控制。

全阀、爆破片、易熔塞的优缺点：此三种安全装置比较，安全阀开启排放过高压后可自行关闭，容器和装置可以继续使用，而爆破片、易熔塞排放过高压力后不能继续使用，容器和装置也得停止运行。在选择安全阀和易熔塞时要考虑安全排放量，爆破片要考虑到泄放面积、厚度等。

灭火剂的种类：灭火剂的种类有：水灭火剂、泡沫灭火剂、二氧化碳灭火剂、四氯化碳灭火剂、干粉灭火剂、蒸汽灭火剂、氮气灭火剂。

灭火剂有的特点和灭火原理：用水灭火的主要优点是灭火性强，价格低廉，取用方便。水的灭火原理是冷却作用、稀释作用和隔离作用。因水的蒸发热大，所以水能急剧冷却燃烧物的温度；当水与燃烧物接触时，会形成“蒸汽幕”，能够防止空气进入燃烧区，并能稀释燃烧区的氧含量，使燃烧强度逐渐降低，从而达到灭火的目的。但水具有导电能力，不宜扑灭带电设备的火灾；不能扑救遇水燃烧物质和非水溶性燃烧液体的火灾。此外，水与高温盐液接触会发生爆炸，比水轻的易燃液体能浮在水面燃烧并蔓延等。

泡沫灭火剂的特点和灭火原理：泡沫是由液体的薄膜包裹气体而成的小气泡群。用水作为泡沫的液膜气体可以是空气或二氧化碳，由空气构成的泡沫称为空气泡沫，由二氧化碳构成的泡沫称为化学泡沫。灭火原理是利用水的冷却作用和泡沫隔绝空气的窒息作用，燃烧物表面形成的泡沫覆盖层，可使燃烧物表面与空气隔绝。由于泡沫层封闭了燃烧物表面，可以遮断火焰的热辐射，阻止燃烧物本身和附近可燃物质的蒸发。泡沫析出的液体对燃烧表面进行冷却，而且，泡沫受热蒸发产生的水蒸气能降低氧的浓度。这类灭火剂对可燃液体的火灾最适用。

二氧化碳灭火剂的灭火原理：二氧化碳灭火剂的主要作用是稀释空气中的氧浓度，使其达到燃烧的最低含氧量以下，火即自动熄灭。二氧化碳灭火剂是将二氧化碳以液态形式加压充装于灭火器中，因液态二氧化碳极易挥发成气体，挥发后的体积扩大约 760 倍。当它从灭火器中喷出时，由于气体吸收热量，马上变成干冰。此种冰状的干冰喷向着火处，立即气化，并把燃烧处包围起来，起到了隔绝和稀释的作用。当二氧化碳占空气浓度的 30% 以上时，燃烧就会停止，其灭火效率很高。由于二氧化碳不导电，所以能扑救电气设备火灾。对于遇水燃烧物质，用二氧化碳扑救也很适宜。但二氧化碳不能扑救碱金属和碱土金属的火灾，因为二氧化碳和这些金属在高温下会起分解作用，游离出碳离子，有发生爆炸的危险。另外，二氧化碳能够使人窒息。

四氯化碳灭火剂的灭火原理是：四氯化碳是无色透明液体，不助燃、不自燃、不导电、沸点低。当四氯化碳落入着火区时，迅速蒸发，由于其蒸汽密度大（约为空气的 5.5 倍），就聚集在火源，并四处包围着正在燃烧的物质，起到了隔绝空气的作用。若空气中含有 10% 的四氯化碳蒸汽，燃烧的火焰就会自动熄灭，故四氯化碳是一种阻燃能力很强的灭火剂，特别适用于带电设备的灭火。但四氯化碳具有一定的腐蚀性，用于灭火时纯度应有 99% 以上，不能混有水分及二氧化硫等杂质，否则容易腐蚀金属。四氯化碳受热到 250℃以上时，能与水蒸气生成盐和光气，与赤热的金属生成的光气更多，与电石、乙炔气相遇也会发生化学反应放出光气。光气是剧毒气体，四氯化碳本身也有毒性，空气中最高允许浓度为 25mg/L。所以，禁止用四氯化碳扑救电石、钾、钠、铝、镁等火灾。

干粉灭火剂的灭火原理：干粉灭火剂是由具有灭火效能的无机盐和少量的添加剂经干燥、粉碎、混合而成的微细固体粉末组成，它是一种在消防中得到广泛应用的灭火剂，且主要用于灭火器中。除扑救金属火灾的专用干粉化学灭火剂外，干粉灭火剂一般分为 BC 干粉和 ABC 干粉两大类。如碳酸氢钠干粉、改性钠盐干粉、钾盐干粉、磷酸二氢铵干粉、磷酸氢二铵干粉、磷酸干粉和氨基干粉灭火剂等。按充装物质的不同又可分为碳酸氢钠干粉灭火器和磷酸铵盐干粉灭火器两种。干粉灭火剂综合了泡沫、二氧化碳和四氯化碳灭火剂的特点，具有不导电、无腐蚀、扑救火灾速度快等优点，可扑救电气设备、可燃气体、油类、遇水燃烧等物品的火灾。但灭火后有残渣，所以不宜扑救精密仪器、精密机械设备、旋转电机等火灾。

蒸汽灭火剂的灭火原理：蒸汽灭火剂是用蒸汽来冲淡火区的可燃气体，降低空气中的氧含量，从而阻止燃烧，达到灭火的目的。空气中达到 35% 以上的水蒸气，便可有效地把火扑灭。空气中含蒸汽量越大，灭火效果就越好。蒸汽供给强度越高，越容易扑灭火灾。蒸汽不适用于扑灭忌水物质的火灾，不适用于扑灭与水蒸气反应生成可燃气体或引起爆炸性的火灾。

氮气灭火剂的灭火原理：氮气不自燃，也不助燃，常温下不活泼，不与其他物质反应，可用来扑救火灾和降低爆炸性混合物的危险性。当燃烧物着火时，将氮气充放到燃烧区，冲淡可燃气体，降低可燃气体的浓度和空气中的氧含量，使燃烧窒熄、停止。可用于扑救发电机、变压器内部着火或粉煤仓自燃等火灾。

火灾的种类（表 16–1）：

表 16–1 火灾的种类

类别	内容
A 类火灾	指固体物质火灾，如木材、棉、毛、麻、纸张等
B 类火灾	指液体火灾和可熔性的固体物质火灾，如汽油、煤油、原油、甲醇等
C 类火灾	指气体燃烧的火灾，如煤气、天然气、甲烷、丙烷、乙炔、氢气等
D 类火灾	指金属火灾，如钾、钠、镁、钛、锆、锂、铝镁合金等燃烧的火灾等
E 类火灾	指电气火灾

不同类型的火灾灭火器的选择：扑救 A 类火灾应选用水型、泡沫、磷酸铵盐干粉型灭火器；扑救 B 类火灾应选用干粉、泡沫、二氧化碳型灭火器（但不能灭 B 类极性溶剂火灾）；扑救 C 类火灾应选用干粉、二氧化碳型灭火器；扑救 D 类火灾应

选用二氧化碳、磷酸铵盐干粉型灭火器；扑救D类火灾，主要有粉状石墨灭火器和金属火灾专用干粉灭火器，也可采用干砂或铸铁末灭火。

灭火器按充装的灭火剂进行分类：灭火器按充装的灭火剂分为干粉类灭火器、二氧化碳灭火器、泡沫型灭火器、水基型灭火器。

灭火器按驱动灭火器的压力型式分类。灭火器按驱动灭火器的压力型式可分为三类：化学反应式灭火器，灭火剂由灭火器内化学反应产生的气体压力驱动的灭火器；储气式灭火器，灭火剂由灭火器上的储气瓶释放的压缩气体或液化气体的压力驱动的灭火器；储压式灭火器，灭火剂由容器内的压缩气体或灭火蒸汽的压力驱动的灭火器。

泡沫灭火器的灭火原理、结构、适用范围和使用方法：泡沫灭火器的灭火原理是通过筒体内酸性溶液与碱性溶液混合发生化学反应，将生成的泡沫压出喷嘴，喷射出去进行灭火。泡沫灭火器的结构是内有两个容器，分别盛放两种液体，它们是硫酸铝和碳酸氢钠溶液，分别放置在内筒和外筒，内筒内为$Al_2(SO_4)_3$，外筒内为$NaHCO_3$，两种溶液互不接触，不发生任何化学反应（平时千万不能碰倒泡沫灭火器）。当需要泡沫灭火器时，把灭火器倒立，两种溶液混合在一起，就会产生大量的二氧化碳气体。除了两种反应物外，灭火器中还加入了一些发泡剂。打开开关，大量二氧化碳以及泡沫从灭火器中喷出，能黏附在燃烧物品上，使燃烧的物质与空气隔离，并降低温度，达到灭火的目的；泡沫灭火剂适用于扑救一般B类火灾，如油制品、油脂等。也可适用于A类火灾，但不能扑救B类火灾中的水溶性可燃、易燃液体（如醇、酯、醚、酮等物质）火灾，也不能扑救带电设备及C类和D类火灾。

泡沫灭火器使用方法：手提式化学泡沫灭火器。使用方法是手提筒体上部的提环，迅速奔赴火场（这时应注意不得使灭火器过分倾斜，更不可横拿或颠倒，以免两种药剂混合而提前喷出）。当距离着火点10m左右，即可将筒体颠倒过来，一只手紧握提环，另一只手扶住筒体的底圈，将射流对准燃烧物。在扑救可燃液体火灾时，如已呈流淌状燃烧，则将泡沫由远而近喷射，使泡沫完全覆盖在燃烧液面上。如在容器内燃烧，应将泡沫射向容器的内壁，使泡沫沿着内壁流淌，逐步覆盖着火液面（切忌直接对准液面喷射，以免由于射流的冲击，反而将燃烧的液体冲散或冲出容器，扩大燃烧范围）。在扑救固体物质火灾时，应将射流对准燃烧最猛烈处。灭火时随着有效喷射距离的缩短，使用者应逐渐向燃烧区靠近，并始终将泡沫喷在燃烧物上，直到扑灭。使用时，灭火器应始终保持倒置状态，否则会中断喷射。使用推车式泡沫灭火器时，一般由两人操作。先将灭火器迅速推拉到火场，在距离着火点10m左右处停下；一人施放喷射软管后，双手紧握喷枪并对准燃烧处，另一人先逆时针方向转动手轮，将螺杆升到最高位置，使瓶盖开足；然后将筒体向后倾倒，使拉杆触地，并将阀门手柄旋转 90°，即可喷射泡沫进行灭火。如阀门装在喷枪处，则由负责操作喷枪者打开阀门。

二氧化碳灭火器的适用范围和使用方法：二氧化碳灭火器主要用于扑救贵重设备、档案资料、仪器仪表、600V 以下电气设备及油类的初期火灾。二氧化碳灭火器使用方法是首先将灭火器提到起火地点，拔出保险销，一只手握住喇叭筒根部的手柄，另一只手紧握启闭阀的压把。对没有喷射软管的二氧化碳灭火器，应把喇叭筒往上扳 70° ~ 90°（注意不能直接用手抓住喇叭筒外壁或金属连接管，防止手被冻伤）。在室外使用二氧化碳灭火器时，应选择上风方向喷射；在室内窄小空间使用时，灭火后操作者应迅速离开，以防窒息。

干粉灭火器的灭火原理、适用范围和使用方法：干粉灭火剂主要通过在加压气体作用下喷出的粉雾与火焰接触、混合时发生的物理、化学作用灭火。干粉中的无机盐的挥发性分解物，与燃烧过程中燃料所产生的自由基或活性基团发生化学抑制和催化作用，使燃烧的链式反应中断而灭火。干粉的粉末落在可燃物表面外，发生化学反应，并在高温作用下形成一层玻璃状覆盖层，从而隔绝氧气，进而窒息灭火。还有稀释氧和冷却作用，也能抑制燃烧的链式反应而灭火。干粉灭火器适宜于扑救石油产品、油漆、有机溶剂火灾，也适宜于扑灭液体、气体、电气火灾（干粉有 50kV 以上的电绝缘性能），有的还能扑救固体火灾，扑救轻金属燃烧的火灾需用专用的干粉灭火器。

干粉灭火器使用方法如下。压把法：将灭火器提到距火源适当距离后，先上下颠倒几次，使筒内的干粉松动，然后让喷嘴对准燃烧最猛烈处，先撕掉小铅块，拔去保险销，再压下压把，灭火剂便会喷出灭火；旋转法：开启干粉灭火器时，左手握住其中部，将喷嘴对准火焰根部，右手拔掉保险卡，顺时针方向旋转开启旋钮，打开储气瓶，延时 1 ~ 4s，干粉便会喷出浓云般的粉雾灭火；推车式干粉灭火器在灭火时一般由两个人操作，先将灭火器快速移至火场，在距燃烧处 10m 左右停下，一人快速放开喷射软管并展直，紧握喷枪，拔出保险销，对准燃烧处；另一个人则快速打开灭火器阀门或扳直阀门手柄，对准火焰根部，使粉雾横扫重点火焰。注意切断火源，控制火焰窜回，由近及远向前推进灭火。

水基型灭火器的灭火原理、结构、适用范围和使用方法：简易型水基灭火器适用于家庭、办公室，或配置在汽车、火车等其他机动车上。水基灭火器采用的是一种高效的灭火剂，在扑灭油类火灾时，泡沫会迅速形成一种水膜，在燃烧的油面上形成阻隔水膜层，并和泡沫层将整个油面封闭，阻隔水膜层和泡沫层还有自越合的奇特性能，即使水膜和泡沫层遭到破坏，水膜也会快速越合，防止复燃。水基灭火器可迅速扑灭固体可燃物（A 类火）、油类（B 类火）、36kV 高压电器（E 类火）

等初期火灾。此外，灭火剂具备阻燃、渗透和增稠三大特点。在扑灭 A 类火灾时，可迅速向 A 类燃烧物内部渗透，并黏附在燃烧物表面，增强抗复燃能力，提高灭火效果。

常见灭火器标志的识别：我国灭火器的型号是按照《消防产品型号编制方法》的规定编制的，它由类、组、特征代号及主要参数几部分组成。类、组、特征代号用大写汉语拼音字母表示，主要参数用阿拉伯数字表示灭火剂质量，一般编在型号首位的是灭火器本身的代号，通常用“M”表示；第二位是各类灭火剂代号，如 F——干粉灭火剂，P——泡沫灭火剂，T——二氧化碳灭火剂，SQ——清水灭火剂；第三位是各类灭火器结构特征的代号，如 Z——储压式；第四位是灭火剂类型和质量，如 ABC——能灭 A、B、C 类火灾的灭火剂，主要成分是 $NH_4H_2PO_4$ 和（NH_4）$_2SO_4$。灭火器铭牌常贴在筒身或印刷在筒体上，并应有下列内容，在使用前应详细阅读。灭火器的名称、型号和灭火剂类型；灭火器的灭火种类和灭火级别（要特别注意的是，对不适应的灭火种类，其用途代码符号是被红线划去的）；灭火器的使用温度范围；灭火器驱动气体名称和数量；灭火器生产许可证编号或认可标记；生产日期、制造厂家名称。

选用灭火器应考虑的因素：灭火器配置场所的火灾种类；灭火器灭火的有效程度；对保护物品的污染程度；设置点的环境温度；使用灭火器人员的素质；根据不同灭火机理选择不同的灭火器；在同一灭火器配置场所，尽量选用操作方法相同、灭火剂相容的灭火器。

二、电气安全技术

电气事故：电气事故按照电能的形态可分为触电事故、雷击事故、静电事故、电磁辐射事故和电气装置事故。

电击：电击是电流直接作用于人体所造成的伤害，是最危险的一种伤害，大多数的触电死亡事故都是由电击造成的。电击分为直接接触电击和间接接触电击。直接接触电击是触及正常状态下带电的带电体时发生的电击，也称为正常状态下的电击。间接接触电击是触及正常状态下不带电，而在故障状态下意外带电的带电体时发生的电击，也称为故障状态下的电击。

电伤：电伤是电流转换成热能、机械能等其他形式能量作用于人体造成的伤害。电伤分为电弧烧伤、电流灼伤、皮肤金属化、电烙印、机械性损伤、电光眼等伤害。电弧烧伤是当电气设备的电压较高时产生的强烈电弧或电火花，烧伤人体或击穿人体的某一部位，而使电弧电流直接通过内部组织和器官，造成深度组织烧死的伤害。电流灼伤是人体与带电体直接接触，电流通过人体时产生热效应的结果。在人体与带电体的接触处，接触面积一般较小，但电流密度可达很大数值，又因皮肤电阻较体内组织电阻大许多倍，故在接触处产生很大热量，致使皮肤灼伤。皮肤金属化常发生在带负荷拉断线路开关或闸刀开关所形成的弧光短路情况下。此时，被熔化的金属微粒向四处飞溅，如果撞击到人体裸露部位，则渗入皮肤上层，形成表面粗糙的灼伤。经过一段时间后损伤的皮肤完全脱落。若在形成皮肤金属化的同时伴有电弧烧伤，情况会更严重些。皮肤金属化的另一个原因是人体某部位长时间紧密接触带电体使皮肤发生电解作用，一方面电流把金属粒子带入皮肤中，另一方面有机组织液被分解为碱性和酸性离子，金属粒子与酸性离子化合成盐，呈现特殊的颜色，根据颜色可知皮肤内含有哪种金属。电烙印是由于电流通过人体时，在皮肤上留下青色或浅黄色斑痕，常以搔伤、小伤口、疣、皮下出血、茧和点刺花纹等形式出现，其形状多为圆形或椭圆形，有时与所接触带电体形状相似。电烙印经治越后，皮肤上层坏死部分脱落，皮肤恢复原来色泽、弹性和知觉。机械性损伤是指电流通过人体时产生的机械－电动力效应，使肌肉发生不由自主的剧烈抽搐性收缩，致使肌腱、皮肤、血管及神经组织断裂，甚至使关节脱位或骨折。电光眼是指眼球外膜（角膜或结膜）发炎。起因是眼睛受紫外线或红外线照射 4 ～ 8h 后发作，眼睛皮肤红肿，结膜发炎，严重时角膜透明度受到破坏，瞳孔收缩。

电流对人体伤害的影响因素：电流通过人体时，对人体的伤害程度与电流通过人体的大小、持续时间、途径和人体电阻、电流种类及人体状况等诸多因素有关。

电流大小对人体伤害程度：电流通过人体时，人体有麻、痛、颤抖、痉挛、心脏停止跳动直至死亡。通过人体的电流越大，人体感觉越强烈，致命的危险性就越大。

电流通过人体时的情况：根据通过人体电流大小不同，人体通过不同的反应状态，将触电电流分为感知电流、摆脱电流、室颤电流三级。

感知电流和感知阈值：感知电流是指引起人感觉的最小电流。感知阈值是感知电流的最小值。对于不同的人感知电流和感知阈值都不同，成年男子平均感知电流为 1.1mA，成年女子平均感知电流为 0.7mA，感知阈值定为 0.5mA。

摆脱电流和摆脱阈值：摆脱电流是指人体触电后能自行摆脱带电体的最大电流。摆脱阈值是摆脱电流的最小值。成年男子平均摆脱电流为 16mA，成年女子平均摆脱电流为 10.5mA，成年男子的摆脱阈值为 9mA，成年女子的摆脱阈值为 6mA。

室颤电流、室颤阈值和致命电流：室颤电流是指人体通过电流后引起心室颤抖的电流；室颤阈值是指室颤电流的最小值；致命电流是指在较短时间内危及生命的最小电流。在电流不超过数百毫安的情况下，电击致死的主要原因是电流引起心室颤动或窒息造成的。心室颤动是心室每秒 400 ～ 600 次以上的纤维性颤动，可危及生命。

通电时间对人体伤害程度的影响：通电时间越长，越容易引起心室颤动，电击危险性越大。

人体伤害程度与电流种类的关系：就电击而言，工频电流对人体的伤害大于直流电流和高频电流。

人体伤害程度与电流途径的关系：电流通过心脏会引起心室颤动，促进心脏停止跳动，中断血液循环，导致死亡；电流通过中枢神经，会引起中枢神经严重失调而导致死亡；电流通过脊髓，可导致半截肢体瘫痪；电流从左手到右手，可能途经心脏，虽然途径很短，但是最危险的途径；电流左脚到右脚，是危险程度较小的途径，但可能痉挛而摔倒，导致电流通过全身或摔伤、坠落等二次事故。

人体伤害程度与人体状况的关系：随着人体状况不同，对电流的敏感程度，以及不同人在遭受同样电流的电击时，其危险程度也不完全相同。电流作用于人体时，女性的危险性比男性大，女性对电流较男性敏感。女性的感知电流和摆脱电流约比男性低 1/3；儿童的危险比成人大；体弱者比健壮者大；体重小的危险一般比体重大的大。

发生触电事故的原因：缺乏电气安全知识（如触摸带电导线、用湿手拧灯泡等）；违反操作规程（如触碰高压线、乱接临时电源等）；电气设备不合格（如电气设备漏电、外壳没有接地等）；维护不善（如电线老化、瓷瓶破碎等）；偶然因素造成触电事故。

触电事故的规律：触电事故季节性较强，多集中在 6 ~ 8 月。因为这一阶段雨水较多，空气湿润，降低了设备的绝缘性；低压触电事故多于高压触电事故，这是因为人们接触低压设备较多；发生单相触电事故较多；发生在变压器总干线上的触电事故少，发生在分支线的触电事故多；误操作的触电事故多。

单线电击、双线电击和跨步电压电击：单线电击是人体站立在地面，手部或其他部位触及带电体造成的电击；双线电击是人体不同部位触及对地电压不同的两相带电导体造成的电击；跨步电压电击是人的两脚处在对地电压不同的两点造成的电击。

触电急救的要点。触电急救的要点是：动作迅速、方法正确，使触电者尽快脱离电源。

压触电时使触电者尽快脱离电源的方法：如果电源开关或电源插头在触电地点附近，要立即切断电源（必须保证火线切断，否则还有可能带电）；如果电源开关或电源插头离触电地点较远，可用带有绝缘柄的电工钳或有干燥木柄的斧头切断电线，或用干木板等绝缘物插入触电者身下，隔断电源；当电线搭在触电者身上时，可用干燥的衣服、手套、绳索、木板、木棒等绝缘物作工具，拉开触电者或挑开电线，使触电者脱离电源；如果触电者的衣服很干燥，且未紧缠在身上，可用手抓住触电者的衣服，拉离电源。

离压触电时使触电者尽快脱离电源的方法：立即通知有关部门停电；带上绝缘手套、穿上绝缘靴，用相应电压等级的绝缘工具拉开开关；抛掷裸金属线使线路短路接地，迫使保护装置动作，断开电源。抛掷金属线前，注意应先将金属线一端可靠接地，然后再抛掷另一端，被抛掷的一端切不可触及触电者和其他人。

触电救护应注意的事项：救护人员不可直接用手或其他金属或潮湿的物件作为救护工具，必须使用干燥绝缘的工具，救护人最好只用一只手操作，以防自己触电；触电者在高处的情况下，要防止触电者脱离电源后可能摔伤；人触电后会出现神经麻痹、呼吸中断、心脏停止跳动等症状，应立即进行抢救，并及时送往医院。

直接触电的防护措施。直接触电的防护措施有：采用安全电压；绝缘；屏护与间距；电气安全用具。

安全电压。为了防止事故，由特定电源供电时所采用的电压系列，这个电压系列的上限在任何情况下都不能超过交流有效值 50V。我国目前的安全电压额定值的等级为：42V、36V、24V、12V、6V。

绝缘材料的种类及作用：绝缘是指用绝缘材料把带电体封闭起来，借以隔离带电体或不同电位的导体，使电流能按一定的通路流通。绝缘材料常用的有气体绝缘材料（空气、氮气、氢气、二氧化碳和六氟化硫等）；液体绝缘材料（变压器油、开关油、电容器油、电缆油等）；固体绝缘材料（绝缘纤维制品、绝缘浸渍纤维制品、绝缘漆、胶和熔敷粉末、绝缘云母制品、电工用薄膜、复合制品和粘带、电工塑料和橡胶等）。绝缘材料不仅有隔离作用，还有散热冷却、机械支撑和固定、储能、灭弧、防潮、防霉以及保护导体等作用。

屏护：屏护就是使用屏障、遮栏、护罩、箱盒等将带电体与外界隔离。配电线路和电气设备的带电部分如果不便于包以绝缘或者单靠绝缘不足以保证安全的场合，可以采用屏护保护。对于高压电气设备，无论是否有绝缘，均应采用屏护或其他防止人员、车辆接近的措施。

屏护装置的类型：屏护装置有永久性的、暂时性的、固定性的和移动性的。

屏护装置应满足的要求：要有足够的机械强度和良好的耐火性能；用金属材料制成的屏护装置，必须接地或接零，与带电体有一定的安全距离；屏护装置不能随便打开、拆卸或移动，有时还要装有联锁装置；被屏护的带电体部分应有明显的标志和警示语。

电气安全间距：为了防止人体触及或过分接近带电体，或防止车辆和其他物体碰撞带电体，以及避免发生各种短路、火灾和爆炸事故，在人体和带电体之间、带电体和地面之间、带电体和带电体之间、带电体和其他物体和设施之间，都必须保持一定的距离，简称间距。

电气安全间距的内容。间距大致可分为 4 个方面：各种线路的间距；变、配电设备的间距；各种用电设备的间距；维修时的间距。

常用电气安全的间距：在低压操作中，人体或其所携带的工具等与带电体的距离不应小于 0.1m；在高压无遮栏操作中，人体或其所携带工具与带电体之间的最小距离不应小于下列数值：10kV 及以下为 0.7m；35kV 为 1m。当不足这个距离时，应装设临时遮栏，并应符合相关要求；在线路上工作时，人体或其携带工具等与临近带电线路的最小距离不应小于如下数值：10kV 及以下为 1m；35kV 为 2.5m。不足这个距离时，临近的线路应停电；用水冲洗时，小型喷嘴与带电体之间的最小距离不应小于下列数值：10kV 及以下为 0.4m；35kV 为 0.5m；工作中使用喷灯或气焊时，火焰不得喷向带电体，火焰与带电体之间的最小距离不应小于下列数值：10kV 及以下为 1.5m；35kV 为 3m；在架空线路附近进行起重工作时，起重机具与线路之间的最小距离为：1kV 及以下为 1.5m；1 ~ 10kV 为 2m；10 ~ 5kV 为 4m；10kV 电力线路与居民区及工矿企业地区的安全距离为 6.5m；非居民区，但是有行人和车辆通过的安全距离为 5.5m；交通困难地区的安全距离为 4.5m；公路路面的安全距离为 7m；铁道轨顶的安全距离为 7.5m；通航河道最高水面的安全距离为 6m；不通航的河流、湖泊（冬季水面）的安全距离为 5m。

电工安全用具的作用与种类：电工安全用具是用于防止触电、坠落、灼伤等工伤事故，保障工作人员安全。电工安全用具主要包括绝缘安全用具、电压和电流指示器、登高安全用具、检修工作中的临时接地线、遮栏和标志牌等。

绝缘安全用具包括内容：按用途分为基本安全用具和辅助安全用具。凡是可以直接接触带电部分，能够长时间可靠承受设备工作电压的用具称为基本安全用具，如绝缘棒、绝缘钳、电压指示器等。用来进一步加强基本安全用具的可靠性，防止接触电压及跨步电压危险的用具称为辅助安全用具，如绝缘手套、绝缘靴、绝缘垫。

式电压和电流指示器的作用及内容：携带式电压指示器也叫验电器，是用来检查设备是否带电的用具。当电力设备在断开电源后要进行清扫检修时，在操作之前，一定要用验电器检验设备是否带电。验电器分为高压验电器（1kV 以上）和低压验电器（也称验电笔）两种。携带式电流指示器通常称为钳形电流表，可用来测量交流电路中的电流。

接地线的作用：临时接地线一般装设在被检修区段两端的电源线上。装设临时接地线的主要目的是：防止突然来电；消除邻近高压线路所产生的感应电；用来泄放线路或设备上可能残存的静电。

间接接触触电：间接接触触电是指在正常情况下电气设备不带电的外露金属部

分，在发生漏电、碰壳等金属性短路故障时就会出现危险电压，此时人体触及这些外露的金属部分所造成的触电称为间接接触触电。

电气线路的分类：电气线路分为简单线路和三相交流线路。简单线路包括直流电路和单相交流电路。根据安全要求，电气线路可分为不接地电网和接地电网。

保护接地及其应用范围：保护接地就是将电气设备在故障情况下可能出现危险电压的金属部分用导线与大地作电气连接。在中性点不接地的系统中，凡在正常情况下不带电，而当绝缘损坏、碰壳短路或发生其他故障时，有可能带电的电气设备金属部分及其附件都应接地保护。

保护接地的原理：在中性点不接地的系统中，如果电气设备没有保护接地，当设备某一部分的绝缘损坏，人体触及此处时，将有触电的危险。对电气设备实行保护接地后，接地短路电流将同时沿接地体和人体两路流通。接地电阻一般为4Ω以下，而人体电阻约为1000Ω，因此通过接地体的分流作用，流经人体的电流几乎为零，这样就避免了触电的危险。

保护接零：保护接零就是将电气设备在正常情况下不带电的金属部分，用导线与低压电网的零线连接起来。

保护接零的保护原理：保护接零一般与熔断器、自动开关等保护装置相配合，当发生碰壳短路时，短路电流经外壳到零线，再回到中性点。由于故障回路的电阻、电抗都很小，所以有足够大的故障电流使线路上保护装置迅速动作，从而将发生故障的设备断开电源，起到保护作用。

保护接零的分类：在三相四线制电网中，应当分为工作零线和保护零线。工作零线就是中性线，用N表示；保护零线就是保护导体，用PE表示。如果一根线既是工作零线又是保护零线，则用PEN表示。保护接零属于TN系统，分为TN-C、TN-C-S、TNES系统。TN-C系统是保护零线和工作零线共用，是一根线（PEN线）；TN-C-S系统是一部分保护零线和工作零线共用；TNES系统是保护零线和工作零线完全分开。

保护接零的要求：线路的阻抗不宜过大，以保证发生漏电时有足够大的短路电流，迫使线路上的保护装置迅速动作；在起保护作用的零线上，绝不允许装设熔断器和开关；在同一供电系统中，不允许个别设备接地不接零，否则设备漏电时，电流通过两接地体构成回路，由于电流不会太大，保护装置可能不动作，故障会长时间存在。采用接地的漏电设备和采用接地的非漏电设备上都可能带有危险电压。

保护接地和保护接零的区别：保护原理不同。保护接地是限制设备漏电后的对地电压，使之不超过安全范围；保护接零是借助接零线路使设备形成短路，促使线路上的保护装置动作，以切断故障设备的电源；适用范围不同。保护接地适用于一般不接地的高压电网和低压电网，也适用于采取了其他安全措施的低压电网；保护接零只适用于中性点直接接地的低压电网；电路结构不同。如果采取保护接地措施，电网中可以无工作零线，只设保护接地线；如果采取保护接零措施，则必须设工作零线，利用工作零线作接零保护。保护零线不能接开关、熔断器，如果在工作零线上装设熔断器时，还必须另装保护接地线或保护接零线。

工作接地及其安全作用：在电力系统中，由于运行和安全的需要，以系统中某些点进行的接地叫工作接地（如变压器和互感器的中性点接地）。在接零系统中，变压器低压侧中性点直接接地起工作接地的作用，减轻一相接地的危险；抑制故障时电网对地电压；减轻绝缘的额外负担或防止绝缘击穿。

重复接地及其安全作用：将零线上工作接地以外的一处或多处通过接地装置与大地再次连接，称为重复接地。重复接地的安全作用是：降低漏电设备的对地电压；减轻零线断线的危险；增大短路电流，加速线路保护装置的动作；改善防雷性能。

化工设备的接地的要求：室外的罐、塔、容器都设有防雷接地，要按照静电接地的要求进行检查。对大于 50m 或直径在 2.5m 以上的容器、罐、塔，接地部分不得少于 2 处，接地点应对称布置，其间距不小于 30m；罐、塔、容器等设备要求在每个部件上进行重复接地，接地线位置应远离物料的进出口处；罐、塔、容器内外的各金属部件及进入罐内的工具部件，均应保证有可靠的防静电接地。

管网系统的接地的要求：输送易燃可燃液体、气体、粉尘及其混合物的管道系统，应在管道的始端和末端，通过机泵、油罐等设备有可靠的接地连接；管网内的过滤器、缓冲器等应设置接地连结点；管道系统的接地一般采用焊接式通过端子压接的方法，将接地线与接地端子牢固地连接。如果管网系统中有部分管路或部件是非导体，除将导体管路之间进行跨接并接地外，非导体的管段还应在其表面设置导电的屏蔽层；设备、管道采用金属法兰连接时，必须保证两个以上的螺栓有可靠的连接，其间的接触电阻不大于 10Ω，一般不另接跨接线。

装卸站台区的要求：装卸站台、鹤管、管线及铁轨的始、终端，应连接成电气通路并接地，装油开始前必须将专用地线夹在车辆的指定位置上；装卸站台及油库内的铁轨除接地外，还必须采用保护接零，以防轨道与零线之间的电位差造成危害。

油、液化气罐车接地的要求：汽车装油台及鹤管等活动部分应接地，装油开始前必须将专用接地线装接在槽车的指定位置上。接地线的安装应在开盖前，接地线的拆除应在装油完毕后，并已封闭罐盖，再经过规定时间静置之后才可进行；当装油鹤管为非金属软管时，应使用导电耐油橡胶管。如使用普通耐油橡胶管，应在其表面外皮上缠绕直径不小于 2mm 的软铜线与管头和管路连接，通过管路接地；液化气槽车装气时，亦应按照规定安装拆卸地线，活动软管应有导电性能；装载油的汽车应尽量使用导电性材料的轮胎，以利于接地。同时在车体上必须装有电阻值在140 ~ 200Ω 的导电拖带；各种类型的接地装置与车体连接时，连接的位置应在车体的侧面或后面，应远离物料的装入口、泄放口。

电气安全装置有：电气安全装置按用途可分为漏电保护装置、电气联锁装置和信号报警装置。漏电保护装置是用来防止人身触电和漏电引起事故的一种接地保护装置，当电路或用电设备漏电电流大于装置的整定值，或人、动物发生触电危险时，它能迅速动作，切断事故电源，避免事故的扩大，保障了人身、设备的安全。电气联锁装置和信号报警装置是对关键性的工艺参数进行信号报警和联锁，使事故在即将发生之前能自动发出声光信号、紧急打开或切断某些通路，避免重大事故发生的系统。

油化工企业的变电的作用：石油化工企业的变电所是降压变电所，一般分一次降压或两次降压。它把供电系统 35 ~ 20kV 的电力网电压降为 6 ~ 10kV（一次降压），再由 6 ~ 10kV 电压降为 220V/380V（二次降压），供给低压电气设备使用。根据容量的大小，引入电压的高低，分为一次降压变电所、二次降压变电所和配电所。

化工企业的变电所的要求：为了可靠供电，变、配电所应建在用电负荷中心，且位于危险爆炸区范围以外。在可能散发比空气密度大的可燃气体的界区内，变、配电所的室内地面，应比室外地面高 0.6m 以上。尽量避免多尘、震动、高温、潮湿等场所。

电力变压器发生火灾的原因：变压器中的绝缘油易蒸发燃烧，与空气能形成爆炸性混合物。变压器内部的绝缘衬垫和支架大多是可燃物质，一旦变压器内部发生过载或短路，可燃材料和油就会因高温或电火花、电弧作用而分解、膨胀以致气化，使变压器内部压力剧增引起爆炸，大量绝缘油喷出燃烧，进一步扩大火灾危险。

变压器维护的注意事项：防止变压器过载运行；保证绝缘油质量；防止变压器铁芯老化损坏；保证导线接触良好；防止破坏绝缘层；防止电击；短路保护要可靠；保持良好接地；防止超温。

油开关的作用：油开关（也称油断路器）是用来切断和接通电源的，在短路时能迅速可靠地切断短路电流。油开关有很强的灭弧能力，在正常运行时能切断工作电流。

开关的种类、结构和各部件的作用：油开关分为多油开关和少油开关两种，主要由油箱、触头和套管组成。触头全部浸没于绝缘油中。多油开关中的油起灭弧作用和作为开关内部导电部分之间及导电部分与外壳之间的绝缘。少油开关中的油仅起灭弧作用。

造成油开关火灾和爆炸的原因：油开关油面过低，使油开关触头的油层过薄，油受电弧作用而分解释放出可燃气体进入顶盖下面的空间，与空气形成爆炸性气体，在高温下就会形成燃烧、爆炸；油箱内油面过高时，析出的气体在油箱内较小空间里会形成过高的压力，导致油箱爆炸；油开关内油的杂质和水分过多，会引起油开关内部闪络；油开关操作结构调整不当，部件失灵，会使开关动作缓慢或合闸后接触不良。当电弧不能及时切断和熄灭时，在油箱内可能产生过多的可燃气体而引起火灾；当油开关遮断容量（在短路状态下的断路能力）小于供电系统短路容量时，油开关无能力切断系统强大的短路电流，电弧不能及时熄灭则会造成油开关的燃烧和爆炸；油开关套管与油开关箱盖、箱盖与箱体密封不严，油箱进水受潮，油箱不清洁或套管有机械损伤，都可能造成对地短路，从而引起油开关着火爆炸。

电动机容易着火部位和着火因素：工业电动机多为异步防爆封闭式电动机，易着火部位有定子绕组、转子绕组和铁芯。引线接头处接触不良、接触电阻过大或轴承过热，也能引起绝缘燃烧。电动机的引线、熔断器及其配电装置都存在火因素。

电气照明灯着火因素：电气照明灯具（主要有白炽灯、荧光灯、高压汞灯、卤钨灯等）在工作时，玻璃灯泡、灯管、灯座等表面温度都很高，若灯具选用不当或发生故障，会产生电火花或电弧。接点处接触不良，局部产生高温。导线和灯具的过载和过压会引起导线的发热，使绝缘破坏、短路或灯具爆碎，继而导致可燃气体和可燃液体蒸汽、落尘的燃烧或爆炸。

电气线路引起火灾的因素：电气线路引起火灾、爆炸主要是因为线路短路、线路负荷过大、接触处电阻过大而引起的电火花、电弧，或因电线、电缆达到危险高温而发生火灾。

引起电气火灾爆炸的条件：由于电气方面的原因引起的火灾和爆炸事故，称为电气火灾爆炸。发生电气火灾和爆炸要具备两个条件：一是要有易燃易爆物质和环境，二是要有引燃条件。

电气火灾爆炸危险区域的划分：爆炸危险区域，是指存有爆炸危险性气体（液体、蒸汽）与空气混合形成爆炸性气体混合物，当有引爆源时，即可产生爆炸或燃烧的区域（简称危险区域）。根据危险程度分为三大类。

第一类（爆炸性气体环境）指爆炸性气体、可燃液体蒸汽等与空气形成爆炸性混合物的环境。根据爆炸性混合物出现的频繁程度和持续时间，划分为三个区域，即0区、1区和2区，对应的定义如下：0区是指在正常情况下，爆炸性混合物频繁出现或间断出现，或爆炸性混合物的浓度超过爆炸下限的场所；1区是指在正常情况下，爆炸性混合物有可能聚积形成危险浓度的区域，或由于检修、维护造成泄漏等原因，引起可能聚积成危险浓度的区域；2区是指在不正常的情况下，偶尔出现爆炸性混合物的区域。

第二类（爆炸性粉尘环境）是爆炸性粉尘、可燃纤维与空气形成的爆炸性混合物的环境。根据爆炸性粉尘混合物存在的频繁程度和持续时间划分为10区和11区两个区；10区是指连续出现或长期出现爆炸性粉尘环境；11区是指有时会将积留下的粉尘扬起而偶然出现爆炸性粉尘混合物的环境。

第三类（火灾危险环境）指在生产、加工、处理、运转或储存闪点高于环境温度的可燃液体，可能形成爆炸性粉尘混合物的悬浮状、堆积状可燃粉尘或可燃纤维以及其他固体状可燃物质，并在数量上和配置上能引起火灾危险的环境。据火灾事故发生的可能性后果、危险程度及物质状态的不同划分为21区、22区、23区三个区域。21区是指具有闪点高于环境温度的可燃液体，在数量和配置上能引起火灾危险的环境；22区是指具有悬浮状、堆积状可燃粉尘和可燃纤维，在数量和配置上能引起火灾危险的环境；23区是指固体状可燃物质，并在数量上和配置上能引起火灾危险的环境。

有火灾爆炸危险时应使用的安全设备：在有火灾爆炸危险的环境中使用的设备，在运行过程中，必须有不引燃周围爆炸性混合物的性能。满足要求的电气设备有防爆型、增安型、本质安全型、正压型、充油型、充砂型、无火花型、粉尘防爆型和防爆特殊型。

电器设备的选用：在爆炸危险区域选用电器设备时，应尽量将电气设备（包括电气线路）装设在危险区域之外。如果必须装在危险区域之内，应装在危险性较小的地点。如果与爆炸危险场所隔开的话，可选用较低等级的防爆设备。在选用非防爆设备时，应采用隔墙机械传动。安装电气设备的房间，应采用非燃体的墙与危险区域隔开。穿过隔墙的传动轴应有填料或同等效果的密封设施。安装电气设备房间的出口应通向既无爆炸又无火灾的区域。

电器线路的选择与敷设：在火灾爆炸危险区域使用铝导线时，其接头封端应采用压接、熔接或钎焊。当与电气设备连接时，应采用铜铝过渡接头。使用绝缘导线的电缆不能有中间接头，其额定电压不能低于电网的额定电压，且不能低于500V。采用铠装电缆，应有足够的机械强度。在架空桥上敷设时应采用阻燃电缆。电气线路应在爆炸危险较小的环境中敷设。如果可燃物质比空气密度大，电气线路应敷设在较高处，架空时宜采用电缆桥架。电缆沟敷设时沟内应无砂，并应有排水设施。如果可燃物质比空气轻，电气线路应在较低处或电缆沟铺设。敷设电气线路的沟道、电缆线钢管，在穿过不同区域之间的墙或楼板处的孔洞时，应采用非燃性材料严密堵塞。敷设电气线路时，宜避开可能受到机械损伤、震动、腐蚀以及热源附近，不能避开时应采用预防措施。严禁采用绝缘导线明敷设。装置内的电缆沟应有防止可燃气体积聚或可燃液体污水进入沟内的措施。电缆沟通入变、配电室或控制室的墙洞处，应严格密封。

产生静电的原因：最常见产生静电的方式是接触分离起电。当两种物体接触，其间距小于 25×10^{-8}cm 时，将发生电子转移，并在分界面两侧出现大小相等、极性相反的两层电荷。当两种物体迅速分离时即可能产生静电。下列过程比较容易产生和积累危险静电：固体物质大面积的摩擦；固体物质的粉碎、研磨过程，粉体物料的筛分、过滤、输送、干燥过程，悬浮粉尘的高速运动；在混合器中搅拌各种高电阻率物质；高电阻率液体在管道中高速流动、液体喷出管口、液体注入容器；液化气体、压缩气体或高压蒸汽在管道中流动或由管口喷出时；穿化纤布料衣服、穿高绝缘鞋的人员在操作、行走、起立等。

静电的特点：静电电压高。静电能量不大，但其电压很高。固体静电可达 2.0×10^4V 以上，液体静电和粉体静电可达数万伏，气体静电、蒸汽静电和人体静电可达 10^4V 以上；静电泄漏慢。由于积累静电材料的电阻率都很高，其上静电泄漏很慢；静电的影响因素多。静电的产生和积累受材质、杂质、物料特征、工艺设备（如几何形状、接触面积）、工艺参数（如作业速度）、湿度和温度、带电历程等因素的影响。由于静电的影响因素多，静电事故的随机性强。

静电的危害：化工生产过程中产生的静电火花，可能引起火灾和爆炸；由静电造成的电击，可能引起坠落、摔倒等二次事故；妨碍生产或降低生产质量或引起电子元件的误动作。

防止静电和消除静电的方法（见表 16–2）：

表 16–2　防止静电和消除静电的方法

方法	内容
工艺控制	限制物料的输送速度等工作参数，可限制静电的产生；为了有利于静电的泄漏，可采用导电性工具；为了减轻火花放电和感应带电的危险，可采用阻值为 $10^7 \sim 10^9\Omega$ 的导电性工具；为了防止静电放电，在液体灌装过程中不得进行取样、检测或测温操作；为了避免液体在容器内喷射和溅射，应将注油管延伸至容器底部；装油前清除罐底积水和污物，以减少附加静电
环境危险程度控制	静电引起火灾和爆炸的条件之一是有爆炸性混合物存在。为了防止静电的危险，可采取取代易燃介质、降低爆炸性混合物的浓度、减少氧化剂含量等措施，控制所在环境火灾和爆炸危险程度
增湿	为防止大量带电，相对湿度应在 50% 以上。为了提高防静电效果，相对湿度应提高到 65% ~ 70%。增湿的方法不宜用于防止高温环境里的绝缘体上的静电

续表

方法	内容
接地	接地的作用主要是消除导体上的静电，金属导体应直接接地。为了防止火花放电，应将可能发生火花放电的间隙跨接连通起来，并予以接地。防静电接地电阻原则上不超过 1MΩ 即可。对于金属导体，为了检测方便，可要求接地电阻为 100 ~ 1000Ω。对于产生和积累静电的高绝缘材料，宜通过 $10^6\Omega$ 或稍大一些的电阻接地
静电中和器	静电中和器是能产生电子和离子的装置。由于产生了电子和离子，物料上的静电电荷得到异性电荷的中和，从而消除静电的危险。静电中和器主要用来消除非导体上的静电
抗静电添加剂	抗静电添加剂是化学药剂，在容易产生静电的高绝缘材料中加入抗静电添加剂之后，能降低材料的体积电阻值或表面电阻率以加速静电的泄漏，消除静电的危险

人体防止静电的措施：在人体必须接地的场所，应装设金属接地棒，工作人员随时用手接触接地棒，以清除人体所带静电。在坐着工作的场合，工作人员可佩戴腕带；工作人员在有静电的场所应穿戴防静电工作服、鞋和手套，不得穿化纤衣物；在工作场所尽量不做可使人体带电的活动；合理使用规定的劳动保护用品和用具；工作时应有条不紊、果断稳重、避免急剧性动作；在带静电危险的工作场所，不得带与工作无关的金属物品，不准使用化纤材料制作的拖布或抹布擦洗衣物或地面。

雷击：雷击事故是由自然界中正、负电荷形式的能量造成的事故。夏季是发生雷击灾害事故的季节，如遭雷击后电气设备遭到破坏、通信中断、建筑物被毁，甚至危及人的生命安全，还会造成不可估量的经济损失。

雷击灾害的形成：云内的云与云之间的放电，叫云间闪电或云闪。云闪不能到达地面，一般不会对人类活动造成影响。云与大地之间的放电叫地闪。地闪发生时，产生的雷电流从云中泄放到大地，在其泄放通道上造成的危害即雷击灾害。

雷电的种类：直击雷。当雷电流从云中泄放到大地时，带有电荷的雷云直接打在与地面凸出的建筑物、构筑物或人畜身上，电场强度达到空气击穿强度时，就发生放电现象，产生电效应、热效应和机械力，造成建筑物毁坏或人员伤亡，这种放电现象称为直击雷；感应雷。又称雷电感应，分为静电感应和电磁感应。静电感应是雷云接近地面时，在地面凸出物的顶部感应出大量异性电荷，在雷云放电后，突出物顶部电荷失去束缚，以雷电波的形式高速传播而形成。电磁感应是发生雷击后，其泄放通道周围产生迅速变化的强磁场向外传播或直接通过导体传导，导致在影响范围内的金属部件、电子元件和电气装置，受到电磁脉冲的干扰，感应出很高的电压形成的。

电的危害：电性质破坏。雷电可产生高达数万伏的冲击电压，可毁坏发电机、变压器、断路器、绝缘子等电气设备，烧断电线或劈裂电杆，造成大规模停电。绝缘损坏会引起短路，导致火灾或爆炸事故，如高压串入低压，可造成严重触电事故；巨大的雷击电流流入地下，会在雷击点及其连接金属部分产生极高的对地电压，可直接导致接触电压或跨步电压的触电事故；热性质破坏。当几十至上千安的强大电流通过导体时，在极短的时间内将转换成大量热能，在雷电通道中产生的高温可能酿成火灾；机械性质破坏。由于雷电的热效应，能使雷电通道中木材纤维缝隙和其他结构缝隙中的空气剧烈膨胀，同时使水分及其他物质分解为气体，因而在被雷击物体内部出现很大的压力，致使被雷击物遭受严重破坏或造成爆炸。

防雷装置的作用：防雷装置是利用其高出被保护物的凸出物体，把雷引向自身，然后通过引线和接地装置，把雷电流泻入大地，以保护人身或建筑物免受雷击。

防雷装置及其部件组成。常见的防雷装置有：避雷针、避雷网、避雷带、避雷线、避雷器等。防雷装置主要有接闪器、引下线和接地线组成。根据保护对象的不同，接闪器可选用避雷针、避雷线、避雷网、避雷带。避雷针主要用作露天变电所、建筑物和构筑物的保护；避雷线主要是作为电力线的保护；避雷网和避雷带主要用作建筑物的保护。避雷器和保护间隙是防止雷电侵入波的一种保护装置，主要用作电气设备和架空线路防止雷电波的损害。

电离防雷：电离防雷是利用雷云的感应作用，或采用放射性元素在电离装置附近形成强电场，使空气电离，产生向雷云移动的离子流。这样，雷云所带的电荷便得以缓慢中和并泄漏，从而使空间电场强度不超过空气的击穿强度，消除落雷条件，抑制雷击发生。它由顶部的电离装置、地下的电流收集装置及连线组成。

化工装置中各种设备的防雷措施：塔、容器、装有阻火器的甲、乙类可燃液体地上固定顶罐的顶板厚度等于或大于 4mm 时，可不设避雷针保护，但必须设防雷接地。当顶板厚度小于 4mm 时，应装设避雷针；可燃气体、可燃液体、液化烃的钢罐，必须设防雷接地；避雷针的保护范围，应包括整个储罐；压力储罐、丙类液体储罐可不设避雷针，但必须设感应雷接地；浮顶油罐可不设避雷针，但应将浮顶与罐体用两根截面积不小于 $25mm^2$ 软铜线作电气连接；钢油罐的防雷接地点不应小于两处。接地点沿油罐周长的间距，不宜大于 30m。当罐顶接有避雷针或利用罐顶作接闪器时，接地电阻不宜大于 10Ω。当油罐仅作防感应雷接地时，接地电阻应不大于 30Ω；覆土油罐的罐体及罐室的金属构件以及呼吸阀、量油孔等金属附件应作电气连接并接地。冲击电阻应不大于 10Ω。

建筑物的防雷是分类：建筑物根据其重要性、使用性质、发生雷电的可能性和后果，按防雷要求分三类：第一、二、三类防雷建筑物。

第一类防雷建筑物：制造、使用或储存炸药、火药、起爆药、火工品等大量爆炸物质，因电火花引起爆炸，会造成巨大破坏和伤亡的建筑物；具有 0 区或 10 区爆炸危险环境的建筑物；具有 1 区爆炸危险环境因电火花而引起爆炸，会引起巨大破坏和伤亡的建筑物。

第二类防雷建筑物：制造、使用或储存爆炸物质且电火花不易引起爆炸或不致造成巨大破坏和人身伤亡的建筑物。具有 1 区爆炸危险环境且电火花不易引起爆炸或不致造成巨大破坏和人身伤亡的建筑物；具有 2 区或 11 区爆炸危险环境的建筑物；工业企业内有爆炸危险的露天钢质封闭气罐；预计雷击次数大于 0.3 次 / 年的住宅、办公楼等一般性民用建筑物。

第三类防雷建筑物：预计雷击次数大于或等于 0.06 次 / 年，且小于或等于 0.3 次 / 年的住宅、办公楼等一般性民用建筑物；预计雷击次数大于或等于 0.06 次 / 年的一般性工业建筑物；根据雷击后对工业生产的影响及产生的后果，并结合当地的气象、地形、地质及周围环境等因素，确定需要防雷的 21 区、22 区、23 区火灾危险环境；在平均雷日大于 15 天 / 年的地区，高度在 15m 以上的烟囱、水塔等孤立的高耸建筑物。

第一类防雷建筑物防直击雷的措施：应装设独立避雷针或架空避雷线；独立避雷针的杆塔、架空避雷线的端部和架空避雷网的各支柱处应至少设一根引下线；·独立避雷针、架空避雷线或架空避雷网应有独立的接地装置。独立避雷针、架空避雷线的支柱及其接地装置至被保护建筑物及与其有联系的管道、电缆等金属物之间的距离不应小于 3m。

第一类防雷建筑物防雷电感应的措施：建筑物内的设备、管道、构架、电缆金属外皮、钢层架、钢窗等较大金属物和突出层面的放散管、风管等金属物，均应接到防雷电感应的接地装置上；平面铺设的管道、构架和电缆金属外皮等长金属物，其净距小于 100mm 时应用金属跨线，线路接点距离不应小于 30m，交叉净距小于 100mm 时，其交叉处应跨接；防雷电感应的接地装置应和电气设备接地装置共用。

第一类防雷建筑物防止雷电波侵入的措施：低压线路宜全线采用电缆直接埋地敷设，在入户端应将电缆的金属外皮、钢管接到防雷电感应的接地装置上；在电缆与架空线连接处，还应装设避雷器，避雷器、电缆金属外皮、钢管和绝缘子铁脚等应连在一起接地，其冲击电阻不应大于 10Ω；在进出建筑的架空金属管道，应与防雷电感应的接地装置相连；距离建筑物 100m 以内和管道应每隔 25m 左右接地一次，其冲击电阻不应大于 25Ω，并利用金属支架或钢筋混凝土支架的焊接、绑扎钢筋网作为引下线，钢筋混凝土基础宜作为地下装置；当建筑物太高或其他原因难以装设避雷针、架空避雷线、避雷网时，可将避雷针或网格不大于 5m × 5m 或 6m × 4m 的避雷网或由其混合组成的接闪器直接接在建筑物上；避雷网应敷设在易受雷击的部位。

第二类防雷建筑物防直击雷的措施有：采用在建筑物上装设避雷针或避雷网或其混合组成的接闪器。避雷网应沿易受雷击的部位敷设，并应在整个屋面形成不大于 10m × 10m 或 12m × 18m 的网格。所有避雷针应采用避雷带相互连接；引下线不少于两根，并应沿建筑物四周均匀或对称布置，其间距不大于 18m。当仅利用建筑物四周的钢柱或柱子钢筋作为引下线时，可按跨度设引下线，但引下线的平均距离不应大于 18m；每根引下线的冲击接地电阻不应大于 10Ω。防直击雷接地宜和防雷电感应、电气设备等接地共用同一接地装置，并宜与埋地管道相连。当共用、不相连时，两者的距离不应小于 2m。

第二类防雷建筑物防雷电感应的措施：建筑物内的设备、管道、构架和电缆等主要金属物，应就近接至防直击雷接地装置或电气设备的保护接地装置上，可不另设接地装置；平行敷设的管道、构架和电缆金属外皮等长金属物，与第一类建筑物相同，但长金属物连接处可不跨接；建筑物防雷电感应的接地干线与接地装置的连接处不应少于两处。

第二类防雷建筑物防止雷电波侵入的措施：（1）当低压线路全长采用埋地电缆或敷设在架空金属线槽内的电缆引入时，在入户端应将电缆金属外皮、金属线槽接地；对第二类防雷建筑物中的第（1）、（2）、（3）条规定的建筑物所述金属物应与防雷的接地装置相连。（2）第三类建筑物中第（2）、（3）、（4）条规定的建筑物，其低压电源线路应符合下列要求：低压架空线应改换一段埋地金属铠装电缆或护套电缆穿钢管直接埋地引入；平均雷暴日小于 30 天 / 年地区的建筑物，可采用低压架空线直接引入建筑物内，但在入户处应装设避雷针或设 2~3mm 的空气间隙，并应与绝缘子铁脚、金具连在一起接到防雷的接地装置上，其冲击接地电阻不应大于 50Ω。入户处的三基电杆绝缘子铁脚、金具应接地，靠近建筑物的电杆，其冲击接地的电阻不应大于 10Ω，其余两基的电阻不应大于 20Ω。（3）第二类防雷建筑物中第（5）条规定的建筑物，其低压电源线路应符合下列要求：当低压架空转换金属铠装电缆或护套电缆穿钢管直接埋地引入时，其埋地长度应大于 15m，并应符合上条的有关规定；当架空线直接引入时，在入户处应加装避雷器，并将其绝缘子铁脚、金具连在一起接到电器设备的接地装置上，靠近两建筑物的两基电杆上的绝缘子铁脚应接地，其冲击接地电阻不应大于 30Ω。（4）架空线和直接埋地的金属管道，在进出建筑物处应就近与防雷的接地装置相连，当不相连时，架空管道应接地，其冲击接地电阻不应大于 10Ω；第二类建筑物中第（1）、（2）、（3）条规定的建筑物，引入、引出该建筑物的金属管道在进出处应与防雷的接地装置相连；对架空金属管道还应在距建筑物的 25m 处接地一次，其冲击接地电阻不应大于 10Ω。第三类防雷建筑物防直击雷的措施：（1）采用在建筑物上装设避雷针或避雷网或其混合组成的接闪器。避雷网应按规定沿屋角、屋脊、屋檐和檐角等易受雷击的部位敷设，并应在整个屋组成不大于 20m × 20m 或 24m × 16m 的网格。平面屋的建筑物，当宽度不大于 20m 时，可仅沿周边敷设一圈避雷带。（2）引下线不少于两根，但周长不少于 25m 且高度不超过 40m 的建筑物可只设一根引下线。引下线应沿建筑物均匀或对称布置，其间距不大于 25m。当仅利用建筑物四周的钢柱或柱子钢筋作为引下线时，或跨度设引下线，但引下线的平均距离不应大于 25m。在共用接地装置与埋地金属管道相连接情况下，接地装置宜围绕建筑物敷设成环形接地体。（3）每根引下线的冲击接地电阻不应大于 30Ω。防雷的接地装置宜与埋地的金属管相连。当共用、不相连时，两者的距离不应小于 2m。

第三类防雷建筑物防止雷电波侵入的措施：对电缆进、出线，应在进出端将电缆的金属外皮、钢管等与电气设备接地相连。当电缆转换为架空线时，应在转换处装设避雷器，避雷器、电缆金属外皮和绝缘子铁角、金具等应连在一起接地，其冲击接地电阻不应大于 30Ω；对低压架空进出线，应在进出处设避雷器并与绝缘子铁角、金具连在一起接到电气设备的接地装置上。当多回路架空进出线时可仅在母线或总配电箱处装设一组避雷器或其他类型的过电压保护器，但绝缘子铁角、金具仍接到接地装置上；进出建筑物的架空金属管道，在进出处应就近接到防雷或电气设备的接地装置上或独自接地，其冲击接地电阻不应大于 30Ω。防止雷电流流经引下线和接地装置时产生的高压电位对附近金属物或线路反击，与第二类防雷建筑物的要求相同。

三、生产工艺过程安全技术

化工生产中涉及主要的化学反应：化工生产中主要有氧化、还原、硝化、磺化、氯化、裂解、聚合等化学反应。

氧化过程的危险性及其预防。氧化反应是反应物质失去电子的过程，绝大多数是放热反应。能发生氧化反应的物质都是易燃、易爆物质，与空气或氧反应，其物料配比接近爆炸下限。倘若物料配比或温度控制失调，即能发生爆炸燃烧。某些氧化反应能生成危险性更大的过氧化物，在高温、摩擦或撞击情况下都会爆炸或燃烧。某些强氧化剂有很大的危险性，与酸或有机物作用时，危险性更大。在氧化反应操作中，一定要严格控制氧化剂的配料比、加料速度，要有良好的搅拌和冷却装置，防止温升过快、过高。要防止因设备、物料含有杂质为氧化反应提供催化剂。使用空气参加反应时一定要净化、干燥，除去空气中的水分、灰尘和油污。要严格控制反应物料配比在爆炸极限以外。还可以在系统中加入惰性气体来改变循环气成分，缩小混合气的爆炸极限，带走反应热，增加系统的安全性。

还原过程的危险性及其预防：还原反应是反应物质得到电子的过程，虽然多数还原反应过程比较缓慢，但许多还原反应会产生氢气或使用氢气和一氧化碳，从而使防火防爆问题突出。还有许多反应使用的还原剂和催化剂都有很大的燃烧爆炸危险性。无论是利用初生态还原，还是把氢气活化后还原，都有氢气存在。特别是催化加氢还原大多都是在加热、加压条件下进行，如果操作失误或因设备缺陷有氢气泄漏，极易与空气形成爆炸性混合物，遇火源发生着火爆炸，在操作中要严格控制温度、压力和流量。车间内的电气设备必须符合防爆要求，电线及接线盒不宜在车间顶部敷设安装。厂房通风要良好，应采用轻质屋顶，开设天窗和风帽，以使氢气易于逸出。反应中产生的氢气可有氢气导管排至车间屋顶，并高于屋脊 2m 以上，经过阻火器向外排放。加压反应的设备应配备安全阀，反应中产生压力的设备应装设爆破片、氢气检测仪和报警装置；还原反应中使用的雷氏镍吸潮后在空气中有自燃的危险，即使在没有火源的情况下，也能使氢气和空气的混合物引燃形成着火爆炸。因此，当用它们来活化氢气进行还原反应时，必须先用氮气置换容器内的全部空气，并经过测定证实含氧量符合标准后，才能通入氢气。反应后先用氮气把容器内的氢气置换干净，才可打开孔盖出料，以免外界的空气与反应器内的氢气相遇，在雷氏镍自燃的情况下发生着火爆炸。雷氏镍应储存于酒精中，钯碳回收时应用酒精和清水充分洗涤。过滤抽真空时不能抽得太干，以免氧化着火；固体还原剂保险粉、硼氢化钾、氢化铝锂等都是遇湿易燃物品，其中保险粉遇水发热，在潮湿空气中分解能析出硫，硫蒸汽受热有自燃的危险，且保险粉本身受热也有分解爆炸的危险。硼氢化钾和硼氢化钠在潮湿的空气中也能自燃，遇水或酸分解产生大量氢气，产生高热，发生着火爆炸事故。氢化铝锂是遇湿危险的还原剂，务必妥善保存，防止受潮。保险粉溶解使用时，应严格控制温度，可以在开动搅拌的情况下，将保险粉分批加入水中，待溶解后再与有机物接触反应。当使用硼氢化钾、硼氢化钠作还原剂时，在工艺过程中调节酸、碱度时应特别注意，防止加酸过快、过多。在使用氢化铝锂作还原剂时，必须在氮气的保护下进行，平时浸没在煤油中储存。前述还原剂，遇氧会发生猛烈的化学反应，产生大量热量，具有着火爆炸危险，所以不能与氧化剂混存；还原反应的中间体，特别是硝基化合物，亦有一定的火灾危险，如邻硝基苯甲醚还原为邻氨基苯甲醚的过程中，产生氧化偶氮苯甲醚，其中间体在高温下能自燃。苯胺在生产中如果条件控制不好，可生成爆炸危险性很大的环已胺。所以在生产中一定严格控制反应条件；开展技术革新，研究采用危险性小、还原性强的新型还原剂对安全生产很有意义，例如，用硫化钠代替铁粉还原，可以避免氢气的产生，同时也消除了铁泥堆积问题。

硝化过程的危险性：有机化合物分子中引入硝基取代氢原子而生成硝基化合物

的反应，称为硝化。常用的硝化剂是浓硝酸与浓硫酸的混合物（俗称混酸），硝酸盐和氧化氮也可作硝化剂。硝化反应的危险性有：硝化反应是放热反应，温度越高，反应越快，放出的热量就越多，极易造成温度升高而爆炸；被硝化的物质大多数是易燃物质，使用或储存不当会发生火灾；混酸具有强烈的氧化性和腐蚀性，与有机物（特别是不饱和有机物）接触能引起燃烧。硝化物的腐蚀性很强，会导致设备强烈腐蚀。混酸在制备时，若温度过高或落入少量水，会促使硝酸大量分解，引起突沸冲料或爆炸；硝化产品大多具有火灾、爆炸危险性，尤其是多硝基化合物和硝酸酯，受热、摩擦、撞击或接触点火源，极易爆炸或着火。

硝化过程的安全措施：制备混酸时，应严格控制温度和酸的配比，并保证充分的搅拌和冷却条件，严防因温度的猛升而造成冲料或爆炸。不能把未经稀释的浓硫酸和硝酸混合。稀释浓硫酸时，不可将水注入酸中；必须严格防止混酸与纸、棉、布、稻草等有机物接触，避免因强烈氧化而燃烧爆炸；应仔细配制反应混合物并除去其中易氧化的组分，不得有油类、酣类、醇类等有机杂质，含水量不能过高，否则，此类杂质与酸作用易发生爆炸事故；硝化过程应严格控制加料速度，控制硝化反应温度。硝化反应器要有良好的搅拌和冷却装置，不得中途停水断电或搅拌系统发生故障。硝化器应安装严格的自动调节、报警及自动联锁装置，当超温或搅拌故障时，能自动报警并停止加料。硝化器应设有泄爆管及紧急排放系统，一旦温度和压力失控，应紧急排放到安全地点；处理硝化产物时应格外小心，避免高温、摩擦、日晒，不能接触明火、酸、碱等。管道堵塞时，应用蒸汽加温疏通，不得用金属棒敲打或用明火加热；注意设备和管道的腐蚀，确保严密不漏。

磺化过程的危险性及其预防：在有机分子中导入磺酸基或其衍生物的化学反应称为磺化反应。磺化反应使用的磺化剂主要有硫酸、发烟硫酸或硫酸酐，都是强烈的吸水剂。吸水时放热，会引起温度升高，甚至发生爆炸。磺化剂有腐蚀作用。磺化作用在安全技术上与硝化作用相似。

氯过程的危险性及其预防：以氯原子取代有机化合物中氢原子的反应称为氯化反应。常用的氯化剂有：液态或气态的氯、气态的氯化氢和不同浓度的盐酸、磷酰氯（三氯氧化磷）、三氯化磷、硫酰氯（二氯硫酰）、次氯酸钙等，常用的氯化剂是氯气。化工生产中被氯化的原料主要有甲烷、乙烷、丙烯、苯、甲苯、萘等，它们都是易燃易爆物质。氯化反应是一个放热过程，尤其在较高温度下反应更加剧烈，如果物料泄漏，就会造成着火爆炸。因此，氯化设备必须有良好的冷却系统，并严格控制氯气流量，以免因流量过快，温度剧升引起事故。应严格控制火源，电气设备应符合防火防爆要求；因氯气毒性较大，氧化性极强，储存压力很高，一旦泄漏，危险性极大。所以储罐中的液氯进入氯化器使用之前，必须先进入蒸发器使之汽化。

不准把储存氯气的气瓶或槽车当储罐使用，因为这样有可能使被氯化的有机物倒流进气瓶或槽车引起爆炸。氯化器应装设氯气缓冲罐，防止氯气断流或压力减小时形成倒流；由于氯化反应几乎都有氯化氢气体生成，因此设备必须防腐蚀，保持严密不漏。因为氯化气易溶于水，通过吸收和冷却装置就可以除去尾气中大部分氯化氢。

裂解、一次反应和二次反应：裂解是石油化工生产过程中，以比裂化更高的温度（700 ~ 800℃，有时甚至高达1000℃以上），使石油分馏产物（包括石油气）中的长链烃断裂成小分子烃的加工过程。由原料烃类热裂解生成乙烯、丙烯的反应称为一次反应。由一次反应生成的乙烯、丙烯进一步发生反应，生成多种产物，甚至生成焦或炭的反应称为二次反应。

裂解和裂化的区别。裂解和裂化的区别是：①所用温度不同，大体是以600℃为分界，在600℃以上所进行的过程为裂解，在600℃以下所进行的过程为裂化；②生产目的不同，裂解的目的产物是乙烯、丙烯、丁二烯、苯、甲苯、二甲苯、炔和萘；裂化的目的产物是汽油、煤油、柴油等燃料油。

裂过程有的危险性及其预防：在石油化工生产中最广泛采用的是蒸汽热裂解，其设备为管式裂解炉。为使裂解效果好，工艺上采用"高温、快速、急冷"的措施，"高温"是在800℃以上进行裂解；"快速"就是在裂解管中停留时间短，约0.7s左右；"急冷"是用水将裂解气温度急速降到露点温度以下（不同原料的裂解气露点温度不同，如以轻油为原料的裂解气露点温度在347℃），以防止二次反应的发生或结焦、结炭碳，同时产生10MPa的高压水蒸气。

裂解炉运转过程中的不安全因素及其防护：裂解炉内壁结焦会使流体阻力增加，影响传热，降低生产效率。当焦层达到一定厚度时，炉管温度过高，必须进行清焦，否则会烧坏炉管，引起裂解气外泄，发生爆炸事故；引风机是不断排除炉内烟气的装置，如果由于断电或引风机故障突然停转，则炉膛内很快变成正压，会从窥视孔或烧嘴等处向外喷火，严重时会引起炉膛爆炸。因此必须设置联锁装置，一旦引风机故障停车，则裂解炉自动停止加料并切断燃料供应，但应继续供应稀释蒸汽，以带走炉膛内的余热；裂解炉正常运行过程中，如果燃料系统大幅度波动，燃料气压力过低，则可能会造成裂解炉回火，使烧嘴烧坏，甚至会引起爆炸，所以要及时切断燃料气，并停止供料。如果采用燃料油，若压力降低，也会使油嘴回火。因此应及时切断燃料油，并停止供料。当裂解炉同时用油和气为燃料时，如果油压降低，则在切断燃料油的同时，将燃料气切入烧嘴，裂解炉可维持运转；其他公用工程故障，如锅炉给水中断，则废热锅炉汽包液面迅速下降，如不及时停炉，必然使废热锅炉炉管、裂解炉对流段给水预热管损坏。此外，水、电、蒸汽出现故障，均能使裂解炉造成事故，这种情况要自动停车。

聚合反应及其分类：由低分子单体合成聚合物的反应称为聚合反应。按聚合物和单体元素组成的结构不同，可分为加聚反应和缩聚反应两大类。单体加成聚合起来形成高聚物的反应叫作加聚反应；具有两个或两个以上官能团的低分子化合物相互作用而生成高聚物的过程称为缩聚反应。

聚合反应的危险性。由于聚合物的单体大多数都是易燃易爆的物质，聚合反应都是在高温高压下进行，反应本身又是放热过程，所以生产工艺过程具有火灾、爆炸、中毒等危险。火灾危险性。聚合单体包括乙烯、丙烯、丁二烯、氯乙烯、苯乙烯等都属于甲类火灾易燃性液体。有些单体储存温度低于沸点，所以需要在氮气保护下储存，有些单体是在压力下储存。在向储罐投单体前，应彻底用氮气置换。除乙烯、丙烯外，其他单体都有自聚的特性，生成的聚合物堵塞设备和管道；爆炸危险性。如烯烃聚合所需的单体丁二烯、双环戊二烯、苯乙烯、丙烯腈、乙烯、丙烯等易燃物质的蒸汽与空气混合能形成爆炸性混合物。二烯烃不仅能自聚，还能生成过氧化物，是一种具有爆炸危险的不稳定物质。单烯烃聚合反应的引发剂一般是不稳定物质，有的是强氧化剂，与空气或其他物质接触发生剧烈的化学反应而发生爆炸；中毒的危险性。环氧乙烷、苯乙烯、氯乙烯等反应物具有一定毒性，环氧乙烷属于高度毒害，氯乙烯属于极度危害，其余属于轻度危害。

聚合生产过程的不安全因素：单体在压缩过程中或在高压系统中泄漏，易发生火灾爆炸；聚合反应中加入的引发剂都是化学活泼性很强的过氧化物，一旦配料比控制不当，易引起急聚，使反应压力骤增而引起爆炸；聚合反应热未能及时导出，如搅拌发生故障、停电、停水，由于反应釜内聚合物黏壁作用，使反应热不能导出，造成局部过热或反应釜内飞温而发生爆炸。

聚合生产过程中应采取的安全措施：装置应设可燃气体检测报警器，一旦发现设备、管道有可燃气体泄漏，将自动停车；对催化剂、引发剂等要加强储存、运输、调配、注入等工序的严格管理；反应釜的搅拌和温度应有检测和联锁，发现异常能自动停止进料；高压分离系统应设爆破片、导爆管，并有良好接地系统，一旦出现异常能及时泄压。

四、化工单元操作安全技术

化工生产中的加热方式：化工生产中的加热方式有直接用火加热、蒸汽或水加热、载体加热、电加热。加热温度在 100℃以下，常用热水加热；加热温度在 100 ~ 140℃时用蒸汽加热；超过 140℃则用加热炉加热或用热载体加热；超过 250℃时，一般用电加热或直接用火加热。

加热时控制的要点：加热时，温度控制是重要条件，控制的要点是按规定严格控制温度、升温速度和温度波动范围。温度过高会使反应速度加快，若是放热反应，则放热量增加，一旦放热量不及时，温度失控，发生冲料，甚至会引起燃烧或爆炸。升温速度过快不仅容易使反应超温，而且还会损坏设备或烧坏催化剂等。

裂解炉加热时注意事项：裂解炉是利用燃料的燃烧热和辐射热，使炉膛的温度达到 1000℃以上对物料进行加热的。裂解炉防火要求很高，首先要保证炉管在高温下不会变形、破裂，不能使物料漏出。其次炉体的绝热性能要好，烟道气热量利用要合理。最后在设计上要采用水幕和蒸汽幕，与周围环境有效隔离，防止发生事故时殃及周围环境。

直接用火加热时的注意事项：直接用火加热时危险牲最大，温度不易控制，可能造成局部过热，烧坏设备，引起易燃物质的分解爆炸。当加热温度接近或超过物料的自燃点时，应采用惰性气体保护；若加热温度接近物料分解温度，此生产工艺称为危险工艺，必须设法改进工艺条件。

高压蒸汽或水、载热体、电加热时的注意事项：用高压蒸汽或水加热时，对设备耐压要求高，须严防泄漏或与物料混合，避免造成事故。使用热载体加热时，要防止热载体循环系统堵塞、破损，造成热载体喷出，酿成事故。使用电加热时，电气设备要符合防爆要求。

物料冷却时应注意的事项：物料冷却时，冷却介质不能中断，否则会造成积热，使系统温度、压力骤增，引起爆炸；在开车时，应先通冷却介质，后通物料；停车时，应先停物料，后停冷却系统；有些凝固点较高的物料，遇冷会变黏稠或凝固，在冷却时要注意控制温度，防止物料卡住搅拌器或堵塞设备管道。

制冷：获得冷量的过程称为制冷。制冷过程实际上就是用冷冻剂不断地吸取被冷物料的热量，使被冷物料温度降低，并将热量不断的传给环境（水或空气）的过程。

制冷的过程：制冷分为制冷剂的蒸发（制冷剂从被冷物料吸取热量，并使其从液体变为气体），压缩（使制冷剂压力提高，从而使其沸点提高到环境温度以上，以便将热量传给环境），冷凝（将制冷剂的热量传给环境中的水或空气，并使其从气体变为液体），节流膨胀（使制冷剂的压力通过节流阀突然降低，从而沸点降低，恢复冷冻能力）。一个制冷循环，达到了制冷剂从低温物体吸取热量传给高温物体，消耗了外界的电能。

制冷过程应注意的事项：对于制冷系统的蒸发器、压缩机、冷凝器、节流阀以及管路，应注意耐压等级的气密性，防止泄漏。此外还应注意低温材料的选择。

固体物料输送过程的注意事项：固体物料一般采用皮带输送机、螺旋输送器、刮板输送机、链斗输送机、斗式提升机以及气流输送等多种方式。这些输送设备除了其本身会发生故障外，还会造成人身伤害。因此除要加强对机械设备的常规维护外，还应对齿轮、皮带、链条等部位采取防护措施。

气流输送物料有的安全注意事项：气流输送分为吸送式和压送式两种。气流输送系统主要是设备本身会产生故障、系统堵塞、静电引起的粉尘爆炸。对于粉料气流输送系统应保持良好的密闭性，其管道材料应选择电性材料并进行良好的接地。如果采用绝缘材料管道，管外应采取接地措施。输送速度不应超过物料允许的流速，物料不要堆集在管内，要及时清理管壁。

气体输送过程的注意事项：气体物料的输送采用气体压缩机，压缩机有往复式和离心式。一般输送低压气体用离心式，输送高压气体用往复式，近年输送高压气体也多采用离心式压缩机。输送可燃气体要求压力不太高时，采用液环泵比较安全。气体输送机械是运转设备，要经常严格检查设备、管道和阀门。可燃气体的管道应经常保持正压，并根据实际需要安装逆止阀、水封和阻火器等安全装置。

液体输送过程的注意事项：输送各种液体时多用离心泵，应注意管内流速不应超过安全流速。输送有毒和可燃液体时，要防止泄漏，最好采用屏蔽泵。也有用压缩空气输送酸、碱等有腐蚀性液体的，俗称酸蛋。这些设备也属于压力容器，可有足够的强度。在输送有爆炸性或燃烧性物料时，要采用氮气等惰性气体代替空气，防止造成煅烧或爆炸。

熔融过程的注意事项：化工生产中常将固体物料（如氢氧化钠、氢氧化钾、萘、磺酸等）熔融之后进行化学反应，在熔融过程中的碱液可能飞溅到皮肤上或眼睛里造成灼伤。碱熔物和磺酸盐中若有无机盐等杂质，应尽量除掉，否则无机盐因不熔融会出现局部过热、烧焦，致使熔融物喷出造成灼伤。熔融过程一般在 150 ~ 350℃下进行，为防止局部过热，必须不间断搅拌。

干燥过程注意事项：生产中要进一步除去固体中的水分常用干燥的方法，用来干燥的介质多是空气。干燥过程中要严格控制温度，防止局部过热，以免造成物料分解爆炸。在干燥过程中散发出来的易燃易爆气体或粉尘，不应与明火和高温表面接触，防止爆燃。在气流干燥过程中要有防静电措施，在滚筒干燥中应适当调整刮刀与筒壁的间隙，以防产生火花。

蒸发过程的注意事项：凡蒸发的溶液皆有一定的特性，如溶质在浓缩过程中可能结晶、沉淀和生成污垢，这些都能导致传热效率降低，并产生局部过热，促使物料分解、燃烧和爆炸，因此要控制蒸发温度。为了防止热敏性物质的分解，可采用真空蒸发的方法，降低蒸发温度，或采用高效蒸发，增加蒸发面积，减少停留时间。对有腐蚀性的溶液，要合理选择蒸发器的材质。

蒸馏过程应注意事项：在安全技术上，对不同的物料应选择正确的蒸馏方法和设备，在处理难挥发性物料时（常压下沸点在 150℃以上）应采用真空蒸馏，这样可降低蒸馏温度，防止物料在高温下分解、变质和聚合。在处理中等挥发性物料时（常压下沸点在 100℃）采用常压蒸馏；对于低沸点物料（常压下沸点在 30℃以下），则采用减压蒸馏。在蒸馏开车过程中，要适当排放塔顶不凝性气体，使塔内上升蒸汽得到及时冷凝，否则塔顶压力过高可能引起爆炸事故。塔釜加热量要适宜，不要升温太快，防止造成带液，从而形成液泛或淹塔。在正常操作过程中，保持进料和出料的物料平衡。保持塔顶温度在轻组分沸点温度范围内，以保持出料质量。对于有恒沸点或难以分离的溶液，可以采用恒沸蒸馏和萃取蒸馏。

五、化工生产岗位安全技术

装置开车前应做的准备工作：开车前，负责人会同生产人员和安全检查员进行一次安全检查。首先检查检修的项目是否全部按计划完成，是否有漏项；按要求进行测厚、探伤等检查的项目，是否按规定完成了；检查检修的质量是否符合规定。其次检查设备及管道内是否有人、工具、手套等杂物遗留，在确认无误后，才能封盖设备，恢复设备上的防护装置。最后检查检修现场是否做到“工完料净场地清”和所有的通道都畅通的要求，对检修下来的带有有毒有害物质的旧设备、管线等杂物，要有专人负责进行安全处理，以防后患。对有污染的工业垃圾，要在指定的地点销毁或堆放。

装置试车验收应做的工作。在检修项目全部完成和设备及管线复位并得到确认后，要组织生产人员和检修人员共同参加试车和验收工作。试车和验收前应做好下列工作：盲板要按要求进行抽堵，并做好核实工作；各种阀门要正确就位，开关动作灵活好用，并核实是否在正确的开关状态；检查各种管件、仪表、孔板等是否齐全，是否正确复位；检查电机及传动机械是否按原样接地，冷却及润滑系统是否恢复正常，安全装置是否齐全，报警系统是否好用。各项检查无误后方可试车。

装置试车应做的工作：根据项目规定分别进行耐压试验、气密试验、试运转、调试、负荷试车和验收工作。

装置试车合格后做的工作：试车合格后，按规定办理验收手续，并有齐全的验收资料。验收资料包括：安装记录、缺陷记录、试验记录、主要零部件的探伤报告及更换清单。试车合格、验收完毕后，在正式投产前应拆除临时电源及检修用的各种临时设施，拆除排水沟、井的封盖物。

装置开车的注意事项：装置开车必须严格执行开车的操作规程。在接受易燃易爆物料之前，管道必须进行气体置换，将排放系统与火炬联通并点燃火炬，接受物料要缓慢进行。要注意排凝，防止管线及设备的冲击、震动。接受蒸汽加热时，要防止造成水击，要先预热、放水，逐步升温、升压。各种加热炉必须按程序点火，严格按升温曲线进行。开车正常后，检修人员才能撤离。有关部门要组织生产和检修人员全面验收，整理资料，归档备查。

正常生产的安全注意事项：严格遵守安全生产操作规程和车间、岗位的规章制度；密切监视本岗位的重要参数及其变化趋势；不断进行巡回检查；遇有不正常情况马上处理；发生事故立即报告。

在运转机器旁的安全注意事项：操作各种泵、离心分离机、研磨机、皮带输送机以及各种机床等运转部件都具有一定的危险性。为了防止与这些运动部件接触，必须在这些部件上套上外套，如铁栅、薄铁板套或其他类似的外套。此外还可以安装安全联锁装置，如有物品被卷入机器时，联锁装置就会中断电源，使机器停止运转，从而避免事故的发生。安装机械开关元件或光线阻挡器，也可以起到安全作用。

检修运转机器时的注意事项：在检修运转机器时，必须切断电源，然后取下外罩进行修理（绝不允许机器运转时拆外罩）。机器停止后，可通过拆开电动机的接线或装设安全开关来避免错误地合上电闸。在旋转机器旁的操作人员，必须穿紧身工作服，防止发生事故。有长发的操作人员必须戴头发网套或工作帽。

装置停车前要做的准备工作：根据停车检修的特点和要求制定停车方案。方案主要内容有：停车时间、步骤、设备管线吹扫流程、抽堵盲板系统图。还要根据具体情况制定防堵、防冻措施。对每一步骤都要有时间要求、达到的指标，并有专人负责；做好检修期间的劳动组织及分工。根据每次大检修工作内容，合理调配人员，分工明确。在检修期间，除派专人与施工单位检修外，各岗位、控制室均应有人坚守岗位；进行大检修动员。在停车检修前要进行一次大检修的动员，使每个职工明确检修任务、检修进度，熟悉停车方案，为安全检修打下基础。

装置停车时的安全注意事项。停车时按方案确定的时间、步骤、工艺参数变化的幅度进行有序的停车，并注意以下事项：把握好降温、降量的速度。在停车过程中，降温、降量的速度不宜过快，尤其在高温条件下，温度的骤变会引起设备和管道的变形、破裂和泄漏。易燃、易爆介质的泄漏会引起着火爆炸，有毒物质泄漏会引起中毒；开关阀门的操作一般要缓慢进行。尤其是打开阀门时，开头两扣要停留片刻，使少量物料通过，观察物料畅通情况（对热物料来说，可以有一个对设备和管道的预热过程），然后逐渐开大，直至达到要求为止。开蒸汽阀时，开阀前要先打开排凝阀，将设备和管道的凝液排净，关闭排凝阀后再逐渐把蒸汽阀打开，以防止蒸汽遇水造成水锤现象，产生振动而损坏设备和管道；加热炉的停炉操作，应按工艺规程中规定的降温曲线逐渐减少烧嘴，并考虑到各部位火嘴熄火对炉膛降温的均匀性。加热炉未全部熄灭或炉膛温度很高时，有引燃可燃气体的危险性，此时装置不能进行排空和低点排放凝液，以免有可燃气体进入炉膛引起爆炸；高温真空设备的停车，必须先破真空，待设备内的介质温度降到自燃点以下，方可与大气相通，以防空气进入引起介质的燃爆；装置停车时，设备管道中的液体物料应尽可能倒空，送出装置。可燃、有毒气体应排至火炬烧掉。对残存物料的排放，应采取相应措施，不得就地排放或排入下水道。

安全用火分等级划分：根据用火部位的危险程度，炼化、销售企业用火可分为以下四级（表 16–3）。

表 16–3　安全用火分等级划分

类别	内容
一级用火	正在生产的工艺装置区；各类罐区、油库、有毒介质区、液化气站、加油站；有易燃、可燃物品、液化气及有毒物质装卸区；工业污水场、易燃、易爆循环水场、凉水塔和工业下水及水下系统的隔油池、油沟、管道（包括距上述地点 15m 以内的区域危险化学品仓库）；输送易燃、可燃液体和气体的管线、油轮、驳船、码头等
二级用火	停工检修后，经过认真吹扫处理、化验分析合格的工艺生产装置；从易燃、易爆及有毒装置或系统拆除，已运送到安全地点、并经过吹扫处理、化验合格的容器、管线；全厂的系统管网区；仓库、车库及木材加工厂；生产装置、罐区的非防爆场所及防火间距以外的区域
三级用火	在厂区内，除一、二级以外的临时用火均属于三级用火
特殊用火	带油、带压、带有其他介质或有毒介质的容器、设备和管线一般不许用火，确实生产需要时，作为特殊用火处理；节假日期间对影响生产装置运行必须进行用火的情况，一律按特殊用火处理；生产运行的关键装置要害部位一般不安排晚上用火，确属生产需要时，20 点到第二天早 8 点的用火作为特殊用火处理；在运行的液化气罐区内一般不允许用火，如确属生产需要，一律按特殊用火处理

生产企业可在没有危险的区域，画出固定用火区，设立围栏，定出制度，严格管理。

安全用火的审批程序。炼化、销售企业用火作业的审批程序如下：一级用火作业的审批。一级用火作业由用火单位的领导会同施工单位负责人，对用火现场进行认真检查，制定可靠的防火措施，并填写用火作业许可证。二级单位安全监督部门负责对现场进行检查，确认措施可靠并逐项落实后，由安全监督部门负责人签发批准用火作业许可证。对时间较长、区域较广、项目较大的一级用火，应由申请单位制定出安全技术措施，由安全监督部门召集有关单位共同落实安全措施后，方可批准用火；二级用火作业的审批。二级用火作业由申请用火单位安全技术人员制定落实防火措施，填写用火作业许可证，经车间领导对用火现场进行检查，确认防火措施落实后，由车间领导审查批准用火作业许可证；三级用火作业的审批。三级用火作业由施工单位提出申请，由管区所在单位的安全技术人员对用火现场进行检查并落实防火措施后，填写用火作业许可证，并批准用火；特殊用火作业的审批。特殊用火作业由申请用火单位提出申请，安全监督部门召集有关部门共同制定可靠的施工方案和安全措施后，由二级单位厂级主管领导审查批准用火许可证，方可用火；固定用火区的审批。固定用火区的设定应由用火单位提出申请，报安全监督部门会同消防部门进行审查批准。固定用火区应有明显标志。

用火作业的基本原则：凡在生产、储存、输送可燃物料的设备、容器上用火，应首先切断物料来源并加好盲板，以彻底吹扫、清洗、置换后，打开人孔，通风换气，并经分析合格，方可用火。分析合格后，如超过 1 小时，必须再次进行用火分析，合格后方可用火；在正常运行生产区域内，凡可动可不动的用火一律不动，凡能拆下来的设备、管线都要拆下来移到安全地方用火。严格控制一级用火；用火审批人必须亲临现场进行检查，落实防火措施后，方可签发用火作业许可证；一张用火作业证只限一处火点，实行一点（一个用火点）、一证（用火作业许可证）、一人（用火监护人），不得用一张用火作业许可证进行多点用火作业；一级用火作业许可证有效时间不超过 8h，二级用火作业许可证有效时间不超过 3 天，三级用火作业许可证有效时间不超过 5 天。固定用火点每半年由安全监督部门组织消防等单位检查认定一次；装置进行大修时，要将易燃、可燃和有毒物料全部送至装置外的罐区，并加盲板与装置隔离；进行设备内部用火，必须同时遵守《进入设备作业安全管理制度》；高处作业用火，必须同时遵守《高处作业安全管理制度》；用火作业过程中，如果作业条件发生异常变化，必须立即停止作业，用火作业许可证同时废止。

用火过程的安全监督：用火作业实行“三不用火”，即没有经批准的用火作业许可证不能用火；用火监护人不在现场不能用火；防火措施不落实不能用火。安全监督管理部门和消防部门的各级领导、专职安全和消防管理人员有权随时检查用火作业情况。发现违反用火管理制度的用火作业或危险用火作业时，有权收回用火作业许可证，停止用火。并根据违章情节，对违章者严肃处理。

用火人员的资格和权限：用火人员必须持有效的焊接工种作业证；用火作业人员应严格执行“三不用火”的原则；用火作业人员对不符合“三不用火”原则的用火要求，有权拒绝用火。

用火监护人的资格：用火监护人必须有岗位操作合格证：必须了解用火区域或岗位的生产过程，熟悉工艺操作和设备状况；必须有较强的责任心，出现问题能正确处理；必须有应对突发事故的能力。

用火监护的培训：用火监护人应参加安全监督管理部门组织的用火监护人培训班，经考核合格后，由安全监督管理部门发放用火监护人资格证书，做到持证上岗。

用火监护人的职责：用火监护人接到用火作业许可证后，应在安全技术人员和单位领导的指导下，逐项检查落实防火措施；检查现场用火情况；用火过程中发现异常情况要及时采取措施；监督用火时要佩带明显标志；用火过程中不得离开现场。

用火监护人的权限：当发现用火部位和用火许可证不相符合或者用火安全措施不落实时，用火监护人有权制止用火；当用火出现异常情况时有权停止用火；对用火人不执行“三不用火”原则，又不听劝阻时，有权收回用火作业证，并报告有关领导。

用火许可证的管理：用火管理实行用火作业证制度，凡在安全用火管理范围内的用火作业必须持有效的用火作业安全许可证。用火作业许可证是用火作业的凭据，不得随意涂改、代签，并要妥善保管；用火作业许可证一式四联，一联存放在签发部门，一联由用火作业人员持有，一联由用火监护人持有，一联存放在用火点所在操作控制室或岗位；用火作业许可证存档。一级用火作业许可证（包括特殊用火作业许可证）由安全监督管理部门存档；二级用火作业许可证由申请单位存档；三级用火作业许可证由审批部门存档；用火作业许可证保存期为1年。

第十七章　化工生产机械设备安全技术研究

第一节　锅炉安全技术

锅炉的构成：锅炉是使燃料燃烧产生的热能把水加热变成蒸气的热力设备。锅炉由主体、附件和仪表及附属设备三部分组成。锅炉附件和仪表有安全阀、压力表、液位计、水位报警器、燃烧自动调节装置、测温表、排污装置等。锅炉的附属设备包括给水系统设备（给水泵、水处理装置）；燃料供给及制粉系统设备（给煤、磨粉、供油、供气等）；装置通风系统设备（如鼓风、引风机）；除灰排渣系统设备（除尘器、除灰机）。

受热面和受压元件：受热面是指把燃烧产物与水汽隔开的金属壁面。受热面把燃烧产物的热量传给水汽工质并承受工质的压力，是完成锅炉工作职能的基本结构。受压元件是锅炉中按几何形状划分的基本承压单位。如一个封闭的承压圆筒，就可以分为圆筒的筒身及凸形封头两大受压元件，圆筒上的接管、人孔则又是另外的受压元件。

火焰与烟气：燃料在锅炉中燃烧后，产生的气体燃烧产物。燃料燃烧释放出的热量首先加热气体燃料本身，使之温度升高，然后燃烧产物通过受热面把热量传给水汽，导致本身温度不断下降。通常把温度高于 900℃的燃烧产物叫作火焰，把温度低于 900℃的燃烧产物叫作烟气。

炉膛和烟道：锅炉中用砌砖或金属形成的供燃料燃烧的空间叫作炉膛，也叫作燃烧室。燃烧产物离开炉膛后，经烟道流向烟囱，将热量继续经受热面传给工质，使本身的温度不断降低，所以烟道是烟气流通及换热的通道。

蒸发和沸腾的区别：蒸发是指在各种温度下液体表面的汽化现象；沸腾是指在一定压力的饱和温度下液体内部强烈的汽化现象。

锅炉蒸发量和热效率：锅炉每小时产生蒸汽的数量叫作锅炉蒸发量；锅炉中水

汽工作吸收的热量占送入锅炉总热量的百分数称为锅炉热效率。锅炉热效率是反映锅炉性能的一个重要指标。

锅炉给水加热过程的阶段：锅炉给水加热过程分三个阶段，第一阶段是送进锅炉的水加热到相应压力下的饱和温度，称为预热阶段；第二阶段是由饱和水蒸发为饱和蒸汽，这时吸收的热量就是汽化潜热，称为汽化阶段；第三阶段是饱和蒸汽继续加热成为过热蒸汽，称为过热阶段。

锅炉在运行过程中应保证安全：锅炉所产生的过热蒸汽源源不断地向外输出，给水泵则连续不断地往锅炉补水，以维持水位正常。如果锅炉在运行过程中，外界用量发生变化，锅炉压力就会波动，调节阀会自动调节。一旦外界蒸汽用量突然减少，锅炉压力来不及调节，超过锅炉允许压力，安全阀就会动作，将多余的汽量排出，保证压力在允许的压力范围内，从而保证锅炉安全。

锅炉启用时的安全要点：锅炉启用包括冷启用和热启用两种。冷启用指新装、改装、修理、停炉等锅炉的生火启用；热启用是指压火备用炉的启用。冷启用的安全要点见表 17–1：

表 17–1　冷启用的安全要点

要点	内容
全面检查	检查内容有：检查汽水系统受热、受压元件是否处于可投入运行的良好状态；燃烧系统各个环节是否处于启用所要求的良好状态；安全附件是否齐全、完好并使之处于启动所要求的位置；转动机械分别进行试运行看是否完好；各种测量仪表是否完好
上水	为防止产生过大热应力，上水水温最高不应超过 90 ~ 100℃；上水速度要缓慢，全部上水时间在夏季不小于 1h，在冬季不小于 2h；冷炉上水至最低安全水位时应停止上水，以防受热膨胀后水位过高
烘炉	新装、大修或长期停用的锅炉，其炉膛和烟道的墙壁比较潮湿，一旦骤然接触高温烟气，就会产生裂纹、变形甚至倒塌事故，所以锅炉在上水启用前要进行烘炉。烘炉就是在炉膛中用文火缓慢加热锅炉，使炉膛的水分逐渐蒸发掉。烘炉应根据事先制定的烘炉时间进行，整个烘炉时间根据锅炉大小、型号不同，需要 8 ~ 14 天
煮炉	煮炉的目的是清除锅炉受热面中的铁锈、油污或其他污物，减少受热面腐蚀，提高锅炉水和蒸汽的品质
点火与升压	进行烘炉煮炉后的锅炉，排水清洗后，再重新上水，然后点火升压。点火后，随着燃烧过程的进行，锅炉的水不断被加热至饱和温度后开始产生蒸汽，压力开始升高，这时需要注意的是热应力和热膨胀的问题。为防止产生过大的热应力，锅炉的升压过程一定要缓慢进行。为了防止异常现象及事故出现，要严密监视各种仪表指示的变化，调整控制压力、温度、水位等工艺参数在允许范围之内

续表

要点	内容
暖管及并汽	暖管就是用蒸汽缓慢加热管道、阀门、法兰等元件，使其缓慢升温，避免向冷态或较低温度的管道突然供入蒸汽，以防止热应力过大而损坏管道、阀门等元件。同时将管道中的冷凝水驱出，防止不供汽时发生水击。冷态蒸汽管道的暖管时间一般不少于2h；热态蒸汽管道的暖管时间一般为0.5 ~ 1h。暖管时应检查管道的膨胀是否良好，支、吊架是否正常。如果有异常现象，应停止暖管，查明原因，消除故障后再进行暖管。并汽也叫并炉、并列，即投入运行的锅炉向共用的蒸汽总管供汽。并汽前应减弱燃烧，并打开蒸汽管道上的所有疏水阀，充分疏水以防止冲击；冲洗水位表，并使水位维持在正常水位以下；使启动锅炉蒸汽压力稍低于蒸汽总管内汽压（低压锅炉低0.O2 ~ 0.05MPa，中压锅炉低0.1 ~ 0.2MPa）；最后缓慢打开主汽阀及隔绝阀，使所启动锅炉与蒸汽总管联通

锅炉运行中的安全要点：锅炉运行中，保护装置与联锁装置不得停用，需要检验或维修时，必须经过有关领导批准；安全阀每天人为排汽试验一次；电磁安全阀电气回路试验每月进行一次。安全阀排汽试验后，其起座压力、回座压力、阀瓣开启高度应符合规定，并做记录；锅炉运行中，应定期进行排污试验。

锅炉正常停炉时的安全要点：正常停炉是计划内停炉。停炉时防止降温降压过快，避免锅炉元件因降温收缩不均匀而产生过大的热应力。正常停炉应先停燃料，随之停止送风，降低引风。逐渐降低锅炉负荷，同时减少锅炉上水，但应保持水位稍高于正常水位。炉膛停火后，引风机至少继续引风5mm以上。锅炉停止供气后，应隔绝与蒸汽总管的连接，排气降压。为保持过热器正常工作，可打开过热器出口联箱疏水阀，适当放汽。为防止锅炉降温过快，在正常停炉4 ~ 6h内，应紧闭炉门和烟道接板，之后打开烟道接板，缓慢加强通风，适当放水。停炉18 ~ 24h，在锅炉温度降至70℃以下时，方可全部放水。

锅炉正常运行时调节水位：锅炉在正常运行中，应保持水位在水位线处有轻微波动。负荷低时，水位稍高；负荷高时，水位稍低。锅炉的水位不应低于最低水位线以下，否则会使受热面过热，使金属强度降低，导致被迫紧急停炉，严重会引起锅炉爆炸。锅炉水位也不能高于最高水位线，否则会降低蒸汽品质，严重时会造成蒸汽管道内发生水击；水位的调节是通过改变给水调节阀的开度来实现的。为对水位进行可靠的监督，锅炉运行中要定时冲洗水位表，一般每班冲洗2 ~ 3次。

锅炉正常运行时要调节汽压：汽压的波动对安全运行影响很大，超压则更危险。蒸汽压力的变动通常是由负荷变动引起的。当外界负荷突然减少，小于锅炉蒸发量，而燃料燃烧还未来得及减弱时，蒸汽压力就会上升；当外界负荷突然增大时，大于锅炉蒸发量，而燃烧尚未加强时，蒸汽压力就会下降。因此，对蒸汽压力的调节就是对蒸发量的调节，而蒸发量的调节是通过燃烧调节和给水调节来实现的。

对汽温进行调节：锅炉的蒸汽温度偏低，导致蒸汽做功能力降低，汽耗量增加，不经济，甚至会损坏锅炉和用汽设备。过热器蒸汽温度过高，会使过热器管壁温度过热，从而降低使用寿命，严重超温会使管子过热而破裂。所以蒸汽温度应控制在一定范围内。由于汽温变化是由蒸汽和烟气两个方面的因素引起的，所以汽温应从蒸汽和烟气两个方面来调节。

燃烧的监督调节：燃烧是锅炉工作过程的关键，对燃烧进行调节就是使燃料工况适应负荷的要求，以维持汽压稳定；为使燃烧正常，保持过量的过剩空气系数，降低排烟热损失和减小未完全燃烧损失；调节送风量和引风量，保持炉膛一定的负压，以保证设备安全运行和减少排烟损失。正常的燃烧工况是指达到额定参数，不产生结焦和燃烧设备的烧损；着火稳定，燃烧正常；炉内温度和热负荷分布均匀。外界负荷变动时，应对燃烧工况进行调节，使之适应负荷的要求。调温时，应注意风与燃料增减的先后次序，风与燃料的协调及引风与送风的协调。

锅炉在进行紧急停炉的情况：锅炉水位低于水位表的下部可见边缘；不断加大向锅炉给水及其他措施，但水继续下降；锅炉水位超过最高可见水位，经放水仍见不到水位；给水泵全部失效或给水系统故障，不能向锅炉进水；水位表或安全阀完全失效；锅炉元件损坏，危及操作运行人员安全；燃烧设备损坏，炉墙倒塌或锅炉构架被烧红等，严重威胁锅炉安全运行；其他异常情况危及锅炉安全运行。

锅炉在紧急停炉时的安全要点：首先停炉时应立即停止添加燃料和送风，减弱引风。与此同时，设法熄灭炉膛的燃料。对于一般层燃炉，可以用砂土或湿灰灭火；链条炉可以开快挡使炉排快速运转，把红火送入灰坑。灭火后即把炉门、灰门及烟道接板打开，以加强通风冷却。锅内可以较快降压并更换锅水，锅水冷却至70℃左右允许排水。但因缺水紧急停炉时，严禁给锅炉上水，并不得开启空气阀及安全阀快速降压。紧急停炉是不得已而采取的措施，应尽量避免紧急停炉。

锅炉的安全监督：锅炉之所以被视为特殊设备，除了它容易发生事故外，更重要的是它有发生爆炸的危险，爆炸的破坏性也很大。锅炉的受压零件较一般压力容器的工作条件更加恶劣，经常受到水、蒸汽、烟气以及空气中各种有害杂质的侵蚀，而且长期受到烟气的冲刷，高温下钢材腐蚀、磨损、变形加剧。如果处理不当，还会出现过烧、裂纹、苛性脆化等缺陷。因此应按《热水锅炉安全技术监察规程》和《蒸汽锅炉安全技术监察规程》的规定对锅炉进行严格监督。

怎样进行锅炉的安全监督：锅炉的设计应送锅炉压力容器安全监察机构审查批准后才能制造。锅炉的设计单位应对锅炉的安全性能负责；制造锅炉的单位必须取得劳动部门颁发的制造资格许可证，必须按有关标准和规定，严格执行原材料检验、工艺管理制度和产品质量检验制度，保证产品质量。产品质量不合格或安全阀、水位表、压力表、排污阀不齐全的产品不准出厂。锅炉出厂应有质量合格证明书。安装锅炉的单位应由专业安装单位施工，专业安装单位应经省、市级劳动部门审查批准；安装锅炉的单位应严格按有关施工及验收技术规范进行施工。安装单位和使用单位应共同对锅炉的安装质量进行分段验收和总体施工。水压试验和总体验收时，应有当地主管部门参加。

锅炉的维修和改造的管理：对锅炉的维修和改造应进行严格管理。凡锅炉受压元件损坏或不能保证安全运行到下一检修期，都应及时检修。变动受压部件的重大修理和改造，应有施工技术方案，此方案应经企业或修理单位的技术负责人批准，并报告主管部门和劳动部门备案。通过改造和提高运行参数的锅炉，在改造方案中应有计算资料。改造时水处理措施与安全附件应一并考虑，使之与改造后的要求相适应。安装与改造锅炉，承压元件所选用的金属材料和焊条、焊丝的熔敷金属应符合有关国家标准，它们在使用条件下应具有规定的强度、抗疲劳性能、足够的韧性、抗腐蚀性和良好的延伸性。

进行锅炉的检验：锅炉的检验是运行锅炉的定期检验，由经过考核任命的兼职和专职运行锅炉检验员对锅炉的安全状况进行检查和试验。锅炉检验包括外部检验、停炉内外部检验及水压试验等。对运行锅炉的检验主要是为了及时查清锅炉设备的安全技术状况，及时发现缺陷隐患，为锅炉修理改造提出合理的意见和方案，从而避免事故，保证锅炉的长期安全稳定运行。

锅炉的外部检验：对运行中的锅炉，应对锅炉外部的可见部分经常进行检查，必要时，可拆除局部绝热材料进行检验。外部检验的重点是：安全附件是否齐全、灵敏、可靠，安全附件的装设是否符合有关法规要求。必要时可以检验压力表，进行安全阀排气实验；辅助设备（风机、水泵）运转是否正常；自控设备、讯号系统及各种仪表是否灵敏可靠；各类门孔是否严密，有无渗漏和腐蚀；锅炉可见部位的焊缝是否出现裂纹；置于燃烧室可以观察到的汽包壁、水冷壁有无变形或其他异常；燃烧是否稳定，烟囱是否冒黑烟；锅炉炉墙、构架、平台、扶梯等是否完好；水处理设备运行是否正常；锅炉房的设施是否符合有关法规要求。

锅炉进行内外部检验的情形：锅炉的内外部检验是定期的停炉全面检验，工业锅炉每两年进行一次，新锅炉头两年或实际运行时间超过 10 年的锅炉、汽改水锅炉每年检验一次。有下列情况：新装或停用 1 年以上的锅炉在投入或恢复运行前；受压元件经重大修理或改造后；对设备状态有怀疑，必须紧急停车时，都要进行内外部检验。

锅炉的内外部检验：锅炉内外部检验时，应按锅炉型式来确定检验项目和重点，检验重点是：有缺陷的部位，锅炉受压元件的外表面，特别是在开孔、铆缝、板边等处有无裂纹、裂缝和腐蚀；管壁有无磨损和腐蚀，特别是处于烟气流速较高及吹灰作用附近的管壁；裂缝是否严密，有无苛性脆化；胀口元件有无凹陷、弯曲、鼓包和过热；汽包支垫部位有无腐蚀；受压元件或锅炉架是否因炉墙或隔火墙损坏而发生过热、弯曲；给水管、排污管与锅炉的连接处有无腐蚀、裂纹；安全附件是否正常、可靠；通向水位计、安全阀、压力表等的管路是否有堵塞；自动控制、信号系统及仪表是否可靠。

锅炉检验方法：锅炉检验最常用的方法是宏观检验，即凭检验人员的视、听、触等感觉及简单的检验工具（手锤、直尺），检查发现锅炉元件上的宏观缺陷；无损探伤和必要的机械性能试验、金相试验。当怀疑或者已经确定受压元件的缺陷伴随有金属组织变化时，如因过热引起严重变形、苛性脆化造成晶间腐蚀、长期高温造成金属石墨化或热脆，在检验时可做必要的机械性能试验；水压试验通常每 6 年进行一次。对新装、移装、停用 1 年以上需恢复运行的锅炉，以及受压元件经过重大修理的锅炉也应进行水压试验。

锅炉检验中应注意的安全问题：将被检验的锅炉与其他运行中的锅炉可靠隔绝。当两台或多台锅炉共用一个蒸汽管道或一个烟道时，如要检验一台锅炉，将在该锅炉运行后，还应采取可靠措施将被检锅炉与共用的水、汽管道与烟、通道完全隔绝；被检验的锅炉按正常停炉后，应充分冷却并将余水全部排出，内部温度应降至 35℃以下，元件表面的灰尘及水垢应清除干净；检验前，应向被检汽包、锅壳或其他元件内部、炉膛内部充分通风，吹除积存的可燃性气体、二氧化碳或其他气体。对长期停用或刚刚停用的锅炉，更须特别注意通风；在汽包和潮湿的烟道内检查时，最好用手电筒照明，如果用电灯照明，电压不得超过 12V；在比较干燥的烟道内，有完善的安全措施时，可采用不高于 36V 的照明电压。严禁使用明火照明。

锅炉的爆炸事故及原因：锅炉爆炸事故是指锅炉中的主要部件如锅壳、联箱、炉胆、管板等发生破裂爆炸的事故。这些受压元件容纳的汽水介质较多，一旦发生破裂，汽水瞬时膨胀，释放大量能量，具有极大的破坏力，可导致厂房损坏和人员伤亡。锅炉爆炸事故通常是由于锅炉超压、存在缺陷或超温所致。由于安全阀、压力表不齐全或损坏，操作人员对指示仪表监视不严或操作失误，致使受压元件超压而引起爆炸；锅炉的主要受压元件存在缺陷，如裂纹、腐蚀、严重变形、组织变化等，承压能力大大降低，使锅炉在正常工作压力下突然发生破裂；由于锅炉严重缺水，未按规定立即停炉，而匆忙上水，致使金属性能与组织变化丧失承载能力而破裂。

缺水事故及其原因：当锅炉水位低于水位表最低水位刻度线时，即形成锅炉缺水事故。严重缺水会使锅炉蒸发管子过热变形甚至破裂，胀口渗漏以致脱落，炉墙破坏；通常判断缺水程度的方法是“叫水”，如果水位表中有水位出现，即为轻微缺水，此时可以立即上水，使水位恢复正常；如果水位表中仍无水位出现，则为严重缺水，必须紧急停炉。在未判断缺水程度情况下，严禁给锅炉上水，以免引起锅炉爆炸事故；造成缺水的原因是水位表故障造成假水位未及时发现；给水设备或给水管道故障，无法给水或水量不足；水位报警器或给水自动调节器失灵；没有排污或排污阀泄漏。

满水事故的处理及其造成的原因：锅炉水位尚于水位表最尚水位刻度线时称锅炉满水。满水的主要危害是降低蒸汽品质，损害过热器。发现锅炉满水后，应冲洗水位表，检查水位表有无故障。确认满水后，立即关闭给水阀，停止向锅炉上水，并减弱燃烧，开启排污阀。造成满水事故的原因是水位表故障造成假水位未及时发现或给水自动调节器失灵。

炉管爆破的处理及其原因：锅炉蒸发、受热面管子在运行中爆破，引起蒸汽和给水压力下降，炉膛和烟道中有汽水喷出，燃烧不稳定。如果爆破口不大，能维持正常水位，可降负荷运行，待备用管启用后，再停炉检修；若不能维持正常水位和汽压，必须紧急停炉修理。导致炉管爆破的主要原因有：水质不良，管子结垢；严重缺水；管壁因腐蚀而减薄；水循环故障；管材缺陷或焊接缺陷在运行中导致爆破。

汽水共腾的处理及其原因：锅炉蒸发表面汽、水共同升起，产生大量泡沫并上下波动翻腾的现象称为汽水共腾。其后果会使蒸汽带水，降低蒸汽品质，造成过热器结垢及水击震动。发生汽水共腾时，应减弱燃烧，关小主汽阀，打开排污阀放水，同时上水，改善锅炉水品质。待水质改善、水位清晰后，可逐渐恢复正常运行。形成汽水共腾的原因有两个：一是锅炉水质太差，炉水中悬浮物或含盐量太高，碱度太高，使锅水黏度很大，气泡被黏阻在锅水表面层附近来不及分离出去；二是负荷增加和压力降低过快。

水击事故的处理：发生水击时，管道承受的压力骤然升高，发生猛烈震动并发生巨大声响，常常造成管道、法兰、阀门等的损坏。锅炉中易发生水击的部位有给水管道、省煤器、过热器、锅筒等。给水管道发生水击时，可适当关小给水控制阀；蒸汽管道发生水击时，应减小供气，开启水击段疏水阀门；省煤器发生水击，应开启旁路门，关闭烟道门。

发生炉膛爆炸的处理：燃气、燃油锅炉或粉煤炉，当炉膛内的可燃物质与空气混合物的浓度达到爆炸极限时，遇明火就会爆炸，甚至引起炉膛爆炸。炉膛爆炸会损坏受热面、炉墙、构架、省煤器、过热器，造成锅炉停炉或人身伤亡。因此发生炉膛爆炸，应立即停炉，避免二次爆燃和连锁反应。

第二节　压力容器安全技术

压力容器的管理工作：对压力容器要有专门的管理机构，并配备专业人员负责压力容器的技术管理和安全监察工作；要有压力容器的技术档案，并随压力容器一起调入或调出，对技术资料不全的压力容器，使用单位要对所缺项目进行补充；压力容器使用前，应向当地锅炉压力容器安全监察机构申报和办理使用登记手续。

压力容器的技术档案包括的内容。压力容器的技术档案包括：产品合格证、质量证明书、登记卡片、检查鉴定记录、验收单、检修记录、运行累计时间表、年运行记录、理化检验报告、竣工图、主要受压元件强度计算结果等。

压力容器的安全操作的要求。压力容器的安全操作要求有：操作工艺指标（含介质状况、最高工作压力、最高和最低工作温度）；岗位操作法（含开、停车操作程序和注意事项）；运行中应重点检查的项目和部位，可能出现的异常现象和防止措施，紧急情况的处理、报告程序等。

压力容器运行时的注意事项：压力容器内部有压时，不得进行任何修理和紧固工作。对于特殊的生产过程，需在开车升温或降温过程中带压、带温紧固螺栓的，必须按设计要求制定有效的操作和防护措施，并经使用单位的技术部门批准，在实际操作中，单位安全部门应派人进行现场监督。以水为介质的压力容器，必须做好水质管理和监测，没有可靠的水处理措施，不应投入运行。运行中的压力容器，还应保持容器的防腐、保温、绝热、静电接地措施完好。

压力容器应立即采取紧急措施的情况：工作压力、介质急剧变化、介质温度或壁温超过许用值，采取措施仍不能得到有效控制；主要受压元件发生裂缝、鼓包、变形、泄漏等危及安全的缺陷；安全附件失效；接管、紧固件损坏，难以保证安全运行；发生火灾直接威胁到压力容器的安全运行；过量充装；液位失去控制；压力容器与管道严重震动，危及安全运行等。

压力容器的定期检验：压力容器的定期检验是指压力容器使用过程中每隔一定期限采用各种适当有效的方法，对压力容器的各个承压部件和安全装置进行检查和必要的试验。通过检验，发现压力容器存在缺陷，使其在还没有危及压力容器安全之前即被消除或采取适当措施监护，以防止压力容器在运行中发生事故。

压力容器定期检验的要求：

压力容器的使用单位，必须认真安排压力容器的定期检验工作，按照《在用压力容器检验规程》的规定，由取得检验资格的单位进行检验，并将年检计划报主管部门的锅炉压力容器安全监察机构。主管压力容器的安全监察机构负责监督检查。

压力容器定期检验的周期：定期检查分为外部检查、内部检验和耐压实验。外部检查是指专业人员在压力容器运行中定期在线检查，每年至少一次。内部检验是指专业人员在压力容器停机时的检验，其期限分为：安全状况为 1 ~ 2 级的，每 6 年至少一次；安全状况为 3 级的，每 3 年至少一次。耐压实验是指压力容器停机检验时，进行的超过最高工作压力的液压或气压实验，对固定式压力容器，每两次内、外部检验期间内，至少进行一次耐压实验。对移动式压力容器，每 6 年至少进行一次耐压实验。

外部检验期限应当缩短的情况。有下列情况之一的，内外部检验期限应适当缩短：介质对压力容器材料的腐蚀情况不明或介质对材料的腐蚀速度每年大于 0.25mm，以及设计者所确定的腐蚀数据与实际不符的；材料表面质量差或内部有缺陷、材料焊接性能不好、制造时曾多次返修的；使用条件恶劣或介质中硫化氢及硫元素含量较高的（> 100mg/L）；使用期超过 20 年，经技术鉴定后或由检验员确定按正常检验周期不能保证安全使用的；停止使用时间超过两年的；经缺陷安全评定后继续使用的；经常改变使用介质的；搪玻璃设备或球形储罐；介质为液化石油气且有氢鼓泡等应力腐蚀倾向的，每年或根据需要进行内外部检验；无防腐措施的压力设备每年至少一次或根据实际情况缩短内外部检验周期。

外部检验期限应当延长的情况。有下列情况之一的，内外部检验期限应适当延长：非金属衬里完好，但其检验周期不应超过 9 年；介质对材料腐蚀速率每年低于 0.1mm，或有可靠的耐腐蚀衬里，通过 1 ~ 2 次内外部检验，确认符合原要求，但不应超过 12 年；装有催化剂的反应器以及装有充填物的大型压力容器，其检验周期由使用单位根据设计图样和实际使用情况确定。

必须进行耐压实验的情况。有下列情况之一的，内外检验合格后，必须进行耐压实验：

用焊接方法修理或更换主要受压元件；改变使用条件且超过原设计参数；更换新衬里前；停止使用两年重复使用；使用单位从外单位拆来新安装的或本单位内部移装的；使用单位对压力容器的安全性能有怀疑的。

不能按期进行内外部检验的处理：因特殊情况不能按期进行内外部检验或耐压实验的使用单位必须申明理由，提前 3 个月提出申报，经单位技术负责人批准，由原检验单位提出处理意见，省级主管部门审查同意，在发放压力容器使用证的主管部门、锅炉压力容器安全监察机构备案后，方可延长，但一般不超过 12 个月。

大型关键性在用压力容器的缺陷评定：大型关键性在用压力容器，确需进行缺陷评定的，由使用单位提供书面申请，经所在地区劳动省级部门压力容器安全监察机构同意后，委托具有资格的缺陷评定单位承担；负责缺陷评定的单位必须对缺陷的检查结果、评定结论和压力容器的安全性能负责；最终形成评定报告和结论，须经承担评定单位的技术负责人审查批准，在主送委托单位的同时，报送企业主管部门和委托单位所在地市级劳动部门锅炉压力容器安全监察机构备案。经检验、评定认为存在缺陷的压力容器，按压力容器修理的有关规范和标准进行维修，直至检验合格后，方可投入使用。

压力容器安装泄压装置：压力容器在运行过程中，由于种种原因，可能出现容器内压力超过它的最高允许压力的情况。为了防止超压，确保压力容器安全运行，所以安装泄压装置，以自动、迅速地排出容器内的介质，使容器内的压力不超过它的最高允许压力。

压力容器安全附件。压力容器常用的安全附件有：安全阀、防爆片、防爆帽、压力表、液位计。

安全阀的作用原理：压力容器在正常压力运行时，安全阀保持严密不漏。当压力超过设定值时，安全阀在压力作用下自行开启，使容器泄压，以防止容器或管线的破坏。当容器压力泄至正常值时，它又能自行关闭，停止泄放，使容器安全运行。

安全阀的种类：安全阀按其整体结构及加载机构形式可分为杠杆式和弹簧式两种。在石油化工装置中，普遍使用弹簧式安全阀。弹簧式安全阀的加载装置是一个弹簧，通过调节螺母，可以改变弹簧的压缩量，调整阀瓣对阀座的压紧力，从而确定其开启压力的大小。弹簧式安全阀结构紧凑，体积小，动作灵敏，对震动不太敏感，可以装在移动式容器上。缺点是阀内弹簧受高温影响时，弹性有所降低。

工业上选用的安全阀。安全阀的制造单位，必须有国家劳动部颁发的制造许可证才能制造。产品出厂要有合格证，合格证上应有质量检查部门的印章和检验日期。选用安全阀时，应根据容器的工艺条件及工作介质的特性，从安全阀的泄放量、加载机构、封闭机构、气体排放方式、工作压力范围等方面考虑。安全阀的排放量是选用安全阀的关键因素，必须大于容器的安全排放量。对盛装有毒、易燃或污染环境的介质容器，应选用封闭式安全阀。选用安全阀时要注意它的工作压力范围与容器工作压力相匹配。

安全阀安装的注意事项：安全阀应垂直向上安装在压力容器主体的液面以上气相空间部位，或与压力容器气相空间上的管道相连接。安全阀确实不便装在容器主体上，应与短管与容器相连接时，则接管的直径必须大于安全阀的进口直径，接管上一般禁止装设阀门或其他引出管。压力容器一个连接口上装设数个安全阀时，则该连接口入口的面积，至少应等于数个安全阀的面积的总和。选择安装位置时，应考虑安全阀的日常检查、维护和检修方便。安装在室外露天的安全阀，要有防止冬季冻结的可靠措施。装有排气阀的安全阀排气管的最小面积应大于安全阀的出口截面积，排气管应尽可能短而直，并不得装阀。安装杠杆式安全阀时，必须使阀杆保持垂直的位置。所有进气管、排气管连接法兰的螺栓必须均匀上紧，以免阀体产生附加应力，破坏阀体的同心度，影响安全阀的正常动作。

安全阀的调整、维护、检修应注意的事项：安全阀安装前应由专业人员进行水压试验和气密实验，经试验合格后进行调整校正。安全阀的开启压力不得超过容器的设计压力。校正调整后的安全阀应进行铅封。要使安全阀动作灵敏可靠和密封性能良好，必须加强日常维护检查。安全阀应经常保持清洁，防止阀体弹簧等被油垢脏物所粘住或被锈蚀。还应经常检查安全阀的铅封是否完好，气温过低时，有无冻结的可能性，检查安全阀是否有泄漏。对杠杆式安全阀，要检查其重锤是否松动或移动等。如有缺陷，要及时校正或更换。安全阀每年至少检验一次，检验工作包括清洗、研磨、试验和校正。

防爆片的特点：防爆片又称防爆膜或防爆板，是一种断裂型的安全泄压装置。它的主要零件是一块很薄的金属板，用一副特殊的管法兰夹持着装入容器的引出短管中，也有把膜片直接与密封垫片一起放入接管法兰的。容器在正常运行时，防爆片虽然可能有较大的变形，但它能保持严密不漏。当容器超压时，膜片即断裂排泄介质，避免容器因超压而发生爆炸。防爆片的设计压力一般为工作压力的 1.25 倍。防爆片的爆破压力不得大于容器设计压力。防爆片具有密封性能好，反应动作快以及不易受介质中黏污物的影响等优点。但它是通过膜片断裂来泄压的，所以泄压后不能继续使用，容器也被迫停止运行，因此它只能在不宜装设安全阀的压力容器上使用。

防爆帽的特点：防爆帽又称爆破帽，也是一种断裂型安全泄压装置。它的主要元件是一个一端封闭，中间有若干薄弱断面的厚壁短管。当容器的压力超过规定时，防爆帽即从薄弱断面处断裂，气体从管口中排出。为了防止防爆帽断裂后飞出伤人，它的外面应装有保护装置。

压力容器对压力表的要求：压力容器使用的压力表种类较多，主要分为液柱式、弹性元件式、活塞式和电量式四大类。装在压力容器上的压力表，其表盘刻度极限值应为容器最高工作压力的 1.5 ~ 3 倍，最好是 2 倍。压力表量程越大，允许误差的绝对值也越大，视觉误差也越大。选用压力表，还要根据容器的压力等级和工作需要。按容器的等级要求，低压容器不低于 2.5 级，中压和高压容器不低于 1.5 级。为了便于操作人员能清楚准确地看出压力指示，压力表盘径不宜太小。一般表盘直径不应小于 100mm；如果压力表距离观察地点超过 2m 时，表盘直径不应小于

150mm；如果超过 5m 时，表盘直径不应小于 250mm；超高压力表的表盘直径不应小于 150mm。

安装压力表时应注意的事项：安装压力表时，为便于操作人员观察，应将压力表安装在最醒目的地方，并要有充足的照明，同时要注意避免受辐射热、低温及震动的影响。装在高处的压力表应稍微向前倾斜，但不要超过 30°。压力表接管应直接与容器本体相连。为了便于卸换和校验，压力表应与容器之间接有三通旋塞。旋塞应装在垂直的管段上，并要有开启标志，以便核对与更换。蒸汽容器在压力表与容器之间应装有存水弯管。盛装高温、强腐蚀及凝结性介质的容器，压力表与容器之间应装有隔离缓冲装置。

压力表在使用过程中应注意的事项：使用中的压力表，应根据设备的最高工作压力，在它的刻度盘上标明警戒红线。未经检验合格的无铅封的压力表一律不准安装使用。压力表应保持洁净，表盘上的玻璃要明亮透明，使指针指示的压力清楚易见。压力表接管要定期吹洗。在容器运行期间，如果压力表指示失灵、刻度不清、表盘玻璃破裂、泄压后指示不回零位、铅封损坏等情况，应立即校正或更换。压力表的维护和校验应符合国家计量部门的有关规定，压力表应有校验标记，注明下次校验日期或校验有效期。校验后的压力表应加铅封。

压力容器对液面计的要求：应根据压力容器的介质、最高工作压力和温度正确选用；在安装使用前，低、中压容器用液面计，应进行 1.5 倍液面计公称压力的液压试验；高压容器的液面计，应进行 1.25 倍液面计公称压力的液压试验；盛装零度以下介质的压力容器上，应选用防霜液面计；寒冷地区室外使用的液面计，应选用夹套型或保温型结构的液面计；对于易燃、毒性程度为极度、高度危害介质的液化气体压力容器上，应有防止泄漏的保护装置；要求液面指示平稳的，不应采用浮子（标）式液面计。

液位计安装的要求：液位计应安装在便于观察的位置，如液位计的安装位置不便于观察，则应增加其他辅助设施。大型压力容器还应有集中控制的设施和警报装置。液位计上最高和最低安全液位，应做出明显的标记。

压力容器正常运行时的注意事项：压力容器运行操作人员，应加强液面计的维护管理，保持完好和清晰。使用单位应对液面计实行定期检修制度，可根据运行实际情况，规定检修周期，但不应超过压力容器内外部检验周期。

液位计应停止使用的情况。液位计有下列情况之一的，应停止使用并更换：超过检修周期；玻璃板（管）有裂纹、破碎；阀件固死；出现假液位；液位计指示模糊不清。

第三节 气瓶安全技术

气瓶：气瓶是指在正常环境下可重复充气使用的，公称工作压力为 1.0 ~ 30MPa（表压），公称容积为 0.4 ~ 1000L 的盛装永久气体、液化气体（临界温度小于 -10℃的为永久气体；临界温度大于或等于 -10℃，且小于或等于 70℃的为高压液化气体；临界温度大于 70℃的为低压液化气体）或溶解气体等的移动式压力容器。

工业气瓶的分类：按充装介质的性质可分为永久气体气瓶和液化气体气瓶；按制造方法可分为钢制无缝气瓶、钢制焊接气瓶、缠绕玻璃纤维气瓶；按公称工作压力可分为高压气瓶和低压气瓶。

永久气体气瓶和液化气体气瓶：永久气体气瓶都是以较高的压力充装气体，目的是增加气瓶的单位容积充气量，提高气瓶利用率和运输效率。常见的充装压力为 15MPa，也有充装 20 ~ 30MPa 的；液化气体气瓶充装时都以低温液态灌装。由于不同物质的临界温度不同，环境温度和压力也不同，所以装瓶后的物质状态也不同，分为高压液化气体和低压液化气体。

钢制无缝气瓶、钢制焊接气瓶和缠绕玻璃纤维气瓶的区别：钢制无缝气瓶是以钢坯为原料，经冲压拉伸制造，或以无缝钢管为原料，以热旋压收口收底制造的钢瓶。瓶体材料采用碱性平炉、电炉或吹氧碱性转炉冶炼的镇静钢，如优质碳钢、锰钢、铬钼钢或其他合金钢。这类钢瓶用于盛装永久性气体或高压液化气体；钢制焊接气瓶是以钢板为原料，经冲压卷焊制造的钢瓶。瓶体及受压元件材料采用平炉、电炉或氧化转炉冶炼的镇静钢，要求有良好的冲压和焊接性能。这类气瓶用于盛装低压液化气体；缠绕玻璃纤维气瓶是以玻璃纤维加黏结剂缠绕或碳纤维制造的气瓶。这类气瓶有一个铝制内筒，其作用是保证气瓶的气密性，承压强度依靠玻璃纤维缠绕的外筒。由于绝热性能好、重量轻，多用于盛装呼吸用压缩空气，供消防、毒区或缺氧区域作业人员随身背挎并配以面罩使用。

气瓶的安全附件：气瓶的安全附件包括安全阀、爆破片、易熔合金塞、瓶阀、瓶帽、液位计、防震圈、紧急切断和充装限位装置。

易熔合金塞的作用：易熔合金塞一般装在低压气瓶的瓶肩上，当周围环境温度超过气瓶的最高使用温度时，易熔塞的易熔化合金熔化，瓶内气体排除，避免气瓶爆炸。

易熔塞的易熔合金有哪些要求。对易熔塞的易熔合金的要求是：易熔合金不与瓶内气体发生化学反应，也不影响气体的质量；易熔合金的流动温度准确；易熔合金塞座与瓶体连接的螺纹应保证密封性。

气瓶的防震圈的作用。气瓶有两个防震圈是气瓶瓶体的保护装置。气瓶在充装、使用、搬运过程中，常常会因滚动、震动、碰撞而损伤瓶壁，以致发生脆性破坏，甚至有发生气瓶爆炸的危险，所以用防震圈保护气瓶。

气瓶瓶阀的作用：气瓶的瓶阀是控制气体出入的装置，一般由黄铜或钢制成。盛装可燃气体钢瓶的瓶阀，其出口螺纹为左旋。盛装助燃气体的气瓶，其出口气体的螺纹为右旋。瓶阀的这种结构可有效地防止可燃气体和非可燃气体错装。

工业对气瓶瓶阀的要求。瓶阀应满足下列要求：瓶阀材料不与瓶内盛装气体发生化学反应，也不影响气体的质量；瓶阀上与气瓶连接的螺纹，必须与瓶口内螺纹匹配，并符合相应标准的规定。瓶阀出气口的结构，应能有效地防止气体错装、错用；氧气和强氧化性气体气瓶的瓶阀密封材料，必须采用无油脂的阻燃材料；液化石油气瓶阀的手轮材料，应具有阻燃性能；瓶阀阀体上如装有爆破片，其爆破压力应略高于瓶内气体的最高温升压力；同一规格，型号的瓶阀，重量允许误差不超过 5%；瓶阀出厂时，应按只出具合格证。

气瓶的瓶帽的作用：气瓶的瓶帽是瓶阀的防护装置，它避免气瓶在搬运过程中因碰撞而损坏瓶阀，保护气体出口螺纹不被损坏，防止灰尘、水分或油脂等落入阀内。

气瓶的颜色的规定：国家标准对气瓶的颜色、字样和色环做了严格规定，详见《气瓶颜色标志》。

气瓶充装单位应具的条件。气瓶充装单位应具备下列条件：有保证充装安全的管理体系和各项管理制度；有熟悉气瓶充装安全技术的管理人员和经过专业培训的操作人员；有与所充装气体相适应的场地、设施、装备和检测手段。充装毒性、易燃和助燃气体的单位，还应有处理残气、残液的装置。

严禁充装气瓶的情况。属于下列情况之一的，应先进行处理，否则严禁充装：钢印标记、颜色标记不符合规定及无法判定瓶内气体的；改装不符合规定的或用户自行改装的；附件不全、损坏或不符合规定的；瓶内无剩余压力的；超过检验期限的；经外观检查，存在明显损坏，需进一步进行检查的；氧化或强氧化性气体气瓶沾有油脂的；易燃气体气瓶的首次充装，事先未经置换和抽真空的。

充装液化气体必须遵守的规定。充装液化气体必须遵守下列规定：实行充装重量复验制度，严禁过量充装，充装过量的气瓶不准出厂；称重衡器要保持准确，称重衡器的最大称量值，应为常用称量值的 1.5 ~ 3.0 倍，称重衡器的校验期限不得超过 3 个月，称重衡器要设有超装警报和自动切断气源的装置；严禁从液化石油气槽车直接向气瓶灌装；充装后应逐只检查，发现有泄漏或其他异常现象，应妥善处理；

认真填写充装记录，其内容应包括：气瓶编号、气瓶容积、实际充装量、充装者和复称者姓名或代号、充装日期；操作人员应相对稳定，并定期进行安全教育和考核。

储存气瓶时，应遵守的规定。储存气瓶时，应遵守下列规定：应置于专用仓库储存，气瓶仓库应符合《建筑设计防火规范》的有关规定；仓库内不得有地沟、暗道，严禁明火和其他热源；仓库内应通风、干燥，避免阳光直射；盛装易起聚合反应或分解反应气体的气瓶，必须规定储存期限，并应避开放射性射线源；空瓶与实瓶两者应分开放置，并有明显标志，毒性气体气瓶和瓶内气体相互接触能引起燃烧、爆炸，产生毒物的气瓶，应分室存放，并在附近设置防毒用具或灭火器材；气瓶放置应整齐，配装好瓶帽；立放时，要妥善固定；横放时，头部朝同一方向；垛高不宜超过 5 层。

运输和装卸气瓶时，应遵守的规定。运输和装卸气瓶时，应遵守下列规定：运输工具上应有明显的安全标志；必须配装好瓶帽（有防护罩的除外），轻装轻卸，严禁抛、滑、滚、碰；吊装时，严禁使用电磁起重机和链绳；瓶内气体相互接触能引起燃烧、爆炸，产生毒物的气瓶，不得同车（厢）运输；易燃、易爆、腐蚀性物品或与瓶内气体起化学反应的物品，不得与气瓶一起运输；气瓶装在车上，应妥善固定；横放时，头部应朝向一方，垛高不得超过车厢高度，且不超过 5 层；立放时，车厢高度应在瓶高的 2/3 以上；夏季运输应有遮阳设施，避免暴晒；城市的繁华地区应避免白天运输；严禁烟火，运输可燃气体气瓶时，运输工具上应备有灭火器材；运输气瓶的车、船不得在繁华市区、重要机关附近停靠；车、船停靠时，司机与押运人员不得同时离开；装有液化石油气的气瓶，不应长途运输。

使用气瓶时应遵守的规定。气瓶的使用，应遵守下列规定：不得擅自更改气瓶的钢印和颜色标记；气瓶使用前应进行安全状况检查，对盛装气体进行确认；气瓶的放置地点，不得靠近热源，距明火 10m 以外；盛装易起聚合反应或分解反应气体的气瓶，应避开放射性射线源；气瓶立放时应采取防止倾倒措施；夏季应防止暴晒；严禁敲击、碰撞；严禁在气瓶上进行电焊引弧；严禁用温度超过 40℃的热源对气瓶加热；瓶内气体不得用尽，必须留有剩余压力，永久气体气瓶的剩余压力不小于 0.05MPa；液化气体气瓶应留有不小于 0.5% 规定充装量的剩余气体；在可能造成回流的使用场合，使用设备上必须配置防止倒灌的装置，如单向阀、止回阀、缓冲罐等；液化石油气瓶用户，不得将气瓶内的液化石油气向其他气瓶倒装；不得自行处理气瓶内的残液；气瓶投入使用后，不得对瓶体进行挖补、焊接。

运输、储存和使用气瓶的单位应具备的条件：有专人负责气瓶安全工作；根据有关规定，制定相应的安全管理制度；制定事故应急处理措施；定期对气瓶的运输（含装卸及驾驶）、储存和使用人员进行安全技术教育。

气瓶检验单位的主要职责。气瓶检验单位的主要职责是：对气瓶进行定期检验，并出具检验报告；对气瓶附件进行维修或更换；进行气瓶表面的涂敷；对报废气瓶进行破坏性处理；气瓶改装。

各类气瓶的检验周期的规定。各类气瓶的检验周期，不得超过下列规定：盛装腐蚀性气体的气瓶，每 2 年检验一次。盛装一般气体的气瓶，每 3 年检验一次。液化石油气瓶，使用未超过 20 年的，每 5 年检验一次；超过 20 年的，每 2 年检验一次。盛装惰性气体的气瓶，每 5 年检验一次。

检验气瓶前应对气瓶进行的处理。检验气瓶前，应对气瓶进行处理，达到下列要求方可检验：在确认气瓶内气体压力降为零后，方可卸下瓶阀；在气瓶内残留的毒性、易燃气体应回收，不得向大气排放；易燃气体气瓶须经置换，液化石油气瓶须经蒸汽吹扫，达到规定的要求，否则，严禁用压缩空气进行气密性试验。

第四节　工业压力管道安全技术

压力管道使用单位应履行的职责。压力管道使用单位的职责是：贯彻执行有关安全法律、法规和压力管道的技术规程、标准，建立、健全本单位的压力管道安全管理制度；应有专职或兼职专业技术人员负责压力管道安全管理工作；压力管道及其安全设施必须符合国家的有关规定；新建、改建、扩建的压力管道及其安全设施不符合国家有关规定时，有权拒绝验收；建立技术档案；对压力管道操作人员和压力管道检查人员进行安全技术培训；制订压力管道定期检验计划，安排附属仪器仪表、安全保护装置、测量调控装置的定期校验和检修工作；对事故隐患应及时采取措施进行整改，重大事故隐患应书面形式报告主管部门和安全生产监督管理部门；对输送可燃、易燃、易爆或者有毒介质的压力管道应建立巡视检查制度，制定应急措施和救援方案，根据需要建立抢救队伍，并定期演练；按有关规定及时如实向主管部门和安全生产监督管理部门报告压力管道事故，并协助做好事故调查和善后处理工作，认真总结经验教训，防止事故的发生；按有关规定应负责的其他压力管道安全管理工作。

压力管道的腐蚀一般出现的部位：管道的弯曲、拐弯处，流线型管段中有液体流入或流向有变化的部位易腐蚀；产生汽化现象时，与液体接触的部位比与蒸汽接触的部位更易遭受腐蚀；在排液管中，经常没有液体流动的管段易出现局部腐蚀；液体或蒸汽管道在有温差存在的状态下使用，易出现严重的局部腐蚀；埋设管道外部的下表面容易产生腐蚀。

预防管道腐蚀造成事故：为了防止由于腐蚀而使管壁减薄，导致管道承受能力下降，造成泄漏或破裂事故，在管道强度设计时，应根据管内介质的特性、流速、工作压力、管道材质、使用年限等，计算出介质对管材的腐蚀速率，在此基础上选择适当的腐蚀裕度。通常，壁厚的腐蚀裕度在 0.5 ~ 6mm 的范围内。

工业生产中减少管道腐蚀：工业管道输送的各种流体中，很多具有腐蚀性。为了防止管道腐蚀，应从两个方面着手：首先是合理选择管材，即依据管道内部介质的性质，选择对该种介质具有耐腐蚀性能的管道材料；其次是采用合理的防腐措施，如采用涂层防腐、衬里防腐、电化学防腐及使用缓蚀剂等。

压力管道的检验：压力管道安装完毕后，应按规定进行管道系统强度、严密性的试验、系统吹扫和清洗等工作。在用压力管道应定期检验和正常维护，以确保安全生产。

压力管道进行强度与严密性检验：管道系统安装完毕后，其强度与严密性一般通过水压试验和气密性试验进行检验。水压试验合格后，以空气或惰性气体为介质进行气密性试验，其压力为设计压力。用涂刷肥皂水的方法，重点检查管道的连接处有无渗漏现象，若无渗漏，稳定 30min，压力不降即为合格。

剧毒性及甲、乙类火灾危险的管道系统，应做的特殊处理：对剧毒性及甲、乙类火灾危险的管道系统，除应做水压试验和气密性试验外，还应做泄漏量试验，即在设计压力下，测定 24h 内全系统平均每小时的泄漏量，不超过下列允许值，即为合格：剧毒介质管道，室内及地沟中泄漏量小于 0.15%，室外小于 0.3%；甲、乙类火灾危险性介质，室内及地沟中泄漏量小于 0.25%，室外小于 0.5%。

进行管道吹洗。管道系统强度试验合格后，或气密性试验前，应分段进行吹扫与清洗。吹扫前应将仪表、孔板、滤网、阀门拆除，对不宜吹洗的系统进行隔离和保护，待吹洗后再复位。工作介质为液体的管道，一般用水吹洗，水质要清洁，流速不低于 1.5m/s。不宜用水冲洗的管道可用空气进行吹扫。吹扫用的空气或惰性气体应有足够的流量，压力不得超过设计压力，流速不得低于 20m/s。蒸汽管线应用蒸汽吹扫，忌油管道在吹扫合格后，应用有机溶剂进行脱脂。

压力管道定期检验及检验周期：在用压力管道时应按规定要求定期进行检验。定期检验的项目有外部检查、重点检查和耐压试验。外部检查每季至少进行一次，由使用单位进行检查；重点检查每 2 年至少进行一次，全面检查每 6 年至少进行一次，都要由具有检验资格的检验单位进行检查。

压力管道外部检查的项目：有无裂纹、腐蚀、变形、泄漏等情况；紧固件是否齐全，有无松动，法兰有无偏斜，吊卡、支架是否完好等；绝热层、防腐层是否完好；

管道震动情况，管道与相邻物件有无摩擦；阀门填料有无泄漏、操作机构是否灵活；易燃易爆介质管道每年检查一次防静电电阻，法兰间接触电阻应小于 0.03Ω，管道对地电阻不得大于 100Ω。

压力管道定点测厚检查项目：定点测厚主要用于检查高压、超高压管道，每年至少进行一次。主要检查管道易冲刷、腐蚀、磨损的焊缝弯管、角管、三通等部位。定点测厚部位的测点数量，按管道腐蚀、冲刷、磨损情况及直径大小、使用年限等确定。定点测厚发现故障时，应扩大检测范围，做进一步检测。定点测厚数据记入设备档案中。

管道全面检查的项目：外部检查的全部项目；定点测厚，Ⅰ、Ⅱ类管道的弯头应 100% 测厚，Ⅲ类管道弯头应 50% 测厚，每个测厚部位至少选 3 点进行；管道焊缝进行射线或超声波探伤抽查，Ⅰ类管道抽查 20%，Ⅱ类管道抽查 10%，Ⅲ类管道的石油气、氢气、液化气管道抽查 5%，抽查时发现超标缺陷应及时处理；高温及受交变应力部位的管道，应进行宏观检查，并做磁粉探伤检查；对出现超温、超压，可能影响金属材料和结构强度的管道，以蠕变率控制使用寿命、使用期限已接近设计寿命的管道，有可能引起氢腐蚀的管道等，必须进行全面理化检查，必要时取样检验。检验内容包括化学成分、力学性能、焊接及热影响的硬度、冲击韧性和金相，根据检验结果确定能否继续使用；管道严密性试验，可与装置停工检修后的试压一并进行。

压力管道全面检查的周期：Ⅰ、Ⅱ、Ⅲ管道的全面检查，每 3 ~ 6 年进行一次，可根据实际技术状况和检查情况，延长或缩短检查周期，但最长不得超过 9 年。高压、超高压管道的全面检查，一般 6 年进行一次。使用期限超过 15 年的Ⅰ、Ⅱ、Ⅲ管道，经全面检查，技术状况良好，经单位技术总负责人批准，仍可按原定周期检查，否则缩短检查周期。

压力管道非定期的特别检查的内容：生产流程的受害部位，如加热炉出口、塔类设备底部、高温高压机泵、压缩机的进、出口等处的管道；管道上易被忽视的部位、“盲肠”部位；管道发生超温、超压或其他异常情况。

第五节　起重机械安全技术

化工行业常用的起重机械：化工生产中，起重机械主要用于设备修理时的吊装、拆卸设备及其零件，也用于工艺生产中物料的输送。常用的大型起重机械主要有桥式起重机、臂架类起重机、升降机、电梯等。大量应用的是小型起重机械，如千斤顶、手拉葫芦、电动葫芦等。在化工设备检修中，常用塔式起重机、桅杆式起重机、卷扬机等。

起重机械的主要参数。起重机械的主要参数有：额定起重量、跨度、幅度、起重力矩、起降高度、直降深度、工作速度（起升速度、运行速度、变幅速度、回转速度）。

起重机械的工作级别的确定。起重机械的工作级别由起重机械利用等级和载荷状态来确定，它是起重机械综合工作特性参数。起重机械利用等级是表征起重机械在其有效寿命期间的使用频繁程度；起重机械载荷状态表明起重机械的起升机构受载的轻重程度，它与两个因素有关，一个是实际起升载荷与最大载荷之比，另一个是实际起升载荷作用次数与总的工作循环次数之比。

起重机械对安全影响较大的主要零部件：起重机械对安全影响较大的主要零部件有吊钩、钢丝绳、滑轮和滑轮组、卷筒、减速装置及制动装置等。

起重机械的安全装置：为保证起重机械的自身安全及操作人员的安全，各种类型的起重机械均设有安全防护装置。常用的安全防护装置有：超载限制器、力矩限制器、极限位置限制器、防碰撞装置、缓冲器、防偏斜装置、夹轨器和锚定装置等。

超载限制器的作用：超载限制器是超载保护装置，其功能是当起重机超载时，使起升动作不能实现，从而避免过载损坏设备。超载保护装置按功能分为自动停止型、报警型和综合型。

力矩限制器的作用：力矩限制器是臂架式起重机的超载保护装置，常用的有机械式和电子式。当臂架式起重机的起重力矩大于允许极限时，会造成臂架折弯或折断，甚至会造成起重机整体失稳而倾覆或倾翻。因此，履带式起重机、塔式起重机应设置力矩限制器。

极限位置限制器的作用：上升极限位置限制器是用于限制取物装置的起升高度、动力驱动的起重机，其起升机构均应装设上升极限位置限制器，以防止吊具起升到上极限位置后继续上升，拉断起升钢丝绳；下降极限位置限制器是用来限制取物装置下降至最低位置时，能自动切断电源，使起升机械下降运行停止；运行极限位置限制器的功能是限制起重机或小车的运动范围，凡有轨道运行的各种类型起重机，均应设置运行极限位置限制器。

防碰撞装置的作用：当起重机运行到危险距离范围内，防碰撞装置就会发出警报，进而切断电源，使起重机停止运行，避免起重机之间的相互碰撞。

缓冲器的作用是：设置缓冲器的目的是吸收起重机或起重小车的运行动能，减缓运行到终点的起重机或主梁上的起重小车对止挡器的冲击力。因此，缓冲器应设置在起重机或起重小车与止挡器相碰撞的位置。在同一轨道上运行的起重机之间以及同一起重机桥架上双小车之间，也应设置缓冲器。

防偏斜装置的作用：大跨度的门式起重机和装卸桥应设置偏斜限制器、偏斜指示器或偏斜调整装置等，来保证起重机支腿在运行中不出现超偏现象，即通过机械和电器的联锁装置，将超前或滞后的支腿调到正常位置，以防桥架被扭坏。跨度大于或等于 40m 的门式起重机和装卸桥应设置偏斜调整和显示装置。

夹轨器和锚定装置的作用：夹轨器的工作原理是利用夹钳夹紧轨道头部的两个侧面，通过结合面的夹紧力将起重机固定在轨道上；锚定装置是将起重机与轨道基础固定，通常在轨道上每隔一段距离设置一个。露天工作的轨道式起重机，必须安装可靠的防风夹轨器或锚定装置，以防被大风吹走或吹倒而造成严重事故。

起重机械其他安全附件：起重机械安全附件还有幅度指示器、联锁保护装置、水平仪、防止吊臂后倾装置、极限力矩限制装置、风级风速报警器和回转定位装置等。

起重机械常见事故的类型：起重机械常见事故有吊物坠落、挤压碰撞、触电、机体倾翻等。

起重吊运的安全要求：每台起重机的司机，都必须经过专门培训，经考核合格后，持证上岗；司机接班时，应检查制动器、吊钩、钢丝绳和安全装置，发现性能不正常，应在操作前排除；开车前，必须鸣铃或报警，确认起重机上或周围无人时，才能闭合主电源；操作应按指挥信号进行，起重指挥人员发出的指挥信号必须明确，符合标准。动作信号必须在所有人员退到安全位置以后发出。听到紧急停车信号，不论是何人发出，都应立即执行；所吊重物接近或达到额定重量时，吊运前应检查制动器，并用小高度、短行程试吊后，再平稳吊运。吊运液态金属、有害液体、易燃易爆物品时，必须先进行小高度、短行程试调；流动式起重机，工作前应按说明书的要求平整停机场地，牢固可靠地打好支腿；工作中突然断电时，应将所有控制器手柄扳回零位，重新工作前，应检查起重机动作是否正常。

起重吊运的注意事项：不得在有载荷的情况下调整起升、变幅机构的制动器。起重机运行时，不得利用限位开关停车；对无反接自动机能的起重机，除特殊紧急情况外，不得打反车制动；吊车重物不得从人头顶通过，吊臂下严禁站人。操作中接近人时，应给予断续铃声或报警；在厂房内吊运货物应走指定通道。在没有障碍物的线路上运行时，吊物应离地面 2m 以上。有障碍物需要穿越时，吊物底面应高出障碍物顶面 0.5m 以上；重物不得在空中悬停时间过长，且起落速度要平稳，非特殊情况不得紧急制动和急速下降；吊运重物时不准落臂，必须落臂时，应先把重物放在地上。吊臂仰角很大时，不准将被吊的重物骤然落下，防止起重机向一侧翻倒；吊重物回转时，动作要平稳，不得突然制动。回转时，重物重量若接近额定起重量，重物距地面的高度不应太高，一般为0.5m左右；无下降极限位置限制器的起重机，吊钩在最低位置时，卷筒上的钢丝绳必须保持有设计规定的安全圈数；用两台或多台起重机吊运同一重物时，钢丝绳应保持垂直，各台起重机的升降、运行应保持同步，各台起重机所承受的载荷均不得超过各自的额定起重能力。有主、副两套起升机构的起重机，主、副钩不应同时开动；在轨道上露天作业的起重机，在工作结束时，应将起重机锚定住。风力大于6级时，一般应停止工作，并将起重机锚定住。对于门座起重机等在沿海工作，风力大于7级时，应停止工作，并将起重机锚定住；电气设备的金属外壳必须接地。禁止在起重机上存放易燃、易爆物品，司机室应备有灭火器；起重机工作时，不得进行检查和维修。对起重机保养时，应切断电源，并挂上标志牌或加锁。必须带电维修时，应戴绝缘手套，穿绝缘鞋，使用带绝缘手柄的工具，并有人监护。

禁止吊装的情况。有下列情况之一时，不得进行吊装：超载或物体重量不清时；信号不明确时；捆绑、吊挂不牢或不平衡时；被吊物上有人或有浮置物时；结构或零件有影响安全工作的缺陷或损伤时；工作场地昏暗，无法看清场地、被吊物情况和指挥信号时；重物棱角处与捆绑钢丝绳之间未加衬垫时；钢水包装过满时。

第六节　化工装置安全检修

化工装置进行检修：化工生产具有高温、高压、腐蚀性强等特点，因而化工设备、管道、阀件、仪表等在运行过程中易受到腐蚀、磨损、疲劳以及自然侵蚀等因素的影响，使个别部件或整体改变原有的尺寸、形状，使力学性能下降、强度降低，造成隐患和缺陷，威胁安全生产。为了维护正常生产，必须加强对它们的维护、保养、检测和维修，及时消除缺陷和隐患，以提高设备的可靠程度，使化工生产安全稳定运行。

化工装置检修的类别：化工装置检修，根据设备管理、使用的经验和生产规律分为计划检修和非计划检修。根据检修的内容、周期和要求的不同，计划检修又可分为大修、中修和小修。非计划检修是在生产过程中设备突然发生故障，必须进行不停车或停车的检修。

安全检修的特点：化工生产装置检修与其他行业相比，具有检修频繁、复杂、危险性大的特点；化工生产装置检修的频繁性是指计划检修和非计划检修的次数多；化工生产装置检修的复杂性，一方面是化工生产中使用的设备、机械、仪表、管道、阀门等种类多、数量大、结构和性能各异所造成的；另一方面在检修中由于受到环境、气候、场地的限制，有些要在露天作业，有些要在设备内作业，有些要在地下坑或井下作业，有时要上、中、下立体交叉作业，所有这些都说明化工检修的复杂性；化工生产的危险性决定了化工检修的危险性。化工设备和管道中有很多残存的易燃易爆、有毒有害、有腐蚀性的物质。而化工检修又离不开动火、进罐作业，稍有不慎就会发生火灾、爆炸、中毒和化学灼伤等事故。

建立化工检修组织机构：化工装置的中修和大修应成立检修指挥部，负责检修计划、调度、安排人力、物力、运输及安全工作。在各级指挥机构中要建立安全组。各车间的安全负责人及安全员与厂指挥部安全组构成安全联络网。各级安全机构负责对安全规章制度的宣传、教育、监督和检查，办理动火、动土及检修许可证。

检修计划的制订：在化工生产中，各个生产装置之间是一个有机的整体，它们互相制约，紧密联系。一个装置的开停车必然要影响到其他装置的生产，因此大检修必须要有一个全盘计划。在检修计划中，根据生产工艺过程及公用工程之间的相互关联，规定各装置先后停车的顺序；停水、停电、停气的具体时间；什么时间灭火炬，什么时间点火炬等。还要明确规定各个装置的检修时间和检修项目的进度及开车顺序。一般要画出检修计划图，标明检修期间的各项作业内容，便于检修工作的管理。

检修前的安全教育的内容。化工装置检修不但有化工技术人员参加，还有大量的设备检修人员参加。对参加检修的各类人员，都必须进行安全教育，并经考试合格后才能准许参加检修。安全检修内容包括：停工检修的有关规定；进入设备作业的有关规定；用火的有关规定；动土的有关规定；科学文明检修的有关规定等

检修前应进行的安全检查内容：安全检查包括检修项目的检查，检修机具的检查和检修现场的巡回检查。检修所用的机具，特别是起重机具、电焊设备、手持电动工具等，都要进行安全检查，检查合格后由主管部门审查并发给合格证。合格证贴在设备醒目处，以便安全检查人员现场检查。未有检查合格证的设备、机具不准进入检修现场和使用。在检修过程中，要组织安全检查人员到现场巡回检查，发现问题及时纠正、解决。检查中有严重违章者，安全检查人员有权令其停止作业。

化工检修作业的安全要求：参加检修的全体人员应严格遵守检修指挥部颁布的一切规章；开好检修班前会，向参加检修的人员交代施工任务、交代安全措施、交代安全检修方法；进入检修现场人员必须按要求着装；认真检查各种检修工器具，发现缺陷，立即消除；检修现场不准堆放可燃、易燃物品，消防井、消火栓周围5m以内禁止堆放物品，确保消防、救护车辆的通行。

安全检修管理制度。安全检修管理制度包括：安全检修的组织管理制度；安全检修的个人防护制度；安全检修的用火制度；设备内检修的安全规定；起重吊装作业的安全规定；高处作业的安全规定等。

第十八章　重大危险源管理与事故应急救援

第一节　重大危险源的辨识、评价和监控

控制重大危险源。控制重大危险源的目的，不仅是预防重大事故发生，而且要做到一旦发生事故，能将事故危害限制到最低程度。重大危险源涉及易燃、易爆或有毒有害的危险物质，并且在一定范围内使用、生产、加工或储存数量超过了临界数量，都有危险性，所以必须有效控制重大危险源。

重大危险源的控制系统包括内容。重大危险源的控制系统包括：重大危险源的辨识；重大危险源的评价；重大危险源的管理；重大危险源的安全报告；事故应急计划；工厂选址和土地使用计划；重大危险源的监察。

重大危险源的辨识：为了防止化工生产、化学品储存过程中重大事故的发生，首要的是辨识和确认重大危险源，由政府主管部门和权威机构在物质毒性、燃烧、爆炸特性基础上，制定出危险物质及其临界量的标准。根据危险物质及其临界量的标准，可以确定哪些是可能发生事故的重大危险源。

重大危险源辨识标准的确定：标准的定义应能反映出当地急需解决的问题以及一个国家的工业模式，需有一个特指的或是一般类别或是两者兼有的危险物质一览表，并列出每个物质的限额或允许的数量，定为国家标准 GB18218—2000《重大危险源辨识》。单元内存在危险物质的数量等于或超过国家标准规定的临界量，即被定为重大危险源。

重大危险源的类别：重大危险源分为生产场所重大危险源和储存区重大危险源两类。生产场所重大危险源按以下四类物质的品名及其临界量加以确定：爆炸性物质；易燃物质；活性化学物质和有毒物质。储存区重大危险源的确定方法与之前基本相同，只是其临界量的数值较大。

重大危险源的评价：确定了重大危险源，应对其进行风险评价，分析各种危险

因素，依次评价危险事故发生的概率和后果，对评价结果与安全目标值进行比较，检查风险值是否达到可接受水平。对不可接受的风险要进一步采取措施，降低风险程度，达到可接受的水平。

重大危险源的评价内容包括内容：辨识各类危险因素、原因与机制；依次评价已辨识的危险事件发生的概率；评价危险事件的后果；进行风险评价，即评价危险事件发生概率和发生后果的综合作用；风险控制，即将上述评价结果与安全目标值进行比较，检查风险值是否达到可接受的水平，否则需进一步采取措施，降低危险水平。

重大危险源的评价步骤：收集资料明确评价的对象和范围，收集国内外相关法规和标准，了解同类设备、设施或工艺的生产事故情况，评价对象的地理、气象条件及社会环境状况等。危险危害因素辨识分析根据所评价的设备、设施或场所的地理、气象条件、工程建设方案、工艺流程、装置布置、主要设备和仪表、原材料、中间体、产品的理化性质等辨识和分析可能发生的事故类型，事故发生的原因和机制；选择评价方法在危险分析的基础上，对重大危险源划分评价单元，根据评价目的和评价对象的复杂程度选择具体的一种或多种评价方法。对事故发生的可能性进行定性和定量的评价，在此基础上对重大危险源进行危险分级，以确定管理的重点；提出降低或控制重大危险源的危险性的安全对策措施。根据评价和分级结果，高于标准的重大危险源必须采取特殊的工程技术或组织管理措施，降低或控制危险。

重大危险源的评价：评价单元的划分重大危险源评价以危险单元作为评价对象。一般把装置的一个独立部分称为单元，每个单元都有一定的功能特点。在一个共同厂房内的装置可以划分为一个单元，在一个共同堤坝内的全部储罐也可划分为一个单元。散设地上的管道不作为独立的单元处理，但配管桥区例外；评价模型的层次结构根据安全学一般原理，危险性定义为事故频率和事故后果严重程度的乘积，也就是说，危险性评价一方面取决于事故的易发性，另一方面取决于事故一旦发生后的严重性。现实的危险性不仅取决于生产单元的固有危险性，还取决于人为管理因素及防灾措施的综合效果。

向政府部门提供安全报告：企业应在规定的期限内，对已辨识和评价的重大危险源向政府部门提供安全报告。如属新建的有重大危险的设施，则应在其投入运转之前提交安全报告。安全报告应详细说明重大危险源的情况，可能引发事故危险因素以及前提条件、安全操作和预防失误的安全措施、可能发生事故的类型、事故发生的可能性及后果、限制事故后果的措施、现场应急计划等。安全报告应根据重大危险源的变化以及新知识和新技术进展情况进行修改和增补，并由政府主管部门经常进行检查和评审。

重大危险源管理的措施：对重大危险源确定之后，应采取技术措施和组织措施对重大危险源进行严格的控制和管理。技术措施包括化学品的选用，设施的设计、建造、运行、维修以及有计划的检查；组织措施包括对人员的培训与指导，提供保证其安全的设备、工作人员水平、工作时间、职责的确定，以及对外部合同工和现场临时工的管理。

应急计划的内容；应急计划是重大危险源控制系统的重要组成部分。企业应负责制订现场应急计划，并定期检验和评估现场应急计划的有效程度，必要时要进行修订。场外应急计划由政府主管部门根据企业提供的安全报告和有关资料制订。应急计划的目的是抑制突发事件，减少事故对员工、居民和环境的危害。因此应急计划应详尽、实用，具有明确和有效的技术组织措施。政府主管部门应保证发生事故时要采取的安全措施和正确做法的有关资料发给可能受事故影响的民众，并保证民众充分了解发生事故时的安全措施，一旦发生事故，应尽快报警。

工厂选址和土地使用规划：政府有关部门应制定综合性的土地使用政策，确保重大危险源与居民区和其他工作场所、机场、水库、其他危险源和公共设施安全隔离。

政府对重大危险源进行宏观监控。对重大危险源进行普查、分级，并在制定有关重大危险源监察法规的基础上，明确存在重大危险源和企业对于危险源的管理责任、管理要求（包括组织制度、报告制度、监控管理制度及措施、隐患整改方案、应急措施方案等），促使企业建立重大危险源控制机制，确保安全；依据有关法规对存在重大危险源的企业实施分级管理，针对不同级别确定规范的现场监督方法，督促企业执行有关法规，建立监控机制，并督促隐患整改；建立建全新建、改建、扩建重大危险源申报、分级制度，使重大危险源管理规范化、制度化。同时与专业技术中介组织配合，根据企业规模等具体情况提供监控管理和技术指导；在各地开展工作的基础上，逐步建立全国范围内的重大危险源系统，以便各级安全监督部门及时了解、掌握重大危险源的状况，从而建立企业负责、安全监督部门监督的重大危险源监控系统。

安全监督管理部门对重大危险源监控的职责：接受重大危险源申报，并进行登记；接收重大危险源安全评价报告，并审核；按重大危险源危险级别，实行分级监察和管理，建立所辖范围的重大危险源信息管理网络系统和安全管理责任制。

企业对重大危险源的监控：掌握企业重大危险源的分布情况，了解发生事故的可能性及其严重程度，负责现场安全管理；对职工进行安全教育和培训，提高安全意识，对重大危险源所在区域进行安全标识；对重大危险源进行定期检查和巡检，随时掌握重大危险源的动态变化情况；当重大危险源发生变化时，要及时变更管理制度，如生产工艺、设备、材料、生产过程等因素发生变化之前进行危险分析和安全评价；编制场内事故应急处理预案，配备充足和必需的应急救援器材与工具，每年至少进行一次预案演练。

第二节　危险化学品事故应急救援

事故应急管理的几个阶段。事故应急管理分为四个阶段（见表 18–1）：

表 18–1　事故应急管理的阶段

阶段	内容
预防	就是从应急管理的角度，防止紧急事件或事故发生，避免应急行动。如制定安全法律、法规、安全规划，强化安全管理措施、安全技术标准和规范，对员工、管理者及地区进行应急宣传和教育等
准备	是在应急发生前进行的工作，主要是为了建立应急管理能力。它把目标集中在发展应急操作计划及系统上
响应	是在事故发生之前以及事故期间和事故之后立即采取的行动。响应的目的是通过发挥预警、疏散、搜寻和营救以及提供避难所和医疗服务等紧急事务功能，使人员伤亡及财产损失减少到最小
恢复	在事故发生之后立即进行，首先使事故影响地区恢复最起码的服务，再恢复到正常状态。要求立即开展的恢复工作包括事故损失评估，清理废墟、食品供应、提供避难场所和其他装备。长期恢复工作包括厂区重建和地区的再发展以及实施安全减灾计划

事故应急救援的任务：控制危险源；抢救受害人员；指导群众防护，组织群众撤离；排除现场灾患，消除危害后果。

事故应急救援的形式：发生安全生产事故时，采取单位自救和社会救援两种形式。单位自救是单位主要负责人应当立即按照本单位应急预案组织救援，并向有关部门报告；社会救援是指有关地方人民政府应当立即组织有关部门，按照本地区应急预案组织实施救援。

应急救援的组织与实施：事故报警。事故报警的及时与准确是能否及时控制事故的关键环节。当发生安全生产事故时，现场人员要立即按各自企业制定的事故应急预案采取积极有效的抑制措施，尽量减少事故的蔓延，及时向有关部门报告和报警；出动应急救援队伍。各主管部门在接到事故报警后，应立即组织应急救援专职队伍赶赴现场，在做好自身防护的基础上，快速实施救援，控制事故发展，将伤员救出危险区域，并组织群众撤离、疏散，消除事故的各种隐患；紧急疏散。建立警戒区域，迅速将警戒区及污染区内与事故应急处理无关的人员撤离，并将相邻的危险化学品疏散到安全地点，以减少不必要的人员伤亡和财产损失；现场急救。现场急救的注意事项有：选择有利地形设置急救点（一般应设在事故地点的上风向开阔处）；做好自身及伤病员的个体防护；防止发生继发性损害；至少 2 ~ 3 人为一组，集体行动，以便相互照应。泄漏处理：泄漏源控制关闭阀门、停止作业或改变工艺流程、物料走副线、局部停车、打循环、减负荷运行等。采用合适的材料和技术手段堵住泄漏处；泄漏物处理：围堤堵截。筑堤堵截泄漏液体或者引流到安全地点；稀释与覆盖：向有害物蒸汽云喷射雾状水，加速气体向高空扩散。对可燃物，也可以在现场施放大量水蒸气或氮气，破坏燃烧条件。对于液体泄漏，为降低物料向大气中的蒸发速度，可用泡沫或其他物品覆盖外泄的物料，在其外表面形成覆盖层，抵制其蒸发；收集：对于大型泄漏，可选择用隔膜泵将泄漏出的物料抽入容器内。当泄漏量小时，可用沙子、吸附材料、中和材料等吸收中和；废弃：将泄漏物运至废物处理场所处置。用消防水冲洗剩下的少量物料。冲洗水排入污水系统处理；危害监测：对事故危害状况，要不断检测，直到符合国家环保标准。灭火注意事项：发生危险化学品火灾时，灭火人员要选择正确的灭火剂，不要单独灭火。出口通道应始终保持清洁和畅通，灭火时还应考虑人员的安全。

事故应急救援预案：事故应急救援预案是为了提高对突发事故的处理能力，根据实际情况预计未来可能发生的事故，预先制定的事故应急救援对策。它是为在事故中保护人员和设施的安全而制订的行动计划。

编制事故应急救援预案的目的。编制事故应急救援预案的目的是要迅速而有效地将事故损失减至最少。应急措施能否有效地实施，在很大程度上取决于预案与实际情况符合与否，以及准备得充分与否。应急救援预案的总目标是：将紧急事故局部化，并尽可能予以消除，尽量缩小事故对人和财产的影响。

危险化学品事故应急救援预案的编写要求：根据实际情况，按事故的性质、类型、影响范围、严重后果等分级地制订相应的预案。为使预案更有针对性和能迅速应用，一般要制订出不同类型的预案，如火灾型、爆炸型、泄漏型等。一个单位的不同类型的应急预案要形成统一整体，救援力量要统一安排；预案要有实用性，要根据本单位的实际条件制订，使预案便于操作；预案要有权威性，各级应急救援组织应职责明确，通力协作；预案要定期演习和复查，要根据实际情况定期检查和修正；应急救援队伍要进行专业培训，并要有培训记录和档案。应急救援人员要通过考核证实确能胜任所担负的应急任务后，才能上岗；各应急救援专职队平时就要组建落实并配有相应器材。应急救援的器材要定期检查，并保证设备性能完好。

编制危险化学品事故应急救援预案的步骤。编制事故应急预案时，分为下列四个阶段。

第一阶段：调查研究，收集资料；第二阶段：全面分析，科学评估（包括危险源的分析、危险程度评价、救援力量分析等）；第三阶段：进行分工，组织编写；第四阶段：实地勘察，反复修改。

危险化学品事故应急救援预案的内容。事故应急救援预案应覆盖事故发生后的应急救援各个阶段，即预案的启动、应急、救援、事后监测与处置等。以下是最基本的内容：企业的基本情况；危险目标及其危险特性对周围的影响；危险目标周围可利用的安全、消防、个体防护的设备、器材及其分布；应急救援组织机构、组成人员和职责的划分；报警、通信联络方式；事故发生后应采取的处置措施；人员紧急疏散、撤离；危险区域的隔离；检测、抢险、救援及控制措施；受伤人员现场救护、救治及医院救治；现场保护与现场洗消；应急救援保障；预案分级响应条件；事故应急救援终止程序；应急培训计划；演练计划；附件。

企业的基本情况包括的内容：企业的基本情况包括单位地址、经济性质、从业人数、隶属关系、主要产品、产量等内容；周边区域的单位、社区、重要基础设施、道路等情况；危险化学品运输单位运输情况及主要的运输产品、运地、行车路线等内容。

危险目标的确定。可选择对以下材料辨识的事故类别，综合分析的危害程度，来确定危险目标：生产、储存、使用危险化学品装置、设施现状的安全评价报告；健康、安全、环境管理体系文件；职业安全健康管理体系文件；重大危险源辨识结果；其他。

危险目标周围可利用的设备、器材分布：安全设备、器材及其分布；消防设备、器材及其分布；个体防护设备、器材及其分布。

应急救援组织机构、组成人员的主要职责：组织制订危险化学品事故应急救援预案；负责人员、配置资源、应急队伍的调动；确定现场指挥人员；协调事故现场有关工作；批准本预案的启动与终止；明确事故状态下各级人员的职责；危险化学品事故信息的上报工作；接受政府指令和调动；组织应急预案的演练；负责保护事故现场及相关数据。

报警、通信联络方式的确定。依据现有资源的评估结果，确定以下通信内容：24 小时的有效报警装置；24 小时有效的内部、外部通信联络手段；运输危险化学品的驾驶员、押运员报警及与本单位、生产厂家、托运方联系的方式、方法。

人员紧急疏散、撤离的方式、方法。依据对可能发生危险化学品事故场所、设施及周围情况的分析结果，确定以下内容：事故现场人员清点，撤离的方式、方法；非事故现场人员紧急疏散的方式、方法；抢救人员在撤离前和撤离后的报告；周边区域的单位、社区人员疏散的方式、方法。

危险区隔离的方式、方法：危险区的设定；事故现场隔离区的划定方式、方法；事故现场隔离方法；事故现场周边区域的道路隔离或交通疏导办法。

检测、抢救、救援及控制措施：检测的方式、方法及检测人员的防护、监护措施；抢险、救援方式、方法及人员的防护、监护措施；现场实时监测及异常情况下抢险人员的撤离条件、方法；应急救援队伍的调度；控制事故扩大的措施；事故可能扩大后的应急措施。

受伤人员的救护、救治的内容：接触人群检伤分类方案及执行人员；依据检伤结果对患者进行分类并进行现场紧急抢救方案；接触者医学观察方案；患者转运及转运中的救治方案；患者治疗方案；入院前和医院救治机构的确定及处置方案；药物、器材储备信息。

现场保护与洗消的内容。事故现场的保护措施；明确事故现场洗消工作的负责人和专业队伍。

应急救援的内部保障：确定应急队伍，包括抢修、现场救护、医疗、治安、消防、交通管理、通信、供应、运输、后勤等人员；消防设施配置图、工艺流程图、现场平面布置图和周围地区图、气象资料、危险化学品安全技术说明书、互救信息等存放地点、保管人；应急通信系统；应急电源、照明；应急救援装备、物资、药品等；危险化学品运输车辆的安全、消防设备、器材及人员防护装备；保障制度。

应急救援的内部保障制度。应急救援的内部保障制度包括：责任制；值班制度；培训制度；危险化学品运输单位检查运输车辆实际运行制度（包括行驶时间、路线、停车地点等）；应急救援装备、物质、药品等检查、维护制度（包括危险化学品运输车辆的安全、消防设备、器材及人员防护装备检查、维护）；安全运输卡制度（包括运输的危险化学品性质、危害性、应急措施、注意事项及本单位、生产厂家、托运应急电话等内容。每种危险化学品一张卡片，每次运输前，运输单位向驾驶员、押运员告知安全运输卡上的有关内容，并将安全运输卡交驾驶员、押运员各一份）；演练制度。

外部救援包括的内容。外部救援包括：单位互助的方式；请求政府协调应急救援力量；应急救援信息咨询；专家信息。

应急救援预案分级响应条件。依据危险化学品事故的类别、危害程度的级别和从业人员的评估结果，可能发生的事故现场情况分析结果，设定预案的启动条件。

事故应急救援终止的程序：确定事故应急救援结束；通知本单位相关部门、周边社区及人员事故危险已解除。

应急培训计划的内容：应急救援人员的培训；员工应急响应的培训；社区周边

人员应急响应的宣传。

演练计划包括的内容。演练计划包括演练准备；演练范围与频次；演练组织。

应急预案附件包括的内容：组织机构名单；值班联系电话；组织应急救援有关人员联系电话；危险化学品生产单位应急咨询电话；外部救援单位联系电话；政府有关部门联系电话；本单位平面布置图；消防设施配置图；周边区域道路交通示意图和疏散路线、交通管制示意图；周边区域的单位、社区、重要基础设施分布图及有关联系方式，供水、供电单位的联系方式；保障制度。

第三节　危险化学品事故处置基本程序

危险化学品事故处置的基本原则：对危险化学品事故处置要本着“先控制后处置、救人第一”的原则，在指挥部的统一领导下周密计划，科学实施。处置中要加强个人防护，灵活运用各种有效手段和进退得当的战术措施，把握全局，争取主动。

危险化学品事故处置的基本程序：事故处置的基本程序包括：部署救援行动；控制危险区域；侦检事故现场；救援灾区人员；控制事故源头；消洗污染区域。

布置救援行动：接到报警后，应立即依据事故情况，调集救援力量，携带专用器材，分配救援任务，下达救援指令，迅速赶赴现场，并立即向上级有关部门报告。事故情况包括：事故发生的时间、地点；危险品种类、数量；事故性质及危险范围等。

控制危险区域。对危险区实施控制是防止无关人员、车辆等误入而引起伤害。实施要点如下：实施警戒。在事故现场划分警戒区、轻危区和重危区，并设置警戒线。一般情况下，重危区为50m，轻危区为100m，警戒区为200m。对下风方向或泄漏量较大的还要扩大警戒区。对进入警戒区的人员要严加控制，尤其是对进入重灾区的人员要做好详细登记。在警戒边界要实施不间断的检测，以确保警戒区的有效性。用白灰沿警戒边界打上白线或用小黄旗等醒目标志对危险边界做出明显标示，必要时应视情形组织有关人员沿警戒边界进行巡逻；清除火源。迅速熄灭警戒区内的所有明火，关闭电器设备，车辆熄火，给高温物体降温，并应注意摩擦、静电等潜在火源；维护秩序。切实对危险区域严加控制管理，以防人员、车辆误入危险区。在事故地区的主要交通要道、路口设安全检查站，控制车辆和人员的进入，保证抢险救援车辆通行。加强对重要目标和地段的警戒和巡逻。为了更好地维护危险区及附近地区的社会秩序，还应及时地利用通告、广播、电视等形式将事故的有关情况及处置措施向群众通报，通过宣传教育，稳定群众情绪，严防由于群众恐慌或各种谣传引起社会混乱。

侦检事故现场。化学事故发生后，应由侦检作业组对事故现场及周围环境尽快侦察，对环境物质及时采样检测，以迅速了解事故性质、现场地形，掌握危险品类型、浓度、危害人数，从而为救人方法和进攻路线的确定、防毒、防爆、防扩散措施的选取以及有效开展其他救援工作提供科学依据。侦检的实施程序是：人员编组—个人防护—携带器材进入现场—侦察采样—分析鉴定—上报侦察结果—持续监测。

侦检中要注意的事项：在侦检前根据已掌握的情况，采取可靠的防毒防爆措施。进入烟雾大、光线差的事故现场时，应编成小组，携带防爆灯具、安全绳等必要器材，并相互约定好撤离等行动的有关信号；在侦察过程中，应与指挥部随时保持联系，及时反馈信息，特别是发现急需抢救的人员时，应立即通知指挥部调派力量抢救或直接施救；采样检测可采取固定点和巡回检测相结合的方法，居民密集区和交通要道应作为检测的重点。检测工作应贯穿救援工作的全过程，实施动态检测。检测结果应及时报告现场总指挥部；侦察过程中应注意保存样品，以利于进一步的验证和案件的侦破，必要时应进行拍照、录像，但应注意防爆。

组织灾区人员撤离。对危险区域内的人员应及时组织疏散至安全地带，实施要点如下：撤离准备。救援人员首先应熟悉地形，明确撤离方向，准备好进入危险区应携带的标志物、扩音器及强光手电等必要器材；组织指挥。救援人员进入危险区后应立即通过敲门、呼叫等方式搜索受困人员。人数较多、地形复杂时，则应充分发挥事故单位原有组织机构的作用，尽快召集组织所有被困人员；积极防护。撤离前应积极指导危险区群众做好个人防护。缺乏防护器材时，可就地取材，采取简易防护措施，快速转移至安全区。对于一时无法撤离的群众，可指导他们做好防护后等待时机转移；迅速撤离。组织群众撤离危险区时，应选择合理的撤离路线，避免横穿危险区域。对沾有毒害性物品的人员，要在警戒区出口处实施洗消，进入安全区后再做进一步检查。造成伤害的要尽快进行救护。

控制事故源头：灭火。根据燃烧物的具体特性，选择合适的灭火剂扑救火灾。灭火时消防车要注意远距离停靠，一般距离危险源 50 ~ 100m，最好在轻危区外。对泄漏的压缩和液化气体、易燃液体若已形成稳定燃烧，一般不要急于灭火，应首先用大量冷却容器及相邻的有关设施，在做好充分准备并确有把握处置事故的情况下再灭火。灭火过程要注意安全，如果出现容器颤抖、通风孔发出尖叫及火焰变亮或耀眼等危险征兆时，指挥员应及时下达撤退命令，现场人员看到或听到事先规定的撤退信号后，必须迅速撤至安全区域；堵漏。根据现场的实际情况，利用车上的器材和堵漏工具，灵活运用不同的堵漏方法对容器、管道实施堵漏。对发生在生产过程中的泄漏，应积极配合事故单位切断物料输送，关闭电源、水源、气源。泄漏物为液态且在向附近蔓延，尤其是流向江河、湖泊时，应立即筑堤或挖坑收容；稀释。采用喷射水或其他相应的惰性介质，使危险物的浓度迅速降低，从而达到稀释的目的，如对污染区喷洒水雾、加强通风，向易燃易爆气体的有限空间充入空气等；输转。对积聚在事故现场的危险化学品应及时转移至安全地带；对泄漏罐体中的液态危险品，应在充分论证的基础上利用压差或用防爆转泵抽至槽车或其他指定设备中，并尽快转移出危险区，进一步采取有效措施，避免燃烧、爆炸或泄漏等事故的再次发生，防止事故扩大。

在控制事故源头时，救援人员应进行的防护措施：控制事故源头的救援人员在进入现场前必须视情况佩戴空气呼吸器、穿避火服和防化服，扎紧裤口、袖口等。对空气呼吸器的气瓶压力、进出人员姓名和时间须有专人负责检查登记。必要时对进入现场的人员用开花水流掩护，以确保救援人员安全。

污染区域进行洗消及其洗消方法：为避免毒害物持续造成危害，应对化学事故现场的人员和物资进行洗消。洗消时应根据毒害物的理化性质和受污染物体的具体情况采用相应的洗消方法和洗消剂。洗消分为物理洗消法和化学洗消法。

物理洗消法及其洗消方式：物理洗消法是利用自然条件，使毒物自行蒸发散失及被水解，逐渐降低毒性或被逐渐破坏而失去毒性。物理洗消法有通风洗消法、吸附洗消法、机械转移洗消法、冲洗洗消法。通风洗消法是利用空气的对流将毒物带走；吸附洗消法是利用吸附性较强的物质（如活性炭、活性白土、蛭石等）吸附泄漏物品或过滤空气、水中的毒害物，也可利用棉纱、纱布等浸以汽油、煤油和酒精等溶剂，将染毒体表面的毒物溶解擦洗掉；机械转移洗消法是对液体及固体污染源采用封闭掩埋或将毒物移走的方法，但掩埋必须添加大量的漂白粉。冲洗洗消法是直接用大量的水冲洗染毒体。物理洗消法的优点是处置便利，容易实施。

化学洗消法及其洗消方式：化学洗消法是利用洗消剂与毒源或染毒体发生化学反应，生成无毒或毒性很小的产物。它具有消毒彻底并对环境保护较好的特点，但要注意，洗消剂与毒物的化学反应是否产生新的有毒物质，防止再次发生染毒事故。化学洗消实施中需借助器材装备，消耗大量的洗消药剂，所以成本较高。在实际洗消中，化学方法和物理方法一般同时采用。为了使洗消剂在化学突发事件中能有效地发挥作用，洗消剂的选择必须符合“洗消速度快、洗消效果彻底、洗消剂用量少、价格便宜、洗消剂本身不会对人员设备起腐蚀伤害作用”的洗消原则。化学洗消法主要有中和法、氧化还原法、催化法等（见表 18-2）。

表 18–2　化学洗消法的种类

方法种类	内容
氧化还原法	利用洗消剂与毒物发生氧化还原反应，对毒性大且较持久的油状液体毒物进行洗消。如氯气钢瓶泄漏，可将泄漏钢瓶置于石灰水槽中，氯气经反应生成氯化钙，可消除氯对人员的伤害和环境污染。也可利用燃烧来破坏毒物的毒性，对价值不大或火烧后仍能使用的设施、物品可采用此法，但可能因毒物挥发造成临近及下风方向空气污染，所以必须注意个人防护
中和法	利用酸碱中和反应的原理消除毒物。强酸大量泄漏时可以用 5% ~ 10% 的氢氧化钠、碳酸氢钠、氢氧化钙等作为中和洗消剂，也可用氨水（但氨水本身具有刺激性，使用时要注意浓度的控制）。反之，若大量碱性物质泄漏（如氨的泄漏），可用酸性物质进行中和，但同样必须控制洗消剂溶液的浓度，否则会引起危害。中和洗消完成后，对残留物仍然需要用大量的水冲洗
催化法	利用催化剂存在下毒物加速变成无毒物或低毒物的化学反应。一些有毒的农药（包括毒性较大的含磷农药），其水解产物是无毒的，但反应速率很慢，加入某些催化剂可促其水解，利用农药加碱性物质可催化水解。因此用碱水或碱溶液可对农药引起的染毒体洗消

人员进行洗消：在污染区边界处设置若干个洗消点（通常每个出口设置一个），用清水、肥皂水或其他洗消剂进行清洗或用毛巾擦拭等方法清除人员身上的污染物，也可用水冲洗、拍打、抖拂等方法清除服装上的污染物。洗消时产生的废弃物要妥善处理，防止污染扩散。

对动物进行洗消：对有重要保留价值的珍稀动物采取与人员一样的洗消方法。其他动物一般应进行宰杀深埋或焚烧处理。

对污染地区进行洗消：冲洗。用水或其他合适的洗消剂冲洗地面、建筑物以及设备表面，对价值大、易造成水渍损失的精密仪器，应尽量分开擦洗；铲运。将危险品或被污染地面的表层铲除运走，有的也可以采用覆盖的方法；聚合。向地面、路面和建筑物及设备表面喷洒快速凝结剂，待其凝固成薄膜后，将凝固着有害物质的薄膜清除运走。

空间清洗：用洗消器材（如喷雾器、消防车、洗消车等）加压向被污染的空间喷洒雾状洗消剂，将被污染的空间进行清洗。

洗消程序：对受害人员、污染物品及参与处置的有关有人员、器材实施洗消时，首先要根据污染程度及物品性质进行分类，然后再按照程序实施。程序是：洗消准备——检测——实施洗消——判断洗消是否合格（不合格的重新洗消）——对人员进行现场急救—送往医院。

洗消中应注意的问题：根据有毒有害物质的性质及状态选择洗消方法。如对毒性大且又较持久的油状液体毒物，一般应用氧化氯化洗消剂或碱性洗消剂，洗消后还要用大量的清水冲洗。当气体毒害物浓度较高时，则应喷洒一些洗消剂加速消毒。浓度较低的可不做专门洗消，一般可暂时控制污染区，依靠自然条件使毒物逸散消失；根据污染物品、设施的性质和污染程度选择洗消方法。如对污染的水泥构件，可喷洒洗消剂实施洗消。对精密仪器、设备可用有机溶剂擦拭。

污染的洗消应遵循的原则：无论用哪种方法洗消，都应遵循“既要消毒及时、有效、彻底，又要尽可能不损坏污染物品”的原则。

第四节 常用危险化学品事故处置

扑救危险化学品火灾的总体要求：先控制，后消灭。针对危险化学品火灾的火势发展蔓延快和燃烧面积大的特点，积极采取统一指挥、以快制快；堵截火势、防止蔓延；重点突破，排出险情；速战速决的灭火战术；扑救人员要占领上风或侧风阵地；进行火势侦察、火势扑救、火场疏散的人员要有针对性地采取自我防护措施，如佩戴防护面具，穿戴防护服等；应迅速查明燃烧范围、燃烧物品及其周围物品的品名和主要危险特性、火势蔓延的主要途径；正确选择最适用的灭火剂和灭火方法。火势较大时，应先堵截火势蔓延，控制燃烧范围，然后逐步扑灭火灾；对有可能发生爆炸、爆裂、喷溅等特别危险需紧急撤离的情况，应按照统一的撤退信号及撤退方法及时撤离（撤退信号要格外醒目，能使现场人员都能看到，并应经常预先演练）；火灾扑灭后，起火单位应该保护现场，接受事故调查，协助公安消防监督部门和上级安全管理部门调查火灾原因，核定火灾损失，查明火灾责任，未经公安监督管理部门的同意，不得擅自清理火灾现场。

扑救爆炸物品火灾时的基本方法和注意事项：爆炸品都有专门的储存仓库。这类物品由于内部结构含有爆炸性基团，受摩擦、撞击、震动、高温等外界因素诱发，极易发生爆炸，遇明火则更危险。发生爆炸物品火灾时，一般应采取以下方法和注意事项：迅速判断和查明再次发生爆炸的可能性和危险性，紧紧抓住爆炸后和再次发生爆炸之前的有利时机，采取一切可能的措施，全力制止再次爆炸的发生；不能用砂土盖压，以免增强爆炸物品爆炸时的威力；如果有疏散的可能，人身安全确有可靠保障，应迅即组织力量及时疏散着火周围的爆炸物品，使着火区周围形成一个隔离带；扑救爆炸物品堆垛时，水流应采用吊射，避免强力水流直接冲击堆垛，以免堆垛倒塌引起再次爆炸；灭火人员应积极采取自我保护措施，尽量利用现场的地形、地物作为掩蔽体，或尽量采用卧姿等低姿射水。消防车辆不要停靠在离爆炸物品太近的地点；灭火人员发现有再次发生爆炸危险时，应立即向现场指挥报告，现场指挥应迅即做出准确判断，确有发生再次爆炸征兆或危险时，应立即下达撤退命令。灭火人员看到或听到撤退信号后，应迅速撤至安全地带，来不及撤退时，应立即就地卧倒。

扑救压缩气体和液化气体的火灾。压缩气体和液化气体总是被储存在不同的容器内，或通过管道输送。其中储存在较小钢瓶的气体压力较高，受热或受火焰熏烤容易发生爆裂。气体泄漏后遇着火源已形成稳定燃烧时，其发生爆炸或再次发生爆炸的危险性与可燃气体泄漏未燃时相比要小得多。遇压缩气体或液化气体火灾时一般应采用以下基本方法：扑救气体火灾切忌盲目灭火，即使在扑救周围火势以及冷却过程中不小心把泄漏处的火焰扑灭了，在没有采取堵漏措施的情况下，也必须用长火棒将其点燃，使其恢复稳定燃烧。否则，大量可燃气体泄漏出来与空气混合，遇着火源就会发生爆炸，后果将不堪设想；首先应扑灭外围被火源引燃的可燃物火势，切断火势蔓延途径，控制燃烧范围，并积极抢救受伤和被困人员；如果火势中有压力容器或有受到火焰辐射热威胁的压力容器，能疏散的应尽量在水枪的掩护下疏散到安全地带，不能疏散的应部署足够的水枪进行冷却保护。为防止容器爆裂伤人，进行冷却的人员应尽量采用低姿射水或利用现场坚实的掩蔽体防护。对卧式储罐，冷却人员应选择储罐四侧角作为射水阵地；如果是输气管道泄漏着火，应首先设法找到气源阀门。阀门完好时，只要关闭气体阀门，火势就可自动熄灭；罐或管道泄漏关阀无效时，应根据火势大小判断气体压力和泄漏口的大小及其形状，准备好相应的堵漏材料（如软木塞、橡皮塞、气囊塞、黏合剂、弯管工具等）；堵漏工作准备就绪后，即可用水扑救火势，也可用干粉二氧化碳灭火，但仍需用水冷却烧烫的罐壁。火扑灭后，应立即用堵漏材料堵漏，同时用雾状水稀释和驱散泄漏出来的气体；如果一次堵漏没有成功，再次堵漏需一定时间，应立即用长火棒将泄漏处点燃，使其恢复稳定燃烧，以防止爆炸，并准备再次堵漏；如果确认堵漏口太大而无法堵漏，只需冷却着火容器及其周围容器和可燃物品，直至燃气燃尽，火势自动熄灭；现场指挥员应密切注意各种危险征兆，必须做出适时准确判断，及时下达撤退命令。现场人员看到或听到事先规定的撤退信号时，应迅速撤退至安全地带；气体储罐或管道阀门处泄漏着火时，在特殊情况下，只要判断阀门还有效，也可违反常规，先扑灭火势，再关闭阀门。一旦发现关闭已无效，一时又无法堵漏时，应迅速点燃，恢复稳定燃烧。

易燃液体的储存和输送的特点：易燃液体通常也是储存在容器内或用管道输送的，与气体不同的是，液体容器有的密闭，有的敞开，一般都是常压，只有反应釜及输送管道的压力较高。液体不管是否着火，如果发生泄漏或溢出，都将顺着地面流淌或水面漂散，而且易燃液体还有相对密度或水溶性等涉及能否用水和普通泡沫扑救的问题，以及危险性很大的沸溢和喷溅问题，因此，扑救易燃液体火灾往往也是一场艰难的战斗。

扑救易燃液体火灾的基本方法。遇有易燃液体火灾，一般采用以下方法扑救：首先应切断火势蔓延的途径，冷却和疏散受火势威胁的密闭容器和可燃物，控制燃烧范围，积极抢救受伤和被困人员。如有液体流淌时，应筑堤拦截漂散流淌的易燃液体或挖沟导流；及时了解和掌握着火液体的品名、密度、水溶性以及有无毒害、腐蚀、沸溢、喷溅等危险性，以便采取相应的灭火和防护措施；对较大的储罐或流淌火灾，应准确判断着火面积。$50m^2$ 以内的小面积液体火灾，一般用雾状水扑灭，用泡沫、干粉、二氧化碳灭火更有效。大面积液体火灾必须根据其相对密度、水溶性和燃烧面积大小，选择正确的灭火剂扑救。相对密度小于 1 的液体，用直流水、雾状水灭火往往无效，可用普通蛋白泡沫或轻水泡沫扑火。相对密度大于 1 的液体火灾可用水扑救，水能覆盖在液面上灭火，用泡沫也有效。具有水溶性的液体火灾，最好用抗溶性泡沫扑救。用干粉扑救时，灭火效果要视燃烧面积大小和燃烧条件而定，最好用水冷却罐壁，以降低燃烧强度；扑救毒害性、腐蚀性或燃烧产物毒害性较强的易燃液体火灾，扑救人员必须佩戴防护面具，采取预防措施；扑救原油和重油等具有沸溢和喷溅危险的液体火灾，必须估计出可能发生沸溢、喷溅的时间，观察是否有沸溢、喷溅的征兆。指挥员发现危险征兆时应迅即做出判断，及时下达撤退命令，避免造成人员伤亡和财产损失。扑救人员看到或听到统一撤退信号后，应立即撤退至安全地带；遇有易燃液体管道或储罐着火，在切断蔓延方向，把火势限制在一定范围内的同时，对输送管道应设法找到并关闭进、出口阀门。如果管道阀门已损坏或是储罐泄漏，应迅速准备好堵漏材料，然后用泡沫、干粉、二氧化碳或雾状水等扑灭地上的流淌火焰，为堵漏扫清障碍，再扑灭泄漏口的火焰，并迅速采取堵漏措施。与气体堵漏不同的是，液体一次堵漏失败，可连续堵几次，只要用泡沫覆盖地面，并堵住液体流淌和控制好周围着火源，不必点燃泄漏口的液体。

扑救易燃固体、自燃物品的火灾。易燃固体、自燃物品的火灾一般都可用水和泡沫扑救，比其他种类的危险化学品容易扑救，只要控制住燃烧范围，逐步灭火即可。但有少数易燃固体、自燃物品的扑救方法比较特殊；2，4– 二硝基甲醚、二硝基萘、萘等是能升华的易燃固体，受热发出易燃蒸汽。火灾可用雾状水、泡沫扑救，并切断火势蔓延途径。但应注意，不能以为明火焰扑灭即已完成灭火工作，因为受热后升华的易燃蒸汽能在不知不觉中飘逸，在上层与空气能形成爆炸性混合物，尤其是在室内，易发生爆燃。所以扑救这类火灾千万不要被假象所迷惑。在扑救过程中应不时向燃烧区域上空及周围喷射雾状水，并用水浇灭燃烧区域及其周围的一切火源；黄磷自燃点很低，是在空气中能很快氧化升温并自燃的物品。遇黄磷火灾首先应切断火势蔓延途径，控制燃烧范围。对着火的黄磷应用低压水或雾状水扑救。高压直流水冲击能引起黄磷飞派，导致灾害扩大。黄磷熔融液体流淌时应用泥土、砂袋等筑堤拦截并用雾状水冷却，对磷块和冷却后已固化的黄磷，应用钳子储入水容器中。来不及钳时可先用砂土掩盖，但应做好标记，等火势扑灭后，再逐步集中到储水容器中；对少数易燃固体和自燃物品不能用水和泡沫扑救，如三硫化磷、铝粉、烷基铝、保险粉等，应根据具体情况区别处理，可选用干砂和不用压力喷射的干粉扑救。

扑救遇湿易燃物品火灾的基本方法。遇湿易燃物品能和水或在潮湿情况下发生化学反应，产生可燃气体和热量，有时即使没有明火也能自动着火或爆炸，如金属钾、钠以及三乙基铝（液态）等。因此，这类物品有一定数量时，绝对禁止用水、泡沫等湿性灭火剂扑救。对这类易燃物品应采用以下方法：首先了解清楚遇湿易燃物品的品名、数量、是否与其他物品混存、燃烧范围、火势蔓延途径；如果只有极少量（一般 50g 以内）遇湿易燃物品，不管是否与其他物品混存，仍可用大量的水或泡沫扑救。水或泡沫刚接触着火点时，短时间内可能会使火焰增大，但少量遇湿易燃物品燃尽后，火势很快就会减小或熄灭；如果遇湿易燃物品数量较多，且未与其他物品混存，则绝对禁止用水或泡沫等湿性灭火剂扑救。固体遇湿易燃物品应用水泥、干砂、干粉、硅藻土、蛭石等覆盖，水泥是扑救遇湿易燃物品最容易得到的灭火剂。对粉尘类的遇湿易燃物品（如铝粉等），切忌喷射有压力的灭火剂，防止将粉尘吹扬起来，与空气形成爆炸性混合物而导致爆炸；如果其他物品火灾威胁到相邻的遇湿易燃物品，应将其迅速疏散至安全地点。如果遇湿易燃物品较多，一时难以转移，应先用油布或塑料膜等其他防水布将其遮盖好，再在上面盖上棉被并淋上水。如果遇湿易燃物品堆放地势不太高，可在其周围用土筑一道防水堤。在用水或泡沫扑救火灾时，对相邻的遇湿易燃物品应留有一定的力量监护。

扑救氧化剂和有机过氧化物的火灾的特点：氧化剂和有机过氧化物既有固体、液体，又有气体，有些氧化剂本身不燃，但遇可燃物品或酸碱能着火、爆炸，有机过氧化物本身就能着火、爆炸，危险性特别大，扑救时要特别注意人身防护。不同的氧化物和有机过氧化物火灾，有的可用水和泡沫扑救，有的不能用水和泡沫扑救，有的不能用二氧化碳扑救。所以扑救氧化剂和有机过氧化物火灾是一场复杂而艰巨的任务。

扑救氧化剂和有机过氧化物的火灾。扑救氧化剂和有机过氧化物的火灾一般采用如下方法：迅速查明着火或反应的氧化剂和有机过氧化物以及其他燃烧物的品名、数量、主要危险特性、燃烧范围、火势蔓延途径、能否用水或泡沫扑救；

能用水或泡沫扑救时，应尽量切断火势蔓延，使着火区孤立，限制燃烧范围，同时应积极抢救受伤和被困人员；不能用水、泡沫、二氧化碳扑救时，应用干粉、水泥、干砂覆盖。覆盖时应先从着火区域四周，尤其是下风等火势主要蔓延方向盖起，形成孤立火势的隔离带，然后逐步向着火点逼进；由于大多数氧化剂和有机过氧化物遇酸会发生剧烈爆炸，如过氧化钠、过氧化钾、氯酸钾、高锰酸钾、过氧化二苯甲酰等。因此，专门生产、经营、储存、运输、使用这类物品的单位和场合对泡沫和二氧化碳也应慎用。

毒害品、腐蚀品火灾的特点：毒害品和腐蚀品对人体都有一定的危害。毒害品主要是经口或吸入蒸汽或通过皮肤接触引起人体中毒。腐蚀品是通过皮肤接触使人体形成化学灼伤。有些有毒品、腐蚀品能着火，有的本身并不着火，但与其他可燃物品接触后能着火。这类物品发生火灾时要及时的扑救，并需要特别防护。

扑救毒害品、腐蚀品火灾的基本方法：灭火人员必须穿着防护服，佩戴防毒面具。一般情况下采用全身防护，对有特殊需求的物品火灾，应使用专用防护服。考虑到过滤式防毒范围的局限性，在扑救毒害品火灾时应尽量使用隔绝式氧气或空气面具。为了在火场上能正确使用和适应，平时应进行严格的适应性训练；积极抢救受伤和被困人员，限制燃烧范围。毒害品、腐蚀品火灾极易造成人员伤亡，灭火人员在采取防护措施后，应立即投入寻找和抢救受伤、被困人员的工作，并努力限制燃烧范围；扑救时应尽量使用低压水流或雾状水，避免腐蚀品、毒害品溅出；遇毒害品、腐蚀品容器泄漏，在扑救火势后应采取堵漏措施。腐蚀品应用防腐材料堵漏；浓硫酸遇水能放出大量的热，会导致沸腾飞溅，需要特别注意防护。扑救浓硫酸与其他可燃物品接触发生火灾，浓硫酸不多时，可用大量低压水快速扑救。如果浓硫酸量很大，应先用二氧化碳、干粉等灭火，然后再把着火物品与浓硫酸分开。

放射性物品的火灾的特点：放射性物品是指能放射出人类肉眼看不见但却能严重损害人类生命和健康的 α、β、γ 射线和中子流的特殊物品。扑救这类物品的火灾必须采取特殊的能防护射线照射的措施。平时经营、储存、运输和使用这类物品的单位及消防部门，应配备一定数量防护装备和放射性测试仪器。

扑救放射性物品的火灾：先派出精干人员携带放射性测试仪器，测试辐射（剂）量和范围。测试人员要采取防护措施。对辐射（剂）量超过 0.0387C/kg 的区域，应设置写有“危及生命、禁止进入”的文字说明的警告标志牌。对辐射（剂）量小于 0.0387C/kg 的区域，应设置写有“辐射危险、请勿接近”的警告标志牌。测试人员应进行不间断巡回监测；对辐射（剂）量大于 0.0387C/kg 的区域，灭火人员不能深入辐射源纵深灭火。对辐射（剂）量小于 0.0387C/kg 的区域，可快速用水灭火或用泡沫、二氧化碳、干粉扑救，并积极抢救受伤人员；对燃烧现场包装没有破损的放射性物品，可在水枪的掩护下佩戴防护装备，设法疏散。无法疏散时，应就地冷却保护，防止造成新的破损，增加辐射（剂）量；对已破损的容器切忌搬动或用水流冲击，以防止放射性沾染范围扩大。

人身中毒的途径有：呼吸道。整个呼吸道都能吸收毒物，尤以肺泡的吸收能量最大。肺泡的总面积达 55 ~ 120m^2，而且肺泡壁很薄，表面为含碳酸的液体所湿润，又有丰富的微血管，所以毒物吸收后可直接进入大循环而不经肝脏解毒。皮肤。在搬运商品等操作过程中，毒物能通过皮肤吸收，其吸收的数量和速度，除与其脂溶性、水溶性浓度等有关外，皮肤温度升高，出汗增多，也能促使黏附于皮肤上的毒物易于吸收。消化道。操作中，毒物经消化道进入体内的机会较少，主要由于手被毒物污染未彻底清洗而取食物，或将食物、餐具放在现场被污染，或误服等。

人身中毒的临床表现（见表 18–3）：

表 18–3 人身中毒的临床表现

特征	内容
呼吸系统	一次大量吸收某些气体可突然引起窒息。长期吸入刺激性气体能引起慢性呼吸道炎症，出现鼻炎、咽炎、喉炎、气管炎等。吸入大量刺激性气体能引起严重的化学性肺水肿和化学性肺炎。某些毒物可导致哮喘发作
神经系统	慢性中毒早期常见神经衰弱综合征和精神症状，多属功能性改变，脱离毒物接触后可逐渐恢复。常见于砷、铅等中毒。锰中毒和一氧化碳中毒后可出现震颤。重症中毒时可发生中毒性脑病及脑水肿
消化系统	毒物所致消化系统症状多种多样。汞盐、三氧化二砷经急性中毒可出现胃肠炎；铅和铊中毒可出现腹绞痛；四氯化碳、三硝基甲苯可引起急性或慢性肝病
中毒性肾病	汞、镉、铀、铅、四氯化碳、砷化氢等可能引起肾损害。此外，生产性毒物还可能引起皮肤、眼损害、骨髓病变及烟尘热等
血液系统	许多毒物能对血液系统造成损害，表现为贫血、出血、溶血等。如铅可造成低色素性贫血；苯可造成白细胞和血小板减少，甚至全血减少，成为再生障碍性贫血，还可导致白血病；砷化氢可引起急性溶血；亚硝酸盐类及苯的氨基、硝基化合物可引起高铁血红蛋白症；一氧化碳可导致组织缺氧

急性中毒的现场处理：吸入中毒者，应迅速脱离中毒现场，向上风向转移至空气新鲜处，松开中毒者衣领和裤带，并注意保暖；化学毒物污染皮肤时，应迅速脱去污染的衣服、鞋袜等，用大量流动清水冲洗 15 ~ 30min。头、面部受污染时，首先注意眼睛的冲洗；口服中毒者，如为非腐蚀性物质，应立即用催吐方法使毒物吐出。现场可用自己的中指、食指刺激咽部、压舌根的方法催吐，也可由旁人用羽毛或筷子一端扎上棉花刺激咽部催吐。催吐时尽量低头、身体向前弯曲，呕吐物不会呛入

肺部。误服强酸、强碱，催吐后反而使食道、咽喉再次受到严重损伤，可服用牛奶、蛋清等。对失去知觉者，呕吐物可误吸入肺或误喝了石油类物品，易流入肺部引起肺炎。有抽搐、呼吸困难、神志不清或吸气时有吼声者均不能催吐。对中毒引起呼吸、心跳停者，应进行心肺复苏术，主要的方法有口对口人工呼吸和心脏胸外挤压术；中毒者经急救后，应立即送往医院，护送者要向医院提供引起中毒的原因、毒物名称等。如果化学毒物不明，则需带该物料 M 吐物的样品，以供医院及时检测。

参加救护的人员应进行个人防护：参加救护人员必须做好个人防护，进入中毒现场必须戴防毒面具或供氧式防毒面具。如果时间短，对水溶性毒物，如常见的氯、氨、硫化氢等，可暂用浸湿的毛巾捂住口鼻等。在抢救病人的同时，想方设法阻断毒物泄漏处，防止毒物蔓延扩散。

化学性皮肤烧伤的急救。化学性皮肤烧伤的现场处理方法是立即移离现场，迅速脱去被化学物污染的衣裤、鞋袜等，并进行下述处理：酸、碱或其他化学物烧伤，应立即用大量流动自来水或清水冲洗创面 15 ～ 30min；新鲜创面上不要任意涂上油膏或红药水，不要用脏布包裹；黄磷烧伤时应用大量水冲洗、浸泡或用多层湿布覆盖创面；烧伤病人要及时送往医院；烧伤的同时，往往合并骨折、出血等外伤，在现场也要及时处理。

化学性眼烧伤的急救：迅速在现场用流动清水进行冲洗，千万不要未经冲洗处理而急于送往医院；冲洗时眼皮一定要掰开；如果无冲洗设备，可把头部埋入清洁水盆中，把眼皮掰开，眼球来回转动洗涤；电石、生石灰颗粒溅入眼内，应先用蘸石蜡油或植物油的棉签，去除颗粒后再用水冲洗。

第十九章　职业病危害与现代安全管理

第一节　职业病危害

一、基础内容

职业病危害因素。工作场所中存在的各种有害的化学、物理、生物等环境因素及在作业过程中产生的其他有害因素叫作职业病危害因素。

职业病危害因素来源有哪些？

职业病危害的因素（见表 19–1）：

表 19–1　职业病危害的因素

因素	内容
与劳动过程有关的职业性危害因素	作业时间过长、作业强度过大、劳动制度与劳动组织不合理、长时间强迫体位劳动、个别器官和系统的过度紧张，均可造成对劳动者健康的损害
与作业环境有关的职业性危害因素	如露天作业的不良气象条件、厂房狭小、车间位置不合理、照明不良等
与生产工艺过程有关的职业性危害因素	来源于原料、中间产品或产品、机器设备的工业毒物、粉尘、噪声、振动、高温、电离辐射及非电离辐射、污染等

职业危害的分类。生产过程中的职业危害因素，按其性质可作如下分类：

（1）化学因素。工业毒物，如铅、苯、汞、锰、一氧化碳；生产性粉尘，如硅尘、煤尘、棉尘、有机性粉尘。

（2）物理因素。异常气象条件，如高温、高湿、低温、高气压、低气压；电离辐射，如 X 射线、γ 射线；非电离辐射，如紫外线、红外线、高频电磁场、微波、激光、噪声、振动。

（3）生物因素。皮毛的炭疽杆菌、蔗渣上的霉菌、布式杆菌、森林脑炎、病毒、有机粉尘的真菌、真菌孢子、细菌等。

职业病危害的致命条件：接触机会。如生产中使用或产生某些有毒有害物质；接触方式。如经呼吸道或皮肤及其他途径进入体内；有一定的接触时间；有一定的接触强度（如有害气体浓度）；劳动强度。强体力劳动可以使劳动者呼吸量增加，血液循环加快，从而增加人体对有毒有害物质的吸入量。

相同条件下，作业人员发生职业性危害的机会和程度的差别：遗传差异。有些患有遗传性疾病和遗传缺陷的人易受危害而患病；年龄和性别的差异。未成年人和妇女由于生理方面的原因，易受某些有毒有害物质的危害；身体营养状况的差异。身体营养状况良好的人，机体免疫功能、抵抗力和康复力强，不易受危害；文化水平和生活习惯的差异。有一定文化水平和良好生活习惯的人，对职业危害有足够的认识，能自觉遵守操作规程，注意预防危害，因此受危害的程度小一些。

职业病危害对劳动者健康的影响（见表 19–2）：

表 19–2 职业病危害对劳动者健康的影响

影响	内容
引起职业性多发病	劳动者长期在有毒有害物质环境下作业，虽然还没有引起职业病，但可能引起人体免疫功能下降，使发病率升高或病情加重
引起职业病	劳动者长期在有职业病危害的环境条件下作业，有毒有害物质通过呼吸道、皮肤、消化道等途径进入人体，天长日久，超过了人体代谢功能所能承受的限度，造成机体特定的功能或器质性病变，并出现相应的临床症状，甚至在不同程度上影响劳动能力，这种疾病就叫职业病。不同的危害因素可能引起不同的职业病
致癌和致畸胎	物理因素的放射性物质，化学因素的多环芳烃、有机醇类和有机酯类化合物、一些金属和盐类都有比较明显的致癌作用。有些化学因素、物理因素以及生物因素能使人体遗传基因发生突变，导致不孕、早产和胎儿畸形，甚至遗传下一代
引起生产性伤亡	空气中的易燃易爆粉尘浓度过高，遇火发生爆炸而导致伤亡事故

职业病危害的防治措施：

（1）组织措施严格执行国家有关法规标准；制定安全生产管理制度、安全生产岗位责任制度、安全操作规程；加强宣传教育，普及劳动卫生知识，提高领导和工人的自我防护意识。

（2）技术措施技术革新和工艺改革；控制毒物进入人体的剂量。技术革新和工艺改革用无毒工艺代替有毒工艺；用低毒物质代替高毒物质；用机械化、自动化代替手工操作，减少人体与毒物的接触；控制毒物进入人体的剂量如密闭与通风，对有毒有害生产过程，原则上尽量使用密闭，必要时保持负压，防止有害物质逸散。不能密闭处，采用抽风排毒装置，减小作业现场浓度。

防尘“八字方针”的内容。防尘“八字方针”的内容是：革（工艺改革、技术革新）、水（湿式作业）、密（密闭尘源）、风（通风防尘）、护（个人防护）、管（防尘设备的维护管理）、教（宣传教育）、查（监督检查、定期测尘、职业病体检）。

二、工业毒物及职业中毒

工业毒物的形态（见表 19-3）：

表 19-3 工业毒物的形态

名称	内容
蒸汽	固体升华、液体蒸发时形成蒸汽，如水银蒸汽、苯蒸汽等
雾	混悬于空气中的液体微粒，如喷洒农药和喷漆时所形成的雾滴，镀铬和蓄电池充电时逸出的铬酸雾和硫酸雾等
气溶胶尘	能较长时间悬浮于空气中的固体微粒，直径在 0.1 ~ 10μm
气体	在生产场所的温度、压力条件下，散发于空气中的氯、溴、氨、一氧化碳、甲烷等
烟	直径小于 0.1upm 的悬浮于空气中的固体微粒

工业毒物的分类。工业毒物的分类方法很多，可以按毒物的来源分，按毒物进入人体的途径分，也可以按毒物作用的性质分。目前最常用的是按化学性质及其用途相结合的分类方法：金属、非金属及其化合物；卤素及无机化合物；强酸和强碱；氧、氮、碳的无机化合物；窒息性惰性气体；有机毒物；农药类；染料中间体、合成树脂、橡胶、纤维等。

毒物的毒性：毒性是指某种毒物引起机体损伤的能力，用来表示毒物剂量与反应之间的关系。毒性大小所用单位一般以化学物质引起实验动物某种毒性反应所需要的剂量来表示，所需剂量越小，则毒性越大。

常用毒物毒性的指标。绝对致死剂量或浓度（LD_{100} 或 LC_{100}），是指毒性物质引起全组染毒动物全部死亡的最小剂量或浓度；半数致死剂量或浓度（LD50 或 LC50），是指毒性物质引起全组染毒动物半数死亡的剂量和浓度；最小致死剂量或浓度（MLD 或 MLC），是指毒性物质引起全组染毒动物中个别动物死亡的剂量或浓度；最大耐受剂量或浓度（LD_0 或 LCO），是指毒性物质能使全组染毒动物全部存活的最大剂量或浓度。

职业性接触毒物：职业性接触毒物指作业人员在生产中接触以原料、成品、半成品、中间体、反应副产物和杂质等形式存在，并在操作时可经呼吸道、皮肤或经口进入人体而对健康产生危害的物质。

职业性接触毒物危害程度分级原则。职业性接触毒物危害程度分级，是以急性毒性、急性中毒发病状况、慢性中毒患病状况、慢性中毒后果、致癌性和最高容许浓度六项指标为基础的定级标准。分级原则是依据六项分级指标综合分析，全面权衡，以多数指标的归属定出危害程度的级别，但对某些特殊毒物，可按其急性、慢性或致癌性等突出危害程度定出级别。

职业性接触毒物危害程度的分级标准（见表 19–4）。

表 19–4　职业性接触毒物危害程度的分级标准

分级标准	内容
急性中毒发病状况	是一项以急性中毒发病率与中毒后果为依据的定性指标，可分为易发生、可发生、偶尔发生及不发生急性中毒四级。将易发生致死性中毒或致残定为中毒后果严重，易恢复的定为预后良好
慢性中毒患病状况	一般在接触毒物的主要行业中，以工人的中毒患病率为依据，但在缺乏患病率资料时，可取中毒症状或中毒指标的发生率为依据
急性毒性	以动物试验得出的呼吸道吸入半数致死浓度（LC_{50}）或经口、经皮半数致死量（LD_{50}）的资料为准，选择其中 LC_{50} 或 LD_{50} 最低值作为急性毒性指标
致癌性	主要依据国际肿瘤研究中心公布的或其他公认的有关该毒物的致癌性资料，确定为人体致癌性、可疑人体致癌性、动物致癌性及无致癌性
慢性中毒后果	依据慢性中毒的结果，分为脱离接触后、继续进展或不能治越、基本治越、自行恢复四个级别

毒物的最高允许浓度的规定：毒物的最高允许浓度是目前医学水平上，认为对人体不会发生危害作用的限量浓度，它是通过卫生调查、临床医学检查、化验检查、流行病学调查和动物实验等系统研究而制定的。毒物的最高允许浓度主要以卫生部发布的 GBZ2—2007《工作场所有害因素职业接触限值》，空气中有害物质最高允许浓度值以此为准。

生产性毒物对人体的危害：有毒物质对人体的危害主要为引起中毒。中毒分为急性、亚急性和慢性。毒物一次短时间内大量进入人体后可引起急性中毒；小量毒物长期进入人体所引起的中毒称为慢性中毒；介于两者之间的，称之为亚急性中毒。

呼吸系统。急性中毒分为急性呼吸道炎、化学性肺炎和化学性肺水肿。慢性影响，长期接触铬及砷化合物，可引起鼻黏膜糜烂、溃疡甚至发生鼻中隔穿孔。长期低浓度吸入刺激性气体或粉尘，可引起慢性支气管炎，严重的可发生肺气肿。某些对呼吸道有致敏性的毒物可引起哮喘。

神经系统。神经系统由中枢神经（包括脑和脊髓）和周围神经（由脑和脊髓发出，分布于全身皮肤、肌肉、内脏等处）组成。有毒物质可损害中枢神经和周围神经，主要侵犯神经系统的毒物称为亲神经性毒物。

血液系统。在化工生产中，有许多毒物能引起血液系统损害。如苯、砷、铅等能引起贫血。苯可致白血病已得到公认，其发病率为十万分之十四。

消化系统。有毒物质对消化系统的损害很大，如汞可致毒性口腔炎；汞、砷等毒物经口侵入可引起出血性胃肠炎；铅中毒可有腹绞痛；黄磷、砷化合物、四氯化碳、苯胺等物质可致中毒性肝病。

循环系统。有机溶剂中的苯、有机磷以及某些刺激性气体和窒息性气体对心肌有损害，表现为心慌、胸闷、心前区不适、心率快等；急性中毒可出现休克；长期接触一氧化碳可促使动脉粥样硬化等。

泌尿系统。经肾随尿排出是有毒物质排出体外的最重要的途径，加之肾血流量丰富，易受损害。泌尿系统各部位都可能受到有毒物质损害，如慢性铍中毒常伴有尿路结石；杀虫脒中毒可出现出血性膀胱炎等，但常见的还是肾损害。

骨骼损害。长期接触氟可引起氟骨症。磷中毒可引起下颌改变，严重者发生下颌骨坏死。长期接触氯乙烯可导致肢端溶骨症，即指骨末端发生骨缺损。镉中毒可引起骨软化。

眼损害。生产性毒物引起的眼损害分为接触性和中毒性两类。接触性眼损害主要是指酸、碱及其他腐蚀性毒物引起的眼灼伤，眼部的化学灼伤救治不及时可造成终生失明。

皮肤损害。职业性疾病中最常见、发病率最高的是职业性皮肤病，其中由化学性因素引起者占多数。引起皮肤损害的化学性物质分为原发性刺激物、致敏物和光敏感物。

职业性肿瘤。接触职业性致癌性因素而引起的肿瘤，称为职业性肿瘤。国际癌症研究机构（IARC）1994年公布了对人肯定有致癌性的63种物质或环境，其中苯、砷、六价铬化合物是重要的致癌物质。

毒物进入人体的途径。经呼吸道侵入。人体呼吸主要是由呼吸道（气管、支气管、肺泡管）以及气体交换区域（肺泡）进行，空气中的氧在肺泡内通过扩散进人血液，二氧化碳通过扩散从血液进入空气。气管上附有毛细结构纤毛，这种结构是肺的清洁手段之一。在呼吸过程中，空气中的有毒化学品通过呼吸道到达肺泡进入血液，某些物质刺激上呼吸道或肺部气管的黏膜，所以呼吸道是毒物进入人体的最重要途径；经消化道侵入。消化系统包括食道、胃、小肠和大肠，毒物可通过口腔进入消化系统，从而进入人的血液产生中毒；经皮肤侵入。有些毒物可通过无损皮肤和毛囊的皮脂被吸收，经表皮进人体内的毒物需要经过三种屏障，第一是皮肤的角质层，第二是位于表皮角质层下面的连接角质层，第三是表皮与真皮连接处的基膜。

化学品通过呼吸、消化道、皮肤进入人体，并被运送到血液中，除极少数能排出体外，大部分储存在器官和组织中，长期积累就成为职业病。

毒物在人体内的代谢形式（见表 19–5）：

表 19–5　毒物在人体内的代谢形式

名称	内容
分布	毒物被吸收后，随血液循环（部分随淋巴液）分布到全身，当在作用点达到一定浓度时，就可能发生中毒。毒物在体内各部位分布是不均匀的，同一种毒物在不同的组织和器官分布量有多有少。有些毒物相对集中于某些组织或器官中，如铅、氟主要集中在骨质，苯多分布于骨髓及类脂质
生物转化	毒物吸收后受到体内生化过程的作用，其化学结构发生一定改变，称之为毒物的生物转化，其结果可使毒性降低（解毒作用）或增加（增毒作用）。毒物的生物转化可归结为氧化、还原、水解及结合。经转化形成毒物代谢产物排出体外
排出	毒物在体内可经转化后或不经转化而排出。毒物可经肾、呼吸道及消化道途径排出，其中经肾随尿排出是最主要的途径。尿液中毒物浓度与血液中的浓度密切相关，常通过测定尿中毒物及其代谢物，以监测和诊断毒物吸收和中毒情况
蓄积	毒物进入体内的总量超过转化和排出总量时，体内的毒物就会逐渐增加，这种现象就称之为毒物的蓄积。此时毒物大多相对集中于某些部位，毒物对这些蓄积部位可产生毒性作用。毒物在体内的蓄积是发生慢性中毒的基础

三、生产性粉尘对人体的危害

生产性粉尘：能够较长时间浮游于空气中的固体微粒称为粉尘。在生产中，与生产过程有关而形成的粉尘称为生产性粉尘。

生产性粉尘的危害：生产性粉尘对人体有多方面的不良影响，尤其是含有二氧化硅的粉尘，能引起严重的职业病——硅沉着病；生产性粉尘还能影响某些产品的质量，加速机器的磨损；微细末状原料、成品等成为粉尘到处飞扬，造成经济上的损失，甚至污染环境，危害人民健康。

生产性粉尘的来源。生产性粉尘主要来源有：固体物料经机械性撞击、研磨、碾乳而形成，经气流扬散而悬浮于空气中的固体微粒；物质加热时生产的蒸汽在空气中凝结或被氧化形成的烟尘；有机物质的不完全燃烧形成的烟雾。

生产性粉尘的分类。生产性粉尘的分类方法很多，按粉尘的性质可概括为以下两大类。无机粉尘。包括矿物性粉尘如石英、石棉、煤等；金属粉砂、水泥、玻璃纤维等；有机粉。有机粉尘包括动物性粉尘如皮毛、丝、骨粉尘；植物性粉尘如棉、麻、谷物、亚麻、甘蔗、木、茶粉尘；人工有机粉尘如有机染料、农药、合成树脂、橡胶、人造有机纤维粉尘等；混合性粉。在生产环境中两种以上粉尘同时存在时，其混合物为混合性粉尘。

生产性粉尘引起的职业病。生产性粉尘的种类繁多，理化性状不同，对人体所造成的危害也是多种多样的。就其病理性质可概括为如下几种：全身中毒性，如铅、锰、砷化物等粉尘；局部刺激性，如生石灰、漂白粉、水泥、烟草等粉；变态反应性，如大麻、黄麻、面粉、羽毛、锌烟等粉尘；光感应性，如沥青粉尘；感染性，如破烂布屑、兽毛、谷粒等粉尘，有时附有病原菌；致癌性，如铬、镍、砷、石棉及某些光感应性和放射性物质的粉尘；肺尘埃沉着病，如硅尘、硅酸盐尘。

作业场所空气中粉尘的卫生标准的规定：粉尘的最高允许浓度是从卫生学角度考虑的。粉尘中游离的二氧化硅对人体的危害最大，因此，粉尘中的最高允许浓度，大部分以二氧化硅的含量多少而定。生产环境中的粉尘浓度超过最高允许浓度时，必须采取除尘措施，使之降至最高允许浓度以下，应符合《作业场所有害因素职业接触限值》（GBZ2—20O2）的规定。

防尘防毒对策措施：使生产过程不产生危害因素；控制作业场所有害物质对大气的污染；加强作业人员的个人防护。

防尘技术措施（见表 19-6）：

表 19-6　防尘技术措施

措施	内容
湿式作业	这是种简便、经济而有效的防尘措施，能减少粉尘悬浮，防止二次扬尘。克服干法作业粉尘对人体的危害
工艺措施	改革工艺设备和操作方法，采用新材料、新工艺、新技术、消除或减少粉尘对人体的危害
密闭措施	密闭尘源，如管道化、机械化、自动化等是防尘外逸的有效措施
建筑措施	合理设计建筑，如厂房的选位、朝向、布局、人与尘源的距离等，不但减少灰尘进入，还有自然降尘效果
个体防护	这是防尘技术措施中重要的辅助措施，采用防尘口罩、面具、防护衣裤等防护用器，防止灰尘进入人体
通风除尘	利用各种通风除尘系统，达到有效除尘

工业毒物危害的控制措施。生产过程的密闭化、自动化是解决毒物危害的根本途径。采用无毒、低毒物质代替剧毒物质是从根本上解决毒物危害的首选办法。密闭、通风排毒系统。系统由密闭罩、通风管、净化装置和通风机构成；局部排气罩。就地密闭，就地排出，就地净化，是通风防毒工程的一个重要的技术准则。排气罩就是实施毒源控制，防止毒物扩散的具体技术装置。按构造分为密闭罩、开口罩两种类型；排出气体的净化。工业生产中的无害化排放，是通风防毒工程必须遵守的重要准则。根据输送介质特性和生产工艺的不同，有害气体的净化方法也有所不同，大致分为洗涤法、吸附法、袋滤法、静电法、燃烧法和高空排放法；个体防护。接触毒物作业人员的个体防护有特殊意义，毒物侵入是通过呼吸道、口、皮肤侵入，凡是接触毒物的作业都应规定有针对性的个人卫生制度，必要时应列入操作规程，如不准在作业场所吸烟、吃东西，下班后要洗澡，不准将工作服带回家中等。这不仅是为了保护操作者自身，而且也是避免家庭成员、特别是儿童间接受害。

作业场所职业病危害监测的项目。作业场所职业病危害监测包括生产性粉尘的监测和化学毒物的监测。

化学毒物的监测内容：化学毒物的监测包括皮肤污染量的监测和生物学监测。

四、噪声、振动危害及防护

噪声污染及对人体的危害：工业噪声污染是指一切对人体有害、人体不需要、使人感到厌烦的声音。噪声能损伤听力，使人耳聋，诱发各种疾病，降低劳动生产率，影响人们的正常工作和生活。工业噪声又称为生产性噪声，是涉及面最广泛、对工作人员影响最严重的噪声，目前已成为重要的污染因素之一。

工业噪声的分类：机械性噪声。由于机械的撞击、摩擦、固体的振动和转动而产生的噪声，如纺织机、球磨机、电锯、机床、碎石机启动时所发出的声音；空气动力性噪声。这是由于空气振动而产生的噪声，如通风机、空气压缩机、喷射器、汽笛、锅炉排气放空等产生的声音；电磁性噪声。由于电机中交变力相互作用而产生的噪声，如发电机、变压器等发出的声音。

噪声污染对人们的影响：强度为 130dB 以下的噪声短时间作用主要是干扰人的工作、休息和言语通信；130dB 以上的噪声可引起耳痛和鼓膜伤害等；165dB 以上的强烈噪声能使耳鼓膜穿孔外，还可导致机体的其他伤害；长时间职业性暴露在 85 ~ 90dB 以上噪声中可使现场人员产生言语听力损伤。此外，还可引起植物神经紊乱如睡眠不良、头痛耳鸣以及心血管功能障碍等；当在 110dB 以上的噪声中即便不太长时间的暴露，对于某些人有时也会造成永久性的听力损伤。

生产性振动和振动病：生产过程中的设备、工具产生的振动称为生产性振动。

振动病是在生产劳动中长期受外界振动影响引起的职业性疾病。

振动的来源：产生振动的机械有铸造机、冲压机、压缩机、打夯机等。存在手臂作业的主要有锤打工具、手持转动工具、固定转轮工具、交通运输工具和农业机械。

噪声、振动的控制措施：消除或降低噪声、振动源，在设计、制造生产工具或机械过程中，要采取消声减振措施；消除减少振动的传播；加强个人防护。

对噪声和振动的安全防护设施的要求：化工建设项目设计与厂区噪声控制标准应符合《工业企业噪声控制设计规范》（GBJ 87—1985）；化工建设项目噪声或振动控制设计应根据生产工艺特点和设备性质采取综合防治措施，用新工艺、新技术、新设备以及生产过程自动化和密闭化，实现远距离或隔离操作；在满足生产的条件下，总图布置应结合声学因素合理规划，宜将高噪声区和低噪声区分开布置，噪声污染区远离生活区，并充分利用地物、建筑物等自然屏障阻滞噪声或振动的传播；化工设计中选定的各类设备应有噪声、振动指标，应选用低噪声、低振动的设备。对于较强振动或冲击引起固体声传播及振动辐射噪声的机械设备，或振动对人员和机械设备运行及周围环境有影响时，应采取防振或隔振设计。

五、电磁辐射危害及防护

电离辐射和非电离辐射：电离辐射是指波长短、频率高、能量高的射线（粒子或波的双重形式）。高速带电粒子有 α 粒子、β 粒子、质子，不带电粒子有中子以及 X 射线、γ 射线都是电离辐射，电离辐射可以从原子或分子里面电离出至少一个电子。非电离辐射是指能量比较低，并不能使物质原子或分子产生电离的辐射，如紫外线、红外线、激光、微波都属于非电离辐射。

辐射病。人体遭受过量辐射，长期而言，可能引发癌症等慢性疾病。但如果短时间遭受大量辐射；可能出现一系列症状和疾病，统称“辐射病”。突发严重“辐射病”可在短时间内致人死亡。

辐射病包括的疾病。全身放射性疾病；局部放射性疾病；放射所致远期损伤。

外照射和内照射。使用封闭型电离辐射或射线装置进行工作，射线由外部照射称为外照射。使用开放型电离辐射源工作，放射性核素常以液体、气体、粉末或气溶胶状态进入周围环境，污染空气、设备、工作服或工作人员体表，除对工作人员造成外照射，主要还能通过人的呼吸道、消化道、皮肤或伤口等进入人的体内，造成内照射。

外照射的防护内容（见表 19–7）：

表 19-7 外照射的防护内容

名称	内容
距离防护	增大与照射源的距离人体受到照射的剂量是随与照射源的距离增大而减少的，特别是电离辐射源可视为点状的时候。因此在实际工作中，应尽量采取远距离操作。如采用不同功用的长柄器械或机械手进行远距离操作，使控制室或操作台与放射源有足够的距离等
屏蔽防护	设置防护屏障在实际工作中虽然可以通过调节时间、距离来减少人体受到照射的剂量，但是为了达到电离辐射源预期的应用目的，保证对预定照射程序的有效操作和控制，客观上不允许无限制地缩短受照时间和增大与源的距离。在这种情况下为了达到有效的防护目的，常采取屏蔽防护措施，以屏蔽电离辖射源对人体造成的超过限量的辐射照射。常用的屏蔽材料只要所用物质其厚度足以将辐射衰减到所要求的水平，则大多数物质都可用作辐射的屏蔽材料。如水、砖、大理石、混凝土，以及铅、铁等重金属和含铅制品
时间防护	缩短受照时间人体受到的照射的累积剂量是随时间延长而增加的，因此，在某些工作场合下，工作人员不得不在辐射场内进行工作，且可能持续一段时间，此时就必须采取轮流、替换的办法，限制每个人的操作时间，将每人所受的剂量控制在限值以下

内照射的防护。防止放射性物质从口腔进入人体：内在放射性现场不吃食物、不喝水、不吸烟。平时养成良好的个人习惯。工作时不触摸面部，工作后及时监测和洗手等；防止放射性物质从伤口和皮肤进入人体内：放射性物质经伤口能直接进入组织血液中，因此从事放射性操作必须按规定穿戴好个人防护用品，尽量减少皮肤裸露的面积，防止皮肤被刺伤、割破。如果皮肤受伤，无论伤口在何处，及时通知职业医疗医生处理。不准带裸露的伤口进入控制区。为了防止某些放射性核素从完好的皮肤渗透入人体内，除穿戴必要的防护用品外，不要用有机溶剂（如香蕉水、丙酮、汽油等）清洗手和皮肤；防止放射性物质从呼吸道进入人体。被放射性物质污染的空气经呼吸道进入人体是造成内污染的主要途径之一。防止吸入放射性物质的方法，对辐射工作人员个人而言，就是在有空气污染的工作条件下佩戴呼吸保护器。

呼吸保护器的类型：呼吸保护器可分开放式和密封式两种类型。开放式呼吸保护器为高效的防护口罩，采用活性炭等物质过滤、吸附放射性物质。开放式呼吸保护器因为没有自带气源，吸用的仍是工作环境的空气；密封式呼吸保护器带有供人员吸用的气源，因此从根本上避免了吸入放射性物质。核电站采用的这类保护器有三种：气衣、气面罩和呼吸面罩（带气瓶）。呼吸面罩由连带的气瓶供气，优点是工作人员可以自由移动，不受工作区间的限制，而缺点是气瓶笨重，背上干活十分不便，且供气持续时间有限。气衣、气面罩都由厂房内压缩空气分配系统供气，优点是穿着轻便、舒适，供气时间不受限制。而缺点是活动范围有限，穿脱和使用时需服务人员配合。在有空气污染的工作现场，个人防护选用何种呼吸保护器应由辐射防护工作人员根据工作性质和现场条件来决定。

高频电磁场的防护：场源屏蔽。利用可能的方法，将电磁能量限制在规定的空间内，阻止其传播扩散。首先要寻找屏蔽辐射源，如高频感应加热介质时，电磁场的辐射源为振荡电容器组、高频变压器、感应线圈、馈线和工作电极等。又如，高频淬火的主要辐射源是高频变压器，熔炼的辐射源是感应炉，黏合塑料源是工作电极。通常振荡电路系统均在机壳内，只要接地良好，不打开机壳，发射出的场强一般很小。屏蔽材料要选用铜、铝等金属材料，利用金属的吸收和反射作用，使操作地点的电磁场强度减低。屏蔽罩应有良好的接地，以免成为二次辐射源。微波辐射多为机器内的磁控管、调速管、导波管等因屏蔽不好或连接不严密而泄漏。因此微波设备应有良好的屏蔽装置；远距离操作。在屏蔽辐射源有困难时，可采用自动或半自动的远距离操作，在场源周围设有明显标志，禁止人员靠近。根据微波发射有方向性的特点，工作地点应置于辐射强度最小的部位，避免在辐射流的正前方工作；个人防护。在难以采取其他措施时，短时间作业可穿戴专用的防护衣帽和眼镜；卫生标准。我国的《高频辐射卫生标准》对电场强度和磁场强度分别做出规定：高频辐射（频率 100kHz 至 30MHz）的电场强度为 20V/m，磁场强度为 5A/m。《微波辐射暂行卫生标准》规定：一日 8 小时工作，连续辐射强度不应超过 38uW/cm^2；一日总剂量不应超过 300uW/cm^2；不允许在 5uW/cm^2 辐射环境下工作。

微波辐射的防护。可直接减少辐射源；屏蔽辐射源；采取个人防护措施。

红外辐射线对人体的危害：红外线照射皮肤时，大部分被皮下组织吸收使局部加热，皮肤温度升高，血管扩张，出现红斑反应，反复照射时局部可出现色素沉着。过量的红外线照射，可引起皮肤急性灼伤，短波红外线的灼伤作用较长波红外线强。直接照射头部或面积较大、时间较长时，人体可因过热而出现全身症状，甚至发生中暑。红外线照射眼睛时，可使眼组织加热，过量时可引起角膜和瞳孔括约肌的损伤，自觉眼睛不适或疼痛，瞳孔痉挛甚至瞳孔括约肌瘫痪，双眼集合作用减退，阅读困难；红外线引起的白内障多发生于工龄长的工人，波长 0.8 ~ 1.2μm 的红外线长期照射时，可引起晶状体温度升高，晶状体浑浊，发展为白内障。波长小于 1μm 的红外线可达到视网膜，过量照射时引起视网膜灼伤，主要损害黄斑区，形成暂时性或永久性失明，中心暗点，影响视力，多发生于使用弧光灯、电焊、乙炔焊等作业。

红外辐射线的防护：预防红外线伤害主要是穿戴防护服和防护帽，严禁裸眼看强光。生产中应戴绿色玻璃防护镜，镜片中需含有氧化亚铁或其他过滤红外线的有效成分。

紫外辐射线对人体的危害：紫外线照射皮肤时，可引起血管扩张，出现红斑，过量照射可产生弥漫性红斑，并可形成小水泡和水肿，长期照射可使皮肤干燥、失去弹性和老化。紫外线与煤焦油、沥青、石蜡等同时作用皮肤时，可引起光感性皮炎；紫外线照射眼睛时，可引起急性角膜炎，常因电弧光如电焊引起，故称为电光性眼炎。电光性眼炎是一种常见的职业病。发生于电焊、气焊、氧焰切割、电弧炼钢，以及使用弧光、水银灯、紫外灯的作业，其中以电焊工最多见。一般在受照后 6 ~ 8h 发病，最短 30min，最长 24h，常在夜间或清晨发病。轻症仅有双眼异物感和轻度不适，重症者眼部有灼痛或刺痛，并伴有高度畏光、流泪及视力减退，眼睑痉挛、结膜充血、水肿、有黏液样分泌物，角膜上有点状脱落。

紫外辐射线的防护：预防紫外线的危害应采用自动或半自动焊接；增大与辐射源的距离。电焊工及其助手必须佩戴专用的防护面罩或眼镜及适宜的防护手套，不得有裸露的皮肤。电焊工操作时应使用移动屏幕围住作业区，以免其他工种的人员受到紫外线照射。电焊时产生的有害气体和烟尘，应采用局部排风措施加以排除。此外，要严格遵守操作规程。

激光对人体的危害：激光对人体的伤害主要是眼睛，其次是皮肤。激光能烧伤生物组织，尤其对视网膜的灼伤最多见。因为激光束能通过眼自身的屈光系统在视网膜上聚焦成一个非常小的光斑，使光能高度集中而导致灼伤。处在红外区或微波区的激光辐射可被虹膜或晶状体吸收造成热损伤，导致虹膜炎和白内障。激光对眼睛的伤害与其波长、脉冲宽度、间隙时间、光束的能量、入射角度、受照组织特性等因素有关。眼睛受激光照射后，可突然有眩光感，出现视力模糊或眼前出现固定黑影，甚至视觉丧失。激光辐射对视网膜的损害是无痛的，易被人们忽视。长期经常接触小剂量和漫反射激光的照射，工作人员一般不会发现自己视力的损伤，有时有一般神经衰弱。工作后视力疲劳、眼痛等，无特异症状。激光对眼睛的意外伤害，除个别人发生永久性视力丧失外，多数经治疗后均有不同程度的恢复。激光对皮肤的伤害过程表现为轻度红斑、灼烧直至组织炭化坏死，此外亦可损伤色素细胞，引起毛细栓塞，有时可见血管破渍和溢血。皮肤损伤通常是可逆的和可恢复的。

激光的防护：加强安全教育。严禁裸眼观看激光束，注意操作规程；确定操作区及危险带并要有醒目的警告牌，无关人员不得随意进入；要佩戴合适的防护眼镜、防护手套；定期检查身体，特别是眼睛；防护设施。操作室围护结构要用吸光材料制成，色调宜暗。室内不得设置安放能反射、折射光束的设备、用具。激光束的防光罩要用耐火材料制成，其开启应与光束放大系统的截断器相连；个人防护用品。防燃工作服，颜色要深，以减少反光。防护眼镜使用前必须经专业人员选择、鉴定，并定期测试防护效果。

防辐射安全防护设施。具有电离辐射影响的化工生产过程必须设计可靠的防护措施，电离辐射防护设计应符合《放射卫生防护基本标准》（GB4792—1984）的规定；具有高频、微波、激光、紫外线、红外线等非电离辐射影响的防护设计，应符合相应的国家标准和有关规定；化工装置设计应根据辐射源性质和危害程度合理布置辐射源。辐射作业区与生活区之间应设置必要的防护距离；化工装置设计应根据辐射源性质采取相应的屏蔽辐射源措施，必要时设计屏蔽室、屏蔽墙或隔离区；对封闭性的放射源，应根据剂量强度、照射时间以及照射源距离，采取有效的防护措施；对生产过程的内辐射，采取生产过程密闭化，设计可靠的监测仪表、自动报警和自动联锁系统，实现自动化和远距离操作；放射性物料及废料应设计专用的容器和运输工具，在指定路线上运送。放射源库、放射性物料和废料处理场必须有安全防护措施；有辐射作业场所的生产过程应根据危害性质配置必要的监测仪表。操作和使用放射线、放射性同位素仪器和设备的人员应配备个人专用防护器具。

六、高温作业危害、灼伤及其防护

高温作业。高温作业是指以本地区夏季通风室外平均温度为参照基础，其工作地点具有生产性热源，而工作地点气温高于室外温度 2℃或 2℃以上的作业。

石油化工企业的高温作业：油页岩露天采掘，尤其在夏天，采掘作业面的气温很高；催化裂化装置的“三机”岗位，焦化装置的油渣泵房；各类加热炉、裂解炉、锅炉、焙烧炉等；烯烃生产过程的聚合岗位和热切粒岗位，化纤装置的牵伸、干燥岗位；浇铸、锻压；夏季刷洗储油罐、油槽车，在塔内、罐内从事砌砖、焊接等作业。

高温作业的危害（见表 19–8）：

表 19–8　高温 作业的危害

危害	内容
对消化系统的影响	高温对唾液分泌有抑制作用。使胃液分泌减少，胃蠕动减慢，造成食欲不振；大量出汗和氯化物的丧失，使胃液酸度降低，易造成消化不良。此外，高温可使小肠的运动减慢，形成其他胃肠道疾病
对泌尿系统的影响	高温下，人体的大部分体液由汗腺排出，经肾脏排出的水盐量大大减少，使尿液浓缩，肾脏负担加重
对神经系统的影响	在高温及热辐射作用下，肌肉的工作能力、动作的准确性、协调性、反应速度及注意力降低
对循环系统的影响	高温作业时，皮肤血管扩张，大量出汗使血液浓缩，造成心脏活动增加、心跳加快、血压升高、心血管负担增加

高温作业的防护措施：高温作业的防护有技术措施、保健措施和管理措施。

高温作业防护技术措施。合理设计工艺流程和改进生产设备及操作方法是改善高温作业劳动条件的根本措施。对热源的布置应符合下列要求：尽量布置在车间外面；采用热压为主的自然通风时，尽量布置在天窗下面；采用穿堂风为主的自然通风时，尽量布置在夏季主导风向的下风侧；对热源采取隔热措施；使工作地点易于采用降温措施，热源之间可设置隔墙或隔板，使热空气沿隔墙上升，经过天窗排除，以免扩散到整个车间；热成品和半成品应及时运出车间或堆放在下风侧。隔热。隔热是防止热辐射的重要措施，尤其以水的隔热效果最好，水的比热容大，能最大限度地吸收辐射热。通风降温。自然通风，通过门窗和缝隙进行自然通风换气。机械通风，采用局部或全面机械通风或强制送入冷风来降低作业环境温度。在高温作业厂房，修建隔离操作室，向室内送冷风或安装空调。

高温作业防护的保健措施：给饮料和补充营养。高温作业工人应该补充与出汗量相等的水分和盐分，饮料的含盐量以 0.15% ~ 0.2% 为宜，饮水方式以少量多次为宜；适当增加高热量饮食和蛋白质，以及维生素和钙等；个人防护。高温作业工人的工作服，应以耐热、热导率小而透气性能好的织物制成，按照不同工种需要，还应当配发工作帽、防护眼镜、面罩、手套、鞋盖、护腿等个人防护用品；加强医疗预防工作。对高温作业工人应该进行就业前和入暑前体格检查，凡有心血管系统器质性疾病、血管舒缩调节机能不全、持久性高血压、溃疡病、活动性肺结核、肺气肿、肝、肾疾病，明显内分泌疾病（如甲状腺机能亢进）、中枢神经系统器质性疾病、过敏性皮肤疤痕患者、重病后恢复期及体弱者，均不宜从事高温作业。

高温作业防护的管理措施：加强领导，改善管理，严格遵守国家有关高温作业卫生标准，搞好防暑降温工作，如按照《高温作业分级》（GB/T4200—2008）中的方法和标准，对本单位的高温作业进行分级和评价，一般应每年夏季进行一次；宣传防暑降温和预防中暑的知识；合理安排工作时间，避开最高气温；轮换作业，缩短作业时间；设立休息室，保证高温作业工人有充分的睡眠和休息；当温度高于当地规定的最高允许温度，应停止作业。

灼伤：由于热力或化学物质作用于身体，引起局部组织损伤，并通过受损的皮肤、黏膜组织导致全身病理生理改变称为灼伤。

灼伤的分类。化学灼伤：由强酸、强碱、磷和氢氟酸等化学物质所引起的灼伤。在搬运、倾倒、调制酸碱时，修理或清洗化学装置时，装酸碱的容器、管道发生故障或破裂时，均可引起化学灼伤。灼伤最常发生的部位是裸露的皮肤和眼结膜、眼角膜；热力灼伤：由于接触炙热物体、火焰、高温表面、过热蒸汽等所造成的损伤。在化工生产中还会发生由于液化气体、干冰接触皮肤后迅速蒸发或汽化，大量吸收热量，以致引起皮肤表面冻伤；复合性灼伤：由化学灼伤和热力灼伤同时造成的伤害。

灼伤是的分级划分：灼伤的严重程度取决于受伤组织的范围和深度，灼伤深度可分为Ⅰ度、Ⅱ度、Ⅲ度和Ⅳ度。Ⅰ度灼伤损伤最轻。灼伤皮肤发红、疼痛、明显触痛、有渗出或水肿。轻压受伤部位时局部变白，但没有水疱。Ⅱ度灼伤损伤较深。皮肤水疱底部呈红色或白色，充满了清澈、黏稠的液体。触痛敏感，压迫时变白。Ⅲ度灼伤是指皮肤全层灼伤。灼伤表面可以发白、变软或者呈黑色、炭化皮革状。由于被烧皮肤变得苍白，在白皮肤人中常被误认为正常皮肤，但压迫时不再变色。破坏的红细胞可使灼伤局部皮肤呈鲜红色，偶尔有水疱，灼伤区的毛发很容易拔出，感觉减退。Ⅲ度灼伤区域一般没有痛觉。因为皮肤的神经末梢被破坏。Ⅳ度灼伤是指除皮肤全层灼伤外，还伤及皮下组织如肌肉、骨骼等，也称为毁损性灼伤。多发生于四肢末端，耳、鼻等部位，发生原因主要是火焰灼伤、电击伤、热压伤和强酸、强碱灼伤等，修复难度大，恢复时间长。

防止化学灼伤的安全设施：设计具有化学灼伤危害物质的生产过程时，应合理选择流程、设备和管道结构及材料，防止物料外泄或喷溅；具有化学灼伤危害的作业应采用机械化、管道化、自动化，并安装必要的信号报警、安全联锁和保险装置，禁止使用玻璃管道、管件、阀门、流量计、压力计等仪表；具有化学灼伤危害的生产装置，其设备布置应保证作业场所具有足够的空间，以保证作业场所畅通，危险作业点应装设防护设施；具有酸碱腐蚀作业区的地面、墙壁、设备基础，应进行防腐处理；具有化学灼伤危险的作业区，应设计必要的洗眼器、淋洗器等安全防护设施，并在装置区设置救护箱。工作人员配备必要的个人防护用品。

化学灼伤的现场急救应采取的措施：化学腐蚀品造成的化学灼伤与火烧伤、烫伤不同，不同类别的化学灼伤，急救措施不同，要根据灼伤物的不同性质，分别进行急救。发现化学烧伤后，要立即脱去被污染的衣物、鞋袜，随后用大量清水冲洗创面 15 ~ 20min。有条件时边冲洗边用 pH 试纸不断测定创面的酸碱度，一直冲洗到中性为止；被强酸或强碱等灼伤，应迅速用大量清水冲洗，至少冲洗半小时。若是酸类灼伤用饱和的碳酸氢钠溶液进行冲洗；若是碱类灼伤用醋酸溶液进行冲洗或撒以硼酸粉。酸或碱一旦溅入眼睛，要立即用清洁的水冲洗。凡溶于水的化学药品进入眼睛，应立即用水洗涤，然后根据不同情况分别处理。如属碱类灼伤，则用 2% 的医用硼酸溶液淋洗；如属酸类灼伤，则用 3% 的医用碳酸氢钠溶液淋洗。重者应立即送医院治疗；对口腔的化学灼伤应迅速用蒸馏水或自来水漱口，然后酌情处理。如属碱类灼伤，用 2% 的硼酸溶液反复漱口；如属酸类灼伤，则用 3% 的碳酸氢钠溶液反复漱口。最后，都应用洁净水多次漱洗。

七、个人防护用品

选择个人防护用品应注意的问题：个人防护用品是劳动者在生产作业过程中免

遭或减轻事故和职业危害因素的伤害而提供的保护用品，直接对人体起到保护作用。选用时应注意以下三个方面因素：危害的性质，在选择个人防护用品前，对危害的详细情况（如污染的类型及浓度）要详细了解；个体防护用品的性能数据。要从制造商处取得个体防护用品对具体危害的防护能力的信息；暴露于危害中可接受的水平。对于某种危害，要了解现实情况可接受的极限。

正确使用防护用品，应了解的内容：佩戴合适。为保证完全的防护，佩戴合适是必要的要求；使用期限。防护用品使用者必须做到，无论何时出现危害，个体防护用品都必须佩戴在身，并保证有效防护，所以要严格注意使用期限。严禁使用过期或无效的防护用品；舒适。防护用品的舒适与否是保证安全的重要方面，佩戴不舒适的防护用品有可能导致事故的发生；保养。要经常对个人防护用品进行清洁、检查和维护，使防护用品处于可使用状态；培训。使用者必须了解个人防护用品的使用期限、使用方法和保养方法，达到所需要的保护效果的标准；相互关系。在选择单项个体防护用品时，需要有一个全面的考虑，这样可以对防护用品做出一个组合的选择。如防毒面罩除了可以保护呼吸道外，还可以在设计中加入对眼的保护；管理承诺。这是任何一种安全计划中都要有的必要条款，因为这是防止危害的最后一道防线。如果操作人员未按要求佩戴个体防护用品，发生事故时都会引起劳资关系及政策方面的纠纷。

安全帽的性能、佩戴方法和保养的注意事项（见表 19–9）：

表 19–9　安全帽的性能、佩戴方法和保养的注意事项

项目	内容
安全帽的佩戴方法	佩戴前应将安全帽调整到适合的位置，然后将帽内弹性带系牢。人的头顶和帽体内顶部的空间垂直距离约 32mm，这样才能保证当遭受冲击时，帽体有足够的空间可供缓冲，平时也有利于头和帽体间的通风。安全帽的下领带必须扣在领下，并系牢，松紧要适度
安全帽的保护	安全帽要定期检查，不易长时间在阳光下暴晒，不能接触火源、涂刷油漆等。安全帽从制造完成日计算，塑料安全帽的使用期限最长为 3 年；玻璃钢安全帽的使用期限为两年半。不得使用过期的或不符合安全要求的安全帽
安全帽的结构和性能	头部护具主要是指安全帽，它是防止人体头部受外力伤害而起保护作用的帽子。它由帽壳、帽衬、下颏带、后箍等组成，由热塑性或热固性工程塑料制成。安全帽分为 Y 和 T 两种，T 是特种作业安全帽。帽壳呈半球形，坚固、光滑并有一定弹性，打击物的冲击和穿刺动能主要由帽壳承受。帽壳和帽衬之间留有一定空间，可缓冲、分散瞬时冲击力，从而避免或减轻对头部的直接伤害。防冲击性能、耐穿刺性能、侧向刚件、电绝缘性、阻燃性是对安全帽基本技术性能的要求

眼部防护用品：安全眼镜。用于预防低能量的飞溅物（如金属碎渣等）对眼睛的伤害；安全护目镜。能防止高能量的金属、砂屑、钢液等飞溅物对眼部的伤害，多用于机床操作、铸造等工种；防辐射护目镜。能防止有害红外线、耀眼的可见光和紫外线对眼部的伤害，主要用于冶炼、浇注、烧割和铸造热处理等工种。这种护目镜大多与帽檐连在一起，有固定的，也有可以上下翻动的；面罩。提供对整个面部高能量飞溅物的保护，同时加上各种过滤片后可以处理各种类型的辐射。

呼吸保护装置。呼吸保护装置一般分为两类：一类是过滤式呼吸保护器，它是将空气吸入过滤装置，去除污染物而使空气净化；另一类是供气式呼吸器，它是从一个未经过污染的外部气源，向佩戴者提供洁净空气的。呼吸保护器的类型如下：过滤式呼吸保护器。口罩、半面罩呼吸保护器、全面罩呼吸保护器、动力空气净化呼吸保护器、动力头盔呼吸保护器；供气式呼吸保护器。长管洁净空气呼吸器、压缩空气呼吸器、自备气源呼吸器。

防毒面具的作用和结构。防毒面具作为个人防护器材，用于对人员的呼吸器官、眼睛及面部皮肤提供有效防护。防毒面罩可以根据防护要求分别选用各种型号的滤毒罐，应用在各种有毒、有害的作业环境中。防毒面具主要是由过滤元件、罩体、眼窗、呼气通话装置以及头带等部件组成。过滤元件。过滤元件只允许清洁空气通过，其内部装有悬浮在空气中的微小颗粒的过滤层，是一层特制过滤纸，它既要高效率地滤除有害物气溶胶粒子，又要对人体的呼吸不产生明显的阻力。过滤元件内还装有专门对付毒气蒸汽的防毒炭（与普通活性炭不同）。防毒炭不仅要有非常发达的微孔结构（使其有足够大的吸附量），尽量多吸附毒剂，而且要有充分发达的中孔、大孔，以使具有吸附作用的道路畅通，满足吸附速率的要求。防毒炭除要求孔隙结构合理外，还须经特殊的化学药剂处理，因为，对付各种毒物单靠物理吸附作用是远远不够的，必须借助催化剂，进行物化反应，使其大量吸附毒物。新的防毒炭对付毒物的能力很强。但随着时间的过长，防毒炭会有陈化作用，必须对防毒炭进行防陈化处理。面具罩体。面具罩体要适合多种头型的人佩戴，既要合，不让有毒物乘隙而入，又不至给人造成面部压痛。呼气时面具内压力大于外界压力，是正压气密性好的密合框结构。目前，比较先进的密合框有气垫管型、双反折边型和波纹状结构型等。

正确使用防毒面具：使用面具时，由下颏处向上佩戴，再适当调整头带。戴好面具后用手掌堵住滤毒盒进气口用力吸气，面罩与面部紧贴不产生漏气，则表明面具已经佩戴气密，可以进入危险涉毒区域工作；面具使用完毕后，应擦净各部位汗水及脏物，尤其是镜片、呼气活门、吸气活门要保持清洁，必要时可以用水冲；如在具有传染性质的病毒环境使用后，面罩及滤毒盒可用 1% 过氧乙酸消毒液擦拭，清洗消毒，必要时面罩可浸泡在1%过氧乙酸消毒液中。但滤毒盒不可浸泡，也不可进水以防失效，而且经消毒液消毒后，应用清水擦拭，晾干后再用。

防护服的种类。防护服包括帽、衣、裤、围裙、套裙、鞋罩等，主要有以下四种：防热服。防热服具有隔热、阻燃、牢固的性能，但又应透气，穿着舒适，便于穿脱；又分为非调节式和空气调节式两种；防化服。一般有两类：一类是用涂有对所防化学物不渗透或渗透率小的聚合物化纤和天然织物做成，并经某种助剂浸乳或防水涂层处理，以提高其抗透过能力；另一类是以丙纶、涤纶等织物制作，用以防酸碱。对这些防护服，国家有一定的透气、透湿、防油拒水、防酸碱及防特定毒物透过的标准；微波屏蔽服。有两类：一类是金属丝布微波屏蔽服；另一类是镀金属布微波屏蔽服。这种屏蔽服具有镀层不易脱落、比较柔软舒适、重量轻等特点；防尘服。一般用较致密的棉布、麻布或帆布制作，需具有良好的透气性和防尘性。式样有连身式和分身式两种，袖口、裤口均须扎紧，用双层扣，即扣外再缝上盖布加扣，以防粉尘进入。

皮肤防护的方法：在戴手套或穿防护服感到妨碍操作的情况下，常用膏膜防护皮肤污染。干酪素防护膏可对有机溶剂、油漆和染料等有良好的防护作用。对酸碱等水溶液可用由聚甲基丙烯酸丁酯制成的胶状膜液，涂抹后即形成防护膜，唯洗脱时可用乙酸乙酯等溶剂。防护膏膜不适于有较强摩擦力的操作。

八、工伤保险

工伤保险。劳动者在工作中或在规定的特殊情况下，遭受意外伤害或患职业病导致暂时或永久丧失劳动能力以及死亡时，劳动者或其遗属从国家和社会获得物质帮助的一种社会保险制度。

工伤保险的特点：工伤保险对象的范围是在生产劳动过程中的劳动者。由于职业危害无所不在，无时不有，任何人都不能完全避免职业伤害。因此工伤保险作为抗御职业危害的保险制度适用于所有职工，任何职工发生工伤事故或遭受职业疾病时，都应毫无例外地获得工伤保险待遇；工伤保险的责任具有赔偿性。也就是说，劳动者的生命健康权、生存权和劳动权受到影响、损害甚至被剥夺了。因此工伤保险是基于对工伤职工的赔偿责任而设立的一种社会保险制度，其他社会保险是基于对职工生活困难的帮助和补偿责任而设立的。统一专属工伤保险方案与社保完全对接，补充了一次性伤残就业补助金的赔偿；工伤保险实行无过错责任原则。无论工伤事故的责任归于用人单位还是职工个人或第三者，用人单位均应承担保险责任；工伤保险不同于养老保险等险种，劳动者不缴纳保险费，全部费用由用人单位负担。即工伤保险的投保人为用人单位；工伤保险待遇相对优厚，标准较高，但因工伤事故的不同而有所差别；工伤保险作为社会福利，其保障内容比商业意外保险要丰富。除了在工作时的意外伤害，也包括职业病的报销、急性病猝死保险金、丧葬补助（工伤身故）。

工伤保险的原则。无责任补偿（无过失补偿）原则；国家立法、强制实施原则；风险分担、互助互济原则；个人不缴费原则；区别因工与非因工原则；经济赔偿与事故预防、职业病防治相结合原则；一次性补偿与长期补偿相结合原则；确定伤残和职业病等级原则；区别直接经济损失与间接经济损失原则；集中管理原则。

无责任补偿。无责任补偿也叫无过失补偿，系指劳动者在生产工作中发生工伤事故时，无论事故责任是否属于劳动者本人（除本人严重失职或犯罪），受职业伤害者都应无条件得到补偿。

实行无责任补偿原则的意义：工伤事故是意外发生的。每个劳动者都会在生产、工作时力求确保自身安全，所以工伤事故是意外伤害事故；无责任补偿原则消除了劳动者后顾之忧。无责任补偿原则使劳动者知道，即使不幸发生了工伤事故，生活也是有保障的，这样会激发劳动者工作积极性；工伤保险是所有社会保险项目中享受条件最低、待遇水平最高的。正是由于工伤保险待遇水平较高，所以企业为此而缴纳的费用也较多，这会促使企业注意预防工伤事故的发生，保护劳动者的健康和安全。

国家立法、强制实施原则的内容。国家立法、强制实施原则是由国家通过立法手段强制工伤保险制度的实施。对于不按法律规定参加工伤保险的企业，对于不按法定的项目、标准和方式支付待遇，不按法定的标准和时间缴纳保险费的行为，要依法追究法律责任。

工伤保险实行国家立法、强制实施原则的意义。劳动者大都以工资收入为主要生活来源。如果遭受了有损健康和劳动能力的事故以致不能劳动，则丧失部分或全部工资收入。此外，由于工资收入有限，缴纳保险金的能力就比较低。所以全国实行的工伤保险都由国家统一管理，通过国家立法强制实施，受保人不承担任何费用；由于工伤事故具有突发性，还具有不可逆转性，所以造成的损失也难以挽回，对遭遇工伤事故或患职业病的个人有可能带来终生痛苦。如果再雪上加霜，不能保证他们顺利地得到经济补偿，必将使生活陷入困境。所以工伤保险是保障以工资收入为主要生活来源的劳动者因工伤残后的基本生活。

风险分担、互助互济原则：风险分担、互助互济原则是指国家通过立法，强制征收工伤保险费，建立工伤保险基金，采用互助互济的方法对受害者进行补偿，分担风险。社会保险机构在地区之间、行业之间、人员之间调剂使用保险基金，进行分配。

实行风险分担、互助互济原则的意义：风险分担、互助互济原则缓解了部分企业、行业因工伤事故而带来的经济负担，既可以及时、公正地保障工伤保险待遇，又可以减少社会矛盾，有利于正常的生产发展。

实行个人不缴费原则的意义：个人不缴费是指无论直接支付或者缴费投保，全部费用由单位负担，劳动者个人不缴费。工伤保险费用不实行分担方式，是由工伤保险的补偿性质决定的。工伤事故属于职业性伤害，对工伤职工而言，这种伤害是在生产过程中为企业创造财富而付出的代价；对企业而言，工伤成本是一种制造成本，具有明显的劳动力修复和再生产的特点，是企业成本的特殊组成部分。按照国际惯例，工伤保险费不实行职工和企业分担制，而是由企业负担。

确立因公与非因公原则：职工伤害与工作或职业有直接关系，工伤保险待遇具有补偿性质，它的医疗康复待遇、伤残待遇和死亡抚恤待遇水平比其他社会保险高，而享受的条件却最低。只要属于工伤保险范围，不受年龄、性别、缴费期限的限制。所以发生事故时，必须确定事故是因公还是非因公。因公和非因公是区别和建立工伤保险的前提和出发点。

界定工伤是因公还是非因公。职工在下列情况下发生了事故，有可靠证明，可以享受因公待遇：从事本岗位工作或者执行企业行政临时指定或同意的工作而造成的负伤、残废或者死亡；在紧急情况下（如抢险救火救人等），从事对企业或者社会有益的工作而造成的疾病、负伤、残废或者死亡；从事与企业工作上有关的研究、发明、创造或者技术改进的工作而造成的负伤、残废或者死亡；在企业的工作区域内工作时，遭受非本人所能抗拒的意外灾害而造成的负伤、残废或者死亡；在生产或者工作中因为所从事的工作性质而造成的职业性疾病，以及由此而造成残疾或者死亡；集体乘坐本单位的交通工具去开会、听报告或参加行政指派的各种劳动，发生非本人所应负责的意外事故，造成职工负伤、残废或者死亡。

实行经济赔偿与事故预防、职业病防治相结合原则的意义：现代工伤保险已不仅仅限于只对工伤职工给予经济补偿，而是把工伤经济补偿、工作事故预防与职业康复紧密结合起来，以更好地发挥其在维护社会安定、保护和促进生产力发展方面的积极作用。工伤保险的社会化管理有利于使工伤事故的预防、劳动安全管理工作形成合理的社会制约机制；待遇给付的社会化可促使劳动者重视自身的工伤保险权利，积极监督企业履行职责，防止隐瞒工伤不报的现象，从而促使企业重视事故隐患的治理，预防事故的发生；工伤保险基金的建立，也使工伤康复事业在资金来源上有所保证。检验工伤保险改革成果的一个重要内容是工伤事故率下降与否。因此，可以说工伤保险既重视赔偿，更重视预防。

一次性补偿与长期补偿：工伤发生以后，对部分或完全丧失劳动能力，或是因工死亡的劳动者及其遗属，在其得到工伤补偿时，工伤保险机构应支付一次性补偿金，作为对被保险人因遭遇工伤事故导致工资收入突然中断而引起的特殊生活困难的经济补偿。但是，一次性补偿金一般无法对受害者或其遗属的生活给予足够保障，所以，除了支付一次性补偿金以外，还应对受害者或者供养的遗属支付长期补偿，如按月发放的伤残抚恤金，对受害者供养的遗属支付的长期抚恤金，直到他们失去供养条件为止。

伤残和职业病等级的确定：为了区别不同伤残和职业病状况，发放不同标准的待遇，确定伤残和职业病等级原则。各国在制定工伤保险制度时，都制定了伤残和职业病等级，并通过专门的鉴定机构和人员对受职业伤害的职工受害程度予以确定。

直接经济损失与间接经济损：直接经济损失是指职工发生工伤事故后，个人所受的经济损失，与职工的直接经济收入相关，即职工的工资收入。直接经济收入必须给以及时的较优待的补偿。间接经济损失是指职工直接收入以外的其他经济收入的损失，包括兼职收入、业余劳动收入等。这部分收入不是人人都有，是不固定的额外收入，该部分收入不列入工伤保险的经济补偿范畴。所以工伤保险要区别直接经济损失与间接经济损失原则。

工伤保险要集中管理的意义：工伤保险是社会保险的一部分，无论从基金的管理、事故的调查，还是医疗鉴定，由专门、统一的非盈利的机构管理是各国普遍遵循的原则。工伤保险一般有三种管理模式：职业伤害保险管理独立于其他社会保险制度，基金独立管理使用；基金独立，但在行政管理、政策制定同属一个社会保险管理机构；工伤保险制度包括在社会保险制度之中。

工伤保险与人身意外伤害的区别（见表 19–10）：

表 19–10　工伤保险与人身意外伤害的区别

区别	内容
实施对象不同	工伤保险的实施对象是所有企业的职工，包括危险性较大的建筑业、采矿业、冶金业等行业的职工，只要是与属于工伤保险实施范围的企业有劳动关系的职工都是工伤保险的实施对象。所以，工伤保险的被保险人与企业之间的关系是一种劳动关系。商业保险公司的人身意外伤害保险的实施对象是保险合同规定条件的自然人，保险人与被保险人之间的关系是一种经济关系，双方根据保险合同产生权利与义务。只要是符合保险合同规定条件的人都可以投保
保险的目的不同	工伤保险不以营利为目的，它是政府实施的一项社会保障措施，是在企业职工发生工伤事故或职业病导致负伤、致残、死亡后，对受害者或其遗属提供的医疗保障和基本生活保障等。工伤保险的保险目的是保障受伤害职工的合法权益，以便妥善处理事故和恢复生产，维护正常的生产、生活秩序，维护社会安定；商业保险公司的人身意外伤害保险则以营利为目的。商业保险公司设立人身意外伤害保险，是为了追求利润最大化。有时，保险公司会出于营利的考虑，不愿接受那些职业危险性很大的企业和职工参加人身意外伤害保险

续表

区别	内容
基金的来源不同	工伤保险基金的来源是企事业单位根据政府确定的一定费率缴纳的工伤保险费，职工个人不缴纳保险费，企业可以将保险费用列入成本。当发生重大恶性伤亡事故，工伤保险基金不足以应付所需的保险待遇支出时，国家财政应给予一定的补贴；商业保险公司的人身意外伤害保险的基金来源是投保人根据保险合同的有关条款规定而缴纳的保险费。不管是投保的企业雇主还是个人在享有领取保险金权利的同时，必须履行缴纳保险金的义务。国家对商业保险公司不给予任何补贴
保障水平不同	工伤保险待遇是在劳动者为社会尽了劳动义务发生工伤以后发放的，它的保障水平是根据整个社会的经济发展水平和各方面的承受能力确定的。在支付工伤保险待遇时，不仅要考虑劳动者基本的生活需要，还要考虑劳动者过去劳动贡献的大小。工伤保险提供的保障水平仅是保障劳动者及其家属的基本生活需要；商业保险公司的人身意外伤害保险的金额是由保险人和投保人双方约定的，并写在保险合同里，投保人按规定缴纳保险金。当发生保险事故时，保险人按合同规定的金额支付保险金。所以，人身意外伤害保险所提供的保障水平是依据保险人与被保险人签订的保险合同和投保人缴纳保险费的多少而定的，多投多保，少投少保，不投不保。投保人员要符合保险合同所规定的身体健康水平的要求，保障水平的高低就看投保人的投保金额的多少，也就是投保人的缴费能力的大小
实施方式不同	工伤保险的实施方式是强制实施的，它是社会保险经办机构依据国家法律，强制属于实施对象的企业必须参加的社会保险；商业保险公司的人身意外伤害保险的实施方式是自愿的。投保人或被保险人自愿投保，保险人与被保险人双方在自愿的基础上签订保险合同，并遵循契约自由的原则
管理体制不同 工伤	保险是由国家劳动和社会保障部门和社会保险经办机构管理，保险的权利义务关系属于社会保险法规的调整范畴；商业保险公司的人身意外伤害保险，则是由金融系统的商业保险公司管理，保险的权利义务关系属于保险法、合同法的调整范畴

工伤保险涉及的内容：工伤保险是包括工伤津贴、工伤医疗、职业康复、伤残抚恤等多项内容在内的险种。同时它又是技术性很强的社会保险项目，需要制定一系列技术标准，包括工伤和职业病认定标准、医疗护理标准、工伤津贴标准、致残程度评价标准、伤残抚恤和遗属抚恤金标准。在判定遭受人身伤害的职工能否享受工伤保险待遇时，首先要对其进行资格认定。

可认定为工伤的情况。职工有下列情形之一的，应当认定为工伤：在工作时间和工作场所内，因工作原因受到事故伤害的；工作时间前后在工作场所内，从事与工作有关的预备性或者收尾性工作受到事故伤害的；在工作时间和工作场所内，因履行工作职责受到暴力等意外伤害的；患职业病的；因工外出期间，由于工作原因受到伤害或者发生事故下落不明的；在上下班途中，受到非本人主要责任的交通事故或者城市轨道交通、客运轮渡、火车事故伤害的；法律、行政法规规定应当认定为工伤的其他情形。

可视同工伤的情况。职工有下列情形之一的，视同工伤：在工作时间和工作岗位上，突发疾病死亡或者在48小时之内经抢救无效死亡的；在抢险救灾等维护国家利益、公共利益活动中受到伤害的；职工原在军队服役，因战、因公负伤致残，已取得革命伤残军人证，到用人单位后旧伤复发的。

不能视为工伤的情况。职工符合工伤规定，但是有下列情形之一的，不得认定为工伤或者视同工伤：故意犯罪的；醉酒或者吸毒的；自残或者自杀的。

工伤的认定：职工发生事故伤害或者按照《职业病防治法》规定被诊断、鉴定为职业病，所在单位应当自事故伤害发生之日或者被诊断、鉴定为职业病之日起30日内，向统筹地区社会保险行政部门提出工伤认定申请。遇有特殊情况，经报社会保险行政部门同意，申请时限可以适当延长；用人单位未按前款规定提出工伤认定申请的，工伤职工或者其近亲属、工会组织在事故伤害发生之日或者被诊断、鉴定为职业病之日起1年内，可以直接向用人单位所在地统筹地区社会保险行政部门提出工伤认定申请。

认定工伤应提交的材料。提出工伤认定申请应提交下列材料：工伤认定申请表；与用人单位存在劳动关系（包括事实劳动关系）的证明材料；医疗诊断证明或者职业病诊断证明书（或者职业病诊断鉴定书）；工伤认定申请表应当包括事故发生的时间、地点、原因以及职工伤害程度等基本情况；工伤认定申请人提供材料不完整的，社会保险行政部门应当一次性书面告知工伤认定申请人需要补正的全部材料。申请人按照书面告知要求补正材料后，社会保险行政部门应当受理。

工伤认定的时限。社会保险行政部门应当自受理工伤认定申请之日起60日内做出工伤认定的决定，并书面通知申请工伤认定的职工或者其近亲属和该职工所在单位；社会保险行政部门对受理的事实清楚、权利义务明确的工伤认定申请，应当在15日内做出工伤认定的决定；做出工伤认定决定需要以司法机关或者有关行政主管部门的结论为依据的，在司法机关或者有关行政主管部门尚未做出结论期间，做出工伤认定决定的时限中止；社会保险行政部门工作人员与工伤认定申请人有利害关系的，应当回避。

劳动能力鉴定。劳动能力鉴定是指劳动者因工负伤或非因工负伤以及疾病等原因，导致本人对劳动与生活能力产生不同程度的影响，由劳动能力鉴定机构根据用人单位、职工本人或者亲属的申请，组织劳动能力鉴定医学专家，根据国家制定的标准，运用劳动保障的有关政策，运用医学科学技术的方法和手段，确定劳动者劳动功能障碍程度和生活自理障碍程度的一种综合评定的制度。

应进行劳动能力鉴定的情况。职工发生工伤，经治疗伤情相对稳定后存在残疾、影响劳动能力的，应当进行劳动能力鉴定；劳动能力鉴定是指劳动功能障碍程度和生活自理障碍程度的等级鉴定。

劳动功能障碍和生活自理障碍的等级：劳动功能障碍分为十个伤残等级，最重的为一级，最轻的为十级。生活自理障碍分为三个等级：生活完全不能自理、生活大部分不能自理和生活部分不能自理。

劳动能力鉴定的申请部门。劳动能力鉴定由用人单位、工伤职工或者其近亲属向设区的市级劳动能力鉴定委员会提出申请。

工伤应提供的资料。申请劳动能力鉴定应提交工伤认定决定和职工工伤医疗的有关资料。工伤认定决定是由劳动保障行政部门根据国家的政策、法规的规定，确定职工受伤或者职业病是否属于工伤范围，是否符合工伤的基本条件的书面决定。职工工伤医疗的有关资料是指职工受到事故伤害或者患职业病，到工伤保险指定的医疗机构进行治疗过程中，由医院记载的有关工伤职工的病情、病志、治疗情况等资料。劳动能力鉴定机构据此审查工伤职工的伤情是否处于稳定状态，能否进行劳动能力鉴定。

劳动能力复查鉴定。劳动能力复查鉴定，是在劳动能力鉴定结论做出之日起1年后，工伤职工或其直系亲属、其所在单位或者经办机构认为残情发生变化，向劳动能力鉴定委员会提出复查鉴定申请，劳动能力鉴定委员会依据国家标准对其进行鉴定，做出劳动能力鉴定结论。

劳动能力鉴定两级终局制：劳动能力鉴定由设区的市级劳动能力鉴定委员会做出；对该鉴定结论不服的，可以在收到鉴定结论之日起15日内向省、自治区、直辖市劳动能力鉴定委员会提出再次鉴定申请。省、自治区、直辖市劳动能力鉴定委员会做出的劳动能力鉴定结论为最终结论。

劳动能力鉴定两级终局制的理解。在劳动能力鉴定中设立两级鉴定的形式，主要是给申请人提供再次鉴定的救济渠道。因为在劳动能力鉴定工作中有可能会出现鉴定的有失公允或者申请人主观认为鉴定的结论不客观公正的情况，给申请人提供再次鉴定的机会，不仅体现了劳动能力鉴定从程序上的科学性，也体现了劳动能力鉴定工作的公正性。如果申请人超过了15日才向上一级劳动能力鉴定委员会提出申请，上级劳动能力鉴定委员会可以以超过时效为由不予受理。同时，劳动能力鉴定委员会的鉴定结论是不可诉的。

职工因工负伤、患职业病进行治疗，享受的工伤医疗待遇：职工治疗工伤应当在签订服务协议的医疗机构就医，情况紧急时可以先到就近的医疗机构急救；治疗工伤所需费用符合工伤保险诊疗项目目录、工伤保险药品目录、工伤保险住院服务标准的，从工伤保险基金中支付。工伤保险诊疗项目目录、工伤保险药品目录、工伤保险住院服务标准，由国务院社会保险行政部门会同国务院卫生行政部门、食品药品监督管理部门等部门规定；职工住院治疗工伤的伙食补助费，以及经医疗机构出具证明，报经办机构同意，工伤职工到统筹地区以外就医所需的交通、食宿费用从工伤保险基金支付，基金支付的具体标准由统筹地区人民政府规定；工伤职工治疗非工伤引发的疾病，不享受工伤医疗待遇，按照基本医疗保险办法处理；工伤职工到签订服务协议的医疗机构进行工伤康复的费用，符合规定的，从工伤保险基金支付。

停工留薪期：停工留薪期是指职工因工负伤、患职业病需要接受工伤医疗而暂停工作，由用人单位继续发给原工资福利待遇的一段期间。停工留薪期一般不超过12个月，伤情严重或者情况特殊，经劳动能力鉴定委员会确认，可以适当延长，但延长期不得超过12个月。

工伤职工在停工留薪期享受的待遇：在停工留薪期内，原工资福利待遇不变，由所在单位按月支付。工伤职工评定伤残等级后，停发原待遇，按照《工伤保险条例》的有关规定享受伤残待遇。工伤职工在停工留薪期满后仍需治疗的，工伤医疗待遇继续享受。生活不能自理的工伤职工在停工留薪期需要护理的，由所在单位负责。

生活护理费：生活护理费是指工伤职工已经评定伤残等级并经劳动能力鉴定委员会确认需要生活护理的，从工伤保险基金按月支付生活护理费。

生活护理费的标准：生活护理费按照生活完全不能自理、生活大部分不能自理或者生活部分不能自理3个不同等级支付，其标准分别为统筹地区上年度职工月平均工资的50%、40%或者30%。

职工因工致残被鉴定为一级至四级伤残的，享受的待遇。职工因工致残被鉴定为一级至四级伤残的，保留劳动关系，退出工作岗位，享受以下待遇：从工伤保险基金按伤残等级支付一次性伤残补助金，标准为：一级伤残为27个月的本人工资，二级伤残为25个月的本人工资，三级伤残为23个月的本人工资，四级伤残为21个月的本人工资；从工伤保险基金按月支付伤残津贴，标准为：一级伤残为本人工资的90%，二级伤残为本人工资的85%，三级伤残为本人工资的80%，四级伤残为本人工资的75%。伤残津贴实际金额低于当地最低工资标准的，由工伤保险基金补足差额；工伤职工达到退休年龄并办理退休手续后，停发伤残津贴，按照国家有关规定享受基本养老保险待遇。基本养老保险待遇低于伤残津贴的，由工伤保险基金补足差额；职工因工致残被鉴定为一级至四级伤残的，由用人单位和职工个人以伤残津贴为基数，缴纳基本医疗保险费。

职工因工致残被鉴定为五级、六级伤残的享受的待遇。职工因工致残被鉴定为五级、六级伤残的，享受以下待遇：从工伤保险基金按伤残等级支付一次性伤残补助金，标准为：五级伤残为18个月的本人工资，六级伤残为16个月的本人工资；保留与用人单位的劳动关系，由用人单位安排适当工作。难以安排工作的，由用人单位按月发给伤残津贴，标准为：五级伤残为本人工资的70%，六级伤残为本人工资的60%，并由用人单位按照规定为其缴纳应缴纳的各项社会保险费。伤残津贴实际金额低于当地最低工资标准的，由用人单位补足差额；经工伤职工本人提出，该职工可以与用人单位解除或者终止劳动关系，由工伤保险基金支付一次性工伤医疗补助金，由用人单位支付一次性伤残就业补助金。一次性工伤医疗补助金和一次性伤残就业补助金的具体标准由省、自治区、直辖市人民政府规定。

职工因工致残被鉴定为七级至十级伤残的，享受的待遇。职工因工致残被鉴定为七级至十级伤残的，享受以下待遇：从工伤保险基金按伤残等级支付一次性伤残补助金，标准为：七级伤残为13个月的本人工资，八级伤残为11个月的本人工资，九级伤残为9个月的本人工资，十级伤残为7个月的本人工资；劳动、聘用合同期满终止，或者职工本人提出解除劳动、聘用合同的，由工伤保险基金支付一次性工伤医疗补助金，由用人单位支付一次性伤残就业补助金。一次性工伤医疗补助金和一次性伤残就业补助金的具体标准由省、自治区、直辖市人民政府规定。

职工因工死亡，其直系亲属享受的待遇。职工因工死亡，其近亲属按照下列规定从工伤保险基金领取丧葬补助金、供养亲属抚恤金和一次性工亡补助金：丧葬补助金为6个月的统筹地区上年度职工月平均工资；供养亲属抚恤金按照职工本人工资的一定比例发给由因工死亡职工生前提供主要生活来源、无劳动能力的亲属。标准为：配偶每月40%，其他亲属每人每月30%，孤寡老人或者孤儿每人每月在上述标准的基础上增加10%。核定的各供养亲属的抚恤金之和不应高于因工死亡职工生前的工资。供养亲属的具体范围由国务院社会保险行政部门规定；一次性工亡补助金标准为上一年度全国城镇居民人均可支配收入的20倍。

职工因公外出期间发生事故下落不明的，享受的工伤保险待遇：职工因公外出期间发生事故或者在抢险救灾中下落不明的，从事故发生当月起3个月内照发工资，从第4个月起停发工资，由工伤保险基金向其供养亲属按月支付供养亲属抚恤金。生活有困难的，可以预支一次性工亡补助金的50%。职工被人民法院宣告死亡的，按职工因公死亡的规定处理。

工伤职工停止享受工伤保险待遇的情况。工伤职工有下列情形之一的，停止享受工伤保险待遇：丧失享受待遇条件的；拒不接受劳动能力鉴定的；拒绝治疗的。

可以申请行政复议的情形。有下列情形之一的，有关单位或者个人可以依法申请行政复议，也可以依法向人民法院提起行政诉讼：申请工伤认定的职工或者其近亲属、该职工所在单位对工伤认定申请不予受理的决定不服的；申请工伤认定的职工或者其近亲属、该职工所在单位对工伤认定结论不服的；用人单位对经办机构确定的单位缴费费率不服的；签订服务协议的医疗机构、辅助器具配置机构认为经办机构未履行有关协议或者规定的；工伤职工或者其近亲属对经办机构核定的工伤保险待遇有异议的。

第二节　现代安全管理

一、基础内容

管理和安全管理。管理就是人们为了实现预定目标，按照一定的原则，通过科学的决策、计划、组织、指挥、协调和控制群体的活动，以达到个人单独活动所不能达到的效果而展开的各项活动。安全管理就是组织或企业管理者，为实现安全目标，按照安全管理原则，科学地决策、计划、组织、指挥和协调全体成员保障安全的活动。

安全生产管理。安全生产管理是指国家应用立法、监督、监察等手段，企业通过规范化、专业化、科学化、系统化的管理制度和操作程序，对生产过程的有害因素进行辨识、评价和控制，对生产安全事故进行预测、预警、监测、预防、应急、调查、处理，从而实现安全生产保障的一系列管理活动。

安全生产管理的目标：安全生产管理的目标是控制危险有害因素，降低和减少生产事故，避免生产过程中由于事故所造成的人身伤害、财产损失、环境污染及经济损失。

安全生产管理的对象和基本原则：安全生产管理的对象是企业生产过程中的所有员工、设备设施、物料、环境、财务、信息等各个方面；安全生产管理的基本原则是“管生产必须管安全”“谁主管、谁负责”。

企业安全管理活动。企业安全管理活动是运用有效的人力和物质资源，发挥全体员工的智慧，通过共同的努力，实现生产过程中人与机器设备、工艺、环境条件的和谐，达到安全生产的指标。

现代安全管理的理论。现代安全管理的理论有：安全哲学原理、安全系统论原理、安全控制论原理、安全信息原理、安全经济学原理、安全协调学原理、事故预测与预防理论等。

现代安全管理的方法。现代安全管理的方法有：安全法制管理、安全目标管理、安全标准化管理、无隐患管理、安全行为抽样技术、安全技术经济可行性论证、安全评价、安全行为科学、HSE管理体系、PDCA循环法、危险分析方法、危险控制技术、安全文化建设等。

现代安全管理的特点。现代安全管理的特点是：变传统的纵向单因素安全管理为现代的横向综合安全管理；变传统的事故管理为现代的事件分析与隐患管理（变事后型为预防型，变传统的被动安全管理对象为现代的安全管理动力；变传统的静态安全管理为现代的动态安全管理；变过去企业只顾生产经济效益的安全辅助管理为现代的效益、环境、安全与卫生综合效果的安全管理；变传统的被动、辅助、滞后的安全管理程式为现代主动、本质、超前的安全管理程式；变传统的外迫型安全指标管理为内激型的安全目标管理（变次要因素为核心价值）。

现代企业安全管理的模式（见表19–11）：

表19–11　现代企业安全管理的模式

模式	内容
以“人为中心”的安全管理模式	这种模式的基本内涵是：把安全管理建立在研究人的心理、生理素质基础上，以纠正人的不安全行为，控制人的误操作作为安全管理目标
企业综合安全管理模式	这种模式的思想是：无论是人身伤亡事故，还是财产损失事故，无论是交通事故还是生产事故，甚至火灾或治安案件，都对人类造成危害和损害。这些人们不期望的现象，从根源、过程和后果，都有共同的特点和规律，企业对其进行防范和控制，都有共同的对策和手段。所以把企业的生产安全、交通安全、消防、治安、环保等专业进行综合，对于企业的综合管理效率和降低管理成本有着极其重要的作用
预防型安全管理模式	这种模式是一种主动、积极地预防事故或灾难发生的对策。其基本技术步骤是：提出安全目标——分析存在的问题——找出主要问题——制定实施方案——落实方案——进行评价——新的目标
事后型的安全管理模式	这种模式适合事故应急，把事故损失降低到最低程度。这种模式遵循如下技术步骤：事故发生——事故应急救援——调查事故原因——分析主要原因——提出整改对策——实施对策——进行事故评价——新的对策
以“管理为中心”的企业安全管理模式	这种模式认为：一切事故原因来源于缺陷，因此，现今的管理模式既要吸收经典安全管理的精华，又要提炼本企业安全生产经验，更要能够运用现代化安全管理的理论

安全生产科学管理的原则：安全与生产统一的原则。安全与生产的统一就是谁主管、谁负责，管生产必须管安全，搞技术必须搞安全；“三同时”原则。企业新建、改建、扩建工程的劳动安全卫生设施必须与主体工程同时设计、同时施工、同时投入生产和使用；“五同时”原则。要求企业领导在计划、布置、检查、总结、

评比生产的同时，要计划、布置、检查、总结、评比安全生产工作；“三同步”原则。企业在规划和实施自身生产经营发展、进行机构改革、进行技术改造时，安全生产相应地与之同步规划、同步组织实施、同步运作投产；安全否决权原则。在对企业各项指标考核、评选先进时，必须首先考虑安全指标的完成情况，安全指标具有一票否决的作用。

二、安全管理基本理论

预防原理：安全管理工作要以预防为主，即通过有效的管理和技术手段，防止人的不安全行为和物的不安全状态出现，从而将事故发生的概率降到最低，这就是预防原理。

与预防原理有关的原则。与预防原理有关的原则有偶然损失原则；因果关系原则；3E 原则和本质化原则。

偶然损失原则的内容：事故所产生的后果（人员伤亡、健康损害、物质损失等）以及后果的大小都是随机的，是难以预测的。反复发生同类事故，并不一定产生相同的后果，这就是损失的偶然性。根据事故损失的偶然性，可得到安全管理上的偶然损失原则：无论事故是否造成损失，为了防止事故损失的发生，唯一的办法是防止事故再次发生。

因果关系原则的内容。因果关系原就是事物之间存在一事物是另一事物发生的原因的这种关系。掌握事故的因果关系，砍断事故因素的环链，就消除了事故发生的必然性，就可能防止事故的发生。从事故的因果关系中认识必然性，发现事故的规律性，把事故消灭在萌芽状态，这就是因果关系原则。

3E 原则。造成人的不安全行为和物的不安全状态的主要原因可归结为四个方面：技术的原因、教育的原因、身体和态度的原因以及管理的原因。针对这四个方面的原因，可以采取三种防止对策，即工程技术对策、教育对策和法制对策，这就是 3E 原则。3E 原则在应用时，首先是工程技术，然后是教育训练，最后才是法制。

本质化原则的内容。本质化就是本质上实现安全化（本质安全化），指的是设备、设施或技术工艺含有内在的能够从根本上防止发生事故的功能，它包括三个方面的内容：失误——安全功能；故障——安全功能；前两种安全功能应该是设备、设施本身固有的，即在它们的规划设计阶段就被纳入其中，而不是事后补偿的。本质安全化是安全管理中预防原理的根本体现，也是安全管理的最高境界。

强制原理的内容。采取强制的手段控制人的意愿和行动，使个人的活动、行为受到安全管理要求的约束，从而实现有效的安全管理，这就是强制原理。

与强制管理有关的原则：与强制管理有关的原则有“安全第一”的原则和“监

督原则”。

“安全第一”原则。“安全第一”就是要求在进行生产和其他活动的时候把安全工作放在一切工作的首要位置。这是安全管理的基本原则，也是我国安全生产方针的核心内容。坚持安全第一原则，就要建立健全各级安全生产责任制，从组织上、思想上、制度上切实把安全工作摆在首位，常抓不懈，形成“标准化、制度化、经常化”的安全管理体系。

“监督原则”：为了促使各级生产管理部门严格执行安全法律、法规、标准和规章制度，保护职工的安全与健康，实现安全生产，必须授权专门的部门和人员行使监督、检查和处罚的职责，以揭露安全生产中的问题，督促问题的解决，追究和惩戒违章失职行为，这就是安全管理中的监督原则。我国安全监督分为国家监督（或监察）、企业监督和群众监督三个层次。这三个层次性质不同，地位不同，所起的作用也不同。它们相辅相成，构成一个有机的监督体系。

安全管理主要基础理论。安全管理主要基础理论有需要层次理论、双因素理论、强化理论、挫折理论、期望理论、公平理论等。

需要层次理论的内容：人的需要是指人体某种生理或心理上的不满足感，它可使人产生行动的动机。人在某一时刻最强烈的需要被称为强势需要，它产生主要动机并直接导致人的行动。美国心理学家马斯洛将人的需要由低到高归纳为生理需要、安全需要、社会需要、尊重需要、求知需要、审美需要、自我实现需要七个层次。一般情况下，只有当某个低层次的需要相对满足之后，其上一层次需要才能转化成强势需要。这就是马斯洛的需要层次理论。

双因素理论：美国心理学家赫茨伯格提出的“激励因素—保健因素”理论，简称为双因素理论。他将人的行为动机因素分为与工作客观情况有关的保健因素和与工作有内在联系的激励因素两大类。保健因素的满足只能防止职工对工作的不满，激励因素的改善却可激发职工的积极性并产生满足感。与需要层次理论相比较，保健因素相当于人的较低层次的需要（生理需要、安全需要、社会需要），激励因素相当于人的较高层次的需要（尊重、自我实现需要）。

安全工作中应用双因素理论：在企业安全管理中，首先要重视保健因素的满足，在此基础上，再充分利用激励因素对职工进行安全生产的激励作用。要将企业安全生产的近期目标和发展规划以不同的形式反馈给职工，以增强职工对安全生产的信心。同时要正确区分两类因素，做到因人而异，并防止激励因素向保健因素的转化。

强化理论的内容。强化理论又称矫正理论，它是由美国心理学家斯金纳提出来的。该理论强调人的行为与影响行为的环境刺激之间的关系，认为管理者可以通过不断改变环境的刺激来控制人的行为。强化分为正强化、负强化和自然消退三种类型。

其中正强化是用于加强所期望的个人行为；负强化和自然消退的目的是为了减少和消除不期望发生的行为。三者相互联系、相互补充，构成了强化体系，并成为一种制约和影响人的行为的特殊环境因素。

在安全工作中应用强化理论：在安全生产工作中应以正强化为主，慎重采用负强化（特别是惩罚）手段，注意强化的实效性。同时因人制宜，采用不同的强化方式，利用信息反馈增强强化效果，以便强化机制协调运转并产生整体效应。

挫折理论。挫折理论主要揭示人的行为受阻而未能满足需要时的心理状态，并由此而导致的行为表现，力求采取措施将消极性行为转化为积极性、建设性行为。挫折的形成是由于人的认知与外界刺激因素相互作用失调所致，是一种普遍存在的心理现象，它的产生是不以人的意志为转移的。挫折感因人而异，即使客观上挫折情境相似，不同的人对挫折的感受也会不同，所受的打击程度也就不同。挫折一方面可增加个体的心理承受能力、使人猛醒、吸取教训、改变目标或策略、从逆境中重新奋起；另一方面也可使人们处于不良的心理状态中，出现负向的情绪反应，并采取消极的防卫方式来对付挫折情境，从而导致不安全的行为反应。

安全工作中运用挫折理论。在企业安全生产活动中，应重视挫折问题，采取下列措施：帮助职工用积极的行为适应挫折，如合理调整无法实现的行动目标；改变受挫折职工对挫折情境的认识和估价，以减轻挫折感；通过培训提高职工工作能力和技术水平，增加个人目标实现的可能性，减少挫折的主观因素；改变或消除易于引起职工挫折的工作环境，减少挫折的客观因素；开展心理保健和咨询，消除和减少挫折心理压力。

期望理论的内容。期望理论的基本观点是人的积极性被激发的程度，取决于他对目标价值估计的大小和判断实现此目标概率大小的乘积，即

激励水平（M）= 目标效价（V）× 期望值（E）

目标效价是指个人对某一工作目标对自身重要性的评价；期望值是指个人对实现目标可能性大小的主观估计。一般来说，目标效价和期望值都很高时，才会有较高的激励力量；若目标效价和期望值有一项不高时，则激励的力量就不大。对于企业来说，需要的是职工在工作中的绩效；对职工来说，关注的是与劳动付出有关的报酬。

在安全工作中应用期望理论：期望理论明确地提出了职工的激励水平与企业设置的目标效价和可实现的概率有关，这对企业采取措施调动职工积极性具有现实意义。首先，企业应重视安全生产目标的结果和奖酬对职工的激励作用。其次，要重视目标效价与个人需要的联系。并通过宣传教育引导职工认识安全生产与其切身利益的一致性，提高职工对安全生产目标及其奖酬效价的认识水平。最后，企业应通

过各种方式为职工提高个人能力创造条件，以增加职工对目标的期望值。

三、人因安全管理

人的可靠性。人的可靠性是指系统可靠或正常运转所必须的人的正确活动的概率。

进行人的可靠性分析的意义：人的可靠性分析可作为一种设计方法，使系统中人为失误的概率减少到可接受的水平。

人为失误的严重性的划分：人为失误的严重性是根据可能导致的后果来划分的，如损害系统的功能、降低安全性、增加费用等。

人的可靠性分析的种类：人的可靠性分析分为定性分析和定量分析。定性分析主要是人为失误隐患辨识；定量分析包括评价与时间有关或无关的影响系统功能的人为失误概率，评价不同类型失误对系统功能的影响。

人为失误隐患包括内容：在系统元素相互作用的过程中，人为失误隐患包括不能执行系统要求的动作，不正确的操作行为，损害系统功能的操作等。

人的可靠性定性分析：人为失误隐患辨识的基本工具是作业分析，通过观察、调查、谈话、失误记录等方式分析确定某一人机系统中人的行为特性。

人的可靠性的定量分析：人的可靠性的定量分析是通过人的行为统计数据，人的行为模型以及人的可靠性分析有关其他分析方法来完成的。对这一复杂系统，人的可靠性分析工作最好由一个专家组来完成。专家组中包括人的可靠性分析经验的人机学专家、系统分析专家、有关工程技术人员等。

四、行为规范

安全行为抽样技术。安全行为抽样技术是一种通过局部作业点对有限量（时间或空间）的职工行为的抽样调查，从而判定全局的安全行为水平。为了使调查的数据可靠、准确，在设计抽样的样本时，以正态分布为理论基础，其置信度和精确度都是以正态分布的参数为基础的。

安全行为抽样技术的实现。抽样技术主要步骤如下：将要调查或研究车间、工种或部门操作的不安全行为定义出来，并列出清单；根据已有的抽样结果或通过小量的试验观测，初步确定调查样本不安全行为的比例P值；确定抽样调查的总观测样本数N（有一数学公式），其样本数取决于不安全行为比例水平，调查分析的精度；根据调查对象的工作规律，确定抽样时间，即确定每小时的调查观测总次数和观测的具体时间（在班8小时内）；根据随机原则，确定观测的对象，一般可以根据调查的目的、要求以及行业的生产特点，采用正规的随机抽样法或按工种、业务或职工特性使用分层随机抽样法；测出不安全行为的百分比（失误率）；每月第一周重复一次以上步骤的抽样调查；根据每次抽样调查获得的不安全行为比例数值，进行控制图管理；通过控制图技术，分析一线操作人员的安全生产规律，并提出改进安全生产状况、预防失误导致事故的对策、措施和方法。

安全行为“十大禁令”的内容：安全教育考核不合格者，严禁独立上岗操作；不按规定着装或班前饮酒者，严禁进入生产或施工区域；不戴好安全帽者严禁进入生产岗位和施工现场；未办理安全作业票及不系安全带者，严禁高处作业；未办理安全作业票严禁进入塔、容器、罐、油舱、下水井、有限空间作业；未办理维修工作票，严禁拆卸停用的与系统联通的管道、机泵、阀门等设备；未办理电气作业“三票”，严禁进行电气施工作业；未办理施工破土工作票，严禁破土施工；严禁使用防护装置不完好的设备；设备的转动部件，在运转中严禁擦洗或拆卸。

五、安全文化

安全文化：安全文化是人类安全生产与生存活动所创造的安全理念、态度、价值观等精神层面，以及安全的行为方式、习惯以及安全物态的总和。

安全文化的活动：企业可以通过开展主题突出、立意深远的企业文化来推进企业的安全生产管理，如安全竞赛活动、安全生产月活动、安全演讲比赛、事故祭日活动、安全贺年活动、安全“信得过”活动、安全报告等。

安全观念文化：安全观念是企业员工一致、高度认同的安全方针、安全理念、安全价值、安全态度等精神文化形态的总和。

强调安全观念文化的意义：观念是认识的表现，思想的基础，行为的准则。它是方法和策略的基础，是活动艺术和技巧的灵魂。进行现代的安全活动，需要正确的安全观指导，只有对人类的安全态度和观念有着正确的理解和认识，并有高明安全行动艺术和技巧，人类的安全活动才算走入了文明的时代。

现代企业管理者应建立的安全观念。现代企业管理者应建立：安全发展的科学观、“安全第一”的哲学观、重视生命的情感观、安全效益的经济观、预防为主的预防观、人机环管的系统观。

安全发展的科学观的理解：安全发展理念蕴含着美好与欢乐；传递着尊重人民生命的最强音；承载着对全社会的深情和大爱；营造着家庭的幸福安康和国家的和谐稳定、昌盛兴旺；彰显着科学发展观题中之要义，集中体现了我党的“以人为本，立党为公，执政为民”的执政宗旨。这是安全发展理念独特的内涵之所在，也是其强大的文化定力之所在，更是其巨大魅力之所在。

“安全第一”的哲学观的理解：“安全第一”是一个相对、辩证的概念，它是在人类活动的方式上（或生产技术的层次上）相对于其他方式或手段而言，并在与之发生矛盾时，必须遵循的原则。“安全第一”的原则通过如下方式体现：在思想认识上安全高于其他工作；在组织机构上安全权威大于其他组织或部门；在资金安排上，安全强度重视程度重于其他工作所需的资金；在知识更新上，安全知识（规章）学习先于其他知识培训和学习；当安全与生产、安全与经济、安全与效益发生矛盾时，安全优先。安全既是企业的目标，又是各项工作（技术、效益、生产等）的基础。建立起辩证的安全第一哲学观，就能处理好安全与生产、安全与效益的关系，才能做好企业的安全工作。

重视生命的情感观的理解：安全维系人的生命安全与健康，“生命只有一次”“健康是人生之本”。反之，事故对人类安全的毁灭，则意味着生存、康乐、幸福、美好的毁灭。由此，充分认识人的生命与健康的价值，强化“善待生命，珍惜健康”之理，是我们社会每一个人应该建立的情感观。不同的人应有不同层次的情感体现，员工或一般公民的安全情感主要是通过“爱人、爱己”“有德、无违”。而对于管理者和组织领导，则应表现出：用“热情”的宣传教育激励职工；用“衷情”的服务支持安全技术人员；用“深情”的关怀保护和温暖职工；用“柔情”的举措规范职工安全行为；用“绝情”的管理关爱职工；用“无情”的事故启发职工。以人为本，尊重与爱护职工是企业法人代表或雇主应有的情感观。

安全效益的经济观的理解：实现安全生产，保护职工的生命安全与健康，不仅是企业的工作责任和任务，而且是保障生产顺利进行、企业效益实现的基本条件。“安全就是效益”，安全不仅能“减损”而且能“增值”，这是企业法人代表应建立的“安全经济观”。安全的投入不仅能给企业带来间接的回报，而且能产生直接的效益。安全经济学研究成果表明，安全的经济规律有：事故损失占 GNP 的 2.5%；发达国家的安全投资占 GNP 的 3.3%，我国现阶段占 GNP 的 1.2%；合理条件下的安全投入产出比是 1 ∶ 6；安全生产的贡献率达 1.5% ~ 6%；预防性投入效果与事后整改效果的关系是 1 ∶ 5 的关系。安全效益金字塔表明：系统设计考虑了 1 分安全性，可带来系统制造时的 10 分安全性，而实现系统运行和使用时的 1000 分安全性。

预防为主的预防观的理解：要高效、高质量地实现企业的安全生产，必须走预防为主之路，必须采用超前管理、预期型管理的方法，这是生产实践证实的科学真理。现代工业生产系统是人造系统，这种客观实际给预防事故提供了基本的前提。所以说，任何事故从理论和客观上讲，都是可预防的。因此，人类应该通过各种合理的对策和努力，从根本上消除事故发生的隐患，把工业事故的发生降低到最小限度。根据安全系统科学的原理，预防为主是实现系统（工业生产）本质安全化的必由之路。

人机环管的系统观的理解：保障安全生产要通过有效的事故预防来实现。在事故预防过程中，涉及两个系统对象，一是事故系统，其要素是人—人的不安全行为是事故的最直接的因素；机—机的不安全状态也是事故的最直接因素；环境—生产环境的不良影响人的行为，对机械设备产生不良的作用；管理—管理的欠缺。二是安全系统，其要素是：人—人的安全素质（心理与生理、安余能力、文化素质）；物—设备与环境的安全可靠性（设计安全性、制造安全性、使用安全性）；能量—生产过程能的安全作用，能的有效控制信息—充分可靠的安全信息流（管理效能的充分发挥）是安全的基础保障。认识事故系统要素，从安全系统的角度出发，具有超前和预防的意义，从建设安全系统的角度来认识安全原理，更符合科学性原则。

进行安全教育的意义：安全教育是企业为提高职工安全技术水平和防范事故能力而进行的教育培训工作。它是企业安全管理的重要内容，与消除事故隐患、创造良好劳动条件相辅相成，不可或缺。开展安全教育活动是掌握各种安全知识、避免职业危害的主要途径，是企业发展经济的需要，是适应企业人员结构变化的需要，是搞好安全管理的基础性工作，也是发展、弘扬企业安全文化，把安全生产向广度和深度发展的需要。

安全教育的内容。安全教育的主要内容包括：安全生产思想教育；安全生产方针、政策教育；安全技术和劳动卫生知识教育；典型经验和事故教训教育等。安全教育中应注意教育形式多样化，教育内容规范化，教育要有针对性，要充分调动广大职工积极性等问题。

领导干部需要进行安全教育的内容：对领导干部主要应进行安全生产方针、政策、法规、安全规章制度、基本安全技术知识和基本安全管理知识的教育。其目的主要是提高他们对安全生产方针的理解，增强他们的责任感和自觉性；使他们懂得并掌握基本的安全技术和安全管理方法；促使他们关心、重视安全生产，积极做好安全管理工作；以身作则、遵章守纪，并积极支持安全技术部门的工作，为安全生产提供良好的条件。

技术干部需要进行安全教育的内容。对技术干部的安全教育主要包括：安全生产方针、政策和法纪教育；本质安全生产责任制，主要是对“三同时”实现安全生产技术措施和新工作中应承担的责任；典型案例剖析；系统安全工程知识；基本的安全技术知识。

行政干部需要进行安全教育的内容。对行政干部的安全教育主要包括：安全生产方针和政策法纪教育、基本安全知识以及安全生产责任制度，使他们提高责任感和自觉性，主动支持安全工作。

专职安全技术干部需要进行安全教育的内容：对专职安全技术干部要进行全面系统的安全技术知识教育，以利于他们从事具体的安全管理和安全技术工作。

一线职工的安全教育额形式。对一线职工的安全教育有三种形式：三级安全教育；特种作业安全教育；经常性安全教育。

“三级安全教育”及其内容：对新入厂的职工进行厂级安全教育、车间级安全教育和岗位安全教育，这种企业安全教育制度称为“三级安全教育”。

特种作业教育及其教育内容：对接触不安全因素较多的特种作业人员，如电气、起重、焊接、司机、锅炉、压力容器等工种的工人，要进行专门的安全技术知识培训，经严格考试合格后才能准许操作，这种培训称为特种作业教育。这种培训至少每年一次。在新工金、新技术、新设备、新产品投产前要按新的操作规程对职工进行培训。

经常性安全教育的内容：对职工进行广泛的经常性安全教育，要在生产过程中自始至终、坚持不懈。坚持安全教育的方法是：班前布置、班中检查、班后总结；重点设备或装置大修，应进行停车前、检修前和开车前的专门安全教育，这是安全教育制度化的重要方式。安全技术部门应配合主管部门的检修单位，以确保安全检修。对重大危险性作业，作业前施工部门和安全技术部门必须按预定的安全措施和要求，对施工人员进行安全教育，否则不能作业。

参考文献

［1］杨常玲，刘云芸，孙彦平．石墨烯的制备及其电化学性能［J］．电源技术，2010，34（2）：177-180.

［2］高颖，邬冰．电化学基础［M］．化学工业出版社，2004.

［3］廖斯达，贾志军，马洪运，等．电化学基础（II）——热力学平衡与能斯特方程及其应用［J］．储能科学与技术，2013，2（1）：63-68.

［4］余润兰．铅锑铁锌硫化矿浮选电化学基础理论研究［M］．中南大学，2004.

［5］乔国富，李惠，欧进萍．基于电化学理论的腐蚀监测技术研究及其在钢混梁中的应用［J］．防灾减灾工程学报，2010，30（s1）：191-200.

［6］曹楚南．关于缓蚀剂研究的电化学方法［J］．腐蚀科学与防护技术，1990，2（1）：1-9.

［7］陈震，郑曦，陈日耀，等．电化学方法生成羟基自由基及其在酸性铬蓝降解脱色中的应用［J］．环境化学，2001，20（3）：275-280.

［8］陈建，刘振华．有机电化学应用研究进展［J］．淮北师范大学学报（自然科学版），2002，23（4）：34-37.

［9］吴旭冉，贾志军，马洪运，等．电化学应用（II）——电化学电容器的发展与应用［J］．储能科学与技术，2013，2（6）：636-641.

［10］胡陈果．高硼掺杂金刚石膜电极的电化学应用研究［J］．物理，2002，31（2）：93-97.

［11］杜锐，覃爱苗，韦春，等．生物质炭材料的制备及电化学应用研究进展［J］．材料导报，2014，28（5）：93-97.

［12］廖晓宁，曹发和，陈安娜，等．应用电化学方法原位研究薄液膜下青铜的大气腐蚀行为［J］．Transactions of Nonferrous Metals Society of China，2012，22（5）：1239-1249.

［13］叶友胜，万新军，程乐华，等．应用化学专业电化学应用核心课程体系构建与实践［J］．巢湖学院学报，2015，17（6）：158-160.

［14］代海宁．电化学基本原理及应用［M］．冶金工业出版社，2014.

［15］李万春．电化学原理及应用［J］．试题与研究：高考，2016（32）．

［16］胡会利．电化学测量［M］．国防工业出版社，2007.

［17］贾梦秋，杨文胜．应用电化学［M］．高等教育出版社，2004.

［18］沈泽济，董明柏．化工企业安全管理［M］．化学工业出版社，1989.

［19］田震．中小化工企业安全管理模式探讨［J］．安防科技，2005，11（5）：20–21.

［20］李艳敏，郑昌元．化工企业安全管理浅谈［J］．科技资讯，2009（28）：144–144.

［21］郭彬，王亚东．化工企业安全管理分析［J］．辽宁经济，2004（1）：75–76.

［22］钱仕龙，韩建勋，张杭君．化工企业安全管理模式构建的研究进展［J］．广州化工，2013，41（19）：38–40.

［23］张双庆，王煜，吴立强．石油化工企业安全管理的改进和优化［J］．中国石油和化工标准与质量，2011，31（10）：217–217.

［24］陶建礼．试论化工企业安全管理工作现状和创新［J］．化工管理，2013（10）：38–39.

［25］张艺林，蒋永明．化工企业安全管理［M］．化学工业出版社，1989.

［26］涂华．新形势下化工企业安全管理路径探讨［J］．工程技术研究，2016（6）．